露天矿边坡稳定性评价及危险性分区综合方法

——以南芬露天铁矿为例

陶志刚 赵 健 付国龙 齐 干 王长军 李兆华 王国鑫 张 鹏 著

北 京
冶 金 工 业 出 版 社
2018

内容提要

本书以南芬露天铁矿采场边坡出现的安全稳定性问题和未来被压覆矿产资源的安全开采为主要研究对象，系统分析了南芬露天铁矿采场边坡的工程地质和水文地质特征，研究总结了采场边坡变形破坏模式和破坏机理；同时，基于6个综合评判指标定量评价并绘制出“南芬露天矿采场边坡危险性区划图”，提出了露天矿山开采扰动条件下的滑坡灾害防治对策，有效控制了滑坡发生风险，取得了显著的经济效益和社会效益。研究成果对类似矿山的边坡稳定性评价和危险性分区的研究具有重要的参考价值和借鉴意义。

本书可供采矿工程、文物保护工程、水利工程、国防工程、交通工程等专业的工程技术人员、研究人员阅读，也可供相关专业领域高等学校师生参考。

图书在版编目(CIP)数据

露天矿边坡稳定性评价及危险性分区综合方法：以南芬露天铁矿为例/陶志刚等著. —北京：冶金工业出版社，2018.4

ISBN 978-7-5024-7748-6

Ⅰ.①露…　Ⅱ.①陶…　Ⅲ.①铁矿床—露天矿—边坡稳定性—稳定分析—本溪　Ⅳ.①TD804　②TD861.1

中国版本图书馆 CIP 数据核字（2018）第 069688 号

出 版 人　谭学余

地　　址　北京市东城区嵩祝院北巷 39 号　邮编　100009　电话　(010)64027926

网　　址　www.cnmip.com.cn　电子信箱　yjcbs@cnmip.com.cn

责任编辑　张耀辉　宋　良　美术编辑　彭子赫　版式设计　禹　蕊

责任校对　郑　娟　责任印制　牛晓波

ISBN 978-7-5024-7748-6

冶金工业出版社出版发行；各地新华书店经销；三河市双峰印刷装订有限公司印刷

2018 年 4 月第 1 版，2018 年 4 月第 1 次印刷

787mm×1092mm　1/16；20.25 印张；8 彩页；517 千字；307 页

80.00 元

冶金工业出版社　投稿电话　(010)64027932　投稿信箱　tougao@cnmip.com.cn

冶金工业出版社营销中心　电话　(010)64044283　传真　(010)64027893

冶金书店　地址　北京市东四西大街 46 号(100010)　电话　(010)65289081(兼传真)

冶金工业出版社天猫旗舰店　yjgycbs.tmall.com

（本书如有印装质量问题，本社营销中心负责退换）

序

陶志刚博士等在承担完成本钢（集团）公司重大科研攻关计划项目“南芬露天铁矿边坡工程地质调查和危险性分区”的基础上，吸收国内外边坡工程地质调查方法和滑坡监测防治技术实践的先进经验，撰写了本书，这是一件值得祝贺的事情。该书系统总结了南芬露天铁矿采场边坡变形破坏模式和破坏机理，定量评价出采场边坡的稳定特征，绘制了“南芬露天矿采场边坡危险性分区图”。针对危险分区，引入何满潮院士自主研发的“基于滑动力变化的滑坡灾害远程监测预警技术与装备系统”，提出了南芬露天铁矿在开采扰动和降雨条件下的滑坡灾害防治对策。项目研究成果保障了南芬露天铁矿边坡由“保守开采”向“可控开采”转型，边坡危险源由三级降为二级，有效地控制了滑坡发生风险，使十年未能开采的千万吨矿体实现了安全回采，具有显著的经济效益和社会效益。

我自2006~2008年担任本溪钢铁（集团）矿业有限责任公司党委书记兼南芬露天铁矿党委书记，2008~2013年兼任南芬露天铁矿矿长。南芬露天铁矿的边坡稳定性问题一直是困扰该矿多年的棘手问题，采场滑坡也一直列为该矿三大危险源首位，虽然采取了一系列治理措施，但治理效果不太显著。2010年3月，南芬露天铁矿委托中国矿业大学（北京）何满潮院士团队开展边坡稳定性评价和滑动力远程监测预警项目，陶志刚博士作为现场技术总负责人进驻矿山。从2010年到2013年，连续4年累计驻矿6个月，与我矿行政管理人员和工程技术人员一起下采场、爬边坡、进车间、装设备，积极协调我矿技术科、计划科、地测科、安全科联合攻坚，锐意创新，不断突破工作中遇到的重大技术问题。陶志刚博士驻矿期间对“南芬露天铁矿边坡工程地质调查和危险性分区”项目投入了全部的工作热忱，正是这几年的驻矿经历，使他对南芬露天铁矿产生了深厚的感情，研究成果更具有实用性。

本书主要研究内容和学术特点如下：（1）采用边坡地质雷达无损探测，发现南芬露天铁矿采场下盘岩体表层完整性较差，破碎带呈线状或条带状分布，裂缝发育明显，岩体环境等级较差；（2）通过边坡稳定性评价，揭示了南芬露天铁矿采场南北端帮和上盘边坡的主要破坏模式为圆弧型破坏。采场北山和下盘边坡主要破坏模式是双滑面型，各台阶均有产生平面型、双滑面型、倾倒型和楔型破坏的可能；（3）经过对露天采场边坡系统调查，共发现节理147条，弱层和夹层98条，中等规模以上滑坡体22个，危岩体56处，斑岩脉小构造3条，冲沟41条；（4）利用模糊数学综合评判方法和GIS空间矩阵差值运算法，综合分析边坡角、边坡高度、降雨强度、稳定性空间差值综合系数、地质构造影响程度、矿山开采影响指数等信息，评价绘制出“南芬露天矿采场边坡危险性分区图”，按照极危险、危险、次稳定和稳定级别，共划分为4个大区、35个亚区；（5）基于ArcGIS技术，将灾害单元的离散变量差值计算为连续变量，实现了南芬露天铁矿采场边坡危险性3D可视化分区；（6）提出了相应的灾害防治对策和详细设计方案，为露天矿未来5~10年的开采计划和防治决策的制定奠定了科学基础。

边坡稳定性问题的复杂性，特别是露天矿山开采环境下的采场边坡动态稳定性问题，是国内外相关领域正在探索研究、逐步攻克的科技难题，我深信，本书的出版，对我国同类露天矿山的边坡稳定性评价、危险性分区及防治对策设计研究具有较重要的参考价值和借鉴意义。因此，我很乐意作序并向读者推荐这部著作。

2017年11月于辽宁本溪

前　言

露天矿山边坡灾害种类繁多，轻者会影响生产的正常进行，严重者可造成大量的人员伤亡和财产损失。1949年以来，我国先后建成矿石年产量300万吨以上的金属露天矿18座，其中年产量达1000万吨的金属露天矿有江西德兴铜矿、包头白云鄂博铁矿、河北水厂铁矿等。目前，我国约有露天矿山1500个，其中重点铁矿约40个，重点有色金属矿约12个，露天开采量约占铁矿年总产量的86%。随着矿床浅部资源的日益枯竭，露天矿山开采规模和深度越来越大，高陡边坡数量急剧增加，很多露天边坡不同程度地出现过边坡稳定性问题，已经成为矿区主要危险源之一。此前由于忽视露天矿山边坡稳定性分析和滑坡灾害的预测预警研究，发生了很多矿山灾害，惨痛的教训必须警醒。例如，20世纪90年代，抚顺西露天矿北帮边坡大规模倾倒滑移变形，国内外罕见，严重影响地面工业、民用建筑的安全；2009年6月5日，重庆市武隆县铁矿乡鸡尾山发生山体垮塌，滑坡总量超过350万立方米，造成严重的生命财产损失；2014年5月，平朔东露天矿南帮西侧1350m平盘以上至地表（地表高程1420m）发生大规模滑塌，导致下部道路无法使用，极大地影响了采场的正常生产活动。因此，采用多种方法对露天矿山边坡稳定性进行综合分析、监测、预警及控制十分必要，可为边坡灾害防治、防灾避险措施制定和事故应急管理提供科学指导，具有重要的理论意义和现实意义。

本溪钢铁（集团）南芬露天铁矿是亚洲最大的单体露天铁矿之一，从1964年开始陆续发生了近60次滑坡灾害，形成面积约11万立方米的老滑坡体，严重威胁着矿山的安全开采。目前，南芬露天铁矿采场底部标高130m，下盘靠帮边坡标高近694m，已经形成了高差约564m的高陡边坡。由于矿区地质环境条件复杂，加之采矿爆破扰动等的影响，使采场下盘边坡370m以下平台未能按照设计要求靠帮，压覆高品位铁矿石近千万吨，给矿山造成重大经济损失。

本书作者以目前亚洲最大的单体露天矿之一的辽宁本钢南芬露天铁矿采场

边坡出现的安全稳定性问题和压覆矿产资源的持续安全高效开采难题为主要研究对象，综合运用工程地质学、工程岩体力学、软岩工程力学、模糊数学、ArcGIS 和数值计算等学科知识、理论方法，经过 3 年时间的驻矿跟踪监测和边坡稳定性动态评价，系统采用现场工程地质调查、原位测试、室内试验、数值模拟和理论分析等手段，全面分析了南芬露天铁矿采场边坡区域地质环境条件和工程地质水文地质特征，研究提出了采场边坡变形破坏模式和破坏机理，建立了综合评判模型和评判指标体系，对其危险性进行了定量计算评价，并绘制出“南芬露天矿采场边坡危险性区划图”，进而提出了露天矿山开采扰动条件下的滑坡灾害防治对策，将何满潮院士自主研发的“基于滑动力变化的滑坡灾害远程监测预警技术与装备系统”应用于南芬露天铁矿生产实践并取得了良好的效果。2010~2016 年，开挖和降雨联合诱发南芬露天铁矿采场 430 平台、526 平台和 334 平台共发生滑坡和裂缝灾害 7 次，均至少提前 4~8 小时发出临滑预警信息，挽救了百余人生命和数以亿元计的财产损失，实现了边坡开挖安全的可控管理，使前 10 年未能开采的千万吨矿体实现了安全回采，具有显著的经济效益和社会效益。研究成果对类似矿山的边坡稳定性评价、危险性分区及斜坡灾害防治研究实践具有较重要的参考价值和借鉴意义。

本书由中国矿业大学（北京）陶志刚博士（后）、赵健博士（后）、李兆华博士，南芬露天铁矿矿长付国龙、副矿长王长军，北京市地质研究所齐干教授级高工，青岛理工大学张鹏博士，中国人民大学理学院王国鑫，吉林大学朱淳博士等共同协作完成。

本项目研究工作和本书的出版得到了中国科学院何满潮院士、辛明印教授级高工、李昌存教授、孙晓明教授、杨晓杰教授、杨峰教授、王旭春教授、李德建教授、韩雪教授、高毓山教授级高工等专家学者的悉心指导和学术支持。现场调查研究期间，得到了南芬露天铁矿原矿长辛明印、原矿长胡志强、副矿长陈煊年、矿长助理孙殿兴、矿长助理王嘉、地测科原科长蒋国夫、地测科科长孙继敏、计划科科长范立军、技术科科长谷明、安全科原科长罗光明、安全科科长李瑛等部门领导的大力支持。室内试验及工程地质调查等工作得到了中国矿业大学（北京）深部岩土力学与地下工程国家重点实验室桂洋、陈孝刚、吕谦、张秀莲、张海江、庞仕辉、宋志刚、郝振立、李梦楠、郑小慧等的无私帮助和大力支持，在此一并表示感谢。本书编写过程中，参阅并引用了大量国内外有关文献，谨向文献作者表示感谢。

由于作者水平所限，书中不足之处，敬请广大专家和读者批评指正。

作　者

2017年11月于北京

目　　录

1 绪　　论

露天矿边坡稳定性研究是伴随露天开采始终的一个长期性研究课题，亦是影响或困扰露天矿山，特别是深凹露天矿山生产与安全的重大难题之一。露天矿边坡稳定性研究工作经历了由表及里、由浅入深、由经验到理论、由定性到定量、由单一评价到综合评价、由传统理论方法到新理论应用的发展过程。

在我国金属矿山中，露天开采工程占比很高，边坡失稳已经成为影响、困扰矿山安全作业和顺利经营的重要问题。利用边坡稳定性分析的结果，可以对工程实践发挥重要的指导作用。一方面，通过对边坡稳定性进行分析，可以及时掌握边坡稳定性变化的趋势，对有可能发生的破坏做到提前发现，采取相应措施及早防治，以避免不必要的损失；另一方面，边坡稳定性分析又能为边坡角的优化设计提供依据。一般来说，边坡角越大，开采时的剥岩量就越少，可以节省大量的资金，但同时边坡也会因此而加陡，导致稳定性减弱。因此，需要在稳定性分析的基础上，合理解决两者的矛盾，既保证矿山安全作业，又为矿山创造更大的经济效益。

1.1 边坡稳定性分析方法研究现状

边坡稳定性分析方法的研究是边坡问题的重要研究内容，也是边坡稳定性研究的基础。边坡稳定性分析过程一般步骤为：实际边坡—力学模型—数学模型—计算方法—结论。其核心内容是力学模型、数学模型、计算方法的研究，即边坡稳定性分析方法的研究。边坡计算作为岩土工程学科中的一个非常重要的分支，在其自身发展的历程中不断地自我完善。近年来在该领域的研究已经取得了许多新的进展，可大致归纳如下。

1.1.1 定性分析方法

定性评价方法是通过分析影响边坡稳定性的主要因素、失稳的力学机制及可能的破坏形式等，对滑坡的成因及演化历史进行分析，以此评价边坡稳定状况及其可能发展趋势。综合考虑影响边坡稳定性的因素，快速对边坡的稳定状况及其发展趋势做出评价是该方法的优点。在边坡工程的抢险中定性评价更显其重要性。

（1）地质分析法（历史成因分析法）。根据边坡的地形地貌形态、地质条件和边坡变形破坏规律，追溯滑坡演变的全过程，预测边坡稳定性发展的总趋势及其破坏方式，对边坡稳定性作出评价。由于主要依靠经验和定性分析进行边坡的稳定性评价，此方法多用于天然斜坡的稳定性评价。

（2）工程地质类比法。该方法的实质是把已有的自然边坡或人工边坡的研究设计经验应用到条件相似的新边坡或人工边坡的研究设计中去。需要对已有边坡进行详细的调查研究，全面分析工程地质因素的相似性和差异性，分析影响边坡变形发展的主导因素的相似性和差异性。同时，还应考虑工程的类别、等级及其对边坡的特定要求等。它虽然是一种经验方法，但在边坡设计，特别是在中小型工程的设计中是很通用的方法。

（3）图解法。图解法可以分为两类：第一类，用一定的曲线和偌谟图来表征边坡有关参数之间的定量关系，由此求出边坡稳定性系数，或已知稳定系数及其他参数（φ、c、r、结构面倾角、坡脚、坡高）仅一个未知的情况下，求出稳定坡脚或极限坡高。这是力学计算的简化。第二类，利用图解求边坡变形破坏的边界条件，分析软弱结构面的组合关系，分析滑体的形态、滑动方向，评价边坡的稳定程度，为力学计算创造条件。常用的图解法有赤平极射投影分析法及实体比例投影法。

（4）边坡稳定专家系统。工程地质领域最早研制出的专家系统是用于地质勘察的专家系统 Propecter，由斯坦福大学于 20 世纪 70 年代中期完成。另外，MIT 在 20 世纪 80 年代中期研制的测井资料咨询专家系统也得到成功的应用。在国内，许多单位正在进行研制，并取得了很多成果。专家系统使得一般工程技术人员在解决工程地质问题时能像有经验的专家一样给出比较正确的判断并作出结论，因此专家系统的应用为工程地质的发展提供了一条新思路。

（5）RMR-SMR 法。对岩体进行分类的方法中，较著名的有巴顿（N. Badon）等人提出的 Q 值分类法（主要用于隧道支护设计的岩体工程分类）、RMR 值分类法、SMR 分类方法等。

SMR 分类方法是从 RMR 方法演变而来的。利用 SMR 方法来评价边坡岩体量的稳定性，方便快捷，且能够综合反映各种因素对边坡稳定性的影响。RMR-SMR 体系既具有一定的实际应用背景，又是在国际上获得较广泛应用的方法。在我国工程界对此体系的研究也十分活跃。

1.1.2 定量分析方法

定量评价方法实质是一种半定量的方法，虽然评价结果表现为确定的数值，但最终判定仍依赖人为的判断。目前，所有的定量计算方法都是基于定性分析之上的。

1.1.2.1 极限平衡法

极限平衡法在工程中应用最为广泛。工程实践中，常用的边坡稳定性评价指标是边坡稳定系数，它的计算就是基于极限平衡理论。极限平衡法的基本假设是边坡变形破坏时其破坏面（可以是平面、圆弧面、多级折面、不规则面等）满足破坏准则。早期边坡稳定性分析将滑面假定为平面或圆弧面，并认为滑体整体滑动，随后为提高计算精度和处理复杂滑动面边坡，将滑动体划分成若干个条块，假定条块为刚塑性体，建立静力平衡方程，然后求解析解或迭代求数值解。该原理的方法有很多，如瑞典圆弧法、瑞典条分法、Bishop 法、Janbu 法、不平衡传递系数法等。

（1）1915 年，瑞典彼得森（Petterson）提出圆弧法，通常称之为“瑞典圆弧法”，适用于均质各向同性的土体边坡或松散碎裂结构的岩体边坡。该方法假定边坡破坏时沿一个有固定圆心的圆弧面滑动，将滑体作为一个整体计算，由圆弧面上的力矩关系计算边坡稳定系数。该方法适用于饱和（$\varphi=0$）的黏性土坡，对于外形复杂滑体其重心很难确定，而且当构成土坡为多层土，又有地震力等外力作用时，其受力情况复杂，用此方法比较困难。

（2）费伦纽斯等人在此基础上将滑体分成若干条块，提出瑞典条分法。该方法不考虑条块间的作用力，垂直条分，滑面为圆弧。

（3）1955 年，毕肖普（Bishop）提出边坡稳定系数的含义应是沿整个滑动面上的抗剪强度 τ_f 与实际产生剪应力 T 的比，即 $F_s = \tau_f / T$，并考虑了各土条侧面间存在着作用力，这种稳定系数计算方法称为 Bishop 法。该法假定相邻土条间侧向作用力矩相互抵消，且条块间切向力满足 $X_{i+1} - X_i = 0$。该方法比瑞典条分法更精确了一步，但应注意其稳定系数含义的改变和四项约束条件，即圆弧滑面、垂直条分、相邻间侧向作用力矩抵消及 $X_{i+1} - X_i = 0$。在实际工程中，边坡的滑动面并不一定是圆弧，而往往是非圆弧的复杂曲面或折线形滑面，因此，该法不适用具有复杂滑动面的边坡稳定性评价。

（4）1956 年，简布（Janbu）提出了非圆弧滑面的边坡稳定系数计算方法，该方法与 Bishop 法的主要区别在于滑动面可以是非圆弧滑面，并假定条块间作用点位置已知，确定条块侧面 E 的作用点位置总要落在条块高度范围以内而不会在滑面以下或仅靠滑面处，其位置约在条块地面以上 1/3～1/4 条块高度处，由于它对计算结果影响较小，通常取 1/3 条块高度即可。

（5）对于折线形滑动面边坡稳定性评价，随后发展的还有不平衡推力传递法。它沿滑动面起伏转折点将边坡分成竖直条块，并假定各条块为刚性，两条块间作用力合力 P 的方向与上一条块底面平行。但该方法仍然不能解决具有复杂侧滑面的边坡稳定性情况。

1.1.2.2 数值分析方法

数值分析方法主要是利用某种方法求出边坡的应力分布和变形情况，研究岩体中应力和应变的变化过程，求得各点上的局部稳定系数，由此判断边坡的稳定性。其主要有以下几种方法。

（1）有限单元法（FEM）：该方法是目前应用最广泛的数值分析方法。其优点是部分地考虑了边坡岩体的非均质，考虑了岩体的应力应变特征，可以避免将坡体视为刚体、过于简化边界条件的缺点，能够接近实际地从应力应变特征分析边坡的变形破坏机制，对了解边坡的应力分布及位移变化很有利。其不足之处是：数据准备工作量大，原始数据易出错，不能保证整个区域内某些物理量的连续性；对解决无限性问题、应力集中问题等其精度比较差。

（2）边界单元法（BEM）：该方法只需对研究区的边界进行离散化，具有输入数据少的特点。其计算精度较高，在处理无限域方面有明显的优势。其不足之处为：一般边界单元法得到的线性方程组的关系矩阵是满的不对称矩阵，不便应用有限元中成熟的对稀疏对称矩阵的系列解法。另外，边界单元法在处理材料的非线性和严重不均匀的边坡问题方面，远不如有限单元法。

（3）离散单元法（DEM）：是由 Cundall（1971）首先提出的。离散单元法可以直观地反映岩体变化的应力场、位移场及速度场等各个参量的变化，可以模拟边坡失稳的全过程。该方法特别适合块裂介质的大变形及破坏问题的分析。其缺点是计算时间步长要求很小，阻尼系数难以确定。

（4）块体理论（BT）：是由 Goodman 和 Shi（1985）提出的，该方法利用拓扑学和群论评价三维不连续岩体稳定性，并且建立在构造地质和简单的力学平衡计算的基础上。块体理论为三维分析方法，随着关键块体类型的确定，能找出具有潜在危险的关键块体在临空面的位置及其分布。

（5）拉格朗日积分点有限元法（FEMLIP）：由 Moresi（2002）在质点网格法（PIC）的基础上发展而来。该方法以连续介质力学为基础，结合拉格朗日有限元法和欧拉有限元法的优点，既可以描述滑坡失稳过程和失稳滑动后的大变形现象，又可以应用多重网格算法以保证合理的计算时间。

此外，近些年来数值方法发展很快，比如无界元（IDEM）、不连续变形分析（DDA）、物质点法（MPM）等。另外，由于工程实践的需要，出现了大量的各种数值方法的耦合算法。如有限元、边界元、无穷元、离散元、块体元等的相互耦合，以及数值解和解析解的结合，数理统计与数值解的结合等。这些结合充分发挥了各个方法的优点，能更好地反映岩体工程的计算特点，适应岩体的非均质、不连续的特点，更好地表现出无限域及其近场及远场效应，表达了工程因素的时空变化以及岩体力学参数的不稳定性。这些耦合计算使得岩体结构离散合理化，复杂岩体结构进一步简化，从而达到经济、高效的目的。

边坡工程数值方法以其独特的优势，弥补了理论分析和极限平衡等分析方法的不足，其主要优点如下：1）由于边坡具有复杂的边界条件和地质环境，如岩土体的非均匀性，造成边坡工程问题的非线性等特性，这些问题仅用弹塑性理论和极限平衡分析方法是无法解决的，而数值方法可以方便地处理上述问题。2）数值方法可以得到边坡的应力场、应变场和位移场，非常直观地模拟边坡变形破坏过程。3）数值方法适用于分析边坡工程的分步开挖，边坡岩土体与加固结构的相互作用，地下水渗流、爆破和地震等因素对边坡稳定性的影响。4）数值分析能根据岩土体的破坏准则，确定边坡的塑性区域或拉裂区域，分析边坡的累进性破坏过程和确定边坡的起始破坏部位。5）采用数值解法可以仿真边坡整体滑动的过程，对于预测边坡的破坏规模和方式具有重要意义。

1.1.3 不确定性分析方法

（1）系统分析方法。由于边坡处于复杂的岩土体力学环境条件下，其稳定性的涉及面很广，且稳定程度非常复杂，可以认为其是一个复杂系统，因此边坡问题也是一个系统工程问题。只有利用系统分析方法才能把各个侧面的研究有机结合起来，为实现稳定性评价及预测这一系统的总目标服务。应用系统分析方法应该遵循的途径为：岩体力学环境条件的研究→变形破坏机制研究→稳定性计算分析。目前，系统分析方法广泛应用于边坡稳定性分析之中。

（2）可靠度分析方法。确定性分析方法中经常用到安全系数的概念，其实际上只是滑动面上平均稳定系数，而没有考虑影响安全系数的各个因素的变异性，有时会导致与实际情况不相符的计算结果。所以要求人们在分析边坡的稳定性时，充分考虑各随机要素的变异性，可靠度分析方法就考虑了这一点。可靠度方法在分析边坡的稳定性时，充分考虑了各个随机要素（如岩体及结构面的物理力学性质，地下水的作用包括静水压力、动水压力、裂隙水压力、软化作用、浮托力，各种荷载等）的变异性。

（3）灰色系统方法。灰色系统信息部分明确、部分不明确。灰色系统理论主要以信息的利用与开拓为宗旨，以客观现象量化为目标，除对事物进行描述外，更侧重对事物发展过程进行动态研究。其应用于滑坡研究中主要有两方面：一是用灰色预测模型进行滑坡失稳时间的预报，实践证明该理论预测的精度相当高；二是用灰色聚类理论进行边坡稳定性分级、分类。该方法的局限性是聚类指标的选取、灰元的白化等带有经验性质。

（4）模糊数学评判法。模糊数学对处理经验模糊性的事物和概念具有一定的优越条件。该方法首先找出影响边坡稳定性的因素，并进行分类，分别赋予一定的权值，然后根据最大隶属度原则判断边坡单元的稳定性。实践证明，模糊评判法效果较好，为多变量、多因素影响的边坡稳定性的综合定量评价提供了一种有效的手段，其缺点是各个因素的权重选取带有主观判断的性质。

1.1.4 确定性和不确定性方法的结合

确定性和不确定性方法的结合主要是概率分析方法与有限元法或边界元的结合而形成的随机有限元法或随机边界元法等。这类方法的材料常数为随机变量，故其结果更能客观地模拟边坡岩体力学性质、变形破坏发展及其性态的变化，从而成为数值模拟方法发展的新途径，是边坡稳定性研究的新手段。

1.1.5 物理模拟方法

1971 年，帝国学院的 J. Ashby 最早把倾斜台面模型技术用于研究边坡倾倒破坏机理及过程。随后，帝国学院又试制了基底摩擦试验模型，它广泛应用于边坡块状倾倒及弯折倾倒；1990 年，Prichard 也进行过类似试验，并与数值模拟进行了对比，对在可控制条件下简单的弯折倾倒现象，此模型能很好地显示边坡破坏的发展过程；1981 年，Bray 和 Goodman 建立了基底摩擦试验理论，阐述了极限平衡方程。

然而，由于受模型尺寸的限制，这些模型技术不能模拟大型复杂的工程及二维、三维的模型。针对这种工程要求，离心模型试验技术快速发展起来。国外早在 20 世纪 30 年代就已经起步，特别是近 20 年来，这一技术有了快速的发展，并得到了广泛的应用。离心模型试验主要模拟以自重为主荷载的岩土结构，在模型试验过程中，模型出现了与原型相同的应力状态，从而避免了使用相似材料，而直接使用原型材料。因此，这项技术已被广泛地应用在滑坡研究的各个方面。

边坡工程中的离心模型试验也存在一些尚未解决的问题，主要是一些模拟理论问题。由于用原型材料进行试验，在相似规律条件下，并不能使模型满足所有的条件，从而引起固有误差。总结国内外的相关文献，具体研究进展如下：

苏永华[21]研究了边坡稳定性分析的 Sarma 模式及其可靠度计算方法；童志怡、陈从新等[22]提出了边坡稳定性分析的条块稳定系数法；张子新、方薇[23,24]研究了边坡稳定性极限分析上限解法；A. G. Razdolsky，R. Baker 等[25-28]通过分析对比滑动力和抗滑力研究边坡稳定性；郭明伟，葛修润等[29-30]基于力的矢量特性和边坡体真实应力场的分析方法进行了边坡稳定性分析；雷远见、徐卫亚、吴顺川和宗全兵等[31-34]分别基于离散元、Dijkstra 算法、广义 Hoek-Brown 的强度折减法分析岩质边坡稳定性；栾茂田等[35]提出了渗流作用下边坡稳定性分析的强度折减弹塑性有限元法。唐春安，李连崇等[36-37]提出了基于 RFPA 强度折减法的边坡稳定性分析方法；Y. M. Cheng，J. Bojorque 等[38-39]进行了基于极限平衡和强度折减法的二维边坡稳定性分析；蒋青青、刘爱华、王瑞红等[40-42]研究了基于有限元方法的三维岩质边坡稳定性分析；Chih-Wei 等[43]应用有限元法分析了边坡稳定性；B. Dacunto 等[44]研究了地下水条件下的边坡二维稳定性模型；X. Li[45]应用非线性破坏准则和有限元方法分析边坡稳定性；陈昌富等[46]基于 Morgenstern-Price 极限平衡三维分析法进行边坡稳定性分析；邓东平，李亮等[47]提出了一种三维均质土坡滑动面搜索的新方法。Brideau M. -A.，Chang Muhsiung 等[48-49]进行了三维边坡的稳定性分析；D. V. Griffiths 等[50]进行了三维边坡稳定的弹塑性有限元分析；高玮、徐兴华、孙书伟、杨静、刘思思、于怀昌、黄建文等[51-57]分别研究了基于蚁群聚类算法、多重属性区间数决策模型、模糊理论、均匀设计与灰色理论、自组织神经网络与遗传算法、FCM 算法的粗糙集理论、AHP 的模糊评判法的边坡稳定性分析；Xie Songhua 等[58]研究了 RBF 神经网络在边坡稳定性评价中的应用；A. Sengupta，A. R. Zolfaghari 等[59-60]研究了采用遗传算法来定位边坡的临界破坏面和稳定性；刘立鹏等[61]进行了基于 Hoek-Brown 准则的岩质边坡稳定性分析；邬爱清等[62]研究了 DDA 方法在岩质边坡稳定性分析中的应用；高文学等[63]研究了爆破开挖对路堑高边坡稳定性的影响；沈爱超等[64]研究了单一地层任意滑移面的最小势能边坡稳定性分析方法；钱七虎等[65]研究了多层软弱夹层边坡岩体稳定性；黄宜胜等[66]研究了基于抛物线型 D-P 准则的岩质边坡稳定性；张永兴等[67]研究了极端冰雪条件下岩石边坡倾覆稳定性；周德培等[68]分析了基于坡体结构的岩质边坡稳定性；姜海西等[69]对水下岩质边坡稳定性的模型试验研究；李宁、钱七虎[70]提出了岩质高边坡稳定性分析与评价中的四个准则；M. Zamani[71]研究了适用于岩质边坡稳定性分析的通用模型；J. Hadjigeorgiou 等[72]采用断裂理论研究岩质边坡的稳定性；陈昌富等[73]分析了考虑强度参数时间和深度效应的边坡稳定性；Cha Kyung-Seob 等[74]研究了边坡稳定性分析和评价方法；D. Turer，G. Legorreta-Paulin 等[75-76]研究了土层边坡的稳定性分析的方法；E. Conte等[77]研究了边坡稳定性分析中的土体应变软化行为；B. B. K. Huat 等[78]研究了非饱和残积土边坡的稳定性；W. W. Chen 等[79]进行了边坡稳定性分析系统的开发；M. Roberto 等[80]进行了尾矿边坡的动态坡稳定性分析；E. V. Kalinin 等[81]提出了边坡稳定性分析的一种新方法；A. Perrone 等[82]研究了孔隙水压力作用下边坡稳定性分析方法；V. Navarro 等[83]研究了将灵敏度分析应用于边坡稳定破坏分析；H. H. Bui 等[84]进行了基于弹塑性光滑粒子流体力学（SPH）的边坡稳定性分析；王栋等[85]给出了考虑强度各向异性的边坡稳定有限元分析；周家文、吴长富、廖红建等[86-88]基于饱和-非饱和渗流理论进行了降雨和渗流作用下的边坡稳定性分析；刘才华、张国栋、谭儒蛟等[89-91]研究了地震作用下岩土边坡的动力稳定性分析及评价方法；D. Lo Presti，G. M. Latha 等[92-93]研究了位于地震区中的边坡的稳定性；F. H. Chehade 等[94]进行了地震作用下已加固边坡的非线性动力学稳定性分析；A. J. Li 等[95]采用极限分析方法研究了地震区岩石边坡的稳定性。高荣雄、谭晓慧等[96-97]进行了边坡稳定的有限元可靠度分析方法研究；吴振君等[98]提出了一种新的边坡稳定性可靠度分析方法；M. Abbaszadeh，D. Y. A. Massih 等[99-100]研究了可靠性分析在边坡稳定性中的应用；徐卫亚、蒋中明、张新敏等[101-103]较系统地研究了边坡岩体参数模糊性特点及其对边坡稳定性的影响，同时，也初步研究了基于参数模糊化的边坡稳定性分析方法。蒋坤、冯树荣等[104-105]进行了节理岩体的边坡稳定性分析；陈安敏、W. S. Yoon 等[106,107]从地质力学角度出发，研究了边坡楔体稳定性问题；李爱兵和周先明[108]进行了三维楔体稳定性分析；陈祖煜等[109,110]从塑性力学角度出发，在理论上对楔体的稳定性问题进行了分析，从而证明了边坡稳定性分析的“最大最小原理”；H. NOURI，H. KUMSAR 等[111,112]对考虑了地震影响下的楔体滑动稳定性进行了分析；

P. F. McCombie 等[113]研究了多楔边坡的稳定性；刘志平[114]进行了基于多变量最大 Lyapunov 指数高边坡稳定分区研究；黄润秋[115]研究了边坡的变形分区；曹平等[116]研究了分区搜索方法确定复杂边坡的滑动面；F. K. Nizametdinov 等[117]研究了露天矿边坡稳定性分区的方法。

1.2 GIS 三维可视化边坡稳定性分析研究现状

地理信息系统（Geographical Information System，GIS）技术具有两个显著的特征：一是可以管理空间数据和三维可视化；二是可以利用各种空间分析的方法，对各种不同的信息进行特征提取，并分析空间实体间的相互关系，从而对一定范围内的现象和过程进行模拟。其研究对象以及内容是空间多源数据，而滑坡预报数据正是典型的空间多源数据；滑坡空间预报模型的建立，从根本上讲是空间问题的分析，因此 GIS 在滑坡预报应用中有现实的意义。

1.2.1 国外 GIS 技术在边坡稳定性的研究现状

意大利研究人员 FabilBovenga，Elena Miali，RaffaeleNutricato（2007）等基于 GIS 技术提出了一套创新体系，用于管理滑坡预报预警指标。该系统能够为公共部门或个人提供一种有效、灵活的工具，用以规避滑坡灾害的风险。Gregory C. Ohlmacher，John C. Davis 利用 GIS 技术和多元回归技术开展了美国堪萨斯州东北部滑坡灾害的预测预报研究[117]。20 世纪 80 ~ 90 年代，美国 Brabb（1986）、Wentworth 和 Ellen（1987）、Finney 和 Bain（1989）、Campbell（1991）等研究了 GIS 的数据处理、数字绘图、数据管理和空间分析等功能在地质灾害中的应用，但未形成完整的系统[118]。Keane-James-M，Richard Dikau，F. C. Dai，C. F. Lee，Corbeanu-Horatiu-V，Bliss-Norman-B 等基于 GIS 开展了滑坡灾害信息管理系统的研究[119]。Matula，Gao，Lekkas-E，Randall，Larsen 和 Torres-Sanchez，Dhakal-Amod-Sagar，Meei-ling Lin，Chi-Che Tung，G. Zhou，T. Esaki，Y. Mitani，M. Xie 等借助 GIS 可视化技术，将其与各种评价模型相结合运用到滑坡灾害危险性预测中[120]。Carrara，Ellene，Leroi，Bunza，Atkinson，Robert L. Schuster，Castaneda-Oscar-E，Michael，Aleotti 等开展了基于 GIS 的滑坡灾害分析预测与管理。例如，利用 GIS 开展地质灾害风险评估，考虑基岩和地表地质条件、构造地质条件等因素，对滑坡等灾害进行空间分析及脆弱性评价。田纳西州立大学、弗吉尼亚理工大学和田纳西州交通运输部于 2001~2005 年合作研制了 TennRMS 系统，主要包括电子数据采集、灾害数据库和基于网络的 GIS 集成三个部分，该系统能够编辑、分析、显示和更新公路沿线与灾害相关的所有信息。

1.2.2 国内 GIS 技术在边坡稳定性的研究现状

国内 GIS 技术研究应用起步较晚，但发展很快，国内于 1989 年开始探索利用 GIS 技术开展滑坡危险性区划，取得了一定的成效。在“八五”期间原地质矿产部水文地质工程研究所研制的“京津唐地质灾害预测防治计算机辅助系统”实现了地理信息系统技术和智能决策支持系统的结合，使得该系统具备了定量计算和定性分析和形象化的空间分析能力[121]。何满潮、王旭春、崔政权等探讨了将 GIS 技术与 RS、GPS 技术相结合，应用于滑坡识别、分析、监测预报、预测评价中[122]。郑文棠等（2009）基于三维可视化模型进行了滑坡演化过程分析[123]；李明超、钟登华、安娜等（2007—2009）通过建立滑坡三维地质模型进行了滑坡稳定性分析和失稳的三维动态可视化模拟和分析；谢谟文、张昆等（2002）等通过采用 GIS 可视化技术构建滑坡的三维地质模型进行了滑坡变形综合解析方面的应用研究；冯夏庭等（2004—2010）[124]基于三维 GIS 可视化技术进行了滑坡监测及变形预测智能分析、滑坡灾害监测预报、预警系统及应用研究；肖盛燮等（2006）[125]研究了基于三维滑坡可视化演绎系统及破坏演变规律跟踪进行滑坡监测预报的方法。戴福初等将 GIS 运用到灾害历史数据的管理及预测成果图表达中；陈植华、关学峰、胡成、殷坤龙、张桂荣等基于 WEBGIS 开发的地质灾害数据管理系统，实现了地质环境和地质灾害空间信息的集中管理、远程浏览查询、信息共享等功能。曹修定、展建设等将突发性崩塌、滑坡地质灾害的监测、预测技术手段与多媒体计算机网络、通信网络相结合，研制了地质灾害实时监测传输系统。郭希哲等研制的三峡库区地质灾害防治信息与决策支持系统，能够实现数据采集、数据库管理、数据查询及统计分析、地质灾害三维可视化分析和办公自动化等功能。同时，其中的决策子系统和网络系统能够实现危险性分析、地质灾害稳定性评价、综合分析决策、地质灾害预测预报和信息网络发布等[126]。陈伟、许强等通过采用信息量模型方法，以 ArcGIS 为平台，针对工程区的滑坡易发程度进行了研究分析；王威、王水林等实现了基于三维 GIS 的滑坡灾害监测预警系统及应用。黄涛总结研究了 GIS 技术在滑坡灾害预测预报领域的应用；李思发、李亮等以贵州省六盘水市水城县大河镇一个潜在滑坡体为例，利用 ArcGIS 三维分析技术，实现了对所预测的潜在滑坡体三维的立体可视化成图及其表面积、体积的概略计算。陈晓利、叶洪等在对 1976 年龙陵地震引发的地震滑坡分布特征研究的基础上，结合前人有关中国西南地区地震滑坡特征的研究成果，应用 GIS 技术对该区域潜在的地震滑坡危险区进行了预测[127]。

1.3 边坡工程地质调查方法研究现状

我国对边坡工程的系统研究始于中华人民共和国成立后。随着国民经济的快速发展，尤其是近年来随着国家基本建设力度的加大，工程建设步伐明显加快，工程等级不断提高，边坡建设工程中遇到的岩土边坡稳定性问题相应增多，并成为岩土工程中比较常见的技术难题，因而对边坡的工程地质研究也日益加深。国内对边坡的工程地质研究基本分为三个阶段。

（1）被动治理阶段（20 世纪 50 年代至 60 年代中期）。20 世纪 50 年代初期，由于对边坡变形破坏产生的条件、作用因素、运动机理及其危害性缺乏认识，在建设中盲目挖方，造成边坡失稳的事故屡屡发生，不得不对已发生的边坡进行勘测、研究和治理。既耽误了工期，又增加了投资，产生了很大的浪费。

（2）专题研究阶段（20 世纪 60 年代中期至 80 年代初）。人们从实践中逐渐认识到要有效预防，减轻和防治边坡失稳造成的灾害，必须深入系统地研究各种边坡的类型、分布、产生的条件、作用因素及其发生和运动的机理，并列出了若干个专题进行研究。

（3）由以“治理”为主发展到以“预防”为主阶段，逐步形成不稳边坡防治的理论体系（20 世纪 80 年代至今）。随着国民经济的大发展，不稳边坡失稳造成的影响更加突出，对防灾减灾的要求也更高。

目前，学者针对边坡工程地质调查方法的研究主要从以下方面进行。

（1）边坡工程理论研究方法。从20世纪70年代以来，随着数理等学科的突破性发展和科学计算水平的提高和普及，学科的相互交叉与渗透使得滑坡计算、预测预报有了很大的发展。近30年来，逐步发展了时空预测的信息量法、灰色系统预测等定量和半定量的分析方法、可靠性分析方法。近年来，又将耗散结构理论、混沌动力学、协同论、突变论、分形理论等非线性方法的应用渗透到滑坡预测中；另外，还发展了定性、定量相结合的综合研究方法，例如专家系统预测方法等。

（2）边坡失稳机理的研究。边坡灾害发生的机理一般认为是在灾害发育过程中，坡体的变形、应力、强度及地质环境因素连续交替变化，导致边坡发生失稳，并在一定条件下达到新的平衡状态的演变过程。影响边坡稳定的因素可分为外因和内因两部分。外因主要包括渗水浸泡、降雨、地下水位升高等引起土体力学强度指标降低；施工过程中的临时性附加荷载过大（如开挖过程中的土体应力重新调整，开挖过程中的爆破震动）；运营时荷载（如地震荷载）超过允许标准等。内因主要包括边坡土体本身的力学性质（如容重、黏聚力、摩擦角、弹性模量和泊松比等），一定深度范围内存在的软弱结构面，土体由于蠕变效应而产生的位移等。一般边坡的失稳是上述多种因素共同作用的结果。黄润秋[128]从总体上探讨了中国大陆大型滑坡的诱发机制和触发因素，说明大型滑坡发育的最根本原因是具有不利的地形地貌条件，而强震、极端气候条件和全球气候变化是主要诱发因素，此外还与人类活动有密切关系，并将滑坡演化的地质-力学模式概括为：滑移-拉裂-剪断“三段式”模式、“挡墙溃决”模式、“平推式”模式、大规模倾倒变形模式、蠕滑（弯曲）-剪断模式。周创兵、李典庆[129]在外因诱发的边坡失稳机制方面，阐述了暴雨诱发滑坡的地质力学机理、演化过程、动态风险评估及减灾方法。总体而言，目前对于一般边坡失稳的潜在滑动面搜索、滑动力和阻滑力的研究已开展了卓有成效的研究工作，但对边坡的侵蚀机理、水力学耦合特性等方面的研究尚显不足，还有待开展更深入的探讨[130]。

（3）边坡防护技术的研究。我国在滑坡灾害的防治方面，主要是以预防为主，防重于治。治理强调统一考虑边坡稳定的各种影响因素，并根据各因素所起的作用，按照有先有后、有主有次、有选择性地对滑坡进行防治。目前滑坡的防治措施主要为绕避、完善排水系统、抗滑支挡和滑带土改良等。为了满足治理目的，滑坡防治中一般都是联合使用这几种防治措施。总体上的边滑坡防护技术主要以工程类防护和植物类防护为主[3]。边坡加固的常用方法主要有以下几种[131]：

1）锚杆支护可主动地加固岩土体，有效地控制其变形，防止围岩土体的坍塌。其作用机理有：①悬吊作用。通过锚杆将软弱、松动、不稳定的岩土体悬吊于稳定的岩土体中，以防止其离层滑落。②组合梁作用。将薄层状岩体视为简支梁，在没有锚固前，它们只是简单地叠合在一起，在荷载作用下，单个梁均产生各自的弯曲变形，上下缘分别处于受压和受拉状态；锚杆支护后，相当于用螺栓将它们紧固成组合梁，各层板相互挤压，层间摩擦阻力增加，内应力和挠度减少，增加了组合梁的抗弯强度，从而提高了岩土体的承载能力。③挤压加固作用。形成以锚杆两头为顶点的锥形压缩带，使相邻锚杆的锥形体压缩区相重叠，形成了一定厚度的连续压缩带，加固后岩体承载能力大大提高。④围岩强度强化理论。锚杆支护作用的实质就是改善锚固区岩体力学参数，从而保持高边坡工程的岩体稳定。⑤高压喷射混凝土及注浆过程使岩体裂隙封闭，提高破碎岩体强度并阻止其进一步风化。

2）预应力锚索支护是通过张拉，将高强度钢材、钢丝、钢绞线变成长期处于高应力状态下的受拉结构，从而增强被加固岩体的强度，改善岩体的应力状态，提高岩体的稳定性。因该技术具有先进性、可靠性等优点，在边坡加固工程中得到了较广泛的应用。

3）喷锚网支护又称土钉墙，是喷射细石混凝土、锚杆、钢筋网组合支护的简称，是由被加固的土体、螺纹钢制成的锚杆和面板组成。这种方法把锚杆、喷射混凝土和钢筋网三者有机结合在一起，使得边坡的稳定性有了很大的提高。其工作流程是：用工程钻机或洛阳铲把天然土体钻出锚孔，然后在其中放置锚筋，孔内注素水泥砂浆进行加固，锚杆与喷射细石混凝土形成的面板相结合，形成类似重力式挡土墙结构，以此抵抗被加固土体后缘的侧压力，从而使得挖方坡面达到稳定。

4）抗滑挡土墙支护。根据滑坡的性质、类型和抗滑挡土墙的受力特点、材料和结构的不同，抗滑挡土墙又有多种类型。从结构形式上分，有板桩式抗滑挡土墙、重力式抗滑挡土墙、锚杆式抗滑挡土墙、加筋土抗滑挡土墙、竖向预应力锚杆式抗滑挡土墙等；从材料上分，有加筋土抗滑挡土墙、混凝土抗滑挡土墙、浆砌条石（块石）抗滑挡土墙、钢筋混凝土式抗滑挡土墙等。

5）抗滑桩支护是当边坡土体失衡、滑坡问题较为严重，采用排水、削坡等补救措施不能完全治理，且相关条件合适时，采用抗滑桩治理边坡，往往具有施工简单、速度快、投资省等优点，同时抗滑桩可以和其他边坡治理措施灵活配合作用，在实际工程中已经得到广泛应用。使用抗滑桩最基本的条件：① 滑坡具有明显的滑动面，滑动面以上为非流塑性地层，能够被桩稳定。② 滑动面以下为较完整的基岩或密实的土层，能够提供足够的锚固力。③ 在可能条件下，尽量充分利用桩前地层的被动抗力，使效果最显著，工程最经济。

（4）新技术应用研究。

1）随着3S技术的发展和普及，现在越来越多地应用于边坡工程治理的各个环节。3S系统指地理信息系统、遥感系统和全球卫星定位系统。三者融为一体，为边坡工程的防治与预测预报提供了新的观测手段。

2）在稳定性分析评价方面，人工神经网络的应用，对于边坡工程的稳定性分析和评价提供了一条新途径。随着数值分析方法的不断发展和完善，采用不同数值方法的相互耦合，如有限元、边界元、离散元与块体元等相互耦合，能够充分发挥各自的特长，解决复杂的边坡工程问题。如唐春安[132,133]将强度折减法引入到岩石破裂过程分析RFPA方法中，形成了针对岩土结构稳定性分析的RFPA-SRM强度折减法，该方法充分考虑了材料细观、宏观非均匀性、地下水渗流对边坡的稳定性影响，为边坡稳定分析提供了一种新方法，李连崇[134]等人采用RFPA-SRM强度折减法对边坡安全系数、含节理岩坡稳定性进行了深入的研究和探讨。

3）罗敏敏[135]等利用激光测距原理获取了目标实物的三维坐标数据，通过后处理方法建立了高精度的三维模型。目前，该技术在工程地质和岩土工程领域有一定的应用尝试与研究，但总体来讲还为数不多。其结合具体的高陡岩质边坡工程的地质调查工作实例，阐述了三维激光扫描技术的基本原理，并详细介绍了数据处理方法及其成果提取应用——

主要包括图切工程地质剖面获取和危岩体调查等。

4）李奇[136]利用物探调查了边坡中的滑坡体并展开了研究，其采用二分量共偏移距纵横波地震反射法和高密度电法等综合方法以阜新—朝阳高速公路K366段的滑坡体探测成果为例，分析了滑坡体产生的机理和现状，并对勘测结果进行了解释和规律研究，经开挖治理时验证，符合其地质规律，可以为今后高速公路建设中遇到的滑坡地带的治理提供借鉴和指导作用。

5）蔡保祥[137]通过遥感技术在山区高速公路地质勘测中的应用，勘测出地质体的分布、地质构造特征和不良工程地质条件，并阐述了遥感技术在大规模公路勘测中前景。

6）吴孝清[138]等采用智能光纤光栅传感技术，对智能光纤在线监测高等级公路深厚软基的机理进行分析和试验研究，建立光纤传感技术和网络技术为一体的新型软基在线监测系统，以实现连续、实时对整个软基处理过程中孔压消散、沉降变形、水位、温度变化情况及土体排水固结等发展变化过程进行远程动态监测，从而实现软基施工及工后监测过程的智能化和信息化。程世虎、徐国权等[139]将光纤光栅传感技术成功应用于某些大型岩土工程结构的长期监测，并通过实践提出了一种新的光纤光栅传感技术，用于监测露天矿边坡长期变形情况和掌握爆破瞬间的动态信号。

1.4 边坡稳定性监测加固研究现状

滑坡监测是一项集地质学、测量学、力学、数学、物理学、水文气象学为一体的综合性研究，始于20世纪30~40年代，主要职能包括滑坡的成灾条件、成灾过程、防治过程监测，以及防治效果的监测反馈。滑坡监测已广泛应用于生产实践和科学研究领域领域，成为掌握边坡动态、确保工程安全、了解失稳机理和开展边坡稳定性预警预报的重要手段。

回顾国内外对边坡稳定性监测的内容，主要有变形监测、应力监测、水的监测、岩体破坏声发射监测等，其中应用最为广泛的是变形监测。

1.4.1 变形监测方法

变形监测主要包括地址宏观形迹观测法、大地测量法、GPS测量法、钻孔倾斜法等，常用的变形监测仪器见表1-1。

表1-1 常用的变形监测仪器及特点

仪器名称	特点及适用范围
钻孔多点位移计	多用于边坡深部岩土体相对位移量的监测
收敛计	应用范围广，操作简便快捷，但在高差较大时操作难度高
测斜仪	多用于观测不稳定边坡潜在危险滑动面位置或已有滑动面的变形位置，适用于滑坡变形量较小的坡体中
全站仪	可用于滑体地表监测点的三维测量，具备精度高、操作方便、测量速度快和降低测量劳动强度等优点，但其应用受限于通视条件
GPS卫星定位仪	能够实现自动化、远距离、无线监测传输，提高工作效率
TDR监测系统	具备价格低廉、监测时间短、远程访问、数据提供快捷、安全性高等优点，缺点是不能用于需要监测倾斜情况但不存在剪切作用的区域

（1）地质宏观形迹观测法。用常规地质调查方法，对崩塌、滑坡的宏观变形迹象和与其相关的各种异常现象进行定期的观测、记录，以便随时掌握崩塌、滑坡的变形动态及发展趋势，达到科学预报的目的。

（2）大地测量法。大地测量通常用于监测灾害体表层各部位的位移，主要方法包括两方向（或三方向）前方交会法、双边距离交会法、视准线法、小角法、测距法、几何水准测量法以及精密三角高程测量法等。常用仪器有经纬仪、水准仪、测距仪、全站仪等。

（3）GPS 测量法。GPS 测量法的基本原理是用 GPS 卫星发送的导航定位信号进行空间后方交汇测量，确定地面待测点的三维坐标，根据坐标值在不同时间的变化来获取绝对位移的数据及其变化情况。GPS 方法由于采用了自动化远距离监测，节省大量的人力物力，可实时获取位移量值。

（4）钻孔测斜法。滑坡的变形监测除进行地表变形监测外，还包括边坡岩体内部的变形监测，代表性的方法主要有钻孔测斜法。钻孔测斜技术就是采用某种测量方法和仪器相结合，测量钻孔轴线在地下空间的坐标位置。通过测量钻孔测点的顶角、方位角和孔深度，经计算获知测点的空间坐标位置，获得钻孔弯曲情况。

（5）滑坡监测新技术。近年来，随着科学技术的不断发展，滑坡监测领域出现了越来越多的新型技术与方法。诸如，3S 技术、TDR 技术、无线传感器技术等已逐步应用于滑坡监测领域。

针对变形监测的研究方法，总结查阅了国内外相关文献。国外研究方面，Morimoto，Yoshiharu 和 Fujigaki，Motoharu（2009）开展了精确位移监测的研究；Song Kyo-Young 和 Oh，Hyun-Joo（2012）；Hsu，Pai-Hui Su，Wen-Ray 和 Chang Chy-Chang（2011）；F. T. Souza，N. F. F. Ebecken（2004）借助 ASTER、遥感和 GIS 技术及钻孔测斜等方法进行滑坡预测预报的研究[140]，Terzis，Andreas；Anandarajah，Annalingam 和 Tejaswi，Kalyana（2006）；Mehta，Prakshep 和 Chander，Deepthi（2007）采用无线传感器技术进行滑坡监测；S. Hosseyni；E. N. Bromhead（2011）采用 RFID 技术监测地下水位进行滑坡实时监测和预警[141]。国内研究方面，李炼、陈从新等利用红外测距仪、水准仪、测斜仪、多点位移计等对边坡进行了地表位移和岩体内部监测；樊宽林利用大地测量法实现施工期边坡稳定性实时准动态监测；贺跃光、王秀美采用数字化近景摄影测量系统，用电子经纬仪虚拟照片法和专用量测相机的摄影法进行滑坡监测；黄声享通过对三峡库区某滑坡的变形监测，介绍了 GPS 用于滑坡变形监测的整个过程；简文斌将位移监测资料与斜坡变形破坏现象结合，评价预测边坡稳定状况；张保军进行了以仪器监测为主的稳定性监测，同时结合地质调查和宏观巡视检查，对杨家槽古滑坡进行了稳定性监测；孙世国对露天边坡地表平面位移监测方法进行了优化分析；刘治安在岩土工程位移监测中应用灰色系统理论预报位移发展趋势。此外，还有很多学者提出了一些新的方法。丁瑜[142]、靳晓光等（2002~2011）研究了基于滑坡深部位移监测的滑坡时空运动特征和稳定性分析；谢谟文等（2011）[143]基于 D-InSAR 技术进行滑坡位移监测；王仁波（2008）基于 GPS 进行滑坡位移实时监测；白永健（2011）等基于 GPS、InSAR、深部位移监测滑坡动态变形过程三维系统监测，朱建军等（2003）研究了集成地质、力学信息和监测数据的滑坡动态模型，香港理工大学研制的多天线 GPS 系统，可实现多点位置的监测，大大降低了应用成本，同时开发了自动化集成边坡监测预警系统[144]。

1.4.2 应力监测方法

应力监测方法主要包括应力解除法、水压致裂法、声发射法等。

（1）应力解除法。应力解除法能够相对准确地确定岩体中某点的三维应力状态，应力解除法现已形成了一套标准化的程序。在三维应力场作用下，一个无限体中钻孔表面岩石及围岩的应力分布状态可借助现代弹性理论给出精确解答。利用应力解除测量钻孔表面的应变，即可求出钻孔表面的应力，进而能够精确地计算出原岩应力的状态。据相关文献记载，王双红等应用套孔应力解除法在边坡硐室内进行地应力的测量；孙书伟等[53]在危岩边坡地应力测量中应用了套孔应力解除法；杨静等[54]应用地基应力解除法进行了灌浆地基上倾斜建筑物的纠偏研究；吴宏伟等开展了地基应力解除法纠偏机理的离心模型试验研究。

（2）水压致裂法。水压致裂是指在水压驱动下微裂纹萌生、扩展、贯通，直到宏观裂纹产生，并导致低渗性岩石破裂的过程。它既是岩体工程领域的一种天然行为，又是改变岩体结构形态的重要人为手段，同时，也是测量地应力、岩石断裂韧度等相关参数的重要手段与方法。在煤矿突水、水电工程建设、地下核废料储存岩体注水弱化或提高渗透率等工程领域得到了广泛应用。Hubbert 等（1957）曾对水压致裂的理论开展了大量研究；Haiimson 等研究分析了压裂液渗入的影响，并将研究成果应用于实际地应力测量。由于该法能够测量深部应力（可达地下数千米）且操作方便、不需要精密仪表、经济实用、测量直观、测试周期短，适用范围较广，基于以上优点，该法已在国内外得到广泛应用[56]。

（3）声发射法。声发射（Acoustic Emission，AE）是指固体在产生塑性变形或破坏时，储存于物体内部的变形能被释放出来而产生弹性波的现象。利用该方法可推断岩石内部的形态变化，反演岩石的破坏机制。

岩体声发射技术是国际上工业发达国家积极开发、应用于岩质工程稳定性评价或失稳预测预报的有效办法。该技术的研究始于 20 世纪 50 年代，早在 80 年代初期，美国、苏联、加拿大、南非、波兰、印度、瑞典等国，已应用岩体声发射技术，实现了矿井大范围岩体冒落的成功预报，露天边坡岩体垮落等事故的提前预警，以及岩土工程的稳定性监测、安全性评价等。我国声发射技术的研究始于 20 世纪 70 年代，1998 年煤科院抚顺分院研究了声发射监测与预测边坡变形的可行性，并取得了一定的研究成果；同时，提出了进行边坡稳态预测的研究思路[57]，中国矿业大学利用该方法进行了边坡稳定监测的实验研究[58]。目前，应用较多的声发射测试设备有声发射仪和地音探测仪，该类仪器具有灵敏度高、可连续监测的优点，且相比于位移信息，测定的岩石微破裂声发射信号能够提前 3~7天[59]。

1.4.3 水文监测方法

水是影响边坡稳定性最重要的因素之一，其对边坡的危害包括冲刷作用、软化作用、静水压力和动水压力作用，以及浮托力作用等。以边坡稳定性监控为目的的水动态监测通常分为降雨监测、地表水监测和地下水监测。

地表水和地下水的形成主要是由降雨引起的。关于降雨对滑坡稳定性的影响，国内外取得了大量的研究成果。Capparelli，Giovanna 和 Versace，Pasquale（2011）；Chae，

Byung-Gon（2011）；Capparelli，Giovann 和 Tiranti，Davide（2010）；Tiranti，Davide（2010）；Baum，L. Rex；Godt，W. Jonathan（2010）；G. Pedrozzi（2004）研究了降雨诱发滑坡的相关问题[60-65]；de Souza，T. Fábio 和 Ebecken，F. F. Nelson（2012）；P. L. Wilkinson 和 M. G. Anderson（2002）基于数据模型和水文模型开展了降雨诱发的滑坡预测研究[66-67]。澳大利亚学者提出了降雨过程与地下水位相关性分析的南威尔士模型，该模型通过前期降雨量及当日最大降雨量判断发生滑坡的可能性；长江科学院与武汉水利电力大学在长江三峡专门开展了降雨入渗试验研究；清华大学于 20 世纪末开展了降雨入渗条件下的裂隙渗流试验研究等。

地表水监测包括与边坡岩体有关的江、河、湖、沟、渠的水位、水量、含沙量等的动态变化，还包括地表水对边坡岩体的侵润和渗透作用等信息。观测方法分为人工观测、自动观测、遥感观测等。地下水监测内容包括地下水位、孔隙水压、水量、水温、水质、土体的含水量、裂缝的充水量和充水程度等。通过观测滑坡体前部的地下水动态，能够预测分析边坡的稳定状况。S. Hosseyni；E. N. Bromhead（2011）采用 RFID 技术监测地下水位进行滑坡实时监测和预警[145]。欧洲大多数国家地下水监测始于 20 世纪 70~80 年代；美国从 20 世纪 50 年代开始建立地下水数据的储存与检索系统；我国地下水监测网分属原地矿部、建设部、水利部，地震局、环保局规划和管理，20 世纪 60 年代以来，水利部门开始监测地下水水位、开采量、水质和水温等要素[146]。

当边坡已经处于失稳破坏状态时，必须采取工程措施对其进行支护设计。边坡处治技术在国内外的发展已有多年的历史：

（1）20 世纪 50~60 年代，治理滑坡灾害通常用地表排水、削方减载、填土反压、挡土墙等措施。

（2）20 世纪 60~70 年代，我国在铁路建设中首次采用抗滑桩技术并获得成功。其具有布置灵活、施工简单、对边坡扰动小、开挖断面小、排土体积小、承载力大、施工速度快等优点，受到工程师们和施工单位的欢迎，在全国范围内迅速得到推广应用，并从 20 世纪 70 年代开始逐步形成以抗滑桩支挡为主，结合清方减载、地表排水的边坡综合处治技术。

（3）20 世纪 70~80 年代，锚固技术理论得到突破性进展，与抗滑桩联合使用，或锚索单独使用（加反力梁或锚墩）。锚索工程不开挖滑坡体，又能机械化施工，所以目前被广泛应用。对于排水，人们也有了新的认识，主张以排水为主，结合抗滑桩、预应力锚索支挡综合整治。

（4）近年来，压力注浆加固手段及框架结构越来越多地用于边坡处治。注浆加固软弱地基已被广泛应用并取得了成功的经验。一般多灌注水泥浆和水泥砂浆。在湿陷性黄土地基加固中还加入了水玻璃等化学浆液来提高其可灌性和调节浆液凝固时间，有效地提高了地基的承载力，消除了土的湿陷性和压缩性。它是一种边坡深层加固处治技术，能解决边坡的深层加固及稳定性问题，是一种极具广泛应用前景的高边坡处治技术。

我国对边坡滑坡的系统研究和治理起步较晚，自 20 世纪 50 年代初开始，已防治了数以千计的各种类型的滑坡，结合我国国情研究开发了一系列有效的防治办法，总结出绕避、排水、支挡、减重、反压等治理滑坡的原则和方法。

2 南芬露天矿区域地质条件分析

2.1 工程概况

辽宁省本钢（集团）南芬露天铁矿是亚洲最大的单体露天矿山。1999 年以来，在特殊地形和长期矿山开采综合影响下，采场下帮边坡形成了多处较大规模的滑坡体，滑坡体长 252m，宽 250m，滑动方向 270°，滑坡体体积约 52 万立方米，压矿近千万吨，10 年来不能开采，给企业造成了重大损失。

自 2010 年 6 月开始，中国矿业大学（北京）自主研发的“基于滑动力变化的滑坡灾害远程监测预警技术与装备系统”在本溪钢铁（集团）南芬露天铁矿进入实施。技术实施期间，对采场下盘 700m 高陡边坡进行远程实时监控。截至 2016 年 12 月，南芬露天铁矿已经累计实施了五期滑坡监测预警工程，取得了丰硕的成果。2010 年和 2012 年，开挖和降雨联合诱发采场 430m 平台、526m 平台和 334m 平台共发生滑坡和裂缝灾害 4 次，均提前 3~5 天成功预警（图 2-1），避免了人员伤亡和财产损失，实现了边坡开挖安全的可控管理，使 10 年未能开采的千万吨矿体实现了安全回采，具有显著的经济效益和社会效益。

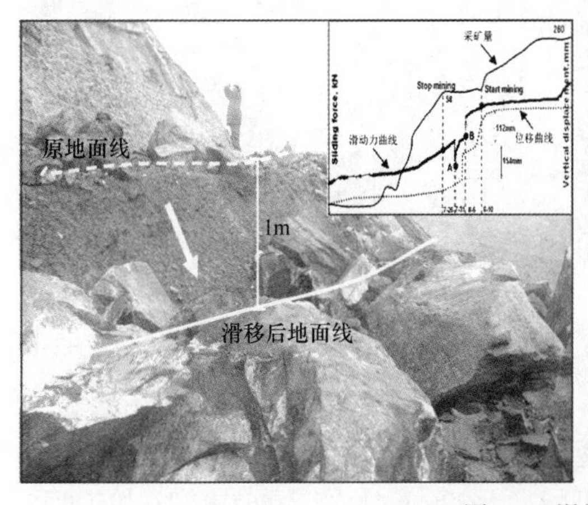

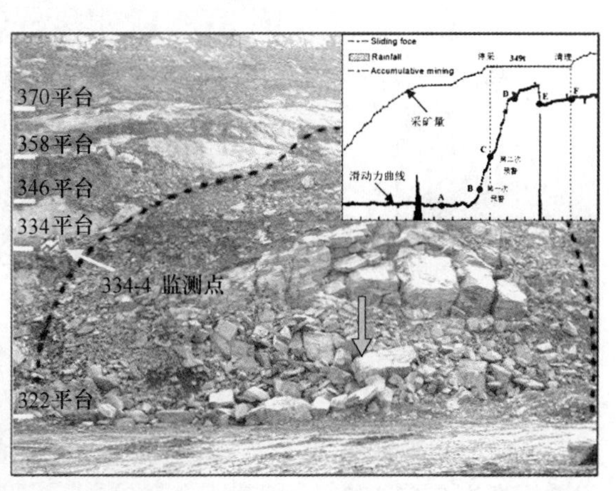

图 2-1　滑坡成功预报实例

经过两年（2010. 3—2012. 10）的驻矿跟踪监测和边坡稳定性动态评价（定性），南芬露天铁矿边坡已经由“保守开采”向“可控开采”转型，并且从 2010 年开始，已经有计划地对采场下盘 10 年未敢开采的近 1 千万吨矿石开始进行回采，实现了矿山安全可持续开采。

目前，随着矿山开采规模和扩帮进程的加快，边坡暴露面积日益增加，历史详勘资料中探测的离散型深部岩体信息（潜在滑面、软弱夹层、岩性空间分布、节理裂隙分布特征、优势节理产状等）都已经无法适应采场边坡现状标高的需求，亟待开展采场边坡物探勘察，利用物探成果，结合历史深部钻探探勘资料，对南芬露天铁矿历史详勘资料进行纠偏、验证和补充工作，并判断和圈定滑体区域内仍需增加钻探工程的具体位置，弥补历史详勘资料的勘查空白。

2.2 矿区自然地理条件

2.2.1 位置与交通

南芬露天铁矿位于辽宁省本溪市南 25km 处，地势起伏较大，相对高差一般为 300~400m，最大可达 500m，总体地形东高西低，山势走向近东西，为剥蚀构造中高山区，沟谷较多，植被稀少。

南芬露天铁矿距本溪市南芬区南芬镇 7.5km，距南芬选矿厂 6.5km，有铁路专用线与矿区相连接。行政区划隶属本溪市南芬区管辖。沈阳至丹东铁路从南芬镇通过，沈阳至丹东高速公路从矿山西面 3.5km 处通过，有柏油公路直通矿区，交通十分方便。

矿区地理坐标：东经 123°50′，北纬 41°07′，南芬露天铁矿交通位置如图 2-2 所示，南芬露天铁矿卫星遥感地貌特征如图 2-3 所示。

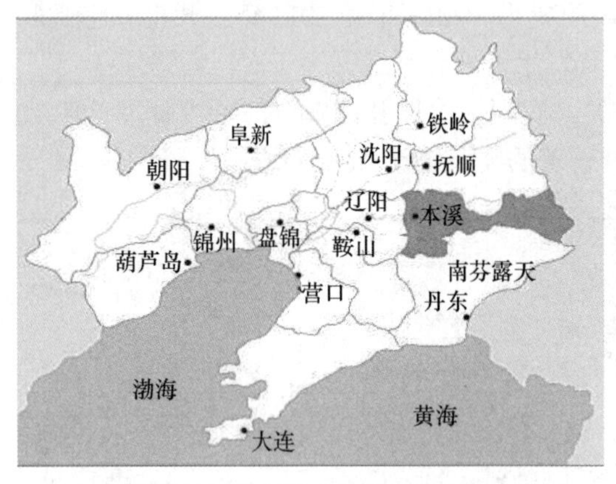

图 2-2　南芬露天矿地理位置图

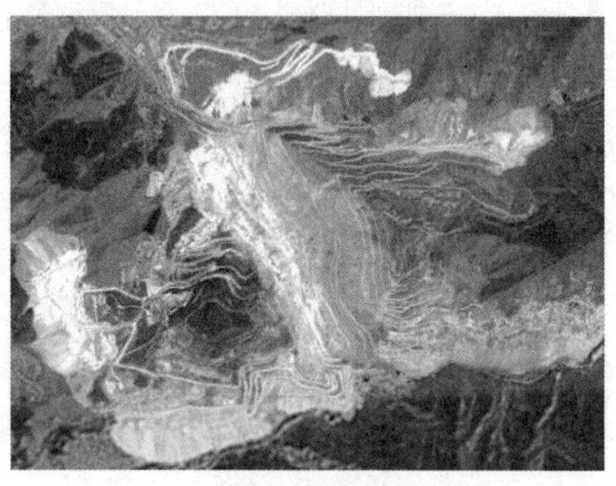

图 2-3　南芬露天矿遥感地貌特征

2.2.2 自然地理

矿区地貌为侵蚀构造中高山地貌，山尖部坡陡，主要山脉走向近东西。矿区附近一般山脉标高为 500~600m，最高标高为 963m，最低标高为 296m，比高达 667m。区内有两条河流，即北部的庙儿沟河和南部的黄柏峪河，流向为自东向西。矿区内水文地质条件比较简单，主要含水层为第四系孔隙潜水和基岩裂隙水。

矿区内有两条近东西向常年性河流流经矿区：

（1）庙尔沟河。位于采场北部，发源地距离矿区约 10km，跨越开采境界的长度约为 1.2km，河床标高 298m，宽 5~10m，流量 0.1~1.1m^3/s，最大流量可达 93m^3/s，洪水位标高为 297.41m，水化学类型为 HCO_3-Ca · Na 型水。

（2）黄柏峪河。位于采场南部端帮境界线外，紧邻采场边缘。该河发源地距离矿区约

12km，河床标高327m，宽约10m，流量为0.2~0.3m³/s，最大流量可达76m³/s，水化学类型为HCO_3-SO_4-Ca·Na型水。

矿区位于北温带季风气候区，冬季极端最低气温-32.3℃，夏季极端最高气温37.3℃，年平均气温为8.2℃，年平均降雨量为880mm，最大日降雨量为274mm，降雨集中在7~9月，年平均蒸发量为1729mm，湿度系数为0.5，属于湿度不足带。

2.3 历史边坡工程地质勘察及存在问题

2.3.1 历史边坡工程地质勘察

1983年3月至1986年8月，为满足南芬露天铁矿深部开采设计的需要，完成了《本钢南芬铁矿深部开采边坡稳定性研究》，主要研究内容包含：

（1）完成6.6km²的工程地质测绘（比例尺1：2000），测量控制线27.82km，测量控制点284个，地质观察点622个，详细测线43条，独立测站23个，工程物探0.96km²，探槽素描830m。

（2）完成7个孔总计长2827.13m的定向岩心钻探工作，取岩矿试样27块。

（3）完成了定向岩心和地面详细线上节理的测量和统计分析。

（4）对现有台阶边坡进行了稳定性调查，对矿区自然边坡进行了统计分析。

（5）完成水文地质调查和野外渗透性试验，并利用有限元进行渗流计算，确定地下水浸润曲线工作。

（6）为确定河流改道方案进行了调查。

（7）完成了爆破测震和预裂爆破试验。

（8）用概率方法进行了场区地震危险性分析。

（9）完成了现有边坡稳定性计算与综合分析。

上述研究工作内容全面，涉及大型露天矿山边坡稳定性研究的各个方面，资料充足，数据可靠，研究成果可作为未来边坡设计的依据。但是，由于时间和技术限制，专家组建议南芬矿针对边坡工程安全深入开展如下工作：

（1）对边坡岩体地下水赋存规律及疏干排水措施做进一步研究。

（2）进一步开展边坡控制爆破的监测工作。

（3）采取有效措施，加强对边坡稳定性的监测工作。

（4）随着开采深度和边坡出露高度的增加，适时增加边坡稳定性评价工作。

2010年，南芬露天铁矿严格按照专家组提出的深入研究建议，陆续开展了如下工作：

（1）2010—2016年，联合中国矿业大学（北京）深部岩土力学与地下工程国家重点实验室开展了基于滑动力变化的边坡稳定性远程监测预警工程，累计设置监测点53个，实现了南芬露天铁矿滑坡灾害的超前预警。

（2）2011年，联合本钢设计研究院和中国矿业大学（北京）深部岩土力学与地下工程国家重点实验室开展了采场边坡排水疏干孔的设计、施工和监测工作，累计施工边坡排水疏干孔41个，总进尺3441m，并选取关键排水孔对其排水量进行24h连续自动监测，实现了边坡岩体地下水赋存规律研究。

2.3.2 存在的问题

经过对《本钢南芬铁矿深部开采边坡稳定性研究（1986）》的深入分析，发现1986年所做的南芬露天铁矿采场边坡工程地质详勘工作全面、翔实，勘察区与四期境界较吻合，四期境界平面范围未超出勘察区界限，原有钻孔勘察资料所揭露的信息可以满足现状边坡稳定性评价需要。但是，由于1986年的临时边坡高度上盘为129m，下盘为237m，而2012年的边坡高度上盘增加为444m，下盘增加为468m，边坡角约46°，原有边坡稳定性调查和计算资料远不能满足边坡稳定性评价和危险性区划的需求，亟待开展系统的稳定性评价及危险性分区研究，结合已有工程地质钻孔资料（1986年）和扩帮工程揭露出地层构造的赋存条件，建立基于岩石力学数据库定量分析的工程地质综合分区图，针对不同的危险区提出有效的工程防治策略，从本质上提高南芬露天铁矿边坡安全管理水平和信息化程度，为矿山可持续安全开采奠定基础。

2.4 岩性结构场特征

2.4.1 地形地貌

2.4.1.1 矿区周边地形地貌

南芬露天铁矿周边地形东高西低，河流均由东向西注入细河。东部太古界片麻状混合花岗岩和片岩构成中高山区，最高是黑背山，海拔962.7m。南部北大岭海拔约800m，山坡平缓。北部和西部山体均由震旦系石英岩和页岩组成，海拔500~600m，最高海拔729.2m，由于石英岩抗风化能力强，多见于悬崖峭壁。

茶信沟溪流、南黄柏峪河、庙尔沟河分别流经矿区的北端、南端及中部，这些河床的标高约284~327m，其上游有一定面积的汇水区域。南黄柏峪河、庙尔沟河为常年性河流，茶信沟溪流则属于季节性河流。

2.4.1.2 矿区采场地形地貌

矿区采场经过多年开采，原始地形发生了翻天覆地的变化。采场中部和南部采掘垂深已经达到504m，采场底部标高190m，采场顶部（下盘）标高694m（图2-4）。北部经过大规模的开采，采场底部标高286m，采场顶部标高454m，采掘深度达到168m（图2-5）。

图2-4 采场上盘开采

图2-5 采场北山开采

2.4.2 地层和岩性

南芬露天矿位于华北地台辽东台背斜营口—宽甸隆起的北缘太子河凹陷之中。区域内广泛发育有太古界鞍山群，其次为元古界辽河群和震旦系地层及新生界第四系地层。

2.4.2.1 太古界鞍山群

南芬露天铁矿采场内鞍山群地层可划分为六个岩组，由老道到新描述如下。

（1）二云母石英片岩组（Gpl）。Gpl 岩组在区域上属于黑云变粒岩段（$Arad_2$），出露于矿区东部，是构成采坑东帮边坡的主要岩层。就岩性来说，下部为二云母长石石英片岩，上部为二云母石英片岩。片岩呈粒状结构，片理发育，矿物成分主要为石英，其次是长石、黑云母、白云母，石英与云母构成明显的条带状。岩层倾向 272°~278°，倾角为 42°~50°，岩层厚度约 400m。

（2）绿帘角闪（片）岩岩组（AmL）。AmL 岩组构成东帮边坡表层的一部分，黑绿色，粒状结构，块状构造，局部呈片状，主要由角闪石、绿帘石组成，其次是黑云母、石英等。岩层倾向 249°~274°，倾角 27°~57°（图 2-6a）。

（3）磁铁石英岩组（Fe）。磁铁石英岩组为矿区主要铁矿层，现已查明三层，由下而上分别为一、二、三层铁，平均厚度分别为 10.6m、21.29m 和 87.88m。根据矿石中矿物组合成分不同和相对含量的差异，矿石分多种类型，主要是磁铁石英岩，其次是透闪磁铁石英岩和少量磁铁赤铁石英岩、棱铁石英岩。磁铁石英岩呈灰黑色，粒状结构，块状构造，主要由磁铁矿和石英组成，该组岩层平均产状为 271° / 45°。

（4）石英绿泥片岩组（Am）。Am 岩组与铁矿层的分布极为密切，在矿区中多作为铁矿层的顶、底板或铁矿层中的夹层出现。当铁矿层尖灭时它又作为铁矿层的延续部分。其岩性包括石英绿泥片岩、绿泥石英片岩、黑云母片岩、绿泥石片岩及绿泥角闪片岩等，矿物成分复杂，且分布不均，以石英绿泥片岩分布最为广泛（图 2-6f）。

石英绿泥片岩呈深绿色，片状构造，主要矿物为绿泥石，其次是石英含少量的黑云母、方解石、电气石等。该层厚度约 10m，但在采场东北部最大厚度可达 100m，并构成边帮岩体。

（5）云母石英片岩组（TmQ）。TmQ 岩组出露于采场中部，南起黄柏峪沟北至庙儿沟。云母石英片岩灰白色，中、细粒结构，片理发育。主要矿物为石英和云母，呈条带状集合体；次要矿物为斜长石、钾长石、黑云母等。该层与下伏三层铁界面清楚。岩层产状为 258°/45°，岩厚为 40~100m（图 2-6b）。

（6）片麻状混合花岗岩（Mr_1^2）。Mr_1^2岩组出露于采场的中部和南部，南宽北窄近于楔形尖灭于苗儿沟南侧。岩石呈灰白色，中细粒结构，块状、片麻状构造，主要矿物成分为石英、斜长石、钾长石，其次为云母、方解石等。

由于花岗质岩浆与原岩混合的程度不同，使该岩组在结构、构造、物质成分相对含量等方面有所不同，形成了过渡类型的岩石变种，包含混合花岗岩、花岗片麻岩、云母斜长石片麻岩、角闪石片岩和云母石英片岩等。该岩组与下伏云母石英片岩层呈过渡关系，片麻理产状为 258°~271°/42°。

2.4.2.2 元古界辽河群

该层不整合于鞍山群地层之上，主要由石英岩、千枚岩、大理岩等组成，厚度约 670m，分布在矿区中部及北部。辽河群地层分布在采场中部和南端黄柏峪沟一带，共出现

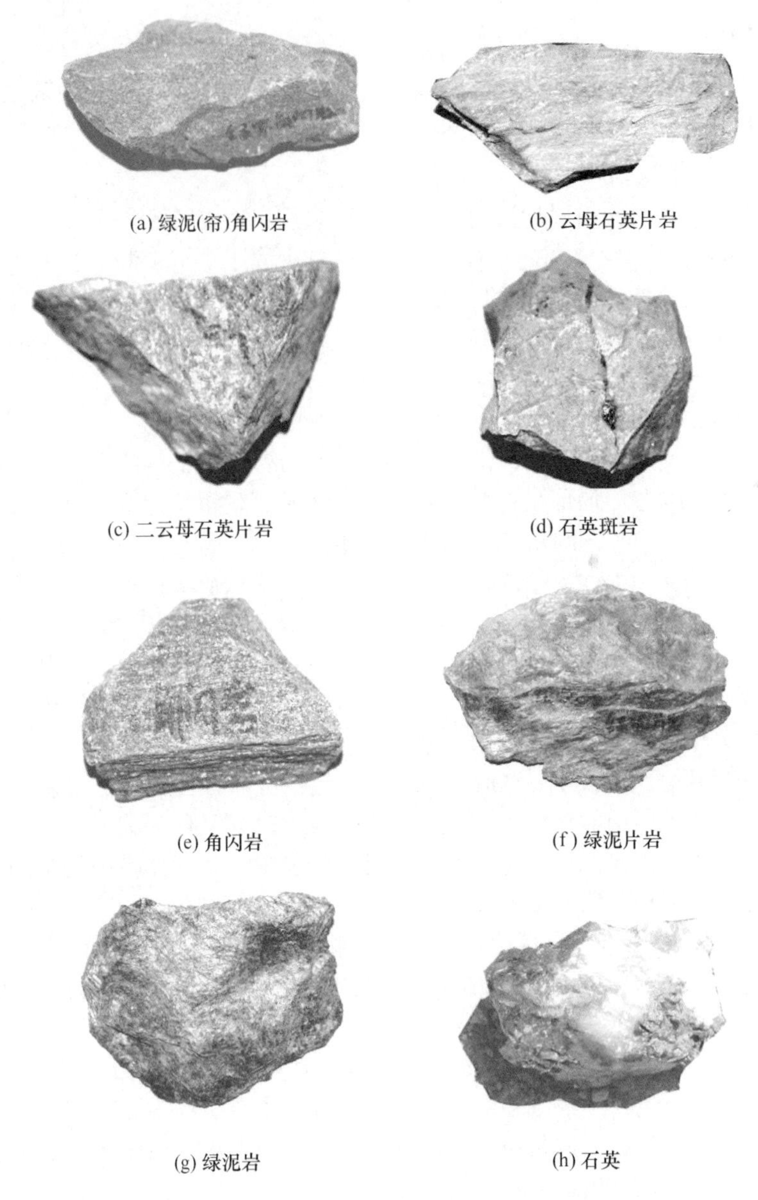

(a) 绿泥(帘)角闪岩 (b) 云母石英片岩

(c) 二云母石英片岩 (d) 石英斑岩

(e) 角闪岩 (f) 绿泥片岩

(g) 绿泥岩 (h) 石英

图 2-6 采场典型岩石

三个岩组，自下而上为：

(1) 石英岩组（$PtlaL_1$）。$PtlaL_1$岩组中的石英岩为灰白色，中厚层，粒状结构，块状构造。近层底部夹有千枚岩、片岩，与下伏鞍山群地层呈角度不整合接触。石英岩层产状293°/ 50°，厚度约40m（图2-6h）。

(2) 千枚岩组（$PtlaL_2$）。$PtlaL_2$岩组层底部为千枚岩，上部为千枚状大理岩、绿泥石大理岩。

(3) 混合花岗岩组（Mr_2）。Mr_2岩组在采场内庙儿沟两侧，地表呈三角形分布。混合花岗岩呈肉红色、灰白色，粒状结构，块状、片麻状构造。主要矿物为石英，其次为正长石、斜长石、云母等。混合花岗岩构成露天矿倒转背斜的核部，由于挤压应力作用，岩体内微裂隙发育，普遍见有绿泥石化、绢云母化现象，在其内部存在较多的斜长角闪岩残留体。岩体顶部见明显的剥蚀面，与上覆震旦系地层界面清楚。

2.4.2.3 震旦系

震旦系地层不整合覆盖在辽河群地层之上，与鞍山群呈断层接触关系，主要由石英岩和页岩组成，分布在采场的西、北部，属钓鱼台组和南芬组，与前震旦系地层主要呈断层接触。

（1）钓鱼台石英岩组（Zz+3d）。Zz+3d 岩组呈灰白色，中厚层状，中粒结构，块状构造，致密坚硬。底部夹有薄层页岩及炭质板岩，与下伏辽河群地层呈角度不整合接触。岩层产状 297°~336°/21°~24°，厚度约 130m。

（2）南芬页岩组（Z_2+3n）。Z_2+3n 岩组页岩分布于采场西部境界线附近，覆盖在石英岩层之上。底部为蛋青色泥灰岩段，主要是薄至中厚层条带状泥灰岩，其下部含有石英质砂砾岩层。顶部为紫色、黄绿色岩段，主要是紫色页岩，夹有薄层泥灰岩、砂质页岩。岩层产状 313°/27°左右，岩层总厚度约 297m。

2.4.2.4 第四系（Q）

第四系岩组在岩性上包括砂、砾石、黏性土和碎石等，厚度很小，主要成因为冲积坡积。通过现场勘查发现，430m 平台至 526m 平台滑塌和 646m 平台至 682m 平台滑塌后缘均以绿泥片岩和角闪绿泥片岩为主，呈粉状、薄片状或板状构造，岩性软弱易风化，遇水强度急剧降低，在干燥条件下，对边坡整体稳定性不构成直接影响。但是，由于露天矿下帮边坡裂隙和节理发育，长期经受风化和地表水冲刷等外界应力作用，表层岩体遭到冲蚀，并逐渐向深部扩展，使裂缝逐渐扩张，表层裂缝和深部节理日益贯通，形成地表水入渗的良好通道。另外，下帮边坡岩层倾向 294 °，倾角 30°~60°，与边坡走向小角度相交，属于顺层石质边坡，绿泥岩层遇水强度降低后形成潜在滑动面，致使其两侧岩体变形并发生相对位移，成为边坡变形破坏的初始点和构成边坡局部滑塌的边界。

2.5 地质构造场特征

2.5.1 褶皱构造

露天矿倒转背斜是矿区内的主要褶皱构造。该背斜位于黑背山倒转背斜的西南翼，与其南端呈平行展布，位于矿区震旦系地层中。背斜东西宽 1km 左右，南北长约 4.5km，北端倾伏于茶信沟附近，南部位于永安村以北。轴面走向为 NNE，向西倾斜，倾角约 50°。核部由混合花岗岩构成，西翼依次为钓鱼台组石英岩、南芬组页岩，岩层倾角约 23°。其东翼因 F_1' 与 F_1 断裂带的破坏而残缺不全。根据 1986 年岩心定向钻孔资料，可以判断出在深部确实见到钓鱼台组石英岩覆盖于南芬组页岩之上，从而呈现出明显的倒转背斜形态（图 2-7）。

2.5.2 断裂构造

矿区内断裂构造较发育，通过对历史勘察资料和工程地质测绘资料的分析，共发现 45 条断裂。其中主要断裂构造包括黑背山倒转穹窿构造、露天矿倒转背斜和断裂

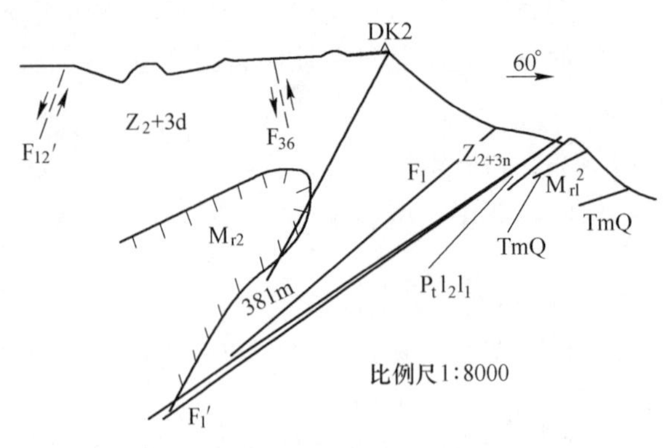

图 2-7 DK2 号钻孔剖面图

构造。

（1）黑背山倒转穹隆构造。黑背山倒转穹隆构造呈椭圆状，南北长 7.5km，东西宽 6km，核部为混合花岗片麻岩，向外依次出露鞍山群片岩段和含铁岩段，辽河群不整合覆盖其上，西翼倾向 NWW～SWW，倾角 35°～40°；东翼倾向北西和南西，倾角 35°～60°，由于地层倒转，鞍山群覆盖于辽河群之上。

（2）露天矿倒转背斜。露天矿倒转背斜处于黑背山倒转穹隆的南西部，形态相似，东西宽 1.5km，南北长 4.5km，轴向近南北，轴面倾向 NWW，倾角约 30°，核部为混合花岗岩，震旦纪石英岩不整合覆盖其上。

（3）F_1断裂构造。F_1断裂构造是矿区的主要断裂构造，属于区域上 NE 向压扭性断裂的南西延长部分，在矿区呈 NNE 或近 SN 走向，倾向西，倾角约 45°，长 10km，宽 5～20m，在-2～-6 勘探线虽与第三层铁矿直接接触，但对矿体无破坏作用，只切割矿层顶板岩石。

由于矿区位于太子河凹陷带的南缘，呈半岛状，主要构造为倒转背斜和 NNE 向大断裂。根据 1986 年勘察结果和本次调查成果，对本区断裂构造进行分组归类分析。

（1）NNE 向或近 SN 向断裂。该组断裂共包含 17 条，多分布于矿区西部和北部震旦系地层中，长度约 200～550m，规模最大的是 F_1'，属于区域性断层。这些断裂的走向集中于 NE 3°～NE 16°之间，个别的如 F_{38}断裂，走向为 NE 21°，及 F_{14}走向为 NNW 355°，偏离的较大。其倾向均为向西，倾角约 45°～70°。断裂呈明显的挤压状态，多表现为左行扭动，均属压性或压扭性断裂。

F_1' 断裂纵贯全采场，对区内构造格局起着主导的控制作用。在 1986 年的详勘资料中，DK1 和 DK3 岩心定向钻孔中，均见到该断裂。F_1' 的总体走向为 NE 12 °左右，倾向 W，倾角约 45 °。断面呈舒缓波状，宽 0.5～2m，并填充有断层泥。构造角砾和挤压透镜体，见斜冲擦痕和阶步。其两侧发育有 40～110m 宽的影响破碎带，主要分布在上盘，导致震旦系石英岩和页岩层极为破碎。F_1' 与 F_1、F_{15}及 F_{46}'等近于平行，相距不远，在不同的地段组合成构造断裂带。

（2）近 EW 向断裂。该组断裂多出露于测区西部震旦系石英岩地层中，发现有 10 条。EW 向断裂规模较小，长度在 150～46m 之间。走向方位在 270°～300°范围内，总体优势方位 286°，多向南倾，倾角为 80°～87°，地貌上多形成陡峭的断壁和沟谷。断面凹凸不平，见有数米至十几米宽的角砾岩带，该组断裂具有明显的张性特征，角砾为棱角状，断面上有光滑的镜面，并附有砂质和碳酸盐被膜。本组的其他断裂有的也有类似现象，这些迹象说明近 EW 向断裂后期有扭动特征。综上所述，该组断裂的性质为张性或张扭性断裂。

（3）NE 向断裂。该组断裂在测区见有 12 条，多分布于采场的中部的片麻状混合花岗岩中。长度多为 200~1000m，最长的 F_2 断裂大于 1400m。该组断裂走向一般在 NE 25°~50°之间，倾向 NW；个别断裂（如 F_{30}、F_{36}）倾向 SE，倾角 60°~70°之间。该组断裂挤压现象明显，主断面充填有断层泥、构造透镜体，断面上可见镜面和擦痕。据野外观察判断，断裂早期呈压性特征，而晚期表现为左行扭动，在断裂影响带范围内片理带明显。

（4）NW 向断裂。NW 向断裂发育程度软弱，调查区内仅发现 6 条。出露长度一般在 200~400m 之间，其中 F_{30} 和 F_{42} 属于层间断裂，规模较大，长度约 1100~1900m。该组断裂展布方位多呈 315°~329°，均向西倾，倾角 45°~70°。断面呈舒缓波状，可见镜面。斜冲擦痕和阶步，其性质为压扭性。出露于震旦系石英岩层中的 F_{21} 和 F_{24} 断裂，呈张扭性特征。F_{24} 和 F_{21} 断层，南盘断层上具有光滑镜面并张开，其间充填有构造角砾岩，因此揭示了 NW 向断裂发育到晚期阶段，有可能转化为张性。

2.6　环境物理场特征

2.6.1　地下水渗流场特征

地下水渗流场的补给、径流、排泄特征往往影响边坡的稳定性，是边坡稳定性分析不可忽视的重要因素之一。南芬露天铁矿气候条件、地表径流特征和地下水赋存规律如下：

（1）气候。矿区位于北温带季风气候区，冬季极端最低气温-32.3℃，夏季极端最高气温 37.3℃，年平均气温为 8.2℃，年平均降雨量为 880mm，最大日降雨量为 274mm，降雨集中在 7~9 月，年平均蒸发量为 1729mm，属于湿度不足带。

（2）地表径流。南芬露天矿年平均降水量为 880mm，多集中在 7~9 月。有庙儿沟河、黄柏峪河这两条常年性河流流经矿区。

（3）地下水。矿区地下水按赋存特征可分为孔隙水和裂隙水。孔隙水主要为冲积层潜水，并与基岩裂隙水有水力联系。基岩裂隙水又按赋存位置不同分为风化裂隙水和构造裂隙水。矿区基岩裂隙水在 298m 以上受大气降水补给，在 298m 以下还与地表水有水力联系。因此，地下水动态与全年降水量的分布密切相关。在雨季和冬春交替季节出现的融雪水、裂隙水严重影响滑坡体的稳定性。如果不及时采取措施，对滑坡体内的裂隙水进行科学排泄，会使滑坡体内岩土体强度降低，加剧滑体发育速度，严重威胁露天矿安全可持续开采。

2.6.2　爆破震动

控制爆破地震效应的主要途径是改变炸药量和爆炸距离。但是，南芬露天铁矿采场下盘滑体距回采平台距离确定，距离因素不可能改变，只能从控制炸药量等方面来降低爆破对滑坡体的震动破坏。

目前，预裂爆破是一种特殊的控制爆破，是由光面爆破发展演变而来。预裂炮孔必须先于主爆区炮孔起爆，首先形成一定宽度的贯穿裂缝（预裂缝），将开挖区和保留区岩体分离，从而使保留区的岩体在主爆孔起爆时受到的破坏和震动大为减轻，尽量保持原始稳定性，留下光滑平整的开挖面。

在358m平台上设计一系列小孔径、相互平行、倾角为46°、深度约17m的炮孔（图2-8）。然后，采用逐步调整爆破参数的原则，以便起爆后能够形成一个完整的预裂面。预裂面可以把主爆过程中形成的应力波反射回已经开挖的岩石上，并且消散过高的气体压力，从而确保主体爆破对预裂面后面的岩体几乎不产生影响。

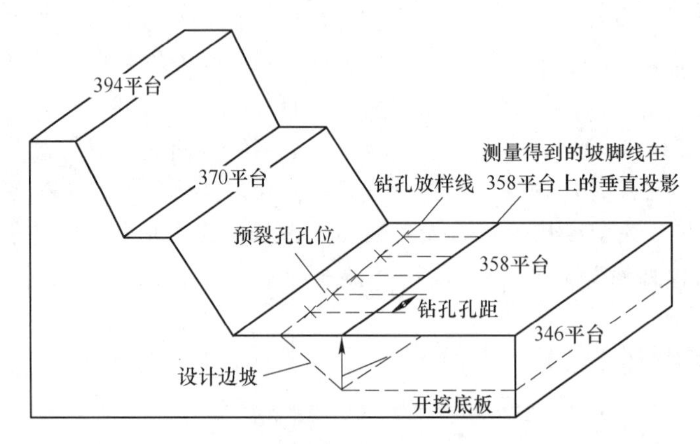

图2-8　预裂爆破技术降低爆破震动

2.7　节理分布规律

南芬露天铁矿采场边坡受5~6组节理的切割。这些节理组对边坡的稳定性不构成大的影响，其作用主要是切割岩体，降低岩体整体强度。其中，位于采场下帮的两组节理对边坡稳定性影响较大。

（1）一级节理。平均产状295°/48°。节理面有显著滑动痕迹，节理粗糙度系数值约2~4（图2-9）。一级节理在边坡体内贯通性极强，已经构成下盘总体滑坡的主滑面。

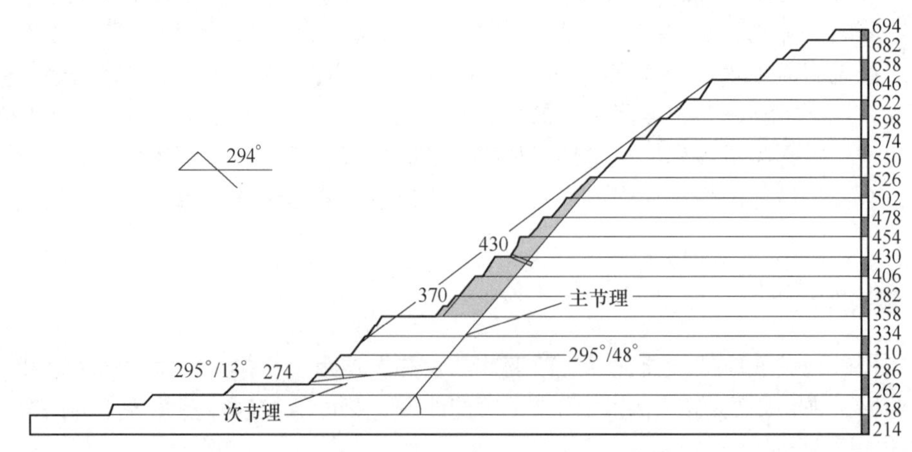

图2-9　节理分布示意图

（2）二级节理。平均产状为291°/13°，节理展布宽广，倾角较小，节理出露处常有水流痕迹。由于二级节理倾向坑内，在坡面上出露，构成了滑体的下部滑面，末端常形成滑坡体的滑坡舌部。

2.8 本章小结

（1）南芬露天铁矿区内地震烈度Ⅵ度，边坡岩性以绿帘角闪片岩组（AmL）、二云母石英片岩组（Gpl）、云母石英片岩组（TmQ）、片麻状混合花岗岩组（Mr_1^2）、石英岩组（$PtlaL_1$）、南芬页岩组（Z_2+3n）和第四系岩组为主，其中易滑岩层为绿帘角闪片岩和二云母石英片岩。

（2）南芬露天铁矿采场边坡受5~6组节理的切割。这些节理组对边坡的稳定性不构成大的影响，其作用主要是切割岩体，降低岩体整体强度。其中，位于采场下帮的两组节理对边坡稳定性影响较大。

（3）采场边坡类型丰富，边坡走向与岩层走向的关系包括顺向、斜向、反向等几种类型，倾角从缓倾、中倾、陡倾变化不等。与自然边坡不同的是缓倾-中倾顺向的边坡由于采矿工程开挖切层影响，稳定性相对较差。

（4）矿区内断裂构造较发育，共发现45条断裂，其中黑背山倒转穹窿构造、露天矿倒转背斜和断裂构造成为影响矿山区域稳定性的主要断裂构造。

3 边坡工程地质物探及解译分析

3.1 物探方法选择

物探方法是一种间接的勘探手段。由于其影响因素较多，以及勘探成果的多解性，一般采用多种方法勘探，综合进行解释，这样成果的可靠程度才会提高。对于露天矿山滑坡区、煤田采空区、气化采煤燃烧区等特殊区域，高密度电法率法、探地雷达、瞬变电磁等方法都是比较有效的方法。本书主要介绍采用中国矿业大学（北京）自主研发的地质雷达对南芬露天铁矿采场下盘高差约 400m 的边坡进行探测。

露天矿山滑坡区的边坡探测属于中深层物探工作，按照工程概况和探测的要求，探测深度在 12~24m 以内（边坡台阶高差 12m，并段台阶高差 24m），主要了解采场滑体部位潜在地质结构面的分布特征和发育状况。结合地质雷达方法快速、高分辨等特点，因此选择地质雷达方法是比较合适的解决方案。

地质雷达方法是根据雷达回波穿过介质的回波时间大小与邻近介质回波时间大小和相互对比来分析介质介电常数的变化，而介质介电常数的变化直接反映了它的均匀性、含水量以及孔隙度等变化，在干燥地区，介质的空隙程度往往是决定异常变化的主要因素。

3.2 地质雷达基本原理

地质雷达是一种电磁探测技术。静止的电荷分布或电流分布激发稳定电场。稳定电场不随时间变化，不向外辐射能量。如果场源的电流随时间变化，就激发变化的电场，变化的电场在其周围激起变化的磁场，变化的磁场又会激起变化的电场，变化的电场和磁场由近及远传播出去，形成电磁场。在无源空间中，电磁场的发射、传播、反射、折射及绕射满足如下的麦克斯韦尔方程：

$$\nabla \times \boldsymbol{E} = -\frac{\partial \boldsymbol{B}}{\partial t} \tag{3-1}$$

$$\nabla \times \boldsymbol{H} = \frac{\partial \boldsymbol{D}}{\partial t} \tag{3-2}$$

$$\nabla \cdot \boldsymbol{B} = 0 \tag{3-3}$$

$$\nabla \cdot \boldsymbol{D} = 0 \tag{3-4}$$

式中，$\boldsymbol{B} = \varepsilon \boldsymbol{H}$；$\boldsymbol{D} = \varepsilon \boldsymbol{E}$。

通过对式（3-1）和式（3-4）求解，可得：

$$\nabla^2 \boldsymbol{E} = \frac{1}{V^2}\frac{\partial E^2}{\partial t^2} \tag{3-5}$$

$$\nabla^2 \boldsymbol{H} = \frac{1}{V^2}\frac{\partial H^2}{\partial t^2} \tag{3-6}$$

式中，$V = \dfrac{1}{\sqrt{\varepsilon\mu}}$。

从式（3-5）和式（3-6）中可以看出，该方程组具有波动方程的形式，充分表明电磁场矢量 $\boldsymbol{H}$ 和 $\boldsymbol{E}$ 在自由空间中有一定速度，以波的形式传播。

3.2.1 平面电磁波在均匀导电媒介中的传播

电磁波在均匀导电介质中传播，既要考虑传导电流的影响，也要考虑位移电流的影响。假设平面电磁波沿 Z 的正方向，亥姆霍斯方程为：

$$\frac{\mathrm{d}^2\boldsymbol{E}(z)}{\mathrm{d}z^2} + k'\boldsymbol{E}(z) = 0 \tag{3-7}$$

$$\frac{\mathrm{d}^2\boldsymbol{H}(z)}{\mathrm{d}z^2} + k'\boldsymbol{H}(z) = 0 \tag{3-8}$$

通过求解式（3-7）、式（3-8）并乘上时间因子 $\mathrm{e}^{\mathrm{i}\omega t}$，得场矢量方程：

$$\boldsymbol{E}(z,\ t) = \boldsymbol{E}_0\mathrm{e}^{-bz}\mathrm{e}^{\mathrm{i}(\omega t - az)} \tag{3-9}$$

$$\boldsymbol{H}(z,\ t) = \boldsymbol{H}_0\mathrm{e}^{-bz}\mathrm{e}^{\mathrm{i}(\omega t - az)} \tag{3-10}$$

式中

$$a = \omega\sqrt{\varepsilon\mu}\left[\frac{1}{2}\sqrt{1 + \left(\frac{\gamma}{\omega\varepsilon}\right)^2} + 1\right]^{\frac{1}{2}} \tag{3-11}$$

$$b = \omega\sqrt{\varepsilon\mu}\left[\frac{1}{2}\sqrt{1 + \left(\frac{\gamma}{\omega\varepsilon}\right)^2} - 1\right]^{\frac{1}{2}} \tag{3-12}$$

由此可见，在导电介质中传播的平面电磁波，在传播方向上波的振幅按指数规律衰减。a 表示每单位距离落后的相位，称为位相常数；b 表示每单位距离衰减程度的常数，称衰减常数。知道了常数 a，就可由 $v = \dfrac{\omega}{a}$ 求出电磁波在导电媒介中的传播速度。a 和 b 的值完全由导电介质的性质和电磁波的角频率决定。

3.2.2 平面电磁波在良导电均匀媒介中的传播

对于铜、铁等良导电媒介质，其电导率很大，即 γ 很大，由式（3-12）可以看出衰减常数 b 也很大。因此，电磁波在良导电媒质中传播时，场矢量的衰减很快，电磁波只能透入良导体表面的薄层内（电磁波只能在导体以外的空间或电介质中传播），这种现象称为趋肤效应。

在 $z = 1/b$ 处，振幅为 E_0/e，即场矢量的振幅在导体内的 $1/b$ 处已衰减到表面处的 $1/e$，这时，电磁波透入导体内的深度称为穿透深度，或趋肤深度，用 δ 表示：$\delta = 1/b$，把 b 代入 $\delta = 1/b$ 式中，经简化可得：

$$\delta = \frac{1}{b} = \frac{\lambda}{2\pi} \tag{3-13}$$

这表明电磁波进入良导体的深度是其波长的 $1/(2\pi)$ 倍，高频电磁波透入良导体的深度很小。当频率是 100MHz 时，$\delta=0.67\times10^{-3}$cm。可见，高频电磁波的电磁场，集中在良导体表面的薄层内，相应的高频电流也集中在该薄层内流动。

3.2.3 电磁波的反射

波动方程和有关的传播与衰减常数描述了电磁波的运动。其中，引起电磁波衰减和传播的两个主要电性是电导率和介电常数。而对于应用高频电磁波的探地雷达来说，其发射电磁波的频率范围、被探测目的体的电导率和介电常数均影响着电磁波的传播。

探地雷达利用高频电磁脉冲波的反射原理来实现探测目的，其反射脉冲信号的强度不仅与传播介质的波吸收程度有关，而且也与被穿透介质界面的波反射系数有关。垂直界面入射的反射系数 R 的模值和幅角可表示如下：

$$|R|=\sqrt{(a^2-b^2)^2+(2ab\sin\varphi)^2}\Big/(a^2+b^2+2ab\cos\varphi) \tag{3-14}$$

$$\mathrm{Arg}R=\varphi=\tan^{-1}(\sigma_2/\omega\varepsilon_2)-\tan^{-1}(-\sigma_1/\omega\varepsilon_1) \tag{3-15}$$

式中

$$a=\mu_2/\mu_1 \tag{3-16}$$

$$b=\sqrt{\mu_2\varepsilon_2\sqrt{1+(\sigma_2/\omega\varepsilon_2)^2}}\Big/\sqrt{\mu_1\varepsilon_1\sqrt{1+(\sigma_1/\omega\varepsilon_1)^2}} \tag{3-17}$$

μ、ε 和 σ 分别表示介质的导磁系数、相对介电常数和电导率。角标 1 和 2 分别代表入射介质和透射介质。式（3-17）揭示反射系数与界面两边介质的电磁性质和频率有关，即两边介质的电磁参数差别越大，反射系数也大，同样反射波的能量亦大。

3.3 地质雷达工作原理

地质雷达是一种电磁探测技术。其利用主频为数十兆赫至千兆赫波段的电磁波，以宽频带短脉冲的形式，由地面通过天线发射器（T）发送至地下，经地下目的体或地层的界面反射后返回地面，为雷达天线接收器（R）接收，工作原理如图 3-1 所示。

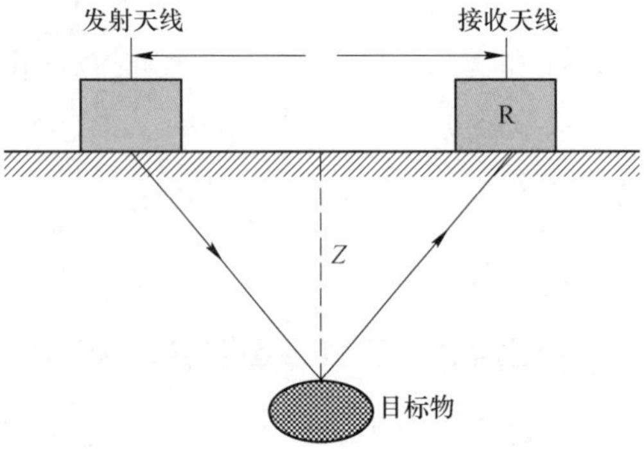

图 3-1 探地雷达反射探测原理

脉冲波的行程为：

$$t=\sqrt{4z^2+x^2}/v \tag{3-18}$$

式中 t——脉冲波走时，ns；

z——反射体深度，m；

x——T 与 R 的距离，m；

v——雷达脉冲波速，m/s。

地质雷达的天线发射及接收器有单置式和双置式之分，单置式为发射与接收器同置一体，双置式为反射与接收分体。使用单置式天线计算探测目的层深度的计算方程为：

$$z=\frac{|x|}{\sqrt{\left(\dfrac{t}{t_0}\right)^2-1}} \tag{3-19}$$

使用双置式天线计算探测目的层深度的计算方程为：

$$z = \sqrt{\frac{t_2^2 x_1^2 - t_1^2 x_2^2}{4(t_1^2 - t_2^2)}} \tag{3-20}$$

式中 z——反射体深度，m；

t_1——第一次脉冲波走时，ns；

x_1——第一次 T 与 R 的距离，m；

t_2——第二次脉冲波走时，ns；

x_2——第二次 T 与 R 的距离，m。

雷达图形以脉冲反射波的形式被记录，波形的正负峰值分别以黑白色表示或以灰阶或彩色表示，这样同相轴或等灰度、等色线即可形象地表征出地下或目标的反射面，具体实现过程如图 3-2 所示。

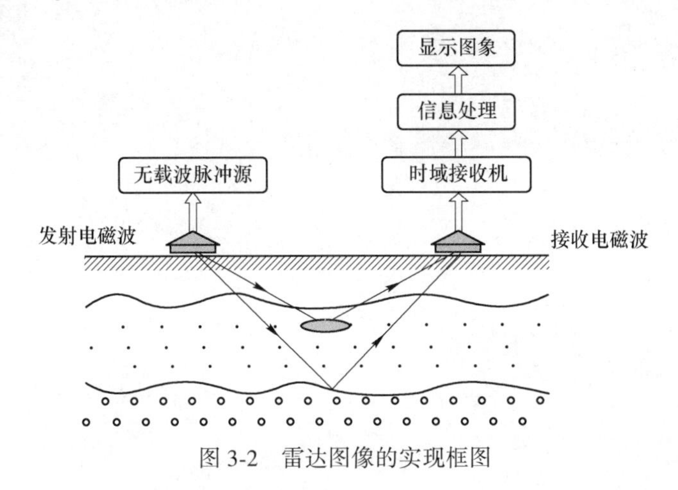

图 3-2 雷达图像的实现框图

探地雷达能够发现目标物的基本原理是根据目标物与周围均匀介质在介电常数、磁导率以及电导率方面存在差异，促使雷达反射回波出现异常。

3.4 物探及分析系统

3.4.1 系统介绍

GR-IV 地质雷达系统的硬件主要由一体化主机、大线（信号线）和系列天线等几部分组成，主机外形特征如图 3-3 所示，天线如图 3-4 所示。

图 3-3 GR-IV 地质雷达主机

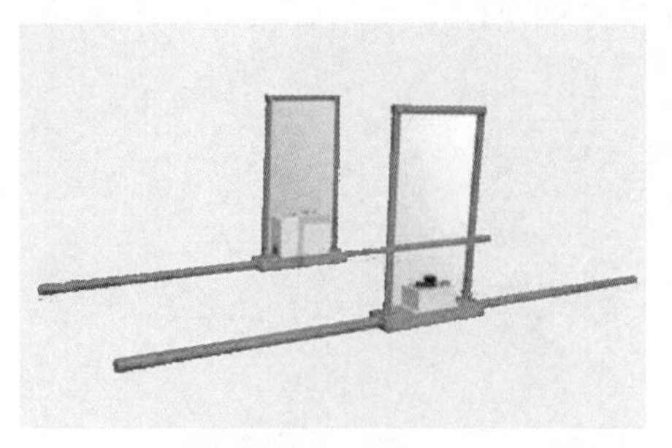

(a) 50MHz非屏蔽天线

(b) 100MHz非屏蔽天线

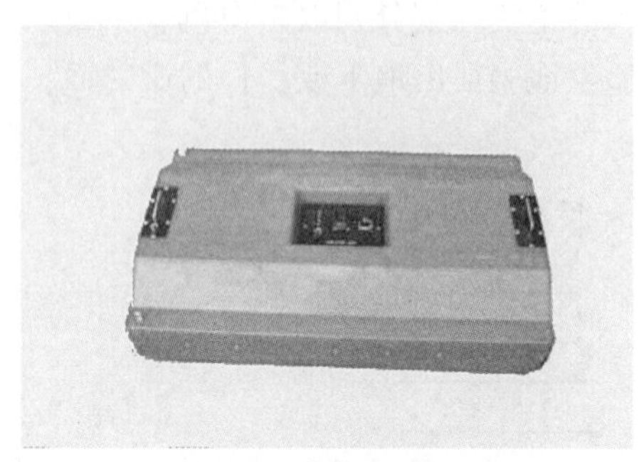

(c) 200MHz非屏蔽天线

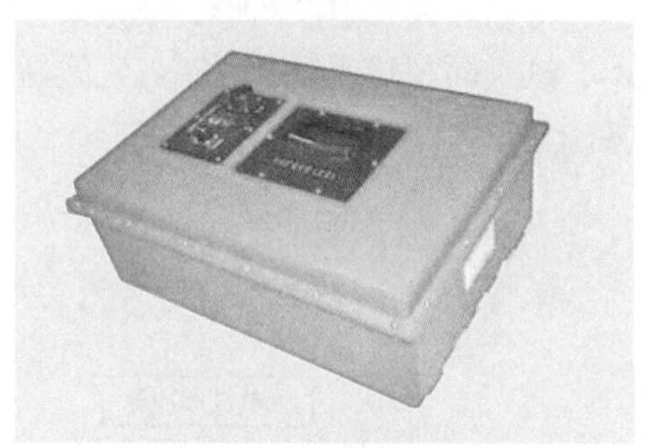

(d) 400MHz非屏蔽天线

(e) 750MHz非屏蔽天线

(f) 1000MHz非屏蔽天线

图 3-4 GR-IV 地质雷达系列天线

3.4.2 主要技术参数

GR-IV 地质雷达主机主要技术参数如下：

（1）最大系统动态范围：156dB。

（2）A/D 转换：16 位。

（3）扫描速度：≥100kHz 脉冲频率。

（4）接收机带宽：DC ~ 1000MHz。

（5）采样点数：512 ~ 2048 可选。

（6）时间窗范围：5 ~ 2000ns。

（7）最小时间分辨率：≤50ps。

（8）系统功耗：35W。

（9）温度范围：-10.0~+40.0℃。

（10）数据采集方式：单点采集、连续采集、测距轮控制采集。

（11）触发方式：时间触发、键盘触发、测距轮触发、打标器触发。

（12）显示方式：曲线、变面积和彩色剖面。

（13）触摸屏操作，方便快捷。

3.4.3 数据处理流程

对采集的地质雷达数据需要经过仔细处理，才能获得良好的效果。资料处理的方式基本上有以下两种：

（1）直接去除干扰来提取有效信号；

（2）提取干扰信号，设法将干扰信号进行相位取反叠加原始信号，达到去噪目的。

地质雷达干扰信号很多，也很复杂，需要进行多种方法处理，而且处理需要有针对性，才能有效提高信噪比，雷达数据处理流程如图3-5所示。

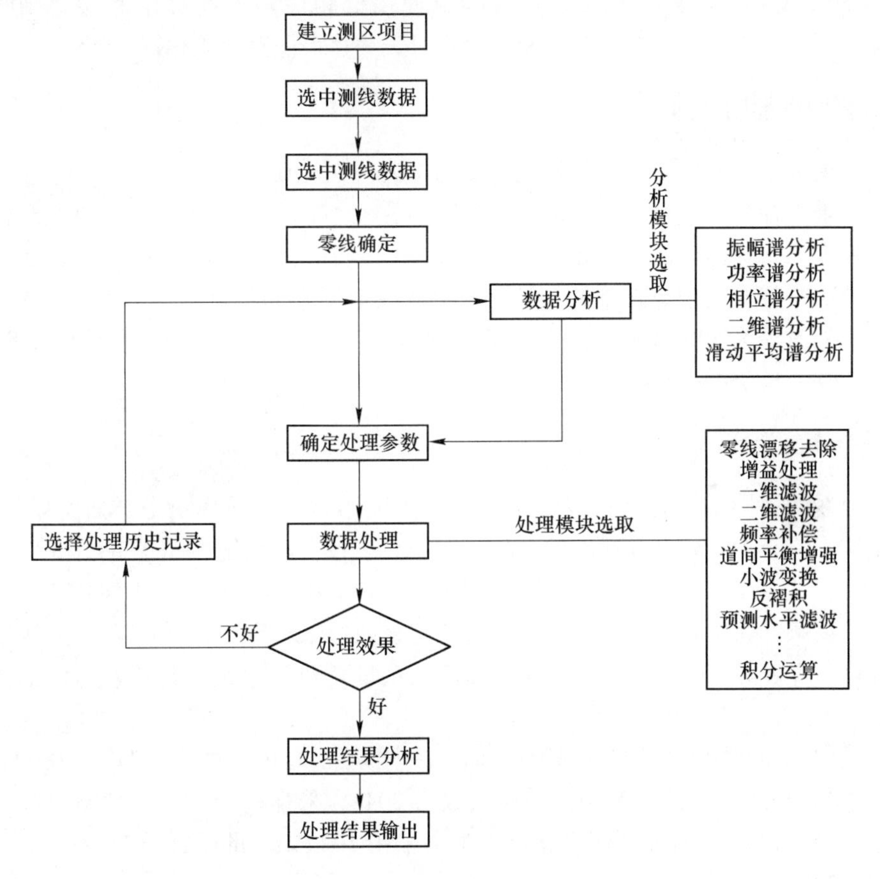

图3-5 雷达数据处理流程

3.5 野外探测参数的选择

地质雷达的参数设置关系到采集数据的品质和探测效果的精度，因此必须根据探测任务和现场情况对系统参数进行优化设置。探测时仪器参数主要涉及天线中心频率、采样时间窗口、采样率以及定位方式等。

3.5.1　工作频率的选择

工作频率是指所采用天线的中心频率。采用何种中心频率的天线主要由具体探测任务所要求的分辨率及勘探深度决定；其次还要考虑目标体周围介质不均一性引起的杂乱反射，在雷达记录中形成的干扰影响。

从方法本身的特点而言，要想获得较大的勘探深度，必须采用较低中心频率的天线，这样虽然降低了地质雷达记录的空间分辨率，但可保证探测的深度。选择工作频率的基本原则是首先保证有足够的勘探深度，然后才是考虑提高空间分辨率而选用具有较高中心频率的工作天线。

结合本次探测任务及要求，在满足探测深度的基础上兼顾目标体的尺寸，尽可能使用频率较高的天线，以提高分辨率。本次检测使用低频屏蔽天线（中心频率 100mHz 和 200mHz），耦合方式选择地面耦合，即在检测时天线尽可能贴近工作面。

3.5.2　采样时间窗口选择

采样时窗大小主要取决于最大探测深度与电磁波在介质中的传播速度。时窗（W）的选择可以取最大探测深度（H）和电磁波波速（v）之比的 2 倍，再增加 30%的余地，以满足地层速度与目标体埋深的变化（即满足 $W=1.3\times2H/v$）。在探测深度小于 20～30m 的情况下，地层平均介电常数在 6～13 时，电磁波在地层中的传播速度为 0.08～0.15m/ns。因此，采用的时窗为 500～1000ns。根据现场地层介电常数特征，经过参数优化后，本次探测选择 220ns 和 550ns 的时窗。

3.5.3　采样率的选择

选取合适的采样率是改善数据质量的一个重要因素，采样率由尼奎斯特采样定律决定，即采样率应至少达到最高频率的 2 倍。对于大多数雷达系统，频带宽度和中心频率之比为 1∶1，这意味着发射脉冲能量覆盖的频率范围在 0.5～1.5 倍的天线中心频率之间，即反射波最高频率为中心频率的 1.5 倍。按照尼奎斯特采样定律，采样率至少为天线中心频率的 3 倍，在实际工作中还要留有至少 2 倍的余量，即采样率至少要达到天线中心频率的 6 倍。

当天线中心频率为 f（单位为 MHz）时，采样间隔（单位为 ns）$\Delta t=1000/(6f)$，本次探测采用的中心频率为 100MHz，采样点数为 2048，采样率为 1024～1706MHz，是天线中心频率的 10～17 倍，满足采样率要求。本书采用 1024MHz 的采样点对南芬露天铁矿采场下盘进行探测。

3.5.4　定位方法的选择

根据现场卫星信号强度和通视条件，本次采用高精度手持 GPS 定位方式确定测线位置（X 和 Y 方向测量精度 1cm），结合人工设置标记定位的方式，即现场探测时，每隔 10m 进行标记，当天线中心通过标记点时进行标记定位。

3.5.5 相对介电常数选定

根据探测要求及异常性质，南芬露天铁矿采场下盘台阶下岩层介质（综合）的相对介电常数采用6~9。

3.6 测线布设

依据南芬露天铁矿采场下盘台阶分布特征和物探要求，在圈定工作区范围内，按照可测台阶分布特征，在采场下盘台阶上按地形条件各布置两条测线，全区共布置14条测线。测线布设及现场探测情况如图3-6所示。

（1）310m台阶布置测线2条，测线长度约650m；
（2）334m台阶布置测线2条，测线长度约170m；
（3）346m台阶布置测线2条，测线长度约100m；
（4）370m台阶布置测线2条，测线长度约200m；
（5）514m台阶布置测线2条，测线长度约740m；
（6）526m台阶布置测线2条，测线长度约510m；
（7）642m台阶布置测线2条，测线长度约730m。

综上所述，累计测线长度约5800m，测线在采场的分布特征如彩图3-7所示。

测线参数信息见表3-1。

表3-1 测线布置3D效果图

序号	测线号	测线位置		测线走向	线形	长度/m
		起点坐标(*X*/*Y*)	终点坐标(*X*/*Y*)			
1	测线1	49248.4170/51001.1960	48663.9815/51133.8375	N→S	折线	650
2	测线2	48663.9815/51133.8375	49248.4170/51001.1960	S→N	折线	650
3	测线3	48844.4568/51182.9977	48688.2059/51159.6804	N→S	折线	170
4	测线4	48688.2059/51159.6804	48844.4568/51182.9977	S→N	折线	170
5	测线5	48763.1620/51174.6200	48684.7276/51174.2495	N→S	直线	100
6	测线6	48684.7276/51174.2495	48763.1620/51174.6200	S→N	直线	100
7	测线7	48794.3180/51229.7500	48622.6562/51240.5031	N→S	折线	200
8	测线8	48622.6562/51240.5031	48794.3180/51229.7500	S→N	折线	200
9	测线9	49435.3360/51265.4100	48761.1849/51498.3014	N→S	折线	740
10	测线10	48761.1849/51498.3014	49435.3360/51265.4100	S→N	折线	740
11	测线11	48619.9620/51515.4660	48284.8061/51845.2030	N→S	折线	510
12	测线12	48284.8061/51845.2030	48619.9620/51515.4660	S→N	折线	510
13	测线13	49342.9520/51577.0640	48675.2271/51804.2873	N→S	折线	730
14	测线14	48675.2271/51804.2873	49342.9520/51577.0640	S→N	折线	730
工作量合计		6200				

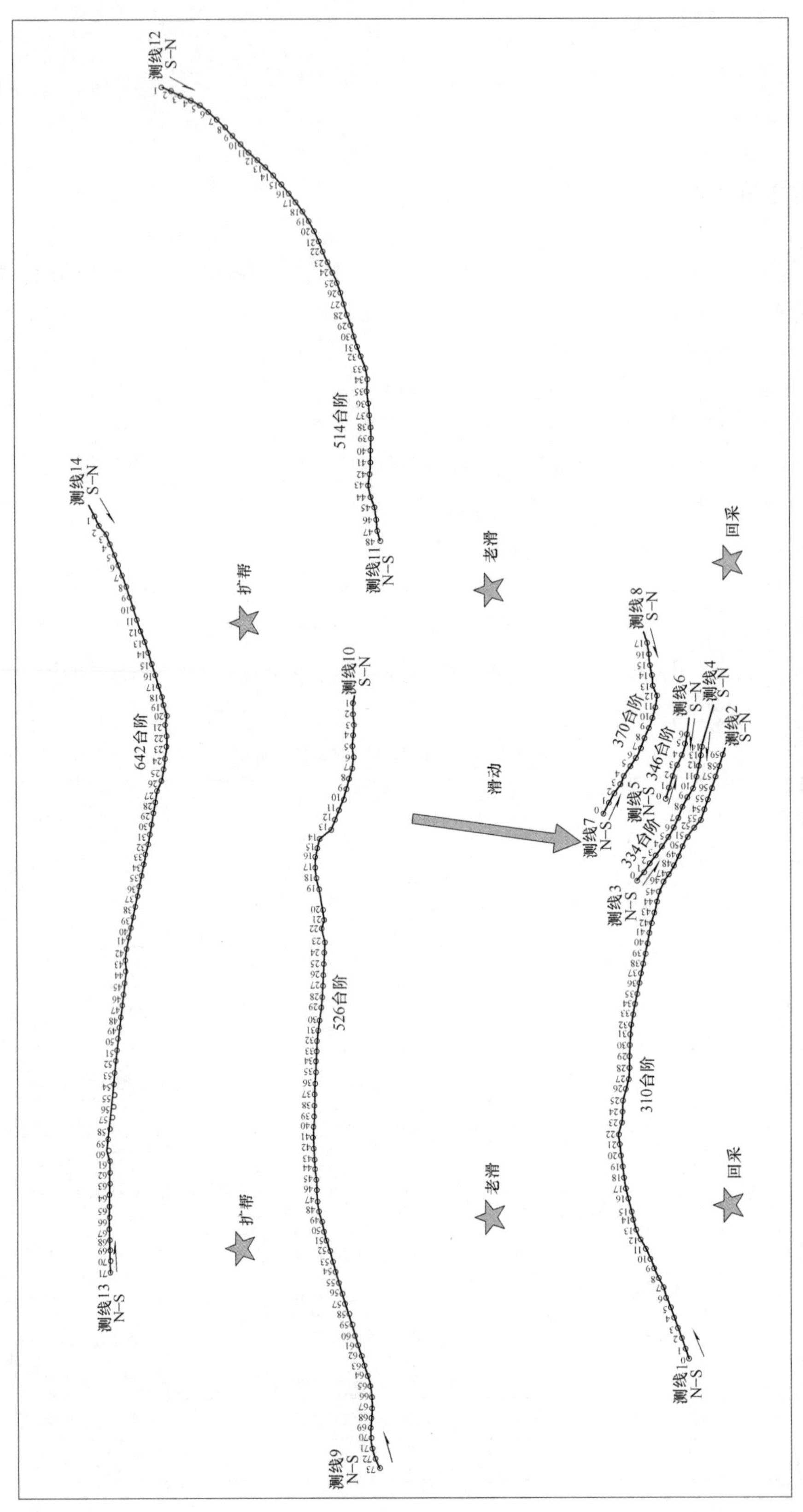

图 3-6 现场测线布置示意图

3.7 信息解释的基本方法

雷达探测是一种物探方法，它根据目标与围岩介质的电性和波的传播特性的差异来识别目标。当雷达探测的灵敏度能够发现这种物理差异时，就能达到探测目的。电磁波在介质中传播时，产生位移电流和传导电流，表现出的与介质相关的物性参数有相对介电常数、反射系数、波速、介质吸收系数和电导率等，而这些参数直接与雷达检测的结果有关。

3.7.1 雷达检测目标与探测介质参数的关系

雷达探测目标与探测介质参数的关系如下：

（1）铺层用料。与介质的相对介电常数、电磁波速度及介质对电磁波的吸收系数有关。

（2）钢筋结构。主要与层内钢筋的电导率和磁导率参数有关。

（3）空洞。主要与空洞内填充的介质常数和吸收系数有关。

（4）裂缝。与介质相对介电常数、反射系数和吸收系数有关。

（5）含水介质。与介质相对介电常数、速度、反射系数和吸收系数有关。探测项目与探测介质参数的关系见表 3-2。

表 3-2 检测项目与探测介质参数关系表

检测项目	介电常数	速度	反射系数	吸收系数
材质	✓	✓		✓
空洞	✓			✓
裂缝	✓		✓	✓
湿度	✓		✓	✓

3.7.2 雷达反射波判别基本准则

（1）反射波能量。在物探异常的判别中，一般要求异常的幅值要比噪声干扰信号大 2.5~3 倍。对雷达反射波异常信号的要求可能达不到这个标准，但雷达反射波异常的能量也要大于干扰信号的能量。异常回波的振幅越大，就越能肯定异常的存在与可靠，因此确定异常波峰极值是非常重要的。在公路雷达探测中，必须把背景波形消除，突出有用的回波异常反映，在实际数据中，可用回波异常与背景波形相比，其幅值要小很多。

（2）背景回波。判别回波首先应该了解平静场的雷达回波的波形特征，它的频率、相位和振幅变化的特点。实际探测时可以通过收发天线对均匀介质的探测数据、向天探测收集的数据了解背景波形的特征，为选择背景波形作参考。

（3）波形的相似性。同一界面反射波在相邻的记录上波形变化特征是相似的，反射波的周期、相位、各相位大小关系是相似的。在判读时，经常要利用波形的相似地段与不相似地段的差别进行判读划分。

（4）波形的连续性。同一界面的反射波在相邻测点上出现的时间是相近的，即反射波同相位轴线应该是平缓变化，沿测线方向延伸较长。人机交互判别面层底界面线就是根据这条准则进行操作。一旦这条连续的同相位轴线发生中断或剧烈变化，就可以提供判别异常变化特征。

3.7.3 一般雷达目标体的判别准则

（1）钢筋结构。当台阶下有钢筋结构，如原格子梁加固结构，电磁波垂直入射时，反射系数是反射能量与入射能量之比，即垂直分量反射系数近似为：

$$R_{\perp} \approx 1 - 2\sqrt{\frac{2\omega\varepsilon}{\sigma}} \tag{3-21}$$

式中，ω 为电磁波角频率；ε 为目标的相对介电常数；σ 为目标的电导率。

钢筋为良导体，当电导率非常大时，反射系数接近 1，对垂直入射的电磁波的能量消耗很少，几乎都被导体表面反射回来。所以金属目标的反射波幅度一般都大于空洞或其他目标物。

（2）空洞。金属目标与空洞雷达反射波异常相比：金属目标的雷达反射波与入射波相比呈反相位，而空洞的雷达反射波与入射波呈同相位，金属目标的反射波振幅要大的多。

空洞直径大小对产生雷达反射的“钟型同相位轴曲线”宽度影响不明显。所以想通过同相轴钟型曲线宽度来判断空洞直径的大小十分困难。对于 ϕ30cm 和 ϕ50cm 直径的空洞，随深度增加，钟型曲线宽度有减小的趋势。

（3）空隙度。在测线剖面上，如果雷达回波同相轴线向上弯曲，一般情况是层面介质中空隙度比较大，层面内含大量空气；同相轴线向下弯曲变化可能是地层内含有大量水分。

3.7.4 常见目标体雷达图像特征

在实际工程应用过程中，常见目标体主要包含潜水面、各种黏土层、断裂带、地下空洞、垃圾充填地带、钢筋网等。

（1）潜水面。在水源富集地带，土基中的潜水面常常产生振幅较强的反射波，反射波的频率下降，波形周期变长；潜水面以下的反射波较潜水面以上的反射波有较大的衰减。

（2）各种黏土层。反射波同相轴连续，波组平行。

1）粉砂质黏土层反映振幅一般为中等；

2）淤泥黏土层反映振幅很大（电磁波在其中衰减也较大）；

3）细砂层与黏土层的波形图相似，反射波同相轴连续平行；

4）中砂、粗砂层反射波同相轴一般不连续，反射波较大。

（3）断裂带。一些断裂带中的岩石破碎成糜棱状，含有矿化水，使介电常数发生很大的变化，在断裂带两侧反射波同相轴错动，断裂带两侧的波组关系相对稳定；断裂带上反射波的振幅比两侧岩石的信号强，而反射波频率呈衰减趋势。

（4）地下空洞、混凝土水泥管和污水箱涵。反射波呈现较强的异常振幅，在空洞位置出现空白区。

(5) 垃圾充填地带。在未挖掘地段反射波同相位轴呈水平连续分布，垃圾掩埋地段，由于成分和结构有变化，在剖面图上以杂乱的反射波取代正常的水平连续分布，常出现许多点状反射体特有的双曲线特征。

(6) 钢筋网。在面层内铺设钢筋网，其中钢筋是属于铁磁性物，有较大的导磁率和导电率。在钢筋铺设地段，反映出明显的强异常分布地段，有时可以把最上层每根钢筋断面所在位置反映出来。

(7) 不同产状结构产生的雷达图像特征。由于地下层位产状不同，反映出雷达反射波同相轴向相交成一定角度。

(8) 开挖后回填土地段。在富含水的回填地段雷达反射波的同相轴线呈向下弯曲的特征，并反映为较强的回波。

(9) 脱空或极不密实地段。雷达反射波同相轴线表现向上弯曲，回波振幅也反映较强。

3.7.5 地下介质与雷达的穿透性

探地雷达发射的电磁波在地下传播与在大气中传播相比较，其色散和衰减很大。电磁波在地下传播有两个窗口：一个是低频窗口，工作频率在10kHz以上，一般用于电磁法勘探，寻找深层的目标体；另一个是高频窗口，工作频率在10MHz以上，用于探地雷达，进行浅层高分辨率的探测。电磁波在地下传播的速度大约为大气的1/2~1/5。地下岩土的衰减率变化相当大，可以从5~100dB/m。

探地雷达探测深度较浅，主要原因是雷达信号在介质传播过程中受到介质吸收和损耗，以及介质的不均匀性、反射界面粗糙不光滑导致大量的电磁波散射，不能被接收天线所收集。

3.8 探测结果

3.8.1 探测过程

南芬露天铁矿采场下盘边坡地质雷达探测包括以下几个步骤：

(1) 场地清理。对测线上的碎石、水坑、塌陷坑等可能干扰雷达信号的障碍物进行清理。

(2) 制作标记点。在测线上按照10m间距设置标记点，标记点放样用50m量程的皮尺和红色喷漆实施，如图3-8所示。

(3) 连接和调试设备。将主机和100M（200M）天线用数据线连接，并安装外接电源，确保主机可正常开机；然后，按照主机操作规程，结合南芬露天铁矿实际参数，对主机进行设置，直到可以正常采集数据（图3-9）。

(4) 现场探测。按照一定速率沿测线匀速移动天线，当天线经过红色标记点时快速按下主机的“记录”按钮，并及时记录天线所经过区域的地形地貌和可能对雷达信号产生干扰的物体位置。在实际操作过程中，可以通过相机等设备记录现场的事物（图3-10）。

图 3-8 制作标记点

图 3-9 设备连接和调试

(a) 200M天线现场探测

(b) 100M天线现场探测

图 3-10 地质雷达现场探测

(5) 注意事项。地质雷达现场探测结束后，要求及时储存数据，并下载到移动存储器中，拆卸主机和天线的连接。

3.8.2 探测结果分析

3.8.2.1 下盘 298~322m 台阶探测结果分析

本次探测路线为南芬露天铁矿采场下盘 298m 台阶到 322m 台阶的联络通道，因此出现了探测路线不在同一水平面的情况。其中 K1~K6 探测标记位于 298m 台阶向 310m 台阶爬升的坡道上，K7~K8 位于 298m 台阶和 310m 台阶过渡区域，K9~K34 标记点位于 310m 台阶平面上，K34 开始由 310m 台阶向 322m 台阶爬升，K46 开始进入 322m 台阶平面（图

3-11)。因此，在初步推测破碎带埋深时，必须考虑探测线不在同一水平面的特殊情况，以保证破碎带或潜在滑动面（节理、裂隙）的准确推测。

(a) 298～310m联络道(镜向S)

(b) 310～322m联络道(镜向S)

图 3-11 特殊地形现场照片

南芬露天铁矿采场下盘 298～322m 平台测线总长 600m，探测标记点间隔 10m，标记点数量 60 个。探测剖面总长 11773 道，按照每 3000 道输出 1 张图片，共输出 4 幅剖面图（图 3-12）。本次探测“监测点数”为 1024，“时间窗”为 220，探测有效深度 10m。

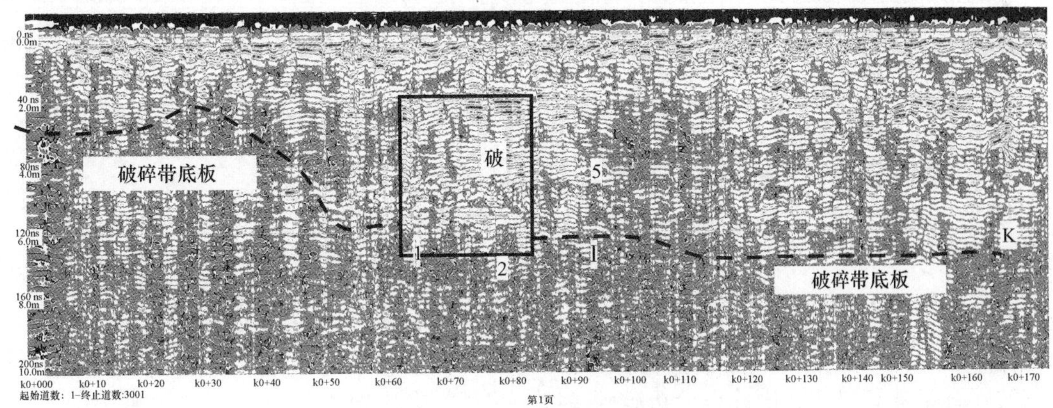

(a) 298～322平台1～3000道探测剖面图

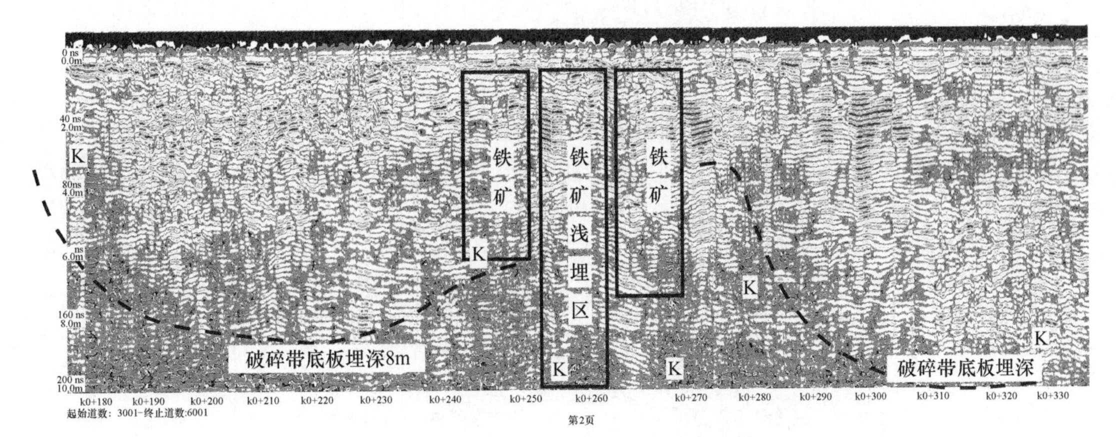

(b) 298～322m平台3001～6000道探测剖面图

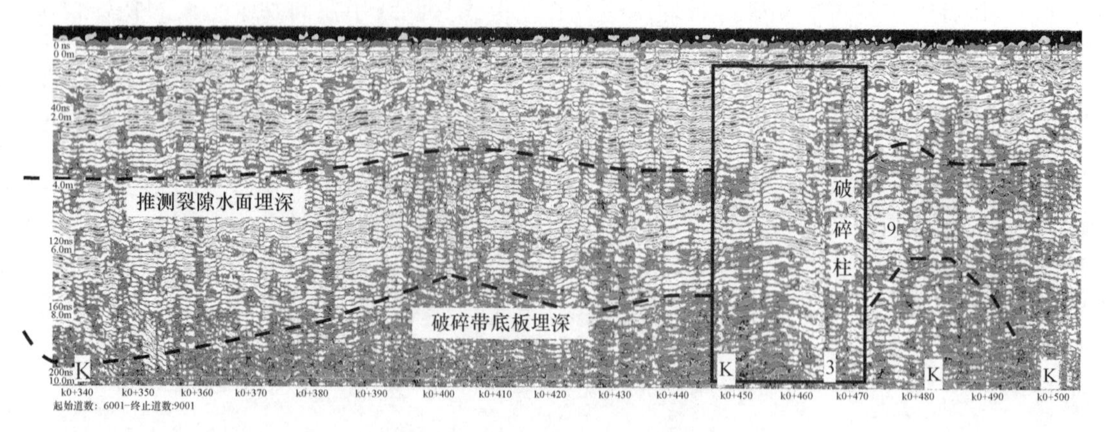

(c) 298～322m平台6001～9000道探测剖面图

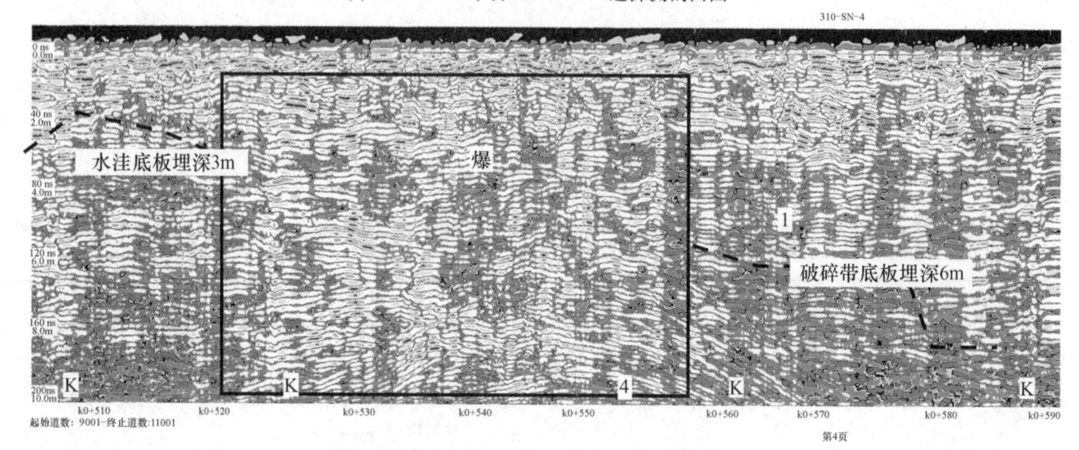

(d) 298～322m平台9001～11773道探测剖面图

图 3-12 地质雷达探测剖面图（298~322m 台阶）

图 3-12 显示，地表 1m 范围内均固定出现明显的破碎带，破碎带为修筑简易道路时铺设的碎石路基和路面，因此在分析破碎带时，可以不考虑埋深 1m 以上范围外的破碎带。

图 3-12（a）显示了 298~310m 台阶下 10m 范围内，绿泥角闪岩层完整性变化特征和裂隙水埋深范围：

（1）K0~K6 区间，破碎带底板埋深从 2m 到 6m 过渡，过渡界限清晰。地表地形地貌显示该区域为 298m 台阶向 310m 台阶的过渡联络道，属逐渐爬升地形。在物探仪器相同探测深度条件下，破碎带埋深出现逐渐增加趋势，证明 298~310m 破碎带底板埋深稳定（图 3-13）。

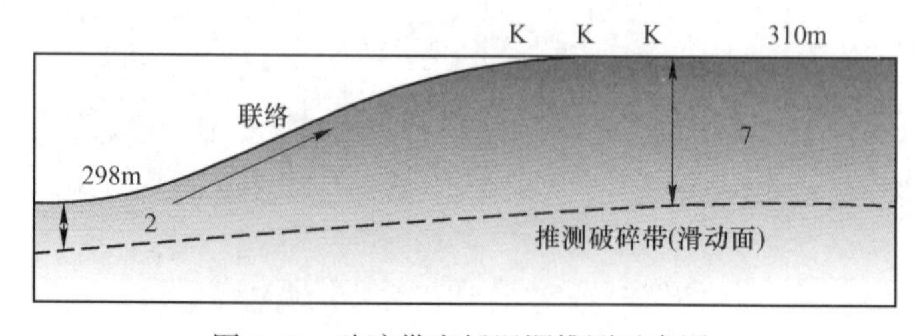

图 3-13 破碎带底板埋深推测示意图

（2）K7~K9 区间，出现了一个 20m 宽，高 5m 的“破碎柱”。根据“现场特殊地形记录”比对，发现该区域为 310m 台阶和 298m 台阶结合部，K8 标记点位于 310m 台阶上，距离已经爆破的主爆区约 3m（图 3-14）。

（3）K9~K17 区间，破碎带底板埋深恒定在 7m 深度范围内。

图 3-14 破碎带底板埋深推测示意图

图 3-12（b）显示了 310m 台阶下 10m 范围内，绿泥角闪岩层完整性变化特征和裂隙水埋深范围：

（1）K18~K25 区间，破碎带底板埋深呈抛物线，峰值埋深 8m，抛物线边界清晰。

（2）K25~K28 区间，长约 30m 范围内出现了三处明显的破碎带。破碎带中间深，两侧浅，连线呈凸形。根据“现场特殊地形记录”比对，发现 K26~K27 标记点处有水洼出现，天线绕行，绕行路线经过碎石区和磁铁矿浅埋区域（即有大面积磁铁矿出露），具体如图 3-15 所示。

（3）K28~K33 区间，破碎带底板埋深加深，峰值埋深约 9.5m。

(a) 水洼绕行(镜向S)

(b) 磁铁矿和碎石区(镜向S)

图 3-15 K25~K28 区间地形地貌照片

图 3-12（c）显示了 310~322m 台阶下 10m 范围内，绿泥角闪岩层完整性变化特征和裂隙水埋深范围：

（1）K34~K45 区间，破碎带底板埋深减小，从 9.5m 减小到 8m，但基本上保持稳定变化，且抛物线边界清晰；在埋深 4m 处出现一个显著的隔水层，隔水层长 100m，厚约 1m。

（2）K45~K48 区间，长约 30m 范围内出现了明显的破碎带，破碎带高约 9m，称为“破碎柱”。

（3）K49~K50 区间，破碎带底板埋深继续减小，从 8m 减小到 7m，基本上符合 K34~K45 区间的破碎带延伸方向。另外，隔水层继续延伸，埋深 3.5m 左右，厚约 1m，长约 20m。

图 3-12（d）显示了 322m 台阶下 10m 范围内，绿泥角闪岩层完整性变化特征和裂隙

水埋深范围：

（1）K51～K53区间，破碎带底板埋深3m，界限呈上凸形状，边界清晰。根据“现场特殊地形记录”比对，发现K51～K52标记点附近西侧2m处有水洼存在，且水洼面积较大，周边过渡地区较湿润，如图3-16（a）所示。根据这种情况推断，K51～K53区间埋深3m，长约20m的破碎带应当为一个隔水层，岩层裂隙水和地表降雨积水在该隔水层上汇集，形成地表积水。

（2）K53～K57区间，长约40m范围内出现了明显的破碎带，破碎带高约10m，轮廓清晰，根据“现场特殊地形记录”比对，发现K54标记点开始，进入主爆区，牙轮钻机正在进行钻孔作业（图3-16b）。

（3）K58～K59区间，破碎带底板埋深增加，从4m增加到8m，轮廓清晰，呈阶梯状。由于K59标记点南侧大面积为已经爆破的区域，岩体经过爆破后极为松散，地表凹凸不平，探测天线和人员无法进入，因此探测终止。

(a) 水洼(镜向S)

(b) 进入主爆区探测(镜向S)

图3-16　K51～K59区间地形地貌照片

综上所述，310m台阶和322m台阶埋深10m范围内，岩体较为完整，破碎带底板埋深约8m，局部埋深为4m。322m台阶下4m深度范围内具有明显的隔水层，汇集了大量地表水和裂隙水，322m台阶表面水洼发育。由于310～322m台阶坡脚处并未开挖，因此边坡总体处于相对稳定状态。但是，随着回采区开挖进度的增加，该区域稳定状态可能会发生变化，需要采取措施，时刻掌握边坡岩体内部力学信息演变特征。

3.8.2.2　下盘334m台阶探测结果分析

本次探测路线为南芬露天铁矿采场下盘334m台阶，由于不涉及联络道探测，因此测线标高基本一致。采场下盘334m平台测线总长140m，探测标记点间隔10m，标记点数量14个。探测剖面总长2666道，按照2666道输出图片，共输出1幅剖面图，如图3-17所示。本次探测“监测点数”设置为1024，“时间窗”设置为220，探测有效深度10m。

图3-17显示，地表1m范围内均固定出现显著的破碎带，该破碎带为修筑简易道路时铺设的碎石路基和路面，因此在分析破碎带时，可以不考虑埋深1m以上范围内的破碎带。

图3-17显示了334m台阶下10m范围内，绿泥角闪岩层完整性变化特征和裂隙水埋深范围：

（1）K0～K5区间，破碎带底板埋深从7m到6m过渡，过渡界限清晰，且呈阶梯状，破碎带长度约50m；其中，K4附近出现了明显的异常区，异常区底板埋深约9m、宽约

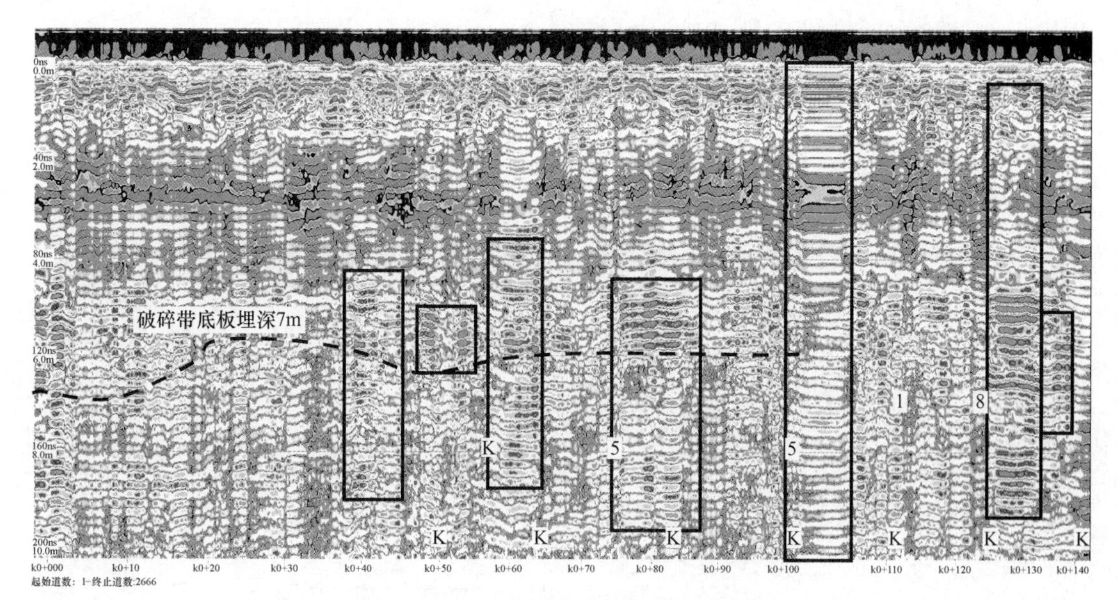

图 3-17 334m 平台 1～2666 道探测剖面图

3m。根据“现场特殊地形记录”比对，发现 K4 标记点西侧有明显裂缝。

（2）K5～K14 区间，破碎带底板界限模糊，出现五处破碎异常区。其中，K6 附近破碎区高差约 5m，宽约 2m；K8～K9 区间破碎异常区高差约 5m、宽约 3m；K10～K11 区间，破碎异常区高差约 10m、宽约 3m；K12～K13 区间，破碎异常区高差约 8m、宽约 4m。根据“现场特殊地形记录”比对，发现 K7 标记点两侧有水洼，K10 标记点附近地表裂缝发育，K12～K14 标记点附近发育多条裂缝。

综上所述，K5～K14 区间内岩体极为破碎，且地表裂缝发育，出现明显的裂缝群，破碎带底板最大埋深为 9m，基本上贯穿整个台阶，需要采取措施加强防护。K0～K5 区间破碎带界限较清晰，岩体较完整，自稳定性较好。

3.8.2.3 下盘 346m 台阶探测结果分析

本次探测路线为南芬露天铁矿采场下盘 346m 台阶，由于不涉及联络道探测，因此测线标高基本一致。受地形影响，南芬露天铁矿采场下盘 346m 平台测线总长 60m，探测标记点间隔 10m，标记点数量 6 个。探测剖面总长 1400 道，按照 1400 道输出图片，共输出 1 幅剖面图，如图 3-18 所示。本次探测“监测点数”设置为 1024，“时间窗”设置为 220，探测有效深度 10m。

为了准确判断破碎带的分布特征，每次探测都采用双向探测，即 N 至 S 向和 S 至 N 向，然后将两次数据翻转、对等，从而验证单次判断结果是否可靠。由于本次测线较短，因此将正反两次测线的探测剖面都列出来，如图 3-18 所示。

图 3-18 显示，地表 1m 范围内均固定出现显著的破碎带，该破碎带为修筑简易道路时铺设的碎石路基和路面，因此在分析破碎带时，可以不考虑埋深 1m 以上范围内的破碎带。

图 3-18 显示了 346m 台阶下 10m 范围内，绿泥角闪岩层完整性变化特征和裂隙水埋深范围：

（1）K0～K6 区间，破碎区呈条带状分布，底板埋深 9m，顶板埋深 6m，厚度约 3m，界限清晰，破碎区长度约 60m，中间无缺失。

（2）K3～K4 区间，出现一个长约 15m、厚度约 3m 的破碎异常区，并且正反向探测剖面均出现这种区域。根据“现场特殊地形记录”比对，发现 K4 标记点西侧有水洼，因此可推断该区域受到积水影响产生异常，在破碎带推测过程中，不用考虑该区域对整体稳定性的影响。

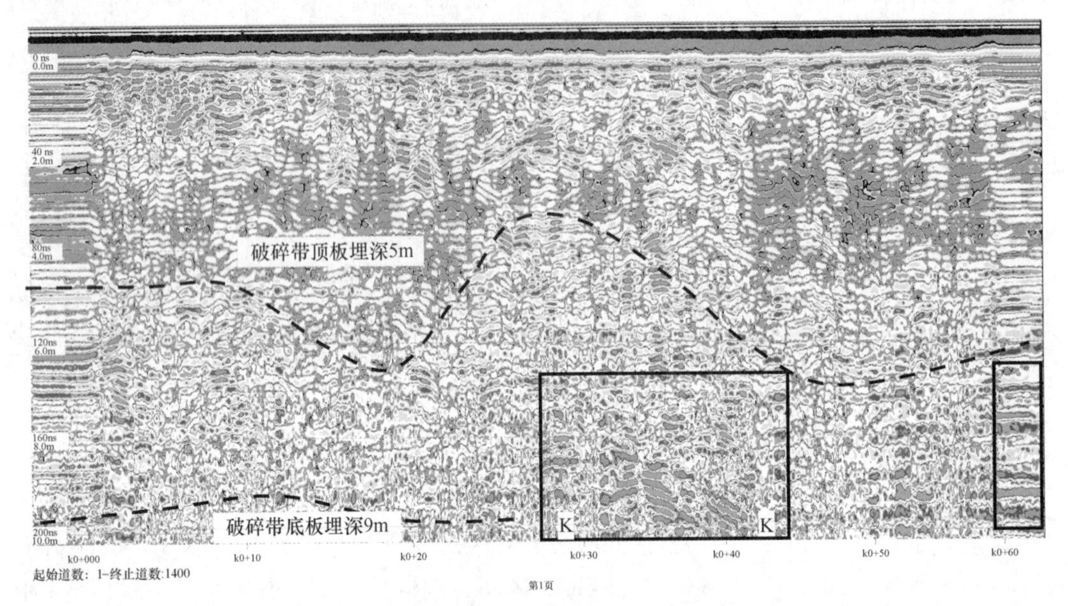

(a) 346m平台1～1400道探测剖面图(正向)

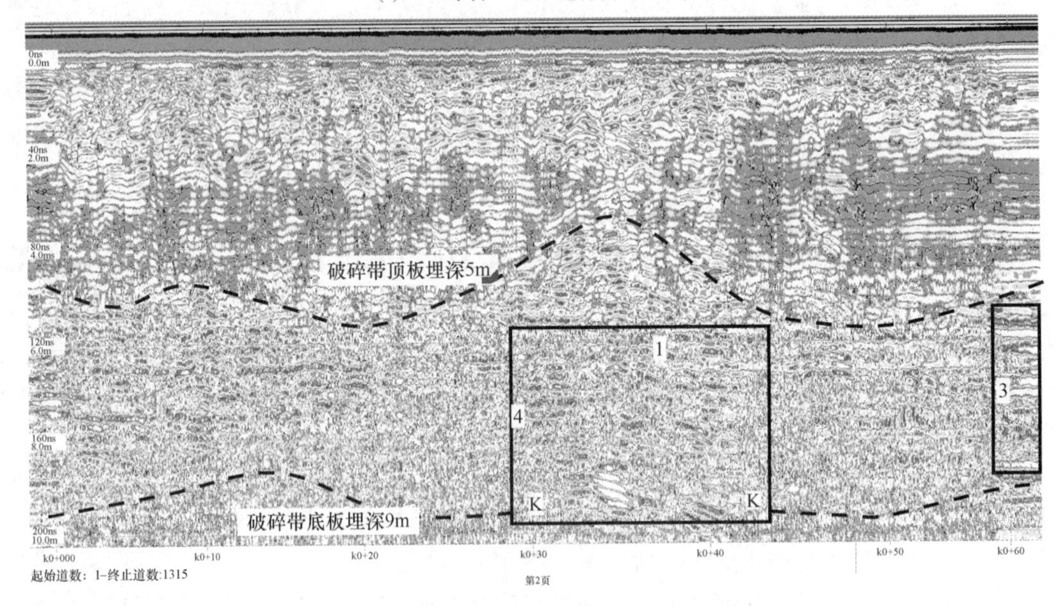

(b) 346m平台1～1400道探测剖面图(反向)

图 3-18　346m 平台 1～1400 道探测剖面图

综上所述，346m 台阶探测范围内边坡岩体较为破碎，特别是破碎带平均厚度约 3m，发育于地表下 6～10m 处（由于设备探测有效深度限制，破碎带埋深可能大于

10m，需要结合钻探工程进行验证），对边坡稳定性影响很大，一旦该区域顶板隔水层被雨水或裂隙水贯通，以绿泥角闪岩为主的边坡岩体强度会急剧下降，出现局部边坡滑塌失稳灾害。因此，在日常边坡工程施工和边坡设计中，需加强对该区域的加固、防治和监测工作。

3.8.2.4 下盘370m台阶探测结果分析

本次探测路线为南芬露天铁矿采场下盘370m台阶。受回采工程的影响，南芬露天铁矿采场下盘370m平台测线总长170m，台阶呈月牙状（图3-19），探测标记点间隔10m，标记点数量17个。探测剖面总长1895道，按照1895道输出图片，共输出1幅剖面图，如图3-20所示。本次探测“监测点数”设置为1024，“时间窗”设置为220，探测有效深度10m。

图3-19 370m台阶现场照片

图3-20显示，地表1.5m范围内均固定出现显著的破碎带，该破碎带为修筑简易道路时铺设的碎石路基和路面，因此在分析破碎带时，可不考虑埋深1m以上范围内的破碎带。

370m台阶属于老滑体范围，历史上多次发生不同规模的滑坡。图3-20显示了370m台阶下10m范围内，绿泥角闪岩层完整性变化特征和裂隙水埋深范围：

（1）K0~K11区间，破碎区呈条带状分布，底板埋深9m，顶板埋深5m，厚度约4m，界限清晰，破碎区长度约110m，中间无缺失。破碎带上方4m范围内为完整岩体，岩体内基本上不存在异常反应区。

（2）K11~K13区间，出现一个长约20m的区域，该区域岩体十分完整，无任何异常反应。该区域的出现，中断了破碎带的延伸，破碎带尖灭。

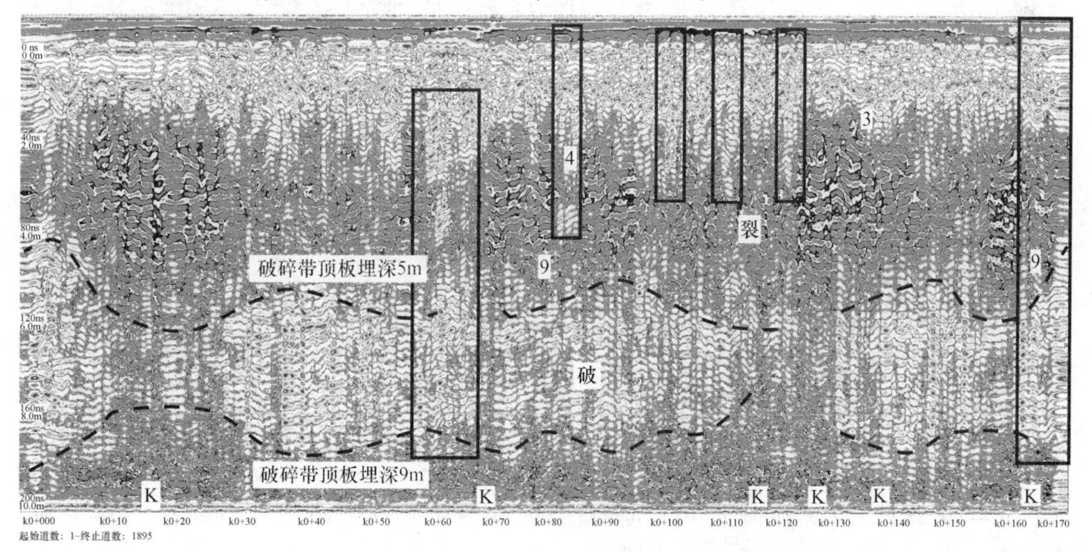

图3-20 370m平台1~1895道探测剖面图

（3）K13～K16区间，条带状破碎区继续出现，底板埋深9m，顶板埋深6m，厚度约3m，界限清晰，破碎区长度约30m，中间无缺失，K16标记点处尖灭。

（4）K6、K8、K11、K12、K17标记点处，出现了垂向条带状异常区。其中，K6处异常区宽约4m，高约9m，根据现场记录可以发现，K7标记点东侧有水洼（图3-21a），由于K6裂隙异常区的出现，可以判断地表水已经沿着9m深的裂隙影响到下部岩体强度；K8处异常区宽约1m、高约4m，地表裂缝不明显；K11～K12区间出现多条明显异常区，根据现场记录可以判断此异常区为裂缝异常，多条裂缝组成了裂缝群（图3-21b），裂缝平均深度3m、宽约1m，裂缝在地表3m下发生尖灭，因此不会对深部岩体产生影响；K17标记点处出现一条宽约2m、高约9m的异常区，根据现场记录可以判断K16点东侧有明显宽裂缝，对照剖面图可以确定该裂缝已经从地表贯穿岩体发育到9m深处尖灭。该裂缝对岩体起到切割破坏作用，地表裂缝两侧出现明显落差（图3-22），有继续滑移危险。

(a) 水洼(镜向N)

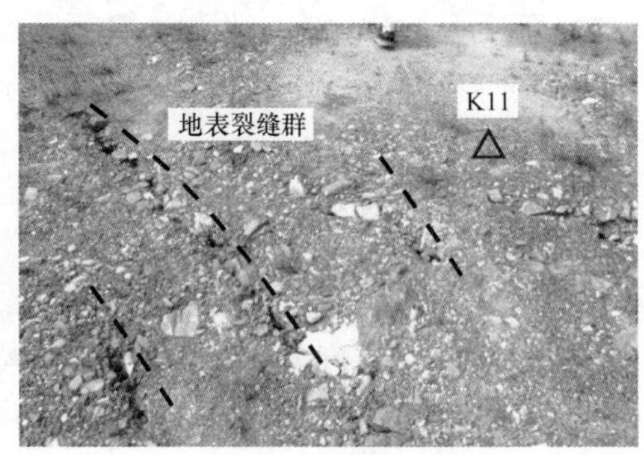

(b) K11标记点处的裂缝群

图3-21　370m台阶特殊地形地貌特征

图3-22　K17标记点附近的裂缝特征

3.8.2.5　下盘514m台阶探测结果分析

本次探测路线为南芬露天铁矿采场下盘514m台阶，属于扩帮区，目前扩帮区下界已经到达该水平。受三期扩帮四期开采工程的影响，南芬露天铁矿采场下盘514m平台测线总长480m，探测标记点间隔10m，标记点数量48个。探测剖面总长7421道，按照2476道输出图片，共输出3幅剖面图，如图3-23所示。本次探测“监测点数”设置为1024，“时间窗”设置为220，探测有效深度10m。

从图 3-23 可以看出，地表 1.5m 范围内均固定出现显著的破碎带，该破碎带为修筑简易道路时铺设的碎石路基和路面，因此在分析破碎带时，可以不考虑埋深 1m 以上范围内的破碎带。

514m 台阶属于老滑体上部，历史发生多次不同规模的滑坡，而且地表裂缝较发育。图 3-23 显示了 514m 台阶下 10m 范围内绿泥角闪岩层完整性变化特征和裂隙水埋深范围：

（1）K0~K14 区间，破碎区呈条带状分布，主要分布在地表浅部。破碎带底板埋深 3m，界限清晰，破碎区长度约 140m，中间无缺失。破碎带下方岩体基本完整，仅在 K8 和 K13 标记点处出现两条明显裂缝异常区。其中，K8 异常区裂缝深 7m、宽 1m；K13 异常区裂缝深 6m、宽 1m，未对岩体构成威胁，但是由于裂缝贯穿地表，在扩帮过程中要加强对其变化特征的监测，并且地表裂缝露头要用黏土填充、碾压、密实，防止地表雨水入渗，破坏深部岩体强度。

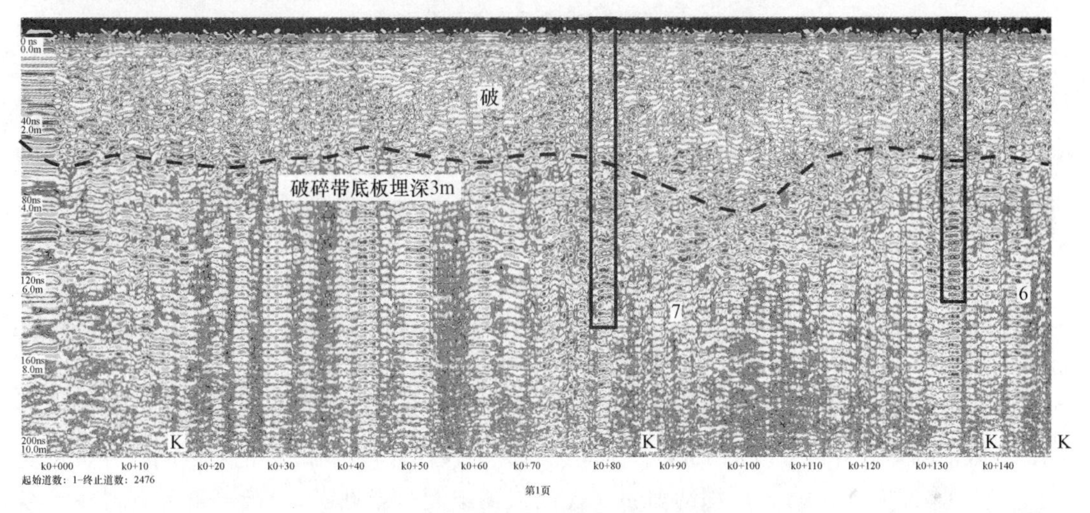

(a) 514m平台1～2476道探测剖面图

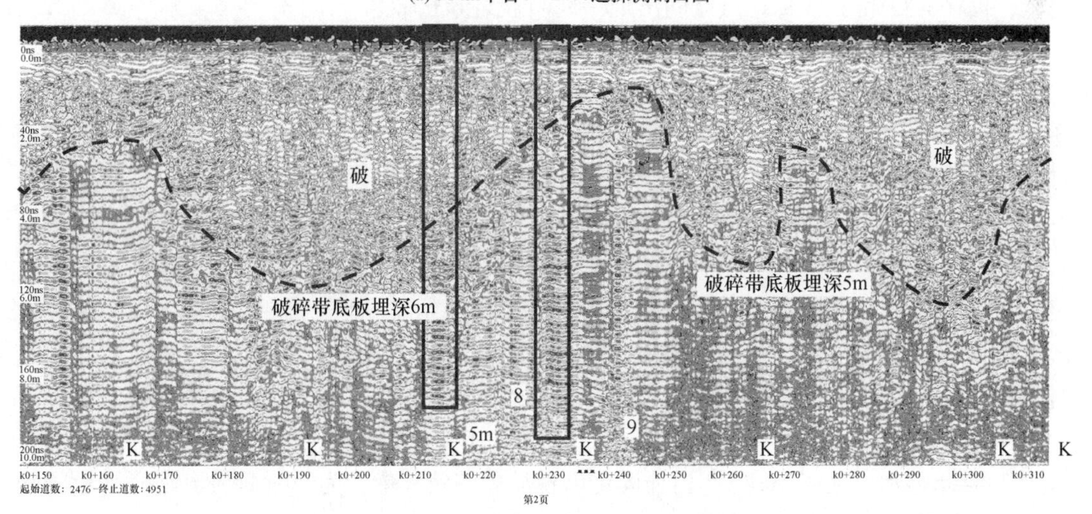

(b) 514m平台2476～4951道探测剖面图

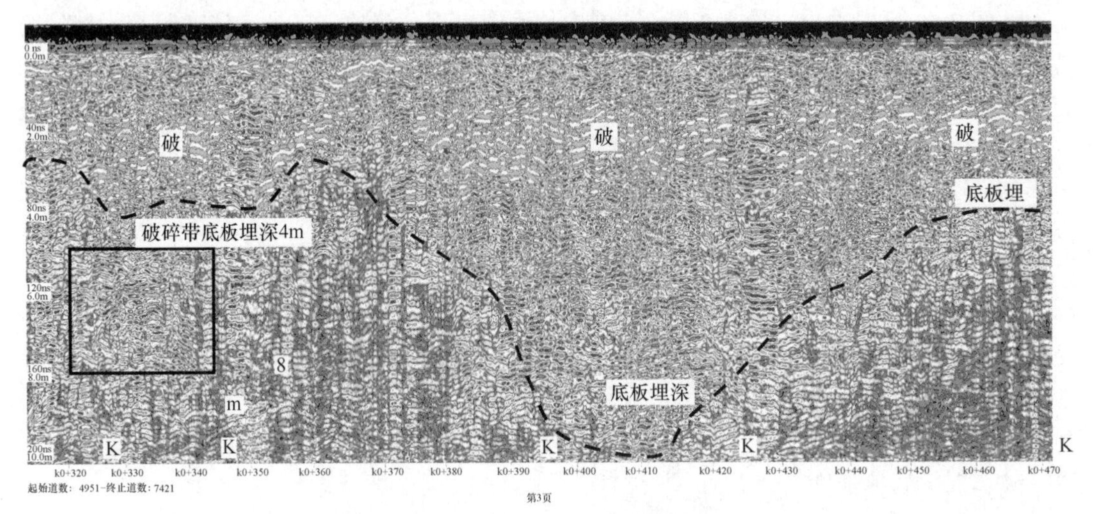

(c) 514m平台4951～7421道探测剖面图

图 3-23 514m 平台地质雷达物探剖面图

(2) K15~K31 区间，破碎区延续 K0~K14 分布特征，呈条带状，主要分布在地表浅部。破碎带底板埋深 4m，界限清晰，破碎区长度约 160m，中间无缺失，仅在 K19、K26 和 K30 标记点处破碎带宽度增加，呈现抛物线形，最大埋深约 6m。破碎带下方岩体基本完整，仅在 K21 和 K23 标记点处出现两条明显裂缝异常区。其中，K21 异常区裂缝深 8.5m、宽 1m；K23 异常区裂缝深 9m、宽 1m。由于这两处裂缝贯穿地表，但是在有效探测范围内已尖灭，所以延展不深，没有扩展到下一个台阶，不会对台阶整体安全构成威胁。

(3) K32~K47 区间，破碎区呈条带状分布，主要分布在地表浅部。破碎带底板埋深 4m，界限清晰，破碎区长度约 150m，中间无缺失，仅在 K39~K42 标记点区间破碎带宽度增加，呈现抛物线形，最大埋深约 10m（探测仪器限制，未见底）。破碎带下方岩体基本完整，仅在 K32 和 K33 标记点区间出现一处明显裂缝异常区。

综上所述，514m 台阶南侧基本上处于稳定状态，破碎带主要呈不规则条带状分布于地表下 4m 范围内，破碎带地层岩体完整。初步推测破碎带成因是由于扩帮过程中主爆孔超深及纵波引起。但是由于局部区域裂缝发育，裂缝埋深较大，地表有露头，必须在扩帮过程中及时进行充填、碾压、密实处理，防止裂缝扩展和岩体强度遇水软化。

3.8.2.6 下盘 526m 台阶探测结果分析

本次探测路线为南芬露天铁矿采场下盘 526m 台阶，属于扩帮区。受三期扩帮四期开采工程的影响，露天矿采场下盘 526m 台阶测线总长 730m，探测标记点间隔 10m，标记点数量 73 个。探测剖面总长 11763 道，按照 2942 道输出图片，共输出 4 幅剖面图，如图 3-24所示。本次探测“监测点数”设置为 1024，“时间窗”设置为 220，探测有效深度 10m。

图 3-24 显示，地表 1m 范围内均固定出现显著的破碎带，为修筑简易道路时铺设的碎石路基和路面，因此在分析破碎带时，可以不考虑埋深 1m 以上范围内的破碎带。

526m 台阶属于老滑体顶部，历史上多次发生不同规模的滑坡，而且地表裂缝十分发育。图 3-24 显示了 526m 台阶下 10m 范围内绿泥角闪岩层完整性变化特征和裂隙水埋深范围：

（1）K0~K15 区间，破碎区呈条带状分布，主要分布在地表浅部。破碎带底板埋深 4m，界限清晰，破碎区长度约 150m，破碎带下方岩体基本完整。在 K0~K1、K3~K6、K9、K10、K11、K12 和 K14 标记点处出现四处明显异常区。其中，K0~K1 异常区深 8m，

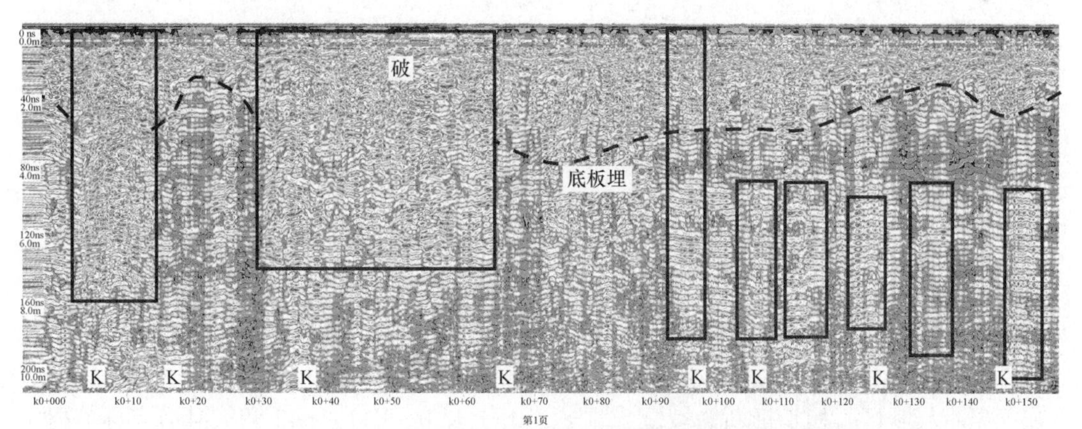

(a) 526m平台1～2942道探测剖面图

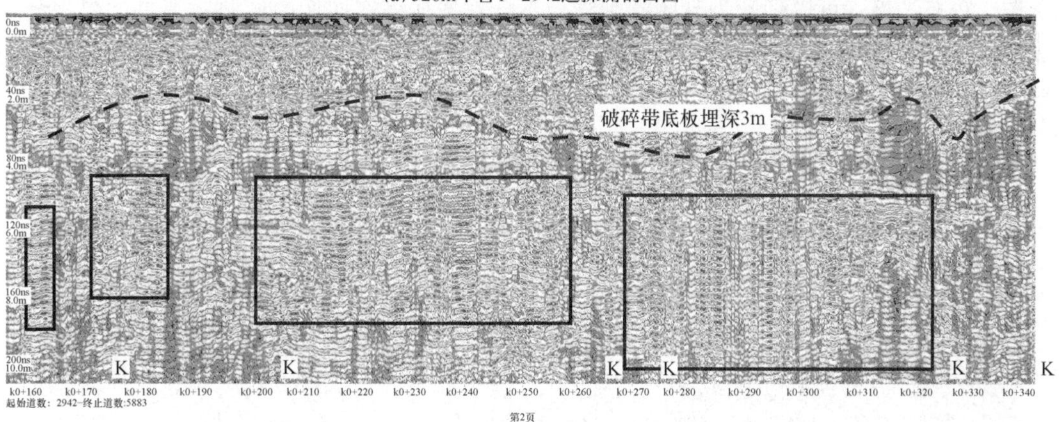

(b) 526m平台2942～5883道探测剖面图

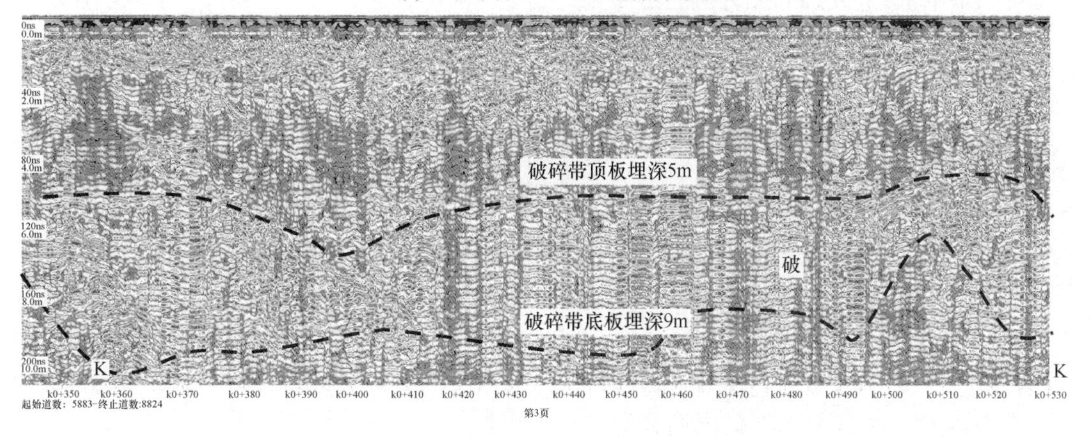

(c) 526m平台5883～8824道探测剖面图

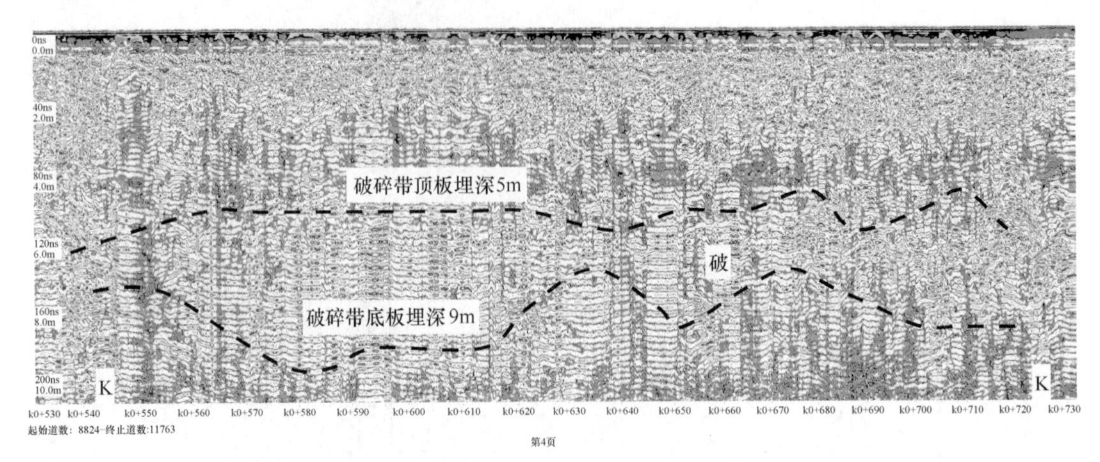

(d) 526m平台8824～11763道探测剖面图

图 3-24　526m 平台地质雷达物探剖面图

宽 6m，初步推测为破碎柱，尖灭于地表下 8m 深部，未扩展到下一个台阶；K3～K6 异常区深 7m，宽 30m，由于反射信号较弱，破碎程度较差。K9、K10、K11、K12 和 K14 异常区属于条带异常区，初步推断为裂缝异常区，由于 K10、K11、K12 和 K14 顶部未在地表露头，底部尖灭，可以理解为封闭状裂缝，不会对岩体稳定性产生威胁；但是如果裂缝顶部在外力作用下扩展到地表，其危害程度增加，必须采取措施进行处理。K9 已经在地表露头，而且通过现场记录可以证实 K8～K9 沿线出现明显裂缝（图 3-25）。

(a) 526m台阶K8处裂缝(镜向E)

(b) 526m台阶地质雷达物探(镜向S)

图 3-25　526m 台阶特殊地形地貌照片

（2）K16～K34 区间，破碎区呈条带状分布，主要分布在地表浅部。破碎带底板埋深 3m，界限清晰，破碎区长度约 180m，破碎带下方岩体基本完整。在 K16、K17、K20～K26 和 K27～K32 标记点处出现四处明显异常区。其中，K16 异常区深 6m、宽 1m，初步推测为裂缝，尖灭于地表下 9m 深部，未扩展到下一个台阶；K17 异常区深 6m、宽 2m，尖灭于地表下 8m 深部，未扩展到下一个台阶。K20～K26 异常区属于条带异常区，长 60m，厚 6m，初步推断为破碎带或空洞。K27～K32 局部异常区长 50m，厚 7m，初步推断为破碎带或空洞，需要结合后期钻探资料进行验证，但从判断上来看该处破碎由于埋藏深，已经接近下级台阶，因此对边坡稳定性会产生一定影响。

（3）K35～K53 区间，破碎区呈条带状分布，底板埋深 9m，顶板埋深 5m，厚度约

4m，界限清晰，破碎区长度约 180m，中间无缺失。破碎带上方 4m 范围内为完整岩体，岩体内基本上不存在异常反应区。

（4）K54～K73 区间，破碎区呈条带状分布，底板埋深 9m，顶板埋深 5m，厚度约 4m，界限清晰，破碎区长度约 200m，中间无缺失。破碎带上方 4m 范围内为完整岩体，岩体内基本上不存在异常反应区。

综上所述，526m 台阶南侧破碎带埋深较浅，主要分布在距离地表 3m 范围内。北侧埋深较大，以条带状分布于地表下 5～9m 处，局部区域埋深已经超过 10m。南侧 K8～K17 标记点附近裂缝发育，已经形成裂缝群规模，且裂缝在地表出露，与实际调查情况基本相符。结合历史详勘资料，该区域为老滑坡体顶部，经常出现张裂缝和沉降，在扩帮过程中，特别是在坡肩处作业时，要预防沉降给设备和人员造成的损失。

3.8.2.7 下盘 646m 台阶探测结果分析

本次探测路线为南芬露天铁矿采场下盘 646m 台阶，属于最终边坡。646m 台阶测线总长 710m，探测标记点间隔 10m，标记点数量 71 个。探测剖面总长 10483 道，按照 2651 道输出图片，共输出 4 幅剖面图，如图 3-26 所示。本次探测“监测点数”设置为 1024，“时间窗”设置为 220，探测有效深度 10m。

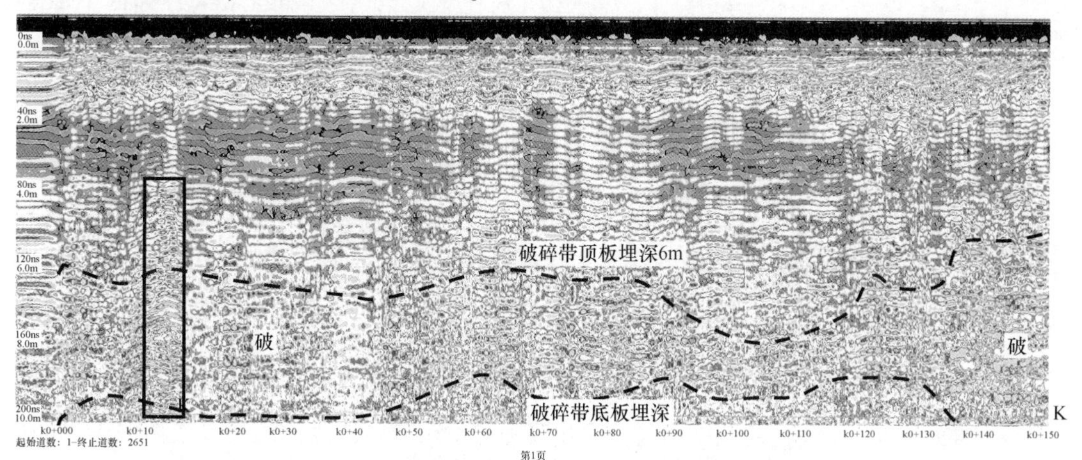

(a) 646m平台1～2651道探测剖面图

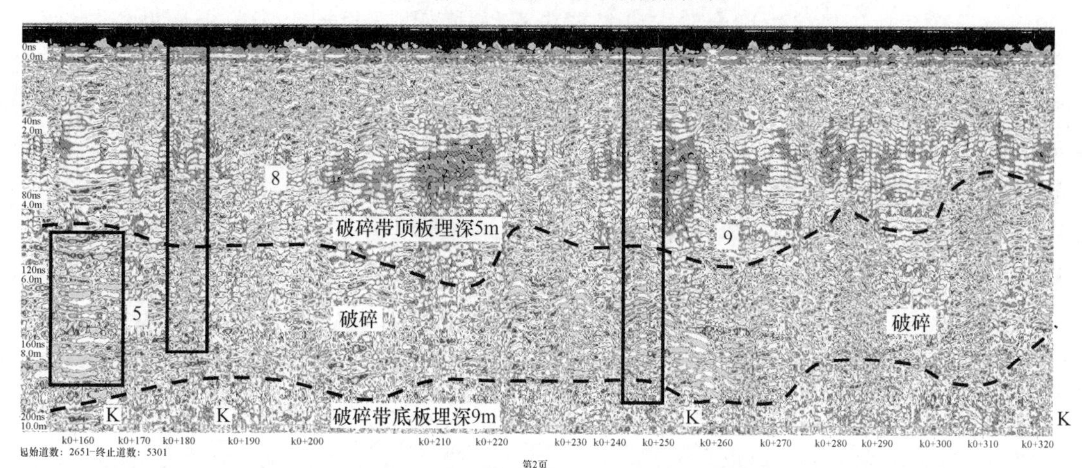

(b) 646m平台2651～5301道探测剖面图

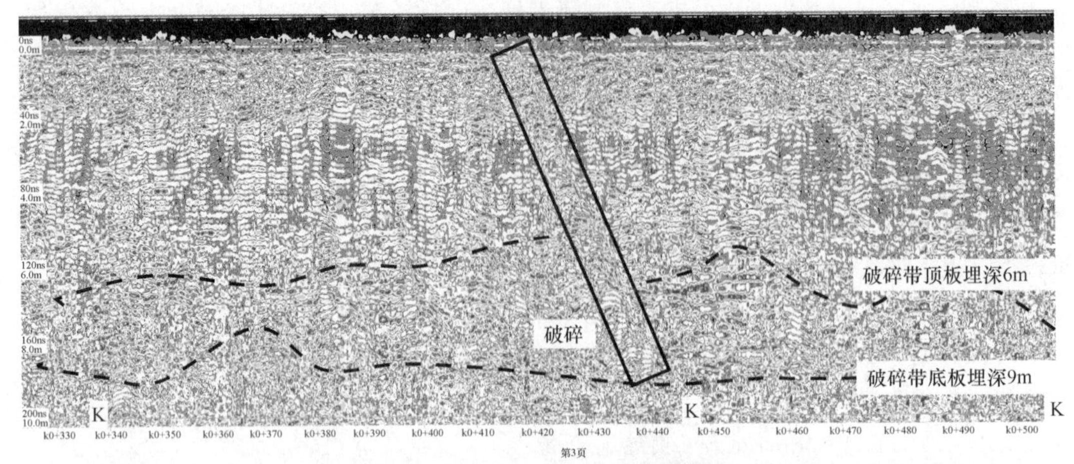

(c) 646m平台5301~7950道探测剖面图

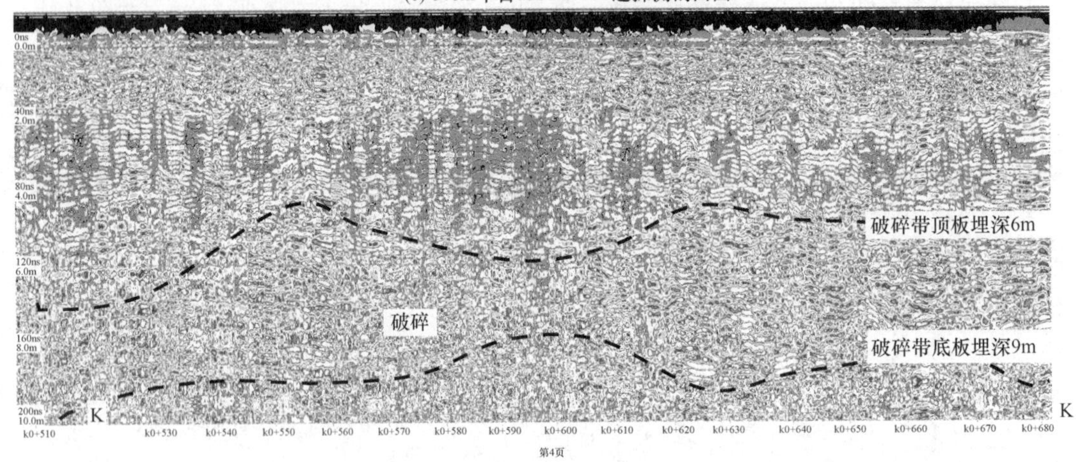

(d) 646m平台7951~10483道探测剖面图

图 3-26 646m 平台地质雷达物探剖面图

图 3-26 显示，地表 1m 范围内均固定出现显著的破碎带，为修筑简易道路时铺设的碎石路基和路面，因此在分析破碎带时，可不考虑埋深 1m 以上范围内的破碎带。

646m 台阶属于最终边坡台阶，已经超出滑坡体范围。早期由于历史详勘资料缺失，认为该区域属于稳定区，不存在滑坡灾害，但是根据近 3 年的监测和现场调查发现，该区域局部范围内已产生多次小规模的滑塌和裂缝（图 3-27），因此必须重新认识该区域的稳定状态，保证最终边坡的稳定。图 3-26 显示了 646m 台阶下 10m 范围内，绿泥角闪岩层完整性变化特征和裂隙水埋深范围：

（1）K0~K15 区间，破碎区呈条带状分布，底板埋深 10m，顶板埋深 6m，厚度约 4m，界限清晰，破碎区长度约 150m，中间无缺失。破碎带上方 4m 范围内为完整岩体，岩体内基本上不存在异常反应区。但是，在 K1 附近出现了一个明显的破碎异常区，高约 6m、宽约 1m，破碎异常区未在地表出露（图 3-28），再加上该台阶属于最终边坡台阶，没有爆破和大型施工车辆的干扰，因此目前处于稳定状态。

（2）K16~K32 区间，破碎区也呈条带状分布，底板埋深 9m，顶板埋深 5m，厚度约 4m，界限清晰，破碎区长度约 160m，中间无缺失。破碎带上方 4m 范围内岩体较为完整。

(a) 646m台阶北侧局部滑塌

(b) 646m台阶中部局部滑塌

(c) 646m台阶上裂缝发育

(d) 646m台阶上边坡岩体破碎

图 3-27 646m 台阶特殊地形地貌

图 3-28 646m 台阶 K1 和 K16 点附近地形地貌特征

但是，在 K16～K17、K18 和 K25 处出现三处雷达反射信号异常区。其中，K16～K17 异常区宽 5m，厚 5m（由于横坐标和纵坐标比例尺不统一，因此视觉上看异常区不是方形），根据现场记录发现，K14～K17 和 K19～K23 区间均为积水区，积水深度约 30cm，因此可以判断该区域的异常信号系由积水所致。K18 区域也出现了宽约 2m、厚约 8m 的异常区，也为积水对雷达信号的干扰。K25 处出现一个宽约 2m、厚约 9m 的异常区，地表裂缝发育（图 3-27c），结合物探剖面可以断定，该裂缝已经贯穿台阶，扩展到台阶根部，因此对台阶稳定性造成严重影响。

（3）K33～K50 区间，破碎区也呈条带状分布，底板埋深 9m，顶板埋深 6m，厚度约 4m，界限清晰，破碎区长度约 160m，中间无缺失。破碎带上方 4m 范围内岩体较为完整。但是，在 K44 附近出现雷达反射信号异常区，异常区呈倾斜分布。异常区宽 2m、厚度大于 10m，地表裂缝发育，在 K44 正上方有积水存在。初步推测，该倾斜异常区的产生与积水没有关系，而是与裂缝有很大关系，属于地表裂缝的深部扩展，裂缝已经贯穿台阶，扩展到台阶根部，因此对台阶稳定性造成严重影响。

（4）K51~K68 区间，破碎区也呈条带状分布，底板埋深 9m，顶板埋深 6m，厚度约 4m，界限清晰，破碎区长约 170m，中间无缺失。破碎带上方 4m 范围内岩体较为完整，边坡稳定。

综上所述，646m 台阶深部岩体破碎带以条带状分布为主，主要埋深约 5~7m，局部地方深部裂缝发育，对边坡岩体稳定性构成威胁。但是由于破碎带埋深较浅，推测该区域会发生局部的顺层浅层滑坡，滑坡体厚度不会超过 8m，应加强日常巡查和加密滑动力监测点设置。

3.8.3　下盘潜在滑面初步分析

经过对南芬露天铁矿 298m、334m、346m、370m、514m、526m 和 646m 台阶的地质雷达物探，获得了大量探测剖面及其破碎带埋深信息。根据地质雷达物探测线分布特征和边坡地形地貌特征，共剖分出 6 条典型剖线（见彩图 3-29），按照每个台阶相应测点的探测信息绘制出相应剖线的剖面图，经过剖面图可以判断出不同区域潜在滑动面和破碎带埋深条件和分布特征。

断面图按照从北向南顺序编号，分别为：*A-A′*、*B-B′*、*C-C′*、*D-D′*、*F-F′*、*E-E′*。其中，*A-A′*剖面按照 526m 台阶和 646m 台阶物探数据绘制；*B-B′*剖面按照 310m 台阶、526m 台阶和 646m 台阶物探数据绘制；*C-C′*剖面按照 526m 台阶和 646m 台阶物探数据绘制；*D-D′*剖面按照 322m 台阶、334m 台阶、346m 台阶、370m 台阶、514m 台阶和 646m 台阶物探数据绘制；*E-E′*剖面按照 514m 台阶和 646m 台阶物探数据绘制；*F-F′*剖面按照 322m 台阶、334m 台阶、346m 台阶和 370m 台阶物探数据绘制，主要物探数据见表 3-3，纵断面如彩图 3-30 所示。

表 3-3　破碎带推测统计表

断面编号	测点桩号/参考点位置（按照台阶记录）					
	埋深/m					
A-A′	55/526m	70/646m	—	—	—	—
	6~7m	6~9m		—	—	—
B-B′	19/310m	43/526m	69/646m	—	—	—
	0~7m	5~9m	6~9m	—	—	—
C-C′	30/526m	46/646m	—	—	—	—
	4. 5~10m	7~9m	—	—	—	—
D-D′	56/322m	10/334m	1/346m	3/370m	8/514m	24/646m
	0~10m	0~6m	5~9m	6~8m	0~3m	5~9m
E-E′	40/514m	4/646m	—	—	—	—
	0~10m	6~10m	—	—	—	—
F-F′	57/322m	12/334m	4/346m	7/370m	—	—
	0~6m	0~2m	6~10m	6~9m	—	—

综上所述，南芬露天铁矿采场下盘破碎带分布特征差异性较大，总体分布特征总结如下：

（1）采场北部430m台阶以上边坡，破碎带以条带状分布为主，埋深位置4~9m左右，浅层具有1~2m厚的路基破碎带。

（2）采场北部430m台阶以下边坡，破碎带以线状分布为主，埋深起伏较大，从3m到10m不等，局部地区深部裂缝发育，岩体破碎异常区分布较广。

（3）采场中部310~370m台阶边坡破碎带以条带状分布为主，埋深位置4~8m左右，浅层具有1~2m厚的路基破碎带。370~514m台阶破碎带以线状分布为主，埋深较统一，埋深约3m。514~646m台阶破碎带以条带状分布为主，埋深位置约6~10m，即该测线破碎带呈哑铃状分布。

（4）采场南部514~646m台阶边坡破碎带分布以条带状为主，埋深位置6~9m，浅层存在0~2m路基破碎带。

（5）根据上述探测和分析结果，可以推测南芬露天铁矿采场下盘边坡潜在滑动面埋深较浅，以5~8m埋深为主，具有浅层滑坡危险，深部滑坡发生概率较小（受探测设备约束，深部滑面需要结合钻探资料加以分析）。

3.9 本章小结

本次探测采用中国矿业大学（北京）开发的最新的地质雷达GR-IV，主机配备200MHz增强天线，具有高发射功率和高精度特性，性能稳定，最大探测深度可以达到15m。根据现场探测，主要取得如下成果：

（1）310m台阶和322m台阶埋深10m范围内，岩体较为完整，破碎带底板埋深约8m，局部埋深为4m。322m台阶下4m深度范围内具有明显的隔水层，汇聚了大量地表水和裂隙水，因此322m台阶表面水洼发育。由于310~322m台阶坡脚处并未开挖，因此边坡总体处于相对稳定状态。但是，随着回采区开挖进度的增加，该区域稳定状态可能会发生变化，需要按照回采进度适当增加滑动力监测点，并且加密监测点设置，时刻掌握边坡岩体内部力学信息演变特征。

（2）334m台阶K5~K14区间内岩体极为破碎，而且地表裂缝发育，出现明显的裂缝群，且破碎带底板最大埋深为9m，基本上贯穿整个台阶，需要采取措施加强防护。

（3）346m台阶探测范围内边坡岩体较为破碎，特别是破碎带平均厚度约3m，发育于地表下6~10m处，对边坡稳定性影响很大，一旦该区域顶板隔水层被雨水或裂隙水贯通，以绿泥角闪岩为主的边坡岩体强度急剧下降，会出现局部边坡滑塌灾害。

（4）514m台阶南侧基本上处于稳定状态，破碎带主要呈不规则条带状分布于地表下4m范围内，破碎带地层岩体完整。初步推测破碎带的成因是由于扩帮过程中主爆超深及其纵坡引起。但是由于局部区域裂缝发育，且裂缝埋深较大，地表有露头，必须在扩帮过程中及时进行充填、碾压、密实处理，防止裂缝扩展和岩体强度遇水软化。

（5）526m台阶南侧破碎带埋深较浅，主要分布在距离地表3m范围内。北侧埋深较大，以条带状分布于地表下5~9m处，局部区域埋深已经超过10m。南侧K8~K17标记点附近裂缝发育，已经形成裂缝群规模，且裂缝在地表出露，与实际调查情况基本相符。结合历史详勘资料，该区域为老滑坡体顶部，因此经常出现张裂缝和沉降，在扩帮过程中，特别是在坡肩处作业时，要预防沉降给设备和人员造成的损失。

（6）646m 台阶深部岩体破碎带以条带状分布为主，主要埋深约 5～7m，局部地方深部裂缝发育，对边坡岩体稳定性构成威胁。但是由于破碎带埋深较浅，该区域推测会发生局部顺层浅层滑坡，滑坡体厚度不会超过 8m，要加强日常巡查和加密滑动力监测点设置。

（7）根据纵断面探测信息推测采场北部 430m 台阶以上边坡，破碎带以条带状分布为主，埋深位置 4～9m 左右，浅层具有 1～2m 厚的路基破碎带。采场北部 430m 台阶以下边坡，破碎带以线状分布为主，埋深起伏较大，从 3～10m 不等，局部地区深部裂缝发育，岩体破碎异常区分布较广。采场中部 310～370m 台阶边坡破碎带以条带状分布为主，埋深位置 4～8m 左右，浅层具有 1～2m 厚的路基破碎带。370～514m 台阶破碎带以线状分布为主，埋深较统一，埋深约 3m。514～646m 台阶破碎带以条带状分布为主，埋深位置约 6～10m，即该测线破碎带呈哑铃状分布。采场南部 514～646m 台阶边坡破碎带分布以条带状为主，埋深位置 6～9m，浅层存在 0～2m 路基破碎带。

总之，南芬露天铁矿采场下盘岩体表层完整性较差，破碎带呈线状或条带状分布，裂缝发育明显，岩体环境等级较差，特别是 370m、394m 和 322m 台阶局部区域岩体条件极差，因此随着回采和扩帮工程的推进，必须加强对局部区域进行巡查和监测，而且可以考虑采用浅、中、深钻孔配套小型、中型和大型恒阻大变形缆索对采场下盘边坡岩体稳定性进行加固、防治、监测和预警，全面保障南芬露天矿矿产资源的安全可持续开采。

4 现场工程地质调查与分析

4.1 调查范围与调查内容

4.1.1 调查范围

本书针对南芬露天铁矿采场下盘、上盘和北山三个主要区域边坡进行详细的边坡地质调查，调查内容包括：地层岩性特征、裂缝分布规律、滑坡地质灾害分布规律、主要节理产状、水文地质特征、构造分布特征、软弱夹层产状、排渗孔分布特征、监测点现状、植被发育情况、岩石完整性等。

（1）下盘调查台阶编号：298m、310m、322m、334m、346m、358m、370m、394m、430m、478m、526m、550m、574m、598m、622m、646m、670m 和 684m 台阶局部和全部（受扩帮和回采影响，台阶部分区域无法抵达）；

（2）上盘调查台阶编号：538m 和 574m 台阶；

（3）北山调查台阶编号：322m、370m、382m、406m 和 430m 台阶。

本书共调查了 25 个边坡台阶和坡面，其中上盘 2 个台阶，下盘 18 个台阶，北山 5 个台阶（见表 4-1）。同时对下盘和上盘缺少岩石物理力学试验资料的岩性进行了现场取样及其室内物理力学实验，共取样 98 组。

表 4-1 南芬露天铁矿台阶桩号分布表

台阶编号	所属区域	分界桩数量	台阶编号	所属区域	分界桩数量
298m	采场下盘	K01 ~ K13	598m	采场下盘	K01 ~ K18
310m	采场下盘	K14 ~ K18	622m	采场下盘	K01 ~ K15
322m	采场下盘	K19 ~ K25	646m	采场下盘	K01 ~ K12
334m	采场下盘	K01 ~ K07	670m	采场下盘	K01 ~ K08
346m	采场下盘	K01 ~ K06	684m	采场下盘	K01 ~ K06
358m	采场下盘	K01 ~ K03	538m	采场上盘	K01 ~ K05
370m	采场下盘	K01 ~ K04	574m	采场上盘	K01 ~ K13
394m	采场下盘	K01 ~ K03	322m	采场北山	K01 ~ K17
430m	采场下盘	K01 ~ K05	370m	采场北山	K01 ~ K09
478m	采场下盘	K01 ~ K04	382m	采场北山	K01 ~ K07
526m	采场下盘	K01 ~ K25	406m	采场北山	K01 ~ K05
550m	采场下盘	K01 ~ K16	430m	采场北山	K01 ~ K04
574m	采场下盘	K01 ~ K14	说明：每个桩号之间距离为 50m		

4.1.2 调查内容

南芬露天铁矿边坡工程地质调查内容如下。

(1) 现场调查定位点测量与记录。由于现场边坡工程地质调查内容较多，为了确定不同调查要素的精确坐标（X，Y，Z），便于最终工程地质调查填图工作，本书调查采用高精度手持 GPS 对调查要素进行点位测量和记录。

(2) 现状边坡节理裂隙调查与统计。露天采场现状边坡岩体构造调查根据观测手段的不同主要有三种调查方法：一是出露面调查方法；二是钻孔岩芯和钻孔孔壁调查方法；三是摄影测量方法。本项目根据现场具体条件，通过已开挖边坡露头进行现场节理裂隙的调查工作。节理裂隙调查过程中，必须对节理裂隙的分布密度进行统计，为后期绘制矿山采场边坡节理密度分区图奠定基础。

(3) 现状边坡软弱夹层调查与统计。本书调查涉及的软弱夹层指岩体内存在的层状或带状的软弱薄层，需要对软弱夹层的宽度、延续性、粗糙度、起伏度、充水状况、风化程度、剥蚀程度等进行详细调查和记录。

(4) 露天采场水文地质特征调查与统计。南芬露天铁矿所处区域年平均降雨量约 800mm，水对边坡稳定性的影响非常大，因此本书调查的水文地质特征主要包括出水点和积水点的位置、面积、水深等参数。

(5) 现场工程地质调查素描。由于现场调查内容丰富，调查工作量较大，所有调查内容不可能全部记录或描述清晰，因此，在调查过程中要通过相机和素描等手段，基于定位点坐标对现场观察到的典型构造产状、岩层产状、节理产状、软弱结构面产状、岩性分布及其各要素空间特征等现象进行现场照相和素描。

(6) 露天采场地质灾害调查与统计。由于露天开采地质灾害类型相对确定，根据对南芬露天铁矿采场前期资料的分析与总结，确定本书地质灾害调查主要包括滑坡、滑塌、沉降、崩塌、滚石等内容。

(7) 露天采场边坡岩体完整性调查与统计。岩体完整程度是决定岩体基本质量的另一个重要因素。影响岩体完整性的因素很多，从结构面的几何特征来看，有结构面的密度、组数、产状和延伸程度，以及各组结构面相互切割关系；从结构面性状特征来看，有结构面的张开度、粗糙度、起伏度、充填情况、充填物水的赋存状态等。将这些因素逐项考虑，用来对边坡岩体完整程度进行划分，显然是困难的。从工程岩体的稳定性着眼，应抓住影响岩体稳定的主要方面，使评判划分易于进行。

经过综合分析，本书将几何特征诸项综合为“结构面发育程度”；将结构面性状特征诸项综合为“主要结构面的结合程度”。本书将边坡岩体完整性划分为五个等级，见表 4-2。

表 4-2 边坡岩体完整性分区标准

序号	分类	岩体完整性	状态	色谱
1	A 类	完整	整体状	
2	B 类	较完整	块状	
3	C 类	较破碎	层状	
4	D 类	破碎	碎裂状	
5	E 类	极破碎	散体状	

4.2 采场北山工程地质调查与描述

4.2.1 测线和测站布置原则

采场北山调查采用测线法选择台阶上露头良好、地面平整、具有永久标识的地段布置详细测线。每条测线上根据台阶长度设置若干个测站，测站沿着边坡走向间距 50m，沿着边坡倾向间距 24m（局部台阶由于扩帮或回采工程的影响，可能间距在 48m 或 60m），每个测站辐射范围 $1.2\times10^4\text{m}^2$。在台阶边坡上岩石出露较差或难以攀登、不便测量的地段，只布设独立的测站，测线和测站尽量布置在最终边坡附近，且尽可能使其分布均匀。

在测站区间内，首先观察边坡坡面节理分布状况，确定主要节理组，了解其特征，然后按行进方向逐一对边坡坡面和台阶上的地层岩性特征、裂缝分布规律、滑坡地质灾害分布规律、主要节理产状、节理线密度、水文地质特征、构造分布特征、软弱夹层产状、排渗孔分布特征、监测点现状、植被发育情况、岩石完整性等参数进行调查，并做好照相和记录。每个测站上，通常需根据节理分布特征，保证测量 40~60 条节理。需注意使各组节理均有一定数量，尤其是那些顺坡向的或对边坡稳定影响较大的节理组更应如此，必要时需对这样的节理组做补充测量。记录内容包括产状、节理间距、可见长度及粗糙度、充填物等。

依据上述原则和方法，在北山共布置了详细测线 5 条，编号为 L1 ~ L5；独立测站 42 个，以英文字母 K1，K2，K3，… ，Kn（n<43）表示，测线和测站位置如图 4-1 所示。详细测线及独立测站在各区的分布情况见表 4-3。

为准确表示地表调查获得的节理统计资料的来源信息，首先按工程地质分区对地表调查结果进行整理，将所测得的节理裂隙数据电子化；然后，按不同的工程地质分区，绘制出极点等密图、走向玫瑰花图、倾角百分含量频率曲线、走向分布表和倾角分布表。

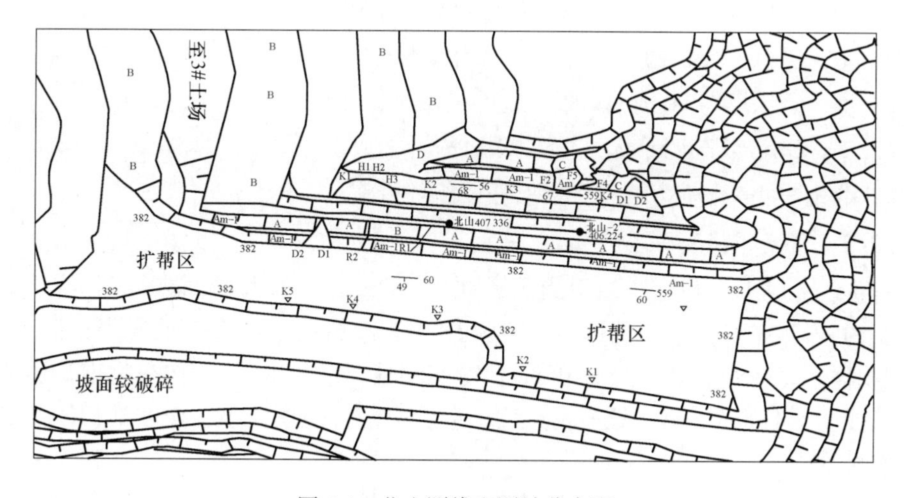

图 4-1 北山测线和测站分布图

表 4-3 南芬露天铁矿北山测线和测站统计表

台阶编号	测线编号	所属区域	分界桩数量
322m	L1	采场北山	K01～K17
370m	L2	采场北山	K01～K09
382m	L3	采场北山	K01～K07
406m	L4	采场北山	K01～K05
430m	L5	采场北山	K01～K04

注：每个桩号之间距离为 50m。

4.2.2 北山 382m 台阶调查

4.2.2.1 边坡基本地质条件

北山 382m 边坡位于采场北山东侧，全长约 369m，坡高 24m，属于扩帮并段边坡，坡角约 48°～53°，该边坡走向为 N79°W（图 4-2）。

(a) 镜向南

(b) 镜向北

图 4-2 北山 382m 台阶地貌

边坡类型为石质顺层边坡，岩层倾向与台阶坡面倾向一致。边坡物质成分主要为石英绿泥片岩，呈深绿色，片状构造，主要矿物为绿泥石，其次是石英含少量的黑云母、方解石、电气石等。该层厚约 10m，最大厚度可达 100m。

4.2.2.2 已有治理和监测方案及效果评价

目前，北山 382m 台阶边坡没有采取任何治理措施。

4.2.2.3 现场调查结果分析

2012 年 5 月 14 日，研究小组对露天矿北山 382m 台阶及其坡面进行调查。经调查发现该边坡坡面岩体完整，完整度属于 A 类（图 4-3）。台阶上共有 2 处崩塌，形成了松散坡积物堆积体。第一处崩塌点位于 382m 台阶北端帮，编号 $B_{382\text{-}1}$，坡积物堆积体宽 16m，高约 2m，如图 4-4 所示。第二处崩塌点位于台阶中部，规模较小，松散堆积体宽 3m，高约 1m，编号 $B_{382\text{-}2}$。

另外，调查还发现 2 处弱层，弱层宽约 0.2m，长约 12m，贯穿整个台阶（图 4-5）。

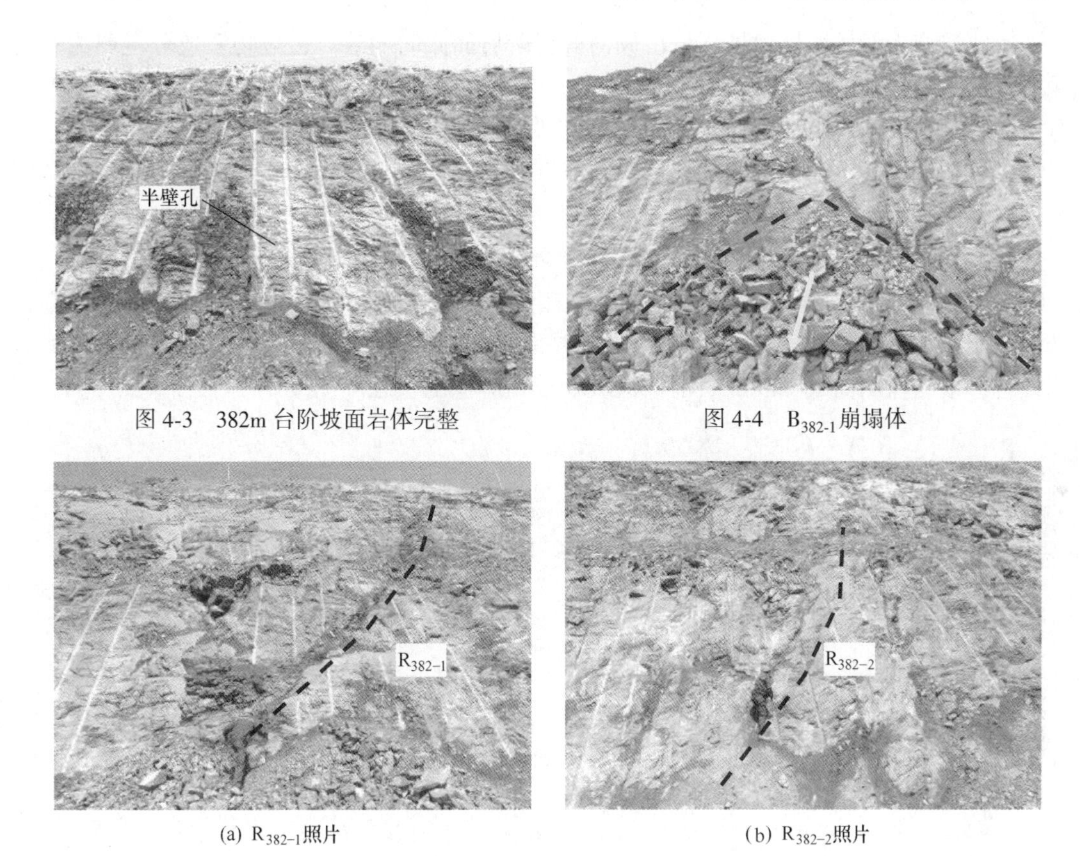

图 4-3 382m 台阶坡面岩体完整

图 4-4 $B_{382\text{-}1}$崩塌体

(a) $R_{382\text{-}1}$照片

(b) $R_{382\text{-}2}$照片

图 4-5 北山 382m 台阶弱层特征

两个弱层相距 30m，属于泥质充填，干燥，没有渗水现象和滑移错动，但是可以构成潜在滑动面，孕育楔型滑坡和平面型滑坡，因此需要加强日常巡查和滑动力监测。

4.2.3 北山 406m 台阶调查

4.2.3.1 边坡基本地质条件

该边坡位于采场北山东侧，全长约 291m，坡高 24m，属于并段边坡，坡角约 49°~52°，该边坡走向为 N81°W（图 4-6）。

(a) 镜向南

(b) 镜向北

图 4-6 北山 406m 台阶地貌

边坡类型为石质顺层边坡，岩层倾向与台阶坡面倾向一致。边坡物质成分主要为石英绿泥片岩，呈深绿色，片状构造，主要矿物为绿泥石，其次是石英含少量的黑云母、方解石、电气石等。该边坡风化严重，台阶南北端帮边坡极其松散破碎，以第四系岩组为主，岩性上包括砂、砾石、黏性土和碎石等，厚度较小，主要为冲积坡积成因。由于扩帮后期清理不到位，台阶上碎石分布广泛，厚度约 1.2m。

4.2.3.2　已有治理和监测方案及效果评价

目前，北山 406m 台阶没有采取任何治理措施，考虑到采场下方的工程安全，南芬露天铁矿于 2012 年 6 月份委托中国矿业大学（北京）在 406m 台阶安装了 2 套滑动力远程监测设备，根据监测曲线判断，目前该边坡处于相对稳定状态（图 4-7）。

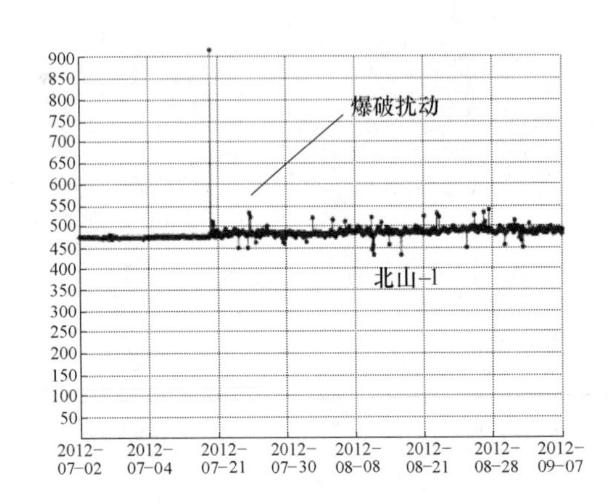

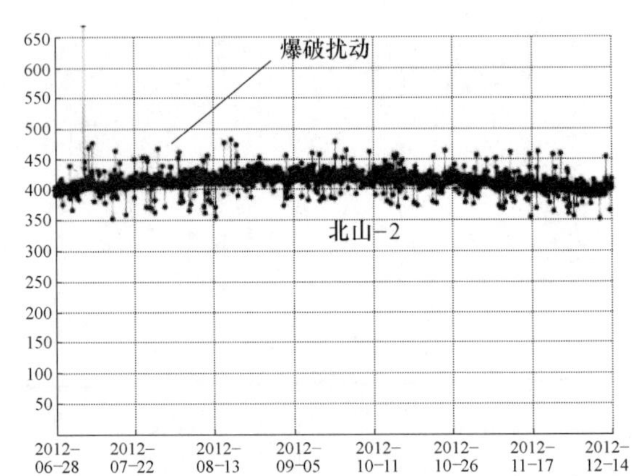

图 4-7　北山滑动力监测曲线

4.2.3.3　现场调查结果分析

2012 年 5 月 6 日，调查小组对露天矿北山 406m 台阶及其坡面进行调查。经调查发现该边坡中部坡面较完整，完整度属于 B 类（图 4-8）。边坡南北两端帮坡面较破碎，完整度属于 C 类（图 4-9）。

图 4-8　406m 台阶中部坡面岩体完整

图 4-9　406m 台阶南北两端帮坡面破碎

调查发现 406m 台阶上共发生 1 处滑坡，坡面上共有 1 处弱层。其中弱层 R_{406-1} 位于 K2 测站，属于泥质充填，两侧岩体强风化，顶部浮渣堆积，降雨后易产生局部滑坡的风险，需要及时进行浮渣清理和喷锚加固。HP_{406-1}滑坡位于K5和K6测站中部，滑坡体后缘位于406m台阶上，滑坡舌部位于394m台阶，后缘带宽9m，滑面粗糙，布满块石，滑坡舌部松散岩体堆积，无泥质物质夹杂，如图4-10所示。

(a) HP_{406-1}后缘带

(b) HP_{406-1}滑坡舌部

图4-10 北山382m台阶弱层特征

4.2.4 北山430m台阶调查

4.2.4.1 边坡基本地质条件

该边坡位于采场北山东侧边帮顶部，全长约201m，坡高24m，属于并段边坡，坡角约50°~55°，该边坡走向为N86°W（图4-11）。

(a) 镜向南

(b) 镜向北

图4-11 北山430m台阶地貌

边坡类型为石质顺层边坡，岩层倾向与台阶坡面倾向一致。边坡物质成分主要为石英绿泥片岩，呈深绿色，片状构造，主要矿物为绿泥石，其次是石英含少量的黑云母、方解石、电气石等。该边坡风化严重，台阶南北端帮边坡极其松散破碎，以第四系岩组为主，岩性上包括砂、砾石、黏性土和碎石等，厚度较小，主要为冲积坡积成因（图4-12）。

4.2.4.2 已有治理和监测方案及效果评价

北山430m台阶没有采取任何治理措施，但是根据安置于台阶下方24m处的2套滑动力远程监测预警曲线判断，该边坡目前处于相对稳定状态。

(a) 北山430m台阶北端帮

(b) 北山430m台阶南端帮

图 4-12　北山滑动力监测曲线

4.2.4.3　现场调查结果分析

2012 年 5 月 8 日，调查小组对露天矿北山 430m 台阶及其坡面进行调查。经调查发现该边坡中部坡面十分完整，完整度属于 A 类（图 4-13）；北端帮坡面破碎，完整度属于 D 类；南端帮坡面较破碎，完整度属于 C 类（图 4-14）。

图 4-13　430m 台阶中部坡面岩体完整

图 4-14　430m 台阶北端帮坡面破碎

调查发现该台阶上共发生 1 处滑坡，坡面上共有 1 处强风化岩层和 1 处崩塌岩体。其中强风化岩层位于 K3 和 K4 测站之间，以绿泥片岩和云母石英片岩为主，顶部浮渣堆积，降雨后易产生局部滑坡的风险，需要及时进行浮渣清理和喷锚加固。崩塌岩体处于 K4 测站，呈楔型滑面，松散石块堆积于 430m 台阶南端帮（图 4-15a）。

$HP_{430\text{-}1}$滑坡体位于 K1 测站南侧，滑坡体后缘位于 430m 台阶上，滑坡舌部位于 418m 台阶，后缘带宽 38m，滑面光滑，滑面上泥质物质附着，滑坡舌部松散岩体堆积，如图 4-16 所示。

北山 430m 台阶上局部提取布满了滚石（图 4-15b），虽然起到了截渣平台的作用，但是由于平台宽度只有 7~10m，部分滚石沿着坡面越过 430m 台阶进入下一个台阶，因此对下方采矿人员的安全造成了严重威胁，必须及时对台阶上的滚石和坡面上的浮石进行清理，确保下方采矿人员的安全。

(a) 南端帮崩塌体

(b) 台阶上布满滚石

图 4-15 430m 台阶现场图片

(a) HP_{430-1}轮廓

N
454 m台阶
图 例
绿泥角闪片岩（强风化）
Pm
F1
测站1 X: 50597.030 Y: 50466.052 Z: 434.659
测站2 X: 50552.759 Y: 50487.622 Z: 434.195
430m台阶
测站3 X: 50509.009 Y: 50511.988 Z: 427.309
H1 H2 H3 H4

(b) HP_{430-1}后缘带素描图

图 4-16 430m 台阶 HP_{430-1}滑塌体特征

4.3 采场下盘工程地质调查与描述

4.3.1 测线和测站布置原则

采场下盘调查采用测线法选择台阶上露头良好、地面平整、具有永久标识的地段布置详细测线。每条测线上根据台阶长度设置若干个测站，测站沿着边坡走向间距 50m，沿着边坡倾向间距 24m（局部台阶由于扩帮或回采工程的影响，间距约 48m 或 60m），每个测站辐射范围 $1.2\times10^4m^2$。在台阶边坡上岩石出露较差或难以攀登、不便测量的地段，只布设独立的测站，测线和测站尽量布置在最终边坡附近，且尽可能使其分布均匀。

在采场底部，由于磁铁矿对普通罗盘具有一定的影响，我们直接使用日影罗盘测量节理产状，远离矿体的区段，采用普通磁罗盘测量，用日影罗盘统一校核。

依据上述原则和方法，在采场共布置了详细测线 18 条，编号为 L6～L23；独立测站 171 个，以英文字母 K1，K2，K3，…，Kn（n<172）表示，测线和测站位置如图 4-17 所示。详细测线及独立测站在各区的分布情况见表 4-4。

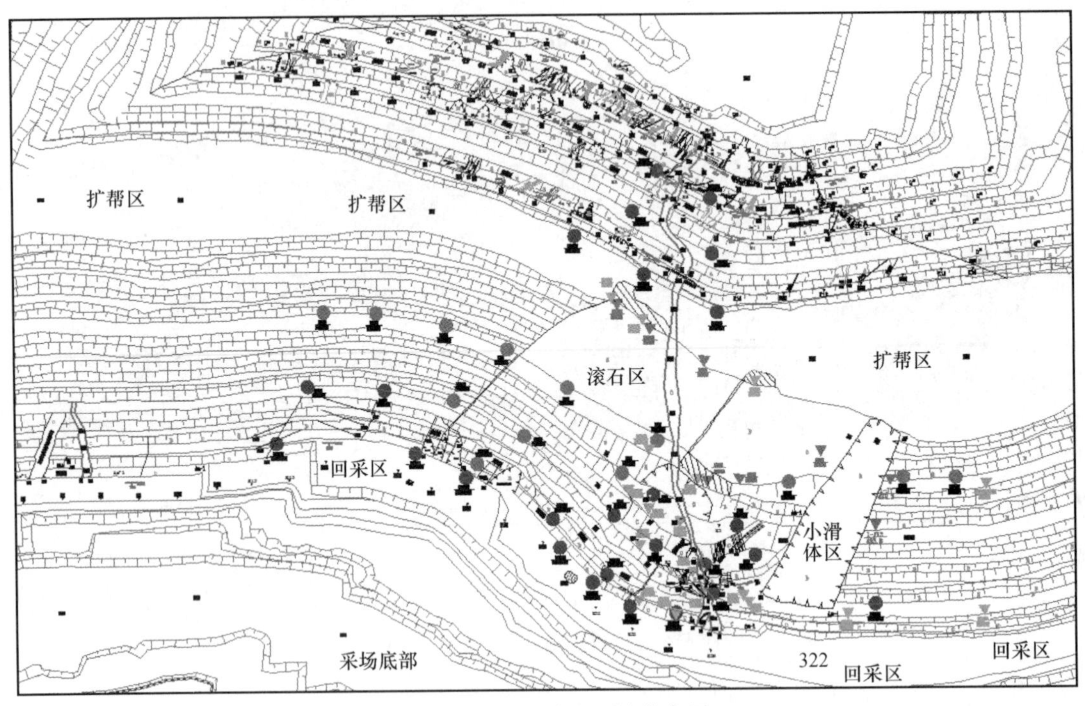

图 4-17 下盘测线和测站分布图

表 4-4 南芬露天铁矿下盘测线和测站统计表

台阶编号	测线编号	所属区域	分界桩区间	测站数量
298m	L6	采场下盘	K01～K13	13
310m	L7	采场下盘	K14～K18	5
322m	L8	采场下盘	K19～K25	7
334m	L9	采场下盘	K01～K07	7
346m	L10	采场下盘	K01～K06	6
358m	L11	采场下盘	K01～K03	3
370m	L12	采场下盘	K01～K04	4
394m	L13	采场下盘	K01～K03	3
430m	L14	采场下盘	K01～K05	5

续表 4-4

台阶编号	测线编号	所属区域	分界桩区间	测站数量
478m	L15	采场下盘	K01~K04	4
526m	L16	采场下盘	K01~K25	25
550m	L17	采场下盘	K01~K16	16
574m	L18	采场下盘	K01~K14	14
598m	L19	采场下盘	K01~K18	18
622m	L20	采场下盘	K01~K15	15
646m	L21	采场下盘	K01~K12	12
670m	L22	采场下盘	K01~K08	8
684m	L23	采场下盘	K01~K06	6

注：每个桩号之间距离为 50m。

4.3.2 下盘 682m 台阶调查

4.3.2.1 边坡基本地质条件

该边坡位于采场下盘上部，属于最终境界边坡。全长约 570m，坡高 24m，是并段边坡，坡角约 51°~55°，该边坡走向为 N60°W（图 4-18）。

边坡类型为石质顺层边坡，岩层倾向与台阶坡面倾向一致。边坡物质成分主要为二云母石英片岩和绿帘角闪片岩。其中二云母石英片岩呈粒状结构，片理发育，矿物成分主要为石英，其次为长石、黑云母、白云母，石英和云母构成明显的条带状分布。绿帘角闪岩呈黑绿色，粒状结构，块状构造，局部呈片状，主要由角闪石、绿帘石组成，其次是黑云母、石英等。

(a) 镜向南

(b) 镜向北

图 4-18 下盘 682m 台阶特征

4.3.2.2 已有治理和监测方案及效果评价

目前，下盘 682m 台阶没有采取任何治理措施。

4.3.2.3 现场调查结果分析

2012 年 5 月 3 日，调查小组对露天矿下盘 682m 台阶及其坡面进行调查。经调查发现该边坡中部坡面岩体较完整，完整度属于 B 类（图 4-19）；南北两端帮边坡由第四系岩组组成，结构松散破碎，岩性上包含砂、砾石、黏性土和碎石等，完整度属于 D 类（图 4-20）。

图 4-19　682m 台阶中部坡面岩体完整

图 4-20　682m 台阶南部坡面极破碎

调查发现该台阶共有 3 处危岩体，3 处明显节理。第一处和第二处危岩体位于台阶中部 K4 和 K5 测站之间，危岩体编号分别为 $WY_{682\text{-}1}$ 和 $WY_{682\text{-}2}$，$WY_{682\text{-}1}$ 危岩体块体长约 6m、宽 2m、高约 4. 5m，如图 4-21（a）所示；$WY_{682\text{-}2}$ 危岩体块体长约 8m、宽 1. 5m、高约 3. 7m，如图 4-21（b）所示。第三处危岩体位于 K6 测站北 20m 处，危岩体长 3m、宽 1m、高 1. 2m，规模较小，编号 $WY_{682\text{-}3}$。由于危岩体具有潜在滚动的可能性，因此要及时安排浮石清理人员对危岩体进行处理，必要时可以安排二爆人员对其进行二次爆破。

(a) R_{382-1} 照片

(b) R_{382-2} 照片

图 4-21　下盘 682m 台阶危岩体

下盘 682m 台阶还发现 3 处显著的节理，编号为 $J_{682\text{-}1}$、$J_{682\text{-}2}$ 和 $J_{682\text{-}3}$。$J_{682\text{-}1}$ 产状 200°/47°，宽 8mm，属于低延续性节理，节理面光滑，呈平面延展；$J_{682\text{-}2}$ 产状 235°/5°，宽 14mm，属于中等延续性节理，节理面粗糙，呈波浪状延展；$J_{682\text{-}3}$ 产状 230°/7°，宽 8mm，属于低延续性节理，节理面粗糙，呈波浪状延展（图 4-22）。这三组节理面同时发育于 K3 测站附近，降雨条件或爆破扰动可以诱发滑移错动，构成潜在滑动面，孕育楔型滑坡和平面型滑坡，因此需要加强日常巡查和滑动力监测。

图 4-22 下盘 682m 台阶节理发育特征

4.3.3 下盘 646m 台阶调查

4.3.3.1 边坡基本地质条件

该边坡位于采场下盘上部，属于最终边坡。全长约 912m，坡高 24m，是并段边坡，坡角约 36°~45°，该边坡走向为 N80°W（图 4-23）。

(a) 镜向南

(b) 镜向北

图 4-23 下盘 646m 台阶整体照片

边坡类型为石质顺层边坡，岩层倾向与台阶坡面倾向一致。边坡物质成分主要为二云母石英片岩（GPL）、云母石英片岩（TmQ）和绿帘角闪片岩（AmL）。其中二云母石英片岩呈粒状结构，片理发育，矿物成分主要为石英，其次为长石、黑云母、白云母，石英和云母构成明显的条带状分布。绿帘角闪岩呈黑绿色，粒状结构，块状构造，局部呈片状，主要由角闪石、绿帘石组成，其次是黑云母、石英等。云母石英片岩出露于台阶中部，呈灰白色，中、细颗粒结构，片理发育。主要矿物为石英和云母，往往形成条带状集合体，次要矿物为斜长石、钾长石、黑云母等，岩层厚度为 40~100m。

4.3.3.2 已有治理和监测方案及效果评价

目前，下盘 646m 台阶没有采取任何治理措施。

4.3.3.3 现场调查结果分析

2012 年 4 月 26 日，调查小组对露天矿下盘 646m 台阶及其坡面进行调查，调查顺序为由南向北侧逐级调查。经过调查发现该边坡坡面完整性参差不齐，破碎坡面和完整坡面穿插相间分布，该边坡完整度具有 A 类、B 类、C 类和 D 类不同等级特征。其中斑岩脉两侧岩体极其破碎，如图 4-24 所示。南北两端帮边坡由第四系岩组组成，结构松散破碎，岩性上包含砂、砾石、黏性土和碎石等，如图 4-25 所示。

图 4-24　646m 台阶斑岩脉两侧破碎

图 4-25　646m 台阶南端帮坡面极破碎

调查发现该台阶共有 3 处中等规模滑坡体（HP）、1 处台阶面裂缝群（LF）、1 处危岩体（WY）、53 处显著节理（J）、7 处渗水点（S）、1 处石英斑岩脉小构造、3 处台阶面积水洼地。下面对调查出的地质灾害进行详细描述。

A　滑坡体

调查发现 3 处滑坡体，编号分别为 HP_{646-1}、HP_{646-2}和 HP_{646-3}。其中：HP_{646-1}滑坡体位于 K2 测站附近，滑坡体舌部位于 646m 台阶，南北长 47m，垂直高度约 36m，贯穿 3 个台阶，滑体岩性以二云母石英片岩和绿帘角闪岩为主，属于典型平面滑坡。滑坡体如图 4-26（a）所示。

HP_{646-2}滑坡体位于 K8 测站附近，滑坡体舌部位于 646m 台阶，南北长 34m，垂直高度约 24m，贯穿 2 个台阶，滑体岩性以绿帘角闪岩为主，属于平面型和圆弧型复合滑坡，滑坡体下部以平面滑坡为主，上部滑面呈现圆弧状，滑坡体特征如图 4-26（c）所示。

HP_{646-3}滑坡体位于 K9 测站附近，滑坡体舌部位于 646m 台阶，南北长 23m，垂直高度约 15m，贯穿 1 个台阶，属于典型平面滑坡（图 4-26d）。

B　台阶面裂缝群

裂缝群发育于该台阶 K7 和 K8 测站之间，裂缝最长为 47m，宽度约 34mm，如图 4-27 所示。由于调查期间属于雨季，裂缝已经被泥质物质充填，开挖后发现裂缝继续垂直延伸，深度不详。根据后期地质雷达物探结果分析，发现该处裂缝埋深约 9m，基本上贯穿到下一台阶，因此需及时对该裂缝群进行密实碾压，防止雨水灌入，降低坡体强度，发生滑坡地质灾害。

C　危岩体

危岩体位于台阶北部 K8 测站附近，危岩体编号为 WY_{646-1}，该危岩体块体长约 3m、宽 2m、高约 4m。由于危岩体具有潜在滚动的可能性，因此要及时安排浮石清理人员对其进行处理，必要时可以安排二爆人员对其进行二次爆破。

D　节理

646m 台阶坡面节理极其发育，共发现显著节理 53 处，节理最宽约 30cm，最窄约 3cm，长度不等，最长 55m，最短 13m。节理充填物主要包含石英夹层、泥质充填。几处典型节理如图 4-28 所示，节理发育特征及分布坐标详见附录 5 附表 5-2。

(a) HP_{646-1}滑坡体特征

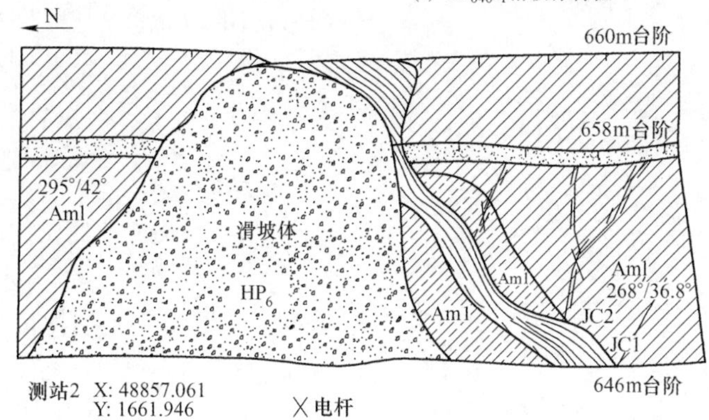
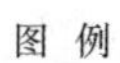

(b) HP_{646-1}滑坡体周围地质单元素描图

(c) HP_{646-2}滑坡体特征

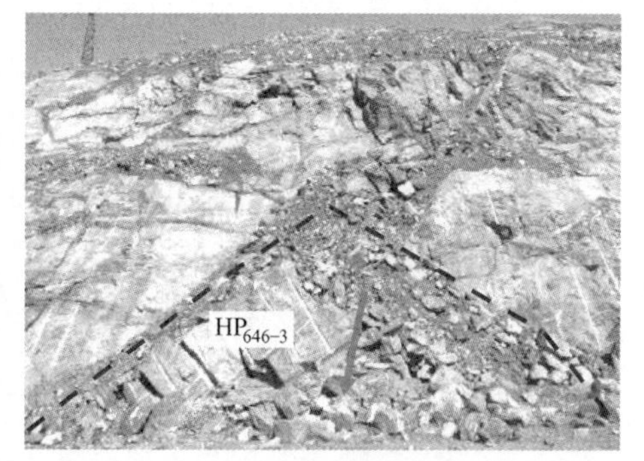

(d) HP_{646-3}滑坡体特征

图 4-26 下盘 646m 台阶滑坡体特征

图 4-27 下盘 646m 台阶中部裂缝发育

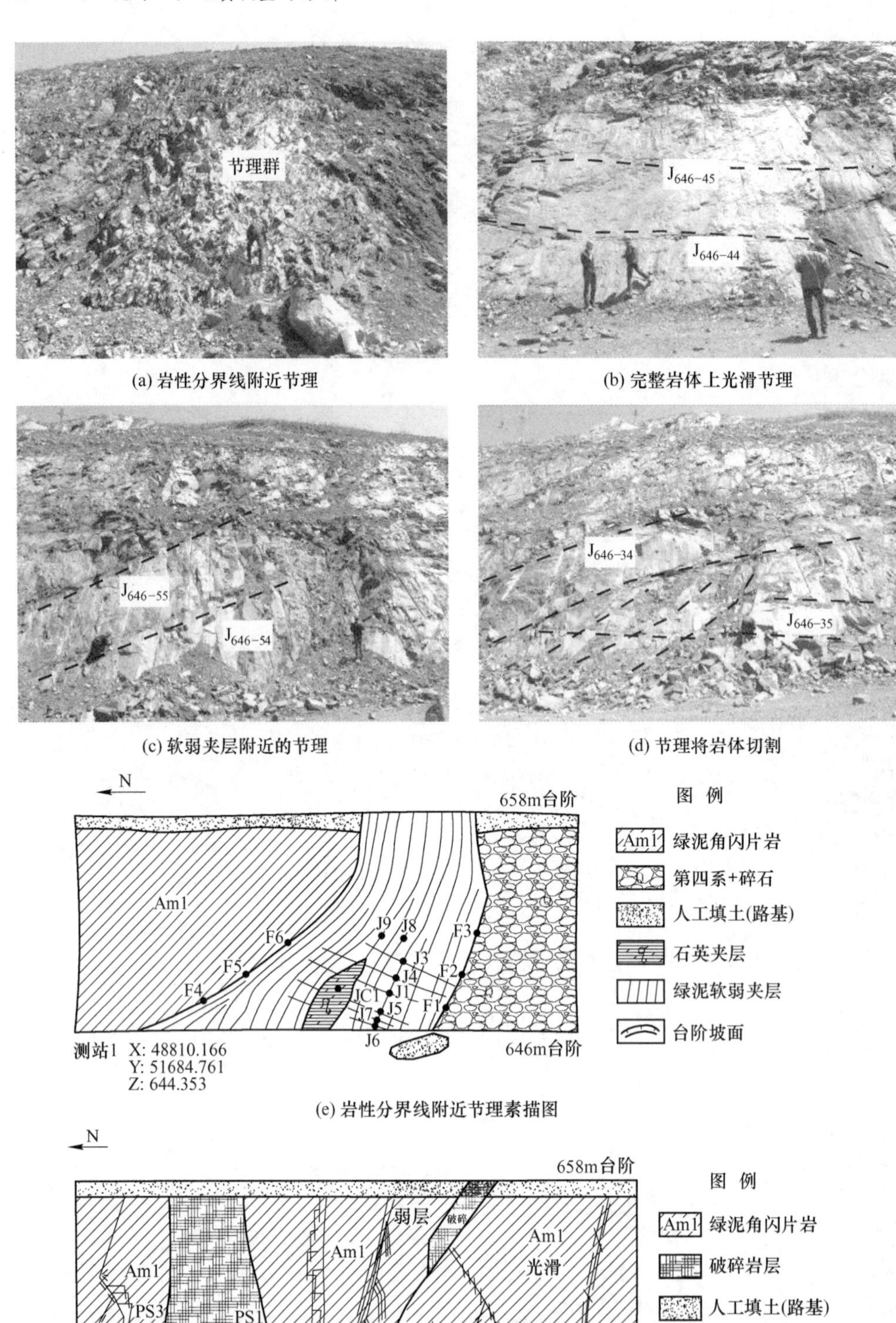

(a) 岩性分界线附近节理　(b) 完整岩体上光滑节理

(c) 软弱夹层附近的节理　(d) 节理将岩体切割

(e) 岩性分界线附近节理素描图

(f) 节理将岩体切割素描图

图 4-28　下盘 646m 台阶节理分布特征

E 渗水点

调查发现7处渗水点，渗水水流较小，初步判断为降雨后岩体内的裂隙水。渗水点分布较集中，可以判断为同一水源。渗水点分布如图4-29所示。

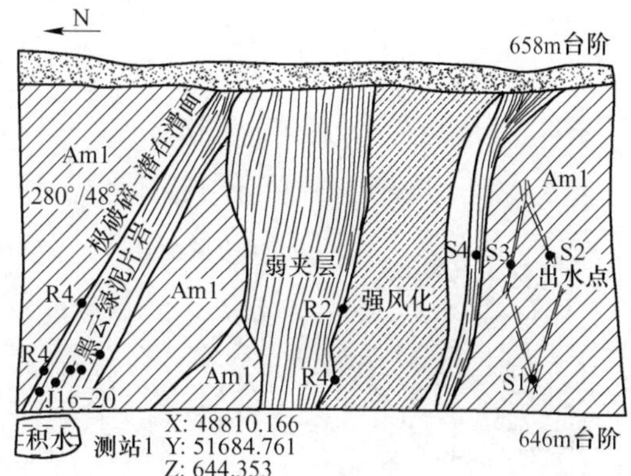

图4-29 下盘646m台阶渗水点分布特征

F 石英斑岩脉小构造

石英斑岩脉小构造在采场下盘有两处侵入，在采场上盘有一处侵入。其中下盘的两个石英斑岩脉南北各一处，南部侵入较高，顶部露头达到682m台阶，北部侵入较低，可见露头在358m台阶消失。646m台阶石英斑岩脉小构造位于K3和K4测站之间，约11m宽，如图4-30所示。

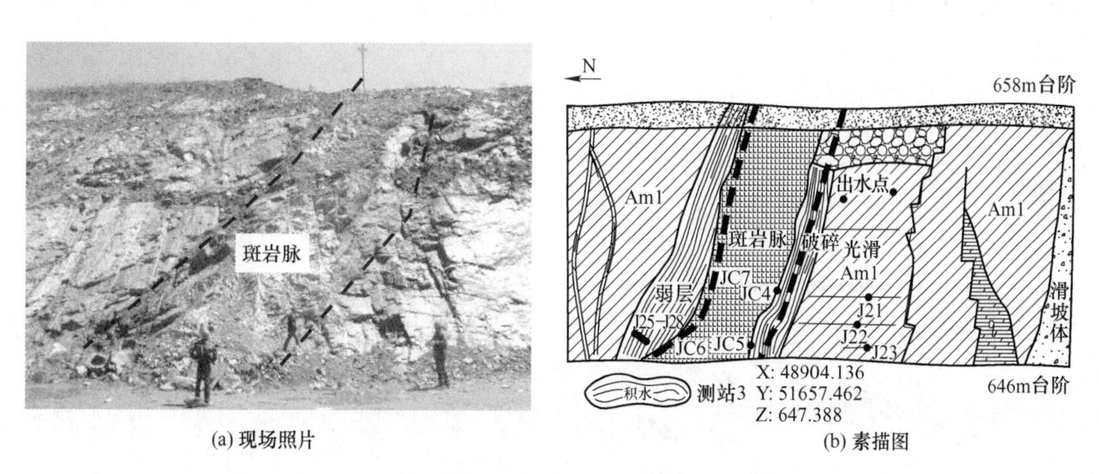

(a) 现场照片 (b) 素描图

图4-30 下盘646m台阶斑岩脉侵入特征

4.3.4 下盘622m台阶调查

4.3.4.1 边坡基本地质条件

该边坡位于采场下盘上部，属于最终边坡。全长约1008m，坡高24m，是并段边坡，坡角约36°~55°，该边坡走向为N64°W（图4-31）。

边坡类型为石质顺层边坡，岩层倾向与台阶坡面倾向一致。边坡物质成分主要为二云母石英片岩（GPL）、云母石英片岩（TmQ）和绿帘角闪片岩（AmL）。其中二云母石英片岩呈粒状结构，片理发育，矿物成分主要为石英，其次为长石、黑云母、白云母，石英和云母构成明显的条带状分布。绿帘角闪岩呈黑绿色，粒状结构，块状构造，局部呈片状，主要由角闪石、绿帘石组成，其次是黑云母、石英等。

(a) 镜向南　(b) 镜向北

图 4-31　下盘 622m 台阶整体照片

4.3.4.2　已有治理和监测方案及效果评价

目前，下盘 622m 台阶设置有 10 个疏干孔，同时考虑到采场下方的工程安全，南芬露天铁矿于 2012 年 6 月委托中国矿业大学（北京）在 622m 台阶安装了 2 个滑动力远程监测设备，根据监测曲线判断，该边坡目前处于相对稳定状态（图 4-32）。

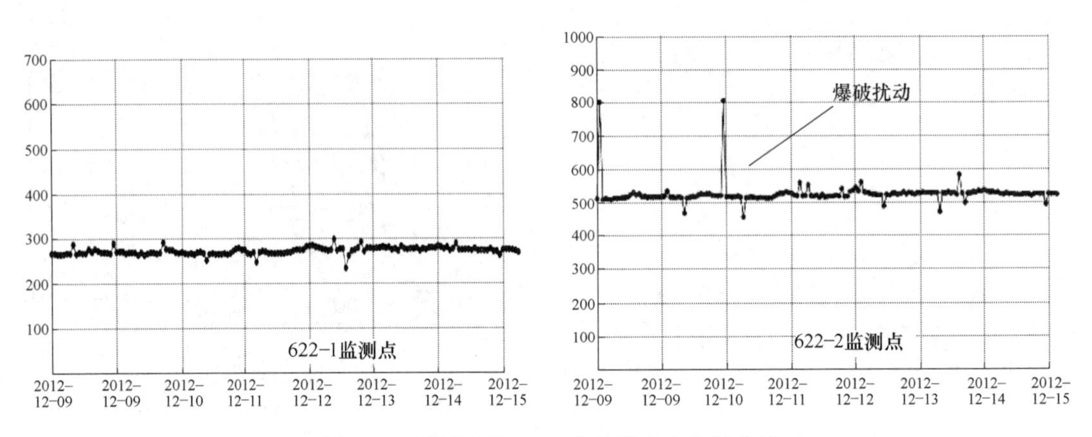

图 4-32　采场下盘 622m 台阶滑动力监测曲线

4.3.4.3　现场调查结果分析

2012 年 4 月 28 日，调查小组对露天矿下盘 622m 台阶及其坡面进行调查，调查顺序为由南向北侧逐级调查。经调查发现该边坡坡面完整性参差不齐，破碎坡面和完整坡面穿插相间分布，该边坡完整度具有 A 类、B 类、C 类和 D 类不同等级特征。该台阶中部完整岩性如图 4-33（a）所示。南北两端帮边坡由第四系岩组组成，结构松散破碎，岩性上包含砂、砾石、黏性土和碎石等，如图 4-33（b）所示。

(a) 完整坡面

(b) 南端帮坡面极破碎

图 4-33　622m 台阶现场照片

调查发现该台阶共有 3 处小规模滑坡体（HP）、4 处危岩体（WY）、27 处显著节理（J）、1 处石英斑岩脉小构造、1 处台阶面裂缝（LF）、1 处冲沟（CG）。下面对调查出的地质灾害进行详细描述。

A　滑坡体

调查发现 3 处滑坡体，编号分别为 $HP_{622\text{-}1}$、$HP_{622\text{-}2}$ 和 $HP_{622\text{-}3}$。其中：$HP_{622\text{-}1}$ 滑坡体位于 K7 和 K8 测站之间，滑坡体舌部位于 610m 台阶，南北长 14m，垂直高度约 12m，贯穿 1 个台阶，滑体岩性以绿帘角闪岩为主，属于典型平面滑坡（图 4-34）。

(a) HP_{622-2} 滑坡体特征

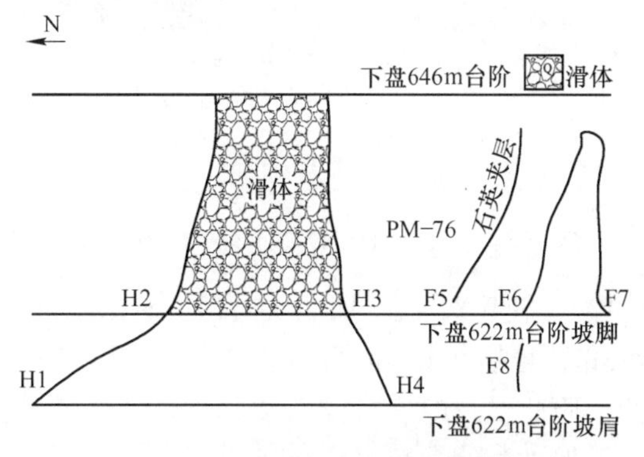

(b) HP_{622-2} 滑坡体周围地质单元素描图

(c) HP_{622-1} 滑坡体特征

(d) HP_{622-3} 滑坡体特征

图 4-34　下盘 622m 台阶滑坡体特征照片

HP_{622-2}滑坡体位于K9和K10测站附近，滑体舌部位于622m台阶，南北长30m，垂直高度24m，贯穿2个台阶，滑体岩性以绿帘角闪岩为主，属平面型滑坡，滑体特征如图4-34（a）所示。

HP_{622-3}滑坡体位于K12测站附近，滑坡体舌部位于610m台阶，南北长16m，垂直高度约12m，贯穿1个台阶，属于典型平面滑坡（图4-34d）。

B 台阶面裂缝

裂缝发育于该台阶K10和K11测站之间，裂缝最长为8m，宽度约21mm，深度不详（图4-35a）。根据后期地质雷达物探结果分析，发现该处裂缝埋深约4m（图4-35b），不会对下方台阶安全构成威胁，但是为了防止裂缝继续延伸，应当及时对裂缝进行充填压密处理。

(a) LF_{622-1}裂缝发育特征

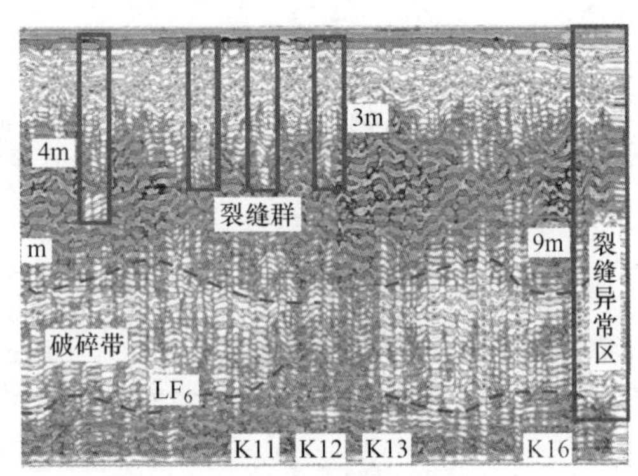

(b) LF_{622-1}裂缝物探结果

图4-35 下盘622m台阶中部裂缝发育

C 危岩体

危岩体位于台阶北部K8和K11测站之间，危岩体编号分别为WY_{622-1}、WY_{622-2}、WY_{622-3}和WY_{622-4}。四处危岩体体积较小，最大一块长约5m、厚度约3m、高度约2.3m，悬挂在634m台阶面上，如图4-36（b）所示。由于危岩体具有潜在滚动的可能性，因此要及时安排浮石清理人员对危岩体进行处理，必要时可安排二爆人员对其进行二次爆破。

(a) WY_{622-1}特征

(b) WY_{622-2}特征

图4-36 下盘622m台阶危岩体分布特征

D 节理

622m 台阶坡面节理极其发育，共发现显著节理 27 处，节理最宽约 41cm，最窄约 2cm，长度不等，最长约 45m，最短约 4m。节理充填物主要包含石英夹层、泥质充填。几处典型节理如图 4-37 所示，节理发育特征及分布坐标详见附录 5 附表 5-2。

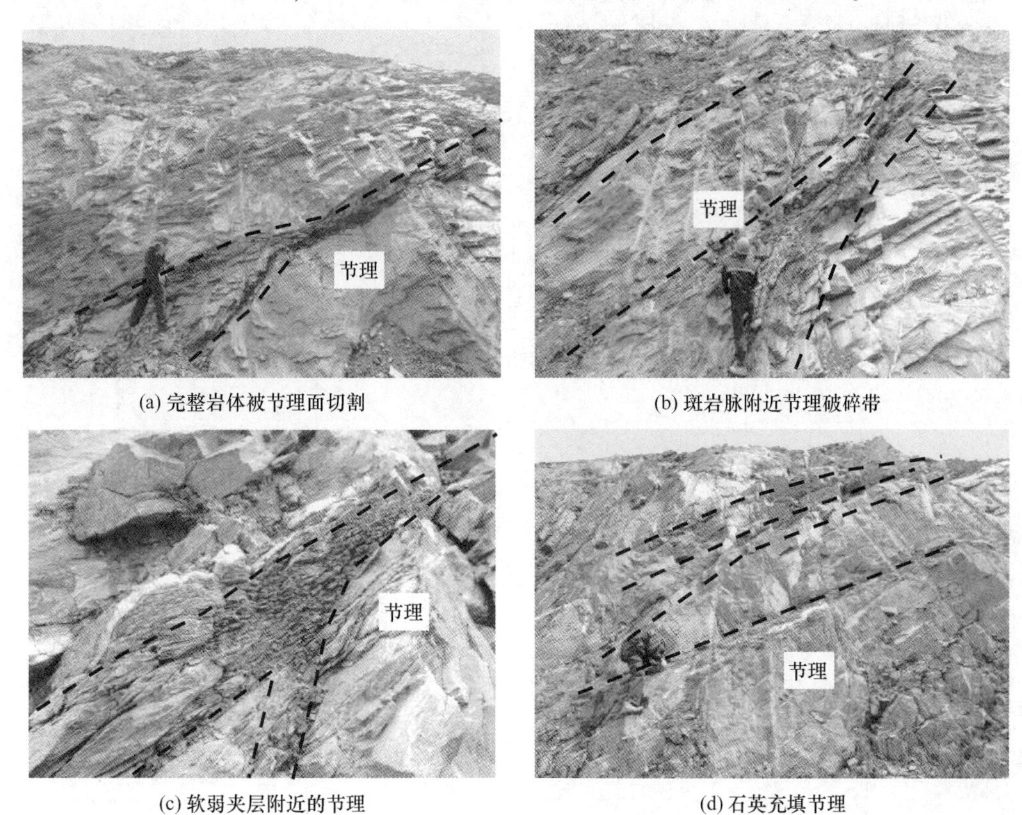

(a) 完整岩体被节理面切割　(b) 斑岩脉附近节理破碎带

(c) 软弱夹层附近的节理　(d) 石英充填节理

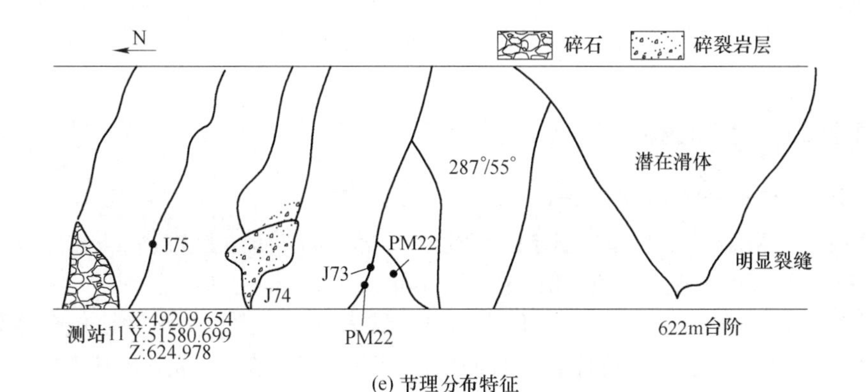

(e) 节理分布特征

图 4-37　下盘 622m 台阶节理分布特征

E 冲沟

622m 台阶冲沟主要发育于南北边帮第四系岩组组成的边坡坡面上（图 4-38a），冲沟深度约 1.7m，沟内砾石、黏性土和碎石伴生，降雨易诱发泥石流（图 4-38b）。

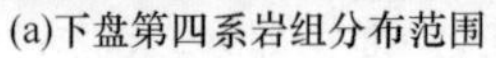
(a)下盘第四系岩组分布范围

(b)冲沟特征

图 4-38 下盘 622m 台阶冲沟

F 石英斑岩脉小构造

622m 台阶石英斑岩脉小构造位于 K5 附近，约 24m 宽，形状不规则，在 622m 台阶坡面呈沙漏状分布，如图 4-39 所示。

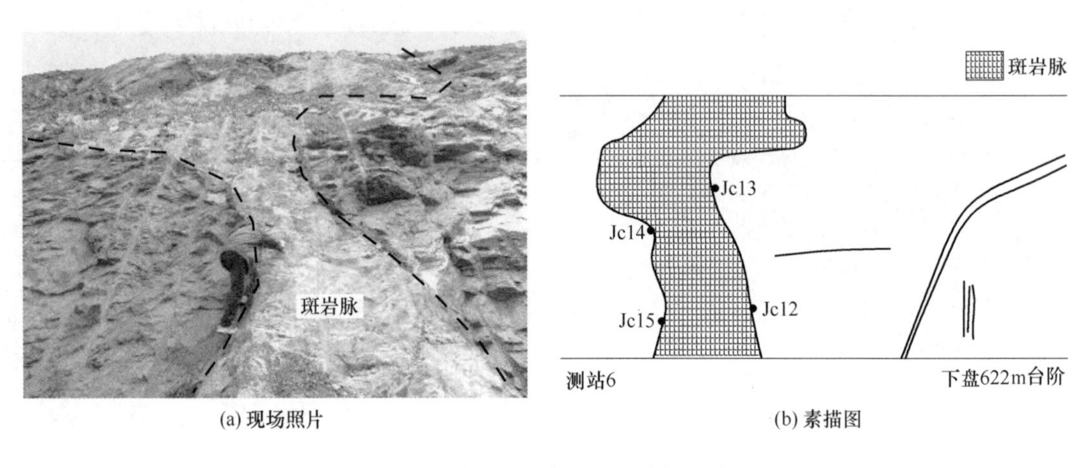

(a) 现场照片 (b) 素描图

图 4-39 下盘 622m 台阶斑岩脉侵入特征

4.3.5 下盘 598m 台阶调查

4.3.5.1 边坡基本地质条件

该边坡位于采场下盘上部，属于最终边坡。全长约 1155m，坡高 24m，是并段边坡，坡角约 38°~52°，该边坡走向为 N81°W（图 4-40）。

边坡类型为石质顺层边坡，岩层倾向与台阶坡面倾向一致。边坡物质成分主要为二云母石英片岩（GPL）、云母石英片岩（TmQ）和绿帘角闪片岩（AmL）。其中二云母石英片岩呈粒状结构，片理发育，矿物成分主要为石英，其次为长石、黑云母、白云母，石英和云母构成明显的条带状分布。绿帘角闪岩呈黑绿色，粒状结构，块状构造，局部呈片状，主要由角闪石、绿帘石组成，其次是黑云母、石英等。

4.3.5.2 已有治理和监测方案及效果评价

目前，下盘 598m 台阶没有开展任何加固处理工程和灾害监测措施。

(a) 镜向南

(b) 镜向北

图 4-40 下盘 598m 台阶整体照片

4.3.5.3 现场调查结果分析

2012 年 5 月 4 日，调查小组对露天矿下盘 598m 台阶及其坡面进行调查，调查顺序为由南向北侧逐级调查。经调查发现该边坡坡面岩体较完整，整体坡面岩体完整性达到 B 类标准（图 4-41a）。但是，南北两端帮边坡由第四系岩组组成，结构松散破碎，岩性上包含砂、砾石、黏性土和碎石等，如图 4-41（b）所示。

(a) 坡面岩体完整

(b) 北端帮岩体破碎

图 4-41 下盘 598m 台阶岩体完整性

调查发现该台阶共有 3 处中等规模滑坡体（HP）、1 处危岩体（WY）、6 处显著弱层和夹层（R 或 JC）、1 处石英斑岩脉小构造、1 处冲沟。下面对调查出的地质灾害进行详细描述。

A 滑坡体

调查发现 3 处滑坡体，由南向北编号分别为 HP_{598-1}、HP_{598-2} 和 HP_{598-3}。其中：

HP_{598-1} 滑坡体位于 K9 测站附近，滑坡体舌部位于 598m 台阶，南北长 11m，垂直高度约 24m，贯穿 2 个台阶，属于典型楔型滑坡（图 4-42a 和图 4-42b）。

HP_{598-2} 滑坡体位于 K11 和 K12 测站附近，滑坡体舌部位于 598m 台阶，南北长 21m，垂直高度约 15m，贯穿 1 个台阶，滑体岩性以绿帘角闪岩为主，属于平面型滑坡，滑坡体特征如图 4-42（c）所示。

HP_{598-3} 滑坡体位于 K10 和 K11 测站之间，滑坡体舌部位于 598m 台阶，南北长 23m，垂直高度约 13m，贯穿 1 个台阶，属于典型平面滑坡（图 4-42d）。

(a) HP_{598-1}滑坡体特征　(b) HP_{598-1}滑坡体滑坡舌延伸

(c) HP_{598-2}滑坡体特征　(d) HP_{598-3}滑坡体特征

图 4-42　下盘 598m 台阶滑坡体特征照片

B　危岩体

危岩体位于台阶北部 K10 和 K11 测站之间，危岩体编号为 WY_{598-1}，该悬挂在 610m 台阶面上（图 4-43）。由于危岩体具有潜在滚动的可能性，因此要及时安排浮石清理人员对危岩体进行处理，必要时可安排二爆人员对其进行二次爆破。

C　弱层和夹层

598m 台阶坡面弱层极其发育，共发现显著弱层 6 处，最宽约 69cm，最窄约 20cm，长度不等，最长 24m，最短 4m。节理充填物主要包含石英夹层、绿泥角闪岩、泥质充填。几处典型节理如图 4-44 所示，弱层分布坐标详见附录 5 附表 5-2。

图 4-43　WY_{598-1}危岩体分布特征

(a) R_{598-1}弱层

R598-4

(b) R_{598-4}弱层

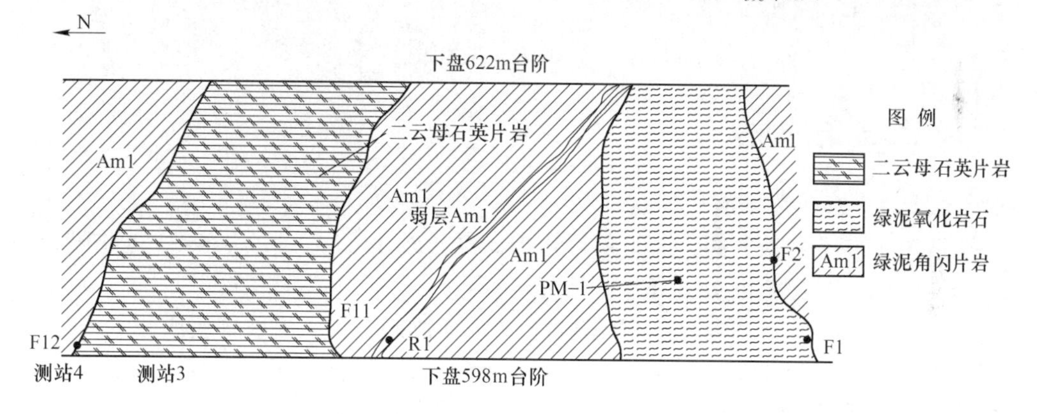

(c) 弱层分布特征素描图

图 4-44 下盘 598m 台阶弱层分布特征

D 冲沟

598m 台阶冲沟主要发育于南北边帮第四系岩组组成的边坡坡面上（图 4-45），冲沟深度约 2m，沟内砾石、黏性土和碎石伴生，降雨易诱发泥石流。

图 4-45 下盘 598m 台阶冲沟

E 石英斑岩脉小构造

598m 台阶石英斑岩脉构造位于 K6 附近，宽约 6m，形状较规则，如图 4-46 所示。

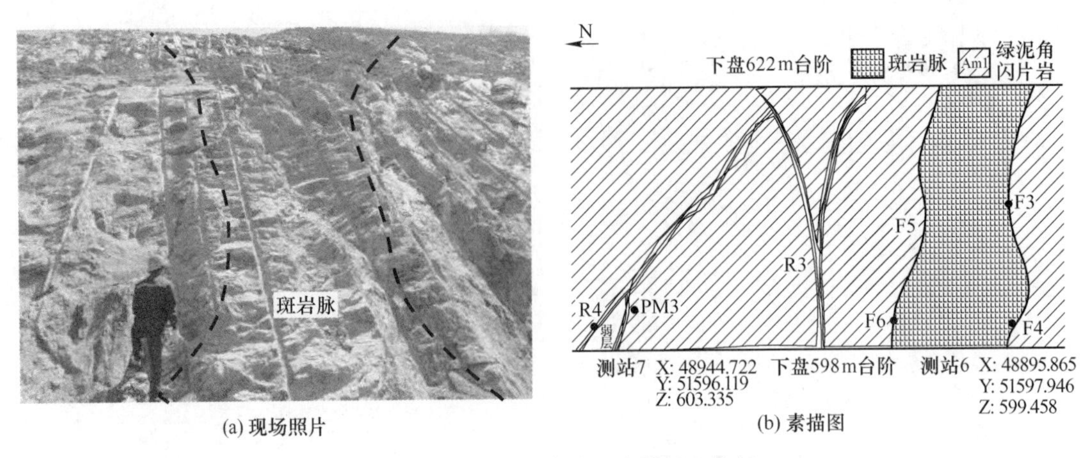

(a) 现场照片　　(b) 素描图

图 4-46　下盘 598m 台阶斑岩脉侵入特征

4.3.6　下盘 550m 台阶调查

4.3.6.1　边坡基本地质条件

该边坡位于采场下盘上部，属于最终边坡。全长约 1465m，坡高 24m，是并段边坡，坡角约 46°~51°，该边坡走向为 N87°W（图 4-47）。

边坡类型为石质顺层边坡，岩层倾向与台阶坡面倾向一致。边坡物质成分主要为二云母石英片岩（GPL）、云母石英片岩（TmQ）和绿帘角闪片岩（AmL）。其中二云母石英片岩呈粒状结构，片理发育，矿物成分主要为石英，其次为长石、黑云母、白云母，石英和云母构成明显的条带状分布。绿帘角闪岩呈黑绿色，粒状结构，块状构造，局部呈片状，主要由角闪石、绿帘石组成，其次是黑云母、石英等。云母石英片岩出露于台阶中部，呈灰白色，中、细颗粒结构，片理发育。主要矿物为石英和云母，往往形成条带状集合体，次要矿物为斜长石、钾长石、黑云母等，岩层厚度为 40~100m。

(a) 镜向南

(b) 镜向北

图 4-47　下盘 550m 台阶整体照片

4.3.6.2　已有治理和监测方案及效果评价

2001 年，南芬露天铁矿对 526~550m 台阶中部边坡进行了喷锚加固。2011 年，由于扩帮工程开展，喷锚加固构筑物已经被拆除，原始喷锚加固构筑物如图 4-48 所示。下盘

550m 台阶设置疏干孔 1 个，主要分布在石英斑岩小构造附近，主要用于排泄岩层裂隙水，促进边坡稳定。

图 4-48　下盘 550m 台阶原框架梁加固

4.3.6.3　现场调查结果分析

2012 年 5 月 6 日，调查小组对露天矿下盘 550m 台阶及其坡面进行调查，调查顺序为由北向南侧逐级调查。经过调查发现该边坡坡面岩体较完整，整体坡面岩体完整性达到 B 类标准（图 4-49a）。但是南端帮边坡由第四系岩组组成，结构松散破碎，岩性上包含砂、砾石、黏性土和碎石等，如图 4-49（b）所示。

(a) 坡面岩体完整

(b) 南端帮岩体破碎

图 4-49　下盘 598m 台阶岩体完整性

调查发现该台阶共有 2 处中等规模滑坡体（HP）、1 处台阶面裂缝群（LF）、2 处危岩体（WY）、12 处显著节理（J）、6 处弱层（R）、1 处石英斑岩脉小构造。

A　滑坡体

调查发现 2 处滑坡体，编号分别为 $HP_{550\text{-}1}$ 和 $HP_{550\text{-}2}$。其中：

$HP_{550\text{-}1}$ 滑坡体位于 K6 测站附近，滑坡体舌部位于 538m 台阶，南北长 13m，垂直高度约 24m，贯穿 2 个台阶，滑体岩性以绿帘角闪岩为主，属于典型平面滑坡，如图 4-50（a）所示。

$HP_{550\text{-}2}$ 滑坡体位于 K5 测站附近，滑坡体舌部位于 550m 台阶，南北长 22m，垂直高度约 12m，贯穿 1 个台阶，滑体岩性以二云母石英片岩和绿帘角闪岩为主，属于典型平面滑坡，如图 4-50（b）所示。

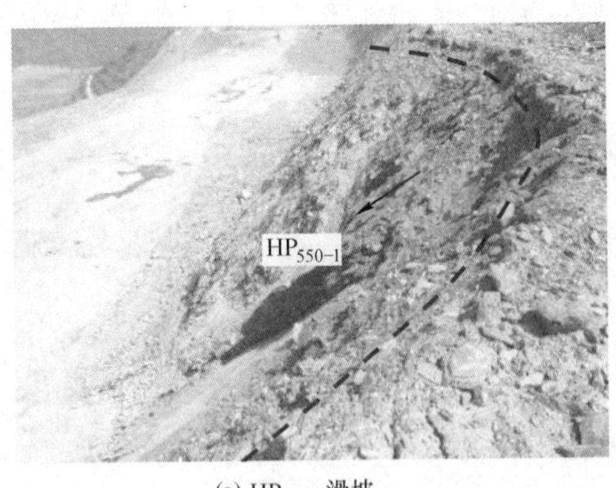

(a) HP_{550-1}滑坡　　(b) HP_{550-2}滑坡

图 4-50　下盘 550m 台阶滑坡体特征照片

B　台阶面裂缝群

裂缝群发育于该台阶 K7 和 K9 测站之间，裂缝最长为 98m，宽度约 17mm，如图 4-51 所示。需要及时对该裂缝群进行密实碾压，防止雨水灌入，降低坡体强度，发生滑坡灾害。

图 4-51　下盘 550m 台阶中部裂缝发育

C　危岩体

危岩体位于台阶北部 K3 测站和 K4 测站附近，危岩体编号分别为 WY_{550-1} 和 WY_{550-2}，最大危岩体呈三棱状，块体长约 3m、宽 2m、高约 10m。由于危岩体具有潜在滚动的可能性，因此要及时安排浮石清理人员对危岩体进行处理，必要时可以安排二爆人员对其进行二次爆破。

D　节理和弱层

下盘 550m 台阶坡面节理和弱层极其发育，共发现显著节理 12 处，显著弱层 6 处。节理和弱层充填物主要包含石英夹层、泥质充填。几处典型节理和弱层分布特征如图 4-52 所示，节理和弱层发育特征及分布坐标详见附录 5 附表 5-2。

E　石英斑岩脉小构造

550m 台阶石英斑岩脉构造位于 K8 和 K9 附近，宽约 7m，形状较规则，如图 4-53 所示。

(a) 节理分布

(b) 弱层分布

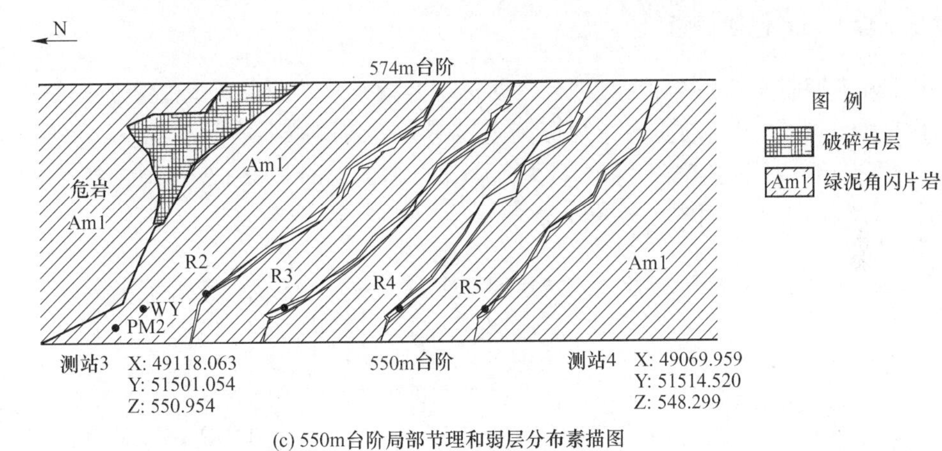

(c) 550m台阶局部节理和弱层分布素描图

图 4-52 下盘 646m 台阶节理分布特征

(a) 现场照片

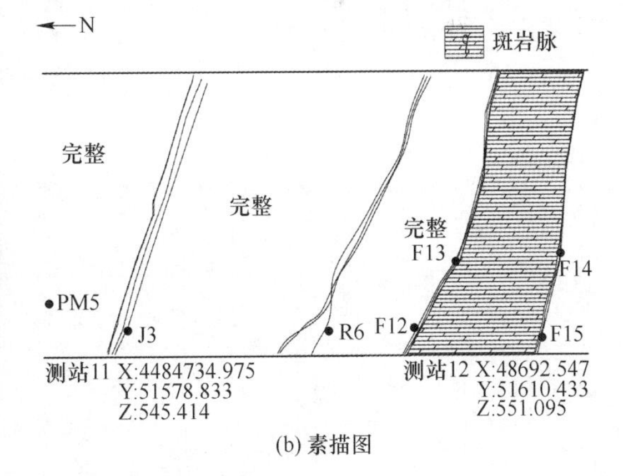

(b) 素描图

图 4-53 下盘 550m 台阶斑岩脉侵入特征

F 冲沟

550m 台阶冲沟主要发育于南北边帮第四系岩组组成的边坡坡面上（图 4-54），冲沟深度约 1.2m，沟内砾石、黏性土和碎石伴生，降雨易诱发泥石流。

图 4-54　下盘 550m 台阶冲沟

4.3.7　下盘 526m 台阶调查

由于调查期间 526m 平台正在进行三期扩帮四期开采工程，因此主要应用物探手段对采场下盘 526m 台阶进行地质雷达物探调查。南芬露天铁矿采场下盘 526m 台阶测线总长 730m，探测标记点间隔 10m，标记点数量 73 个。探测剖面总长 11763 道，按照 2942 道输出图片，共输出 4 幅剖面图，如图 4-55 所示。

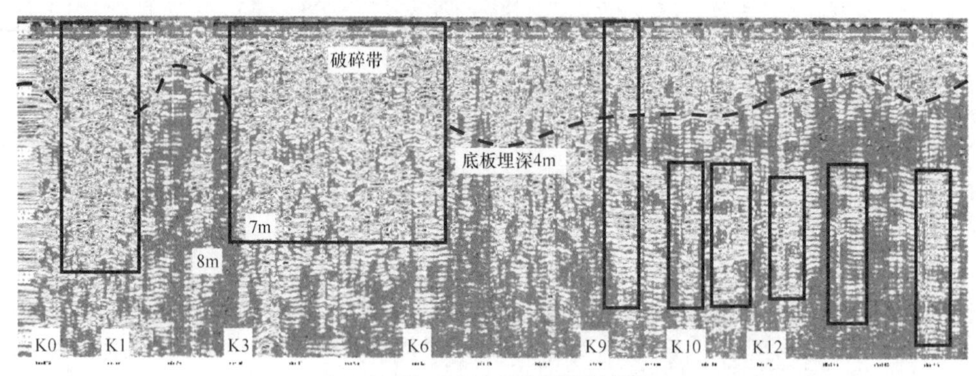

(a) 526m平台1～2942道探测剖面图

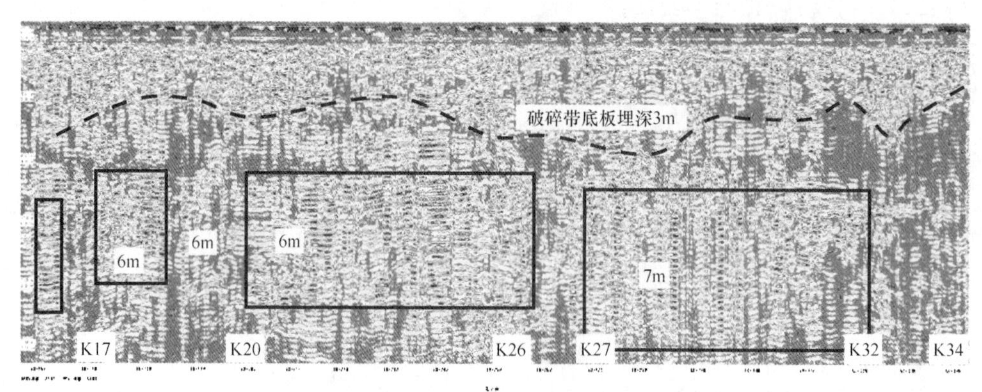

(b) 526m平台2942～5883道探测剖面图

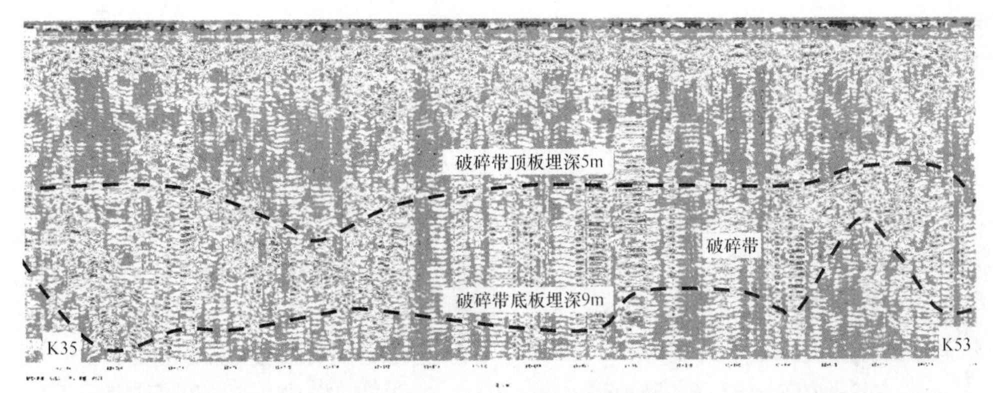

(c) 526m平台5883～8824道探测剖面图

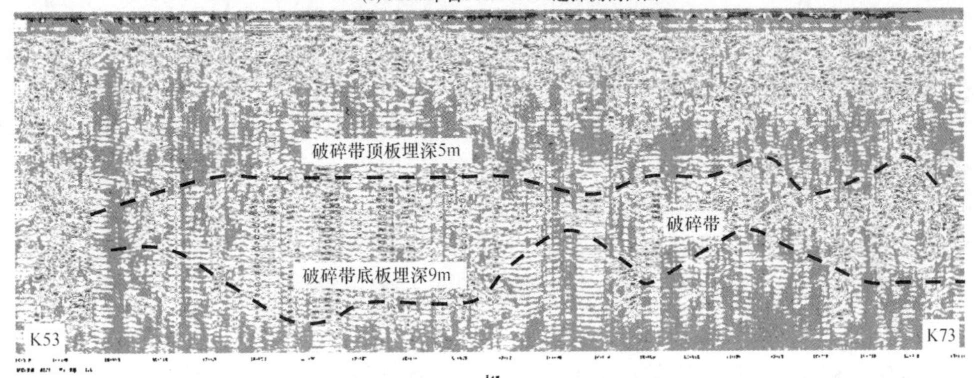

(d) 526m平台8824～11763道探测剖面图

图 4-55 526m 平台地质雷达物探剖面图

本次探测“监测点数”设置为 1024，“时间窗”设置为 220，探测有效深度 10m。从图 4-55 可以看出，地表 1m 范围内均出现显著的破碎带，该破碎带为修筑简易道路时铺设的碎石路基和路面，因此在分析破碎带时，可不考虑埋深 1m 以上范围内的破碎带。

526m 台阶属于老滑体顶部，历史上多次发生不同规模的滑坡，而且地表裂缝十分发育。图 4-55 显示了 526m 台阶下 10m 范围内绿泥角闪岩层完整性变化特征和裂隙水埋深范围：

（1）K0～K15 区间，破碎区呈条带状分布，主要分布在地表浅部。破碎带底板埋深 4m，界限清晰，破碎区长度约 150m，破碎带下方岩体基本完整。在 K0～K1、K3～K6、K9、K10、K11、K12 和 K14 标记点处出现四处明显异常区。其中，K0～K1 异常区深 8m、宽 6m，初步推测为破碎柱，尖灭于地表下 8m 深部，未扩展到下一个台阶。K3～K6 异常区深 7m、宽 30m，由于反射信号较弱，破碎程度较差；K9、K10、K11、K12 和 K14 异常区属于条带异常区，初步推断为裂缝异常区。由于 K10、K11、K12 和 K14 顶部未在地表露头，底部尖灭，可以理解为封闭状裂缝，不会对岩体稳定性产生威胁，但是如果裂缝顶部在外力作用下扩展到地表，其危害程度增加，必须采取措施进行处理。K9 已经在地表露头，而且通过现场记录可以证实 K8～K9 沿线出现明显裂缝，如图 4-56 所示。

（2）K16～K34 区间，破碎区呈条带状分布，主要分布在地表浅部。破碎带底板埋深 3m，界限清晰，破碎区长度约 180m，破碎带下覆岩体基本完整。在 K16、K17、K20～K26 和 K27～K32 标记点处出现四处明显异常区。其中，K16 异常区深约 6m、宽约 1m，初步推测为裂缝，尖灭于地表下 9m 深部，未扩展到下一个台阶。

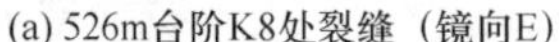

(a) 526m台阶K8处裂缝（镜向E）　　(b) 526m台阶地质雷达物探（镜向S）

图 4-56　526m 台阶特殊地形地貌照片

K17 异常区深 6m、宽 2m，尖灭于地表下 8m 深部，未扩展到下一个台阶。K20～K26 异常区属于条带异常区，长 60m、厚 6m，初步推断为破碎带或空洞。K27～K32 局部异常区长 50m、厚 7m，初步推断为破碎带或空洞，需要结合后期钻探资料进行验证，但是从判断上来看该处破碎由于埋藏深，已经接近下一级台阶，因此对边坡稳定性会产生一定影响。

（3）K35～K53 区间，破碎区呈条带状分布，底板埋深 9m，顶板埋深 5m，厚度约 4m，界限清晰，破碎区长度约 180m，中间无缺失。破碎带上方 4m 范围内为完整岩体，岩体内基本上不存在异常反应区。

（4）K54～K73 区间，破碎区呈条带状分布，底板埋深 9m，顶板埋深 5m，厚度约 4m，界限清晰，破碎区长度约 200m，中间无缺失。破碎带上方 4m 范围内为完整岩体，岩体内基本上不存在异常反应区。

综上所述，526m 台阶南侧破碎带埋深较浅，主要分布在距离地表 4m 范围内。北侧埋深较大，以条带状分布于地表下 5～9m 处，局部区域埋深已经超过 10m。南侧 K8～K17 标记点附近裂缝发育，已经形成裂缝群规模，且裂缝在地表出露，与实际调查情况基本相符。

4.3.8　下盘 334m 台阶调查

4.3.8.1　边坡基本地质条件

该边坡位于采场下盘上部，属于最终边坡。全长约 582m，坡高 24m，是并段边坡，坡角约 46°～55°，该边坡走向为 N91°W（图 4-57）。

(a) 镜向南　　(b) 镜向北

图 4-57　下盘 334m 台阶整体照片

边坡类型为石质顺层边坡，岩层倾向与台阶坡面倾向一致。边坡物质成分主要为云母石英片岩（TmQ）和绿帘角闪片岩（AmL）。其中绿帘角闪岩呈黑绿色，粒状结构，块状构造，局部呈片状，主要由角闪石、绿帘石组成，其次是黑云母、石英等。云母石英片岩出露于台阶中部，呈灰白色，中、细颗粒结构，片理发育。主要矿物为石英和云母，往往形成条带状集合体，次要矿物为斜长石、钾长石、黑云母等，岩层厚度为40~100m。

4.3.8.2 已有治理和监测方案及效果评价

目前，下盘334m台阶安装了4个滑动力监测点，其中No.334-4在2011年11月5日的滑坡中发生了破坏。根据剩余3个监测点监测信息判断，目前该边坡处于相对稳定状态。

4.3.8.3 现场调查结果分析

调查小组分别于2012年2月17日和2012年6月5日对采场下盘334m台阶进行了两次详细调查。其中，2012年2月4日至2月15日期间，No.334-1滑动力监测曲线呈加速上升趋势，滑动力值从1228kN上升至2106kN，累计上升878kN（约合88t），如图4-58所示。

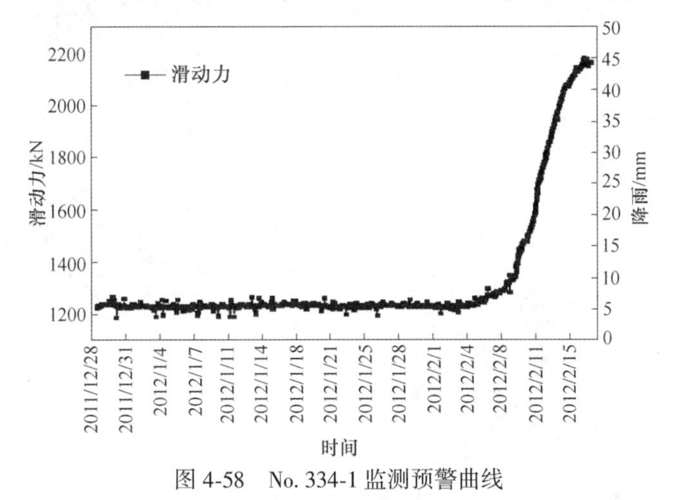

图4-58 No.334-1监测预警曲线

由于No.334-1监测点滑动力持续呈上升趋势，2012年2月14日，南芬露天铁矿和深部岩土力学与地下工程国家重点实验室联合监测中心组织了详细现场勘查。

经勘查发现，No.334-1监测点下方，322m台阶已经开采完毕，15号电铲继续往北开采已经越过No.334-1监测点下方约80m。334m台阶预留平台已经遭到破坏，台阶边缘已经悬空，这也是造成监测点滑动力上升的原因，如图4-59、图4-60所示。

图4-59 No.334-1监测点周边情况

图4-60 334m台阶破坏特征

根据现场开挖情况，绘制了 334m 台阶破坏过程示意图，如图 4-61 所示。随着 322m 平台的爆破、开挖，原本松散的岩体强度变得更小，以致 334m 平台出现掏空、裂缝现象，继而导致 No. 334-1 监测点数据持续增加。

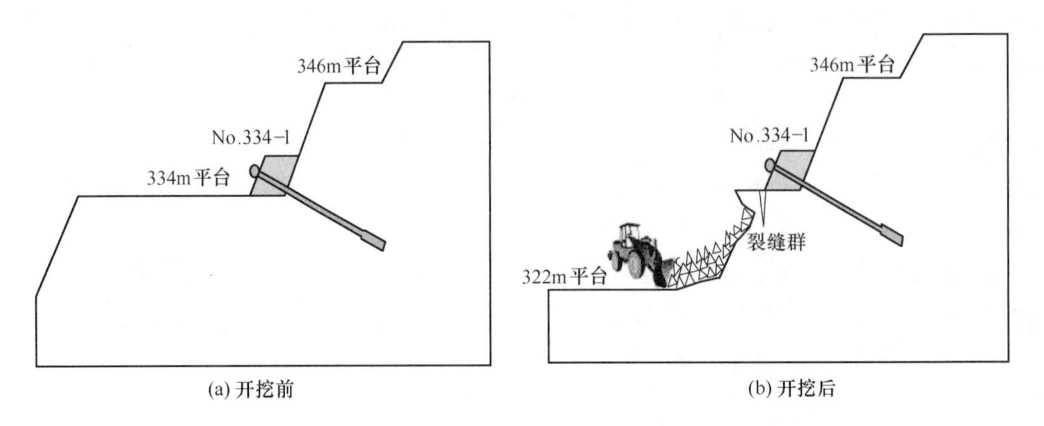

图 4-61　334m 台阶破坏过程示意图

经现场勘查，发现由于 322m 台阶的开采，使 334m 台阶悬空，台阶出现数条裂缝，已经形成了明显的裂缝群，如图 4-62 所示。

图 4-62　No. 334-1 监测点周边组图

No. 334-1 滑动力监测曲线呈上升趋势，经现场调查发现监测点周围发育多条裂缝，裂缝从台阶边缘一直延伸至监测点以及坡面根部，如图 4-63 所示。在 334m 平台上，现场勘查人员对出现的裂缝进行了仔细识别和标记，发现 No. 334-1 监测点和 334～346m 台阶之间的坡面并未出现明显裂缝，坡面暂时保持完好，如图 4-63 所示。

在 No. 334-1 监测点以南 40m 处，334~346m 台阶出现了局部堆渣，346m 台阶暂属于监测盲区，未安装任何监测设备，如图 4-64 所示。

图 4-63 No. 334-1 点以上坡面现状

图 4-64 346m 台阶堆渣严重

4.3.8.4 结论和建议

（1）随着开挖深度的增加（从 358m 台阶开采到 322m 台阶），台阶长度和岩体自重应力逐渐增加，边坡岩体强度相对降低，出现边坡局部滑塌的可能性有所上升。因此，随着南芬露天铁矿采场下盘的后续开采，应该适当增加监测点数目，采用深、中、浅布孔方案，最大限度地降低监测盲区出现的几率。

（2）监测人员要认真观察开采区每天的监测曲线动向，做好日报工作；随着冻融和雨季的陆续来临，要做好完善的滑坡撤离预案。

（3）加强对现场工作人员的培训，在开挖过程中警戒边坡表面出现的各种异常变化并及时汇报，机械设备清理边坡时，不要出现超挖和掏空事件。

（4）清理 334m 台阶出现的超挖坡面（人工或机械清理均可），避免悬空台阶无征兆崩塌。

（5）建议夜间停止在该区域开展扩帮工程。

（6）尽快恢复部分监测点的正常工作，及时更换电池或者启动太阳能电池更换工作。

4.3.9 下盘 310~322m 台阶调查

4.3.9.1 边坡基本地质条件

该边坡位于采场下盘上部，属于最终境界边坡。调查区全长约 1510m，坡高 24m，是并段边坡，坡角约 45°~51°，该边坡走向为 N124°W（图 4-65）。

边坡类型为石质顺层边坡，岩层倾向与台阶坡面倾向一致。边坡物质成分主要为二云母石英片岩（GPL）、云母石英片岩（TmQ）、绿帘角闪片岩（AmL）和磁铁石英岩组（Fe）。其中二云母石英片岩呈粒状结构，片理发育，矿物成分主要为石英，其次为长石、黑云母、白云母，石英和云母构成明显的条带状分布。绿帘角闪岩呈黑绿色，粒状结构，块状构造，局部呈片状，主要由角闪石、绿帘石组成，其次是黑云母、石英等。磁铁石英岩组为矿区主要铁矿层，现已查明计有三层，由下而上分别记为一、二、三层铁，平均厚度分别为 10.6m、21.29m 和 87.88m。

(a) 镜向南

(b) 镜向北

图 4-65　下盘 310~322m 台阶整体照片

4.3.9.2　已有治理和监测方案及效果评价

2012 年 6 月，南芬露天铁矿委托中国矿业大学（北京）在采场下盘 310~322m 台阶设置了 6 个滑动力监测设备，编号分别为 No. 310-1、No. 310-2、No. 310-3、No. 322-1、No. 322-2 和 No. 322-3。根据监测曲线判断，目前该边坡处于相对稳定状态。

4.3.9.3　现场调查结果分析

2012 年 5 月 9 日，调查小组对露天矿下盘 310~322m 台阶及其坡面进行调查，调查顺序为由北向南侧逐级调查。经过调查发现该边坡坡面完整性参差不齐，破碎坡面和完整坡面穿插相间分布，该边坡完整度具有 A 类、B 类、C 类和 D 类不同等级特征。该台阶中部完整岩性如图 4-66 所示。南端帮、斑岩脉两侧和 310~322m 台阶的联络道附近边坡岩体极其破碎，南端帮边坡由第四系岩组组成，结构松散破碎，岩性上包含砂、砾石、黏性土和碎石等，如图 4-67 所示。

图 4-66　斑岩脉两侧岩体破碎

图 4-67　310~322m 联络道附近边坡破碎

调查发现该台阶共有 4 处小规模滑坡体（HP）、若干处危岩体（WY）、27 处显著节理（J）、2 处石英斑岩脉小构造、渗水点 5 个。下面对调查出的地质灾害进行详细描述。

A　滑坡体

调查发现 4 处滑坡体，由北向南编号分别为 HP_{310-1}、HP_{310-2}、HP_{310-3} 和 HP_{310-4}。其中：HP_{310-1}、HP_{310-2} 和 HP_{310-3} 滑坡体较集中，间距只有 10m 左右，位于 K16 和 K18 测站

之间，三个滑坡体舌部位于310m台阶，南北长分别为17m、12m和21m，垂直高度分别为24m、36m和36m，分别贯穿2个台阶、3个台阶、3个台阶，滑体岩性以绿帘角闪岩为主，属于典型楔型体滑坡，滑坡体特征如图4-68（a）所示。

$HP_{310\text{-}4}$滑坡体位于K19测站附近，滑坡体舌部位于334m台阶，南北长50m，垂直高度约36m，贯穿3个台阶，滑体岩性以绿帘角闪岩、绿泥片岩和云母石英片岩为主，属于平面型滑坡，滑坡体特征如图4-68（b）所示。

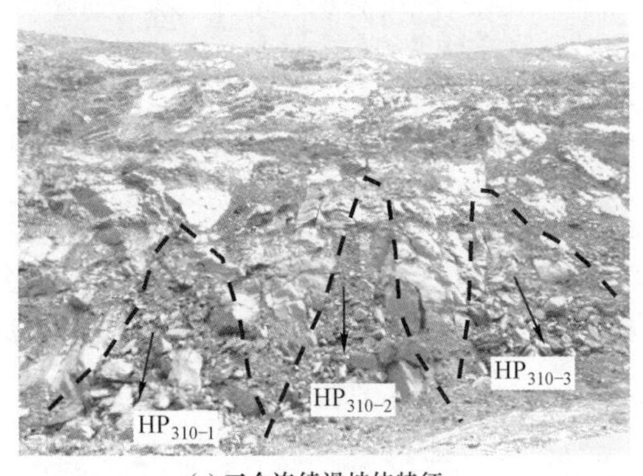

(a) 三个连续滑坡体特征

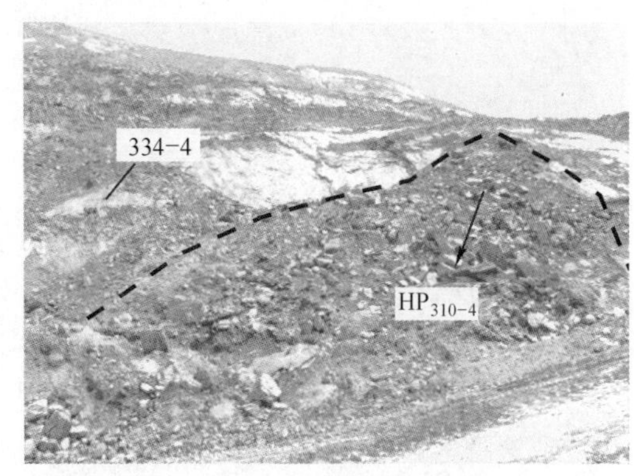

(b) $HP_{310\text{-}4}$滑坡体特征

图4-68 下盘310m台阶滑坡体特征照片

B 危岩体

该台阶危岩体极其发育，从K1至K12测站之间危岩体间隔分布，组成了危岩体群。若干处危岩体体积较大，最大一处长约70m，厚度约3m，高度约11m，悬挂在334~358m台阶面上，如图4-69所示。由于危岩体具有潜在滚动的可能性，因此要及时安排浮石清理人员对危岩体进行处理，必要时可安排排爆人员对其进行二次爆破。

(a) $WY_{622\text{-}1}$ 特征

(b) $WY_{622\text{-}2}$特征

图4-69 下盘310m台阶危岩体分布特征

C 节理

310~322m台阶坡面节理极其发育，共发现显著节理27处，节理最宽约56cm，最窄约2cm，长度不等，最长23m，最短2m。节理充填物主要包含石英夹层、泥质充填。几处典型节理如图4-70所示，节理发育特征及分布坐标详见附录5附表5-2。

图 4-70　下盘 310m 台阶节理分布特征

D　渗水点

调查发现 5 处渗水点，渗水水流较小，初步判断为降雨后岩体内的裂隙水。渗水点分布较集中，主要分布在两个区域，分别为 K7 和 K25 测站附近。通过调查可以判断每处渗水点为同一水源。部分渗水点分布如图 4-71 所示。

图 4-71　下盘 310m 台阶渗水点分布特征

E　石英斑岩脉小构造

310m 台阶有两处石英斑岩脉小构造分布，分别位于 K8 和 K25 测站附近。其中，北侧 K8 测站附近石英斑岩脉宽度较小，宽约 5m，延伸高度约 48m，延伸至 358m 台阶消失，该斑岩脉形状规则；南侧 K25 测站附近石英斑岩脉宽度较大，宽约 25m，形状不规则，延伸至 682m 台阶消失。在 322m 台阶坡面呈倒转“V”字形分布，如图 4-72 所示。

(a) 北侧斑岩脉

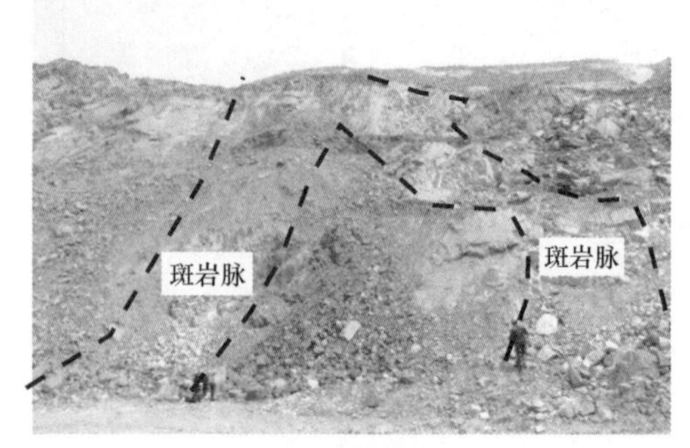

(b) 南侧斑岩脉

图 4-72　下盘 322m 台阶斑岩脉侵入特征

4.4 采场上盘工程地质调查与描述

4.4.1 测线和测站布置原则

采场上盘调查采用测线法选择台阶上露头良好、地面平整、具有永久标识的地段布置详细测线。每条测线上根据台阶长度设置若干个测站，测站沿着边坡走向间距 50m，沿着边坡倾向间距 24m（局部台阶由于扩帮或回采工程的影响，可能间距在 48m 或 60m 左右），每个测站辐射范围 $1.2\times10^4\,m^2$。在台阶边坡上岩石出露较差或难以攀登、不便测量的地段，只布设独立的测站，测线和测站尽量布置在最终边坡附近，且尽可能使其分布均匀。

在采场底部，由于磁铁矿的磁性对普通罗盘具有一定影响，本次调查使用日影罗盘测量节理产状，远离磁铁矿的区段，采用普通罗盘测量，日影罗盘统一校核。

依据上述原则和方法，在采场共布置了详细测线 18 条，编号为 L24 ~ L25；独立测站 18 个，以英文字母 K1，K2，K3，…，K_n（$n<19$）表示，测线和测站位置如图 4-73 所示。详细测线及独立测站在各区的分布情况见表 4-5。

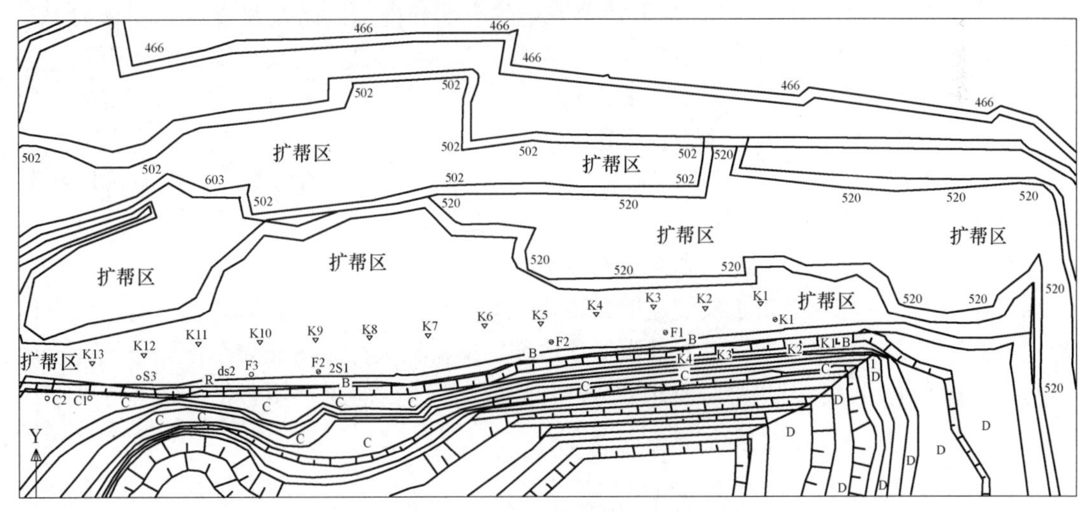

图 4-73 北山测线和测站分布图

表 4-5 南芬露天铁矿上盘测线和测站统计表

台阶编号	测线编号	所属区域	分界桩数量	测线数量
538m	L24	采场上盘	K01 ~ K05	5
574m	L25	采场上盘	K01 ~ K13	13

注：每个桩号之间距离为 50m。

4.4.2 上盘 538m 台阶调查

4.4.2.1 边坡基本地质条件

该边坡位于采场上盘中上部，属于最终边坡。调查区全长约 773m，坡高 36m，是并段边坡，坡角约 65° ~ 70°，该边坡走向为 N88°E（图 4-74）。

(a) 镜向南

(b) 镜向北

图 4-74　上盘 538m 台阶整体照片

边坡类型为石质反倾边坡，岩层倾向与台阶坡面倾向相反。边坡物质成分主要为石英岩组（$PtlaL_1$）、片麻状混合花岗岩（Mr_1^2）和南芬页岩组（Z_2+3n）。其中石英岩组（$PtlaL_1$）中的石英岩为灰白色，中厚层，粒状结构、块状构造。近层底部夹有千枚岩、片岩，与下伏鞍山群地层呈角度不整合接触。石英岩层的产状为 293°/50°，其厚度约为 40m；片麻状混合花岗岩（Mr_1^2）组出露于采场的中部和南部，南宽北窄近于楔形尖灭于苗儿沟南侧。岩石呈灰白色，中细粒结构，块状、片麻状构造，主要矿物成分为石英、斜长石、钾长石，其次为云母、方解石等；南芬页岩组（Z_2+3n）分布于采场西部境界线附近，覆盖在石英岩层之上。底部为蛋青色泥灰岩段，主要是薄至中厚层条带状泥灰岩，其下部含有石英质砂砾岩层，顶部为紫色、黄绿色岩段，主要是紫色页岩，夹有薄层泥灰岩、砂质页岩。岩层产状约 313°∠27°，岩层总厚度约 297m。

4.4.2.2　已有治理和监测方案及效果评价

目前，由于采场上盘属于反倾边坡，不具有大面积滑坡的危险，因此，没有采取任何治理和监测方案。但是近期调查发现水对该边坡的影响较大，在南北端帮松散边坡处出现了几个冲沟和崩塌点，因此要对南北端帮进行喷护，防止灾害进一步恶化。

4.4.2.3　现场调查结果分析

2012 年 5 月 15 日，调查小组对露天矿上盘 538m 台阶及其坡面进行调查，调查顺序为由南向北侧逐级调查。经过调查发现该边坡坡面整体较完整，完整性属于 B 类（图 4-75）。但在南端帮第四系岩组和北端帮石英岩组处边坡松散破碎，完整性属于 D 类，岩

图 4-75　边坡岩体完整

性包含砂、砾石、黏性土、碎石和石英石等，如图 4-76 所示。

调查发现该台阶有 2 处冲沟（CG）、若干处危岩体（WY）、3 处显著弱层、3 个渗水点。

A 冲沟

上盘 538m 台阶冲沟主要发育于北边帮石英岩组成的边坡坡面上，如图 4-77 所示。冲沟深度约 2.4m、宽约 6m，贯穿 2 个台阶，约 36m。沟内砾石、石英、黏性土和碎石伴生，降雨易诱发泥石流。

图 4-76 北端帮石英岩组松散破碎

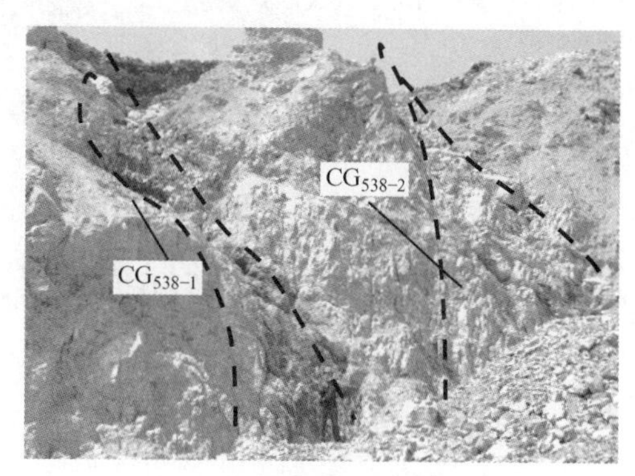

图 4-77 上盘 538m 台阶冲沟

B 危岩体

该台阶危岩体极其发育，从 K1 至 K13 测站之间危岩体间隔分布，组成了危岩体群。若干处危岩体主要悬挂在 574m 台阶面上。由于危岩体具有潜在滚动的可能性，因此要及时安排浮石清理人员对危岩体进行处理，必要时可安排人员对其进行二次爆破。

C 弱层

538m 台阶坡面弱层不发育，共发现显著弱层 3 处，弱层最宽约 62cm，最窄约 14cm，长度不等，最长 45m，最短 36m。节理充填物主要包含石英夹层、泥质充填。三处典型节理如图 4-78 所示，节理发育特征及分布坐标详见附录 5 附表 5-2。

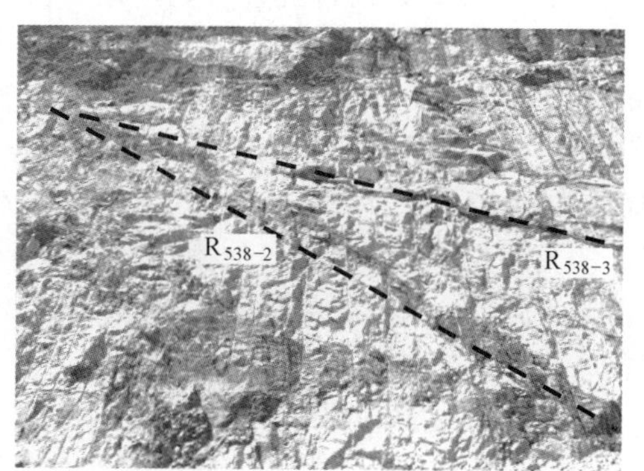

图 4-78 上盘 538m 台阶节理分布特征

D 渗水点

调查发现 3 处渗水点，渗水水流较小，初步判断为降雨后岩体内的裂隙水。渗水点分布较集中，主要分布在一区域，分别为 K9 至 K12 测站之间。通过调查可以判断每处渗水点为同一水源，渗水点分布如图 4-79 所示。

图 4-79 上盘 538m 台阶渗水点分布特征

4.5 节理产状的边坡破坏模式识别

4.5.1 结构面现场调查分析

4.5.1.1 节理几何参数的描述

岩体常发育有各种不同地质成因的断层、破碎带、层面、节理裂隙，相互交切形成了特定的结构。由于结构面具有各向异性、不连续性和非均一性的特征，与其他工程介质有着本质的区别，它决定了岩体的强度、变形和渗流特性等，所以对岩体的整体稳定性具有很大的影响。节理是一种岩体内没有位移或位移相对很小的裂隙，是岩体结构面类型之一，它普遍存在于各种岩石中，性质各异；它们发展数目往往很多，把岩体切割成大小不等、形状不同的块体，使岩体失去了原有的坚固完整性和连续性。

通常可以用以下几个几何参数来对节理加以描述：

(1) 节理产状。节理产状是节理在空间的分布状态，常常用倾向、倾角、走向三要素来描述。因为走向与倾向相差 90°，所以一般都用倾向和倾角来表示。

(2) 节理组数和岩块的尺寸。岩体中节理的组数反映了节理的发育程度，也反映了岩体被节理面切割所形成的岩块大小，这些参数常常可以用来描述岩体的完整程度。

(3) 节理间距。即同组相邻节理面的垂直距离。间距的大小直接反映该组节理的发育程度，间距越大，节理越不发育，岩体越完整；间距越小，节理越发育，岩体越不完整。

(4) 粗糙度和起伏度。通常用来描述节理面表面的不平整度。如果起伏度较大，那么对节理的局部产状可能会有一定影响。而粗糙度对节理面的强度有较大的影响，节理面越粗糙，它的抗剪强度常常越高。

(5) 节理迹长。即岩体露头上所见到的节理迹线的长度，它直接反映了该组节理的规模大小，另外根据其与倾向方向上的延展性的乘积，还可以推算节理面或者滑面的面积。

(6) 节理裂隙宽度，即节理面两个壁面之间的垂直距离。一般张性节理具有较大的裂隙宽度，节理面充填物也较厚，此时充填物的性质常常决定了节理面的抗剪强度。

4.5.1.2 节理几何参数调查

通常能够出露节理面的岩体只有少部分，为了掌握岩体中节理的分布特征，需要在现场进行繁琐艰辛的地质调查。本书南芬露天铁矿节理调查方法采用的是测线法。

测线法是目前国内外地质学中通用的方法，测量精度高，测量也较简易。基本做法是布置一条或几条成任意角度相交或相互平行的直线，在岩石露头或平洞内详细地记录与这些直线相交的节理产状、条数、迹长和其他参数。测量和记录的内容包括：露头面情况，测线的位置和方位，节理的鉴定，节理面与测线交切位置，节理产状，节理迹线长度，节理裂隙宽度。根据需要，在实际测量中，还可测量或观察和记录节理的起伏度、粗糙度、岩体壁的硬度和节理充填物的厚度和性质。附录 5 附表 5-5 和附表 5-6 为南芬露天铁矿高陡边坡老滑坡区和回采区的节理调查简单统计表。

4.5.2 赤平极射投影法分析

4.5.2.1 赤平极射投影原理

极射赤平投影（Stereographic projection），简称赤平投影，即把物体在三维空间的几何要素（面、线）投影到平面上进行研究，主要用来表示线、面的方位，及其相互之间的角距关系和运动轨迹。任意过球心的无限伸展的平面（岩层面、断层面、节理面或轴面等）和线，必然与球面相交成球面大圆或点，极射点与球面大圆的连线穿过赤平面，在赤平面上这些穿透点的连线即为该平面的相应大圆的赤平投影，简称大圆弧，如图 4-80 所示。

在工程地质上，它是一种直观、形象、简便的综合图解方法，常用来表示优势结构面或某些重要结构面的产状及其空间组合关系；另外还可利用其来表示边坡面、临空面、岩体变形滑移方向、工程作用力和岩体阻抗力等，分析岩体稳定性。

（1）线的投影。直线（*OG*）产状：90°∠40°，投影到赤平面上为 *H* 点。*OD* 为直线的倾伏向，*HD* 为倾伏角，如图 4-80（a）所示。

（2）平面的投影。平面（*PGF*）产状：SN/90°∠40°，投影到赤平面上为 *PHF*。*PF* 代表走向，*OH* 代表倾向，*DH* 代表倾角，如图 4-80（b）所示。

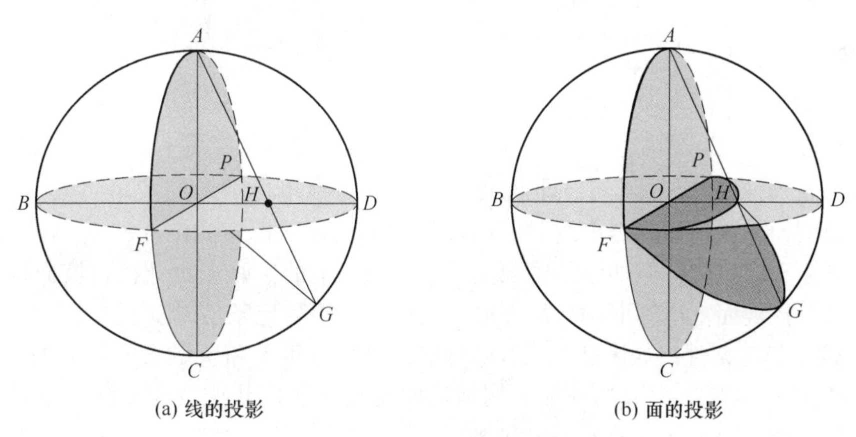

(a) 线的投影　　(b) 面的投影

图 4-80　赤平极射投影原理

4.5.2.2 赤平极射投影对边坡的稳定性分析

由岩质边坡稳定性优势面组合控制理论可知，当结构面切割边坡时，将对边坡稳定性状况产生很大程度的影响，而影响程度受结构面的产状、性质、数量和组合特征决定，并最终影响边坡的破坏模式。本节根据赤平极射投影法分析出边坡面与结构面的相互关系及组合特征，预测判断出各区边坡可能的破坏模式。

A 一组结构面的分析

(1) 不稳定条件。如图 4-81 (a) 所示，结构面的走向与边坡面的走向一致，倾向相同，并且结构面的倾角 β 小于边坡面的倾角 α，结构面投影弧位于边坡投影弧之外，处于不稳定状态。如剖面上画线条的部分 ABC 有可能沿结构面 AB 发生顺层滑动。

(2) 基本稳定条件。如图 4-81 (b) 所示，结构面的倾角等于边坡角 ($\beta=\alpha$)，沿结构面不易出现滑动现象，边坡是处于基本稳定的，这种情况下的边坡角，就是从岩体结构分析的观点推断得到的最终边坡角。

(3) 稳定条件。如图 4-81 (c) 所示，结构面倾角大于边坡角 ($\beta>\alpha$)，边坡处于更稳定状态，此时，边坡角可以提高到图上虚线 AB 的位置，即 ($\beta=\alpha$) 才是比较经济合理的边坡角。

(4) 最稳定条件。如图 4-81 (d) 所示，当结构面与边坡面的倾向相反，即结构面倾向坡内时，不管结构面的倾角陡或缓，边坡都处于最稳定状态，但从变形观点来看，反倾向也可能发生变形，只不过是没有统一的滑动面，可能发生崩塌或垮塌。

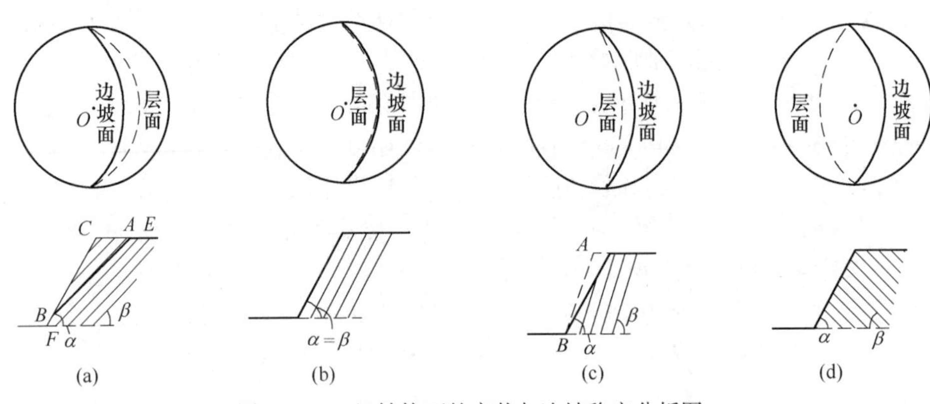

图 4-81 一组结构面的产状与边坡稳定分析图

B 二组结构面的分析

(1) 不稳定条件。两结构面交线 J_1 和 J_2 的投影与大圆的交点 I 位于开挖边坡面 S_c 与自然边坡面 S_n 的投影大圆之间，即两结构面交线的倾角小于开挖坡角而大于天然坡角，并且在开挖坡面与坡顶面都有出露时，边坡处于不稳定状态，如图 4-82 (a) 中，画斜线的部分是可能不稳定体，但如果结构面交线在坡顶面上的出露点距开挖边坡面很远时，以致交线未在开挖坡面上出露而插入坡下时，则属于较不稳定条件。

(2) 较不稳定条件。如图 4-82 (b) 所示，两结构面 J_1 和 J_2 的投影与大圆的交点 I 位于自然边坡面 S_n 的投影大圆的外侧，两结构面交线虽然比开挖坡面平缓，但它在坡面上没有出露点，此时边坡处于较不稳定状态。

(3) 较稳定条件。如图 4-82 (c) 所示，两结构面的交点与坡面在同一侧，并位于开挖边坡面 S_c 投影大圆上，其倾角等于开挖边坡面的倾角，这时的开挖边坡角，就是根据岩体结构分析推断出的最终边坡角，此时，边坡处于较稳定状态。

(4) 稳定条件。如图 4-82 (d) 所示，两结构面交点 I 位于开挖边坡面 S_c 的内侧，因而交线 IO 的倾角比开挖坡面角陡，边坡处于更稳定状态。

(5) 最稳定状态。如图 4-82 (e) 所示，两结构面交线倾向与开挖边坡面相反，位于其投影大圆的对侧半圆内，说明两结构面交线倾向坡内，边坡处于最稳定状态。

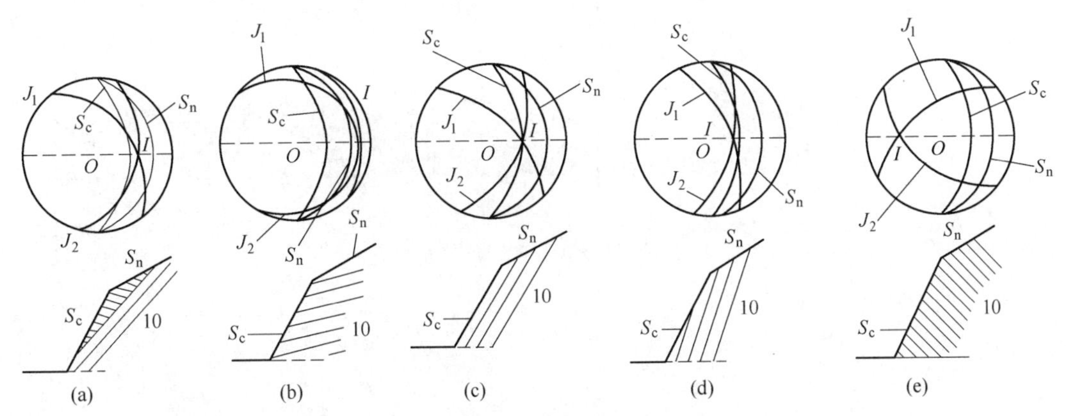

图 4-82 结构面组合交线与边坡稳定

4.5.3 赤平极射投影法的应用

4.5.3.1 赤平极射投影软件 DIPS 介绍

本书调查区优势结构面组的划分采用加拿大多伦多大学土木工程系岩石工作研究室 M. S. Diederichs 和 EHoek 共同开发的 DIPS 软件。DIPS 是专门用于交互式分析地质定位数据的软件，能够按照各结构面参数的分布规律来统计分析，可以生成结构面的极点图、等密度图、走向或倾向玫瑰花图、倾向倾角三维直方图等，适合进行赤平投影的专业人员使用，是定位数据统计、处理、分析的有力工具。

4.5.3.2 利用 DIPS 求高陡边坡的优势结构面

经过野外详细地质测量，获得丰富的节理数据，它们同时包括了几组节理，各组节理相互交错分布。在进行节理统计分析时，一般只针对某一组节理，所以为了具体分析出各组节理对边坡岩体稳定性的影响，首先要将测量到的每一条节理根据其产状归类到相应的节理组中来。节理分组主要是利用极点投影图来进行。通过绘制极点投影等密度图，可以确定出每一组节理的优势方位和产状的分布范围，有了产状的范围节理分组就十分方便了。基于上述节理分组原理，采用赤平极射投影法分析边坡体内的优势节理组。根据现场测量样本资料，利用 DIPS 软件绘制的赤平投影统计及分析结果如彩图 4-83 所示。

首先对老滑坡区的边坡体节理进行赤平极射投影统计分析，彩图 4-83～彩图 4-85 分别为节理极射投影的极点分布图、散点分布图和极点等密度图，从三幅图中可以看出，边坡体内发育的节理较为集中，主要分布在两个区间，其产状为 292°∠48°和 291°∠13°附近的节理面发育较多，它们是该边坡体发育的两组优势节理面；292°∠48°的节理分布相对更多，为该边坡体的主节理；291°∠13°的节理相对其较少，为该边坡体的次节理。

从图 4-87 和图 4-88 可以看出，节理倾向主要分布在 270°～315°之间，节理倾角主要分布在 10°～15°和 46°～51°之间，其中，倾向在 280°～300°之间的节理居多，倾角在 36°～42°和 46°～50°之间的节理居多。彩图 4-86 的走向玫瑰花图给出了该边坡体节理的走向分布规律，从图可知，节理走向大致有两个方位：北东 52°和北东 172°。

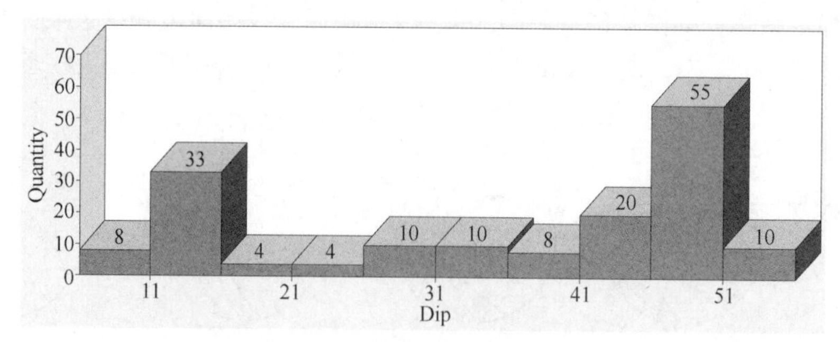

图 4-87　老滑坡区节理倾角分布直方图

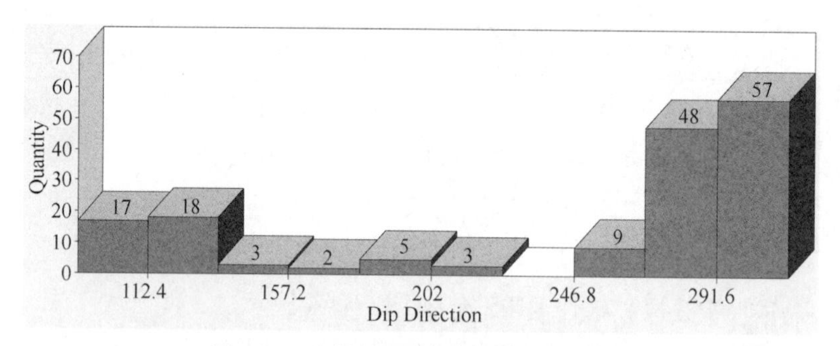

图 4-88　老滑坡区节理倾向分布直方图

因此，老滑坡区边坡体发育的优势节理组分别是 J3-292°∠48°和 J4-291°∠13°。前者为主节理，该组节理在坡体内贯通性极强，将构成下盘整体或局部体滑坡的主滑面；后者为次节理，此组节理倾向坑内，且在坡面上出露，有可能构成滑体的下部滑面。

同理，对南芬露天铁矿回采区的边坡体节理进行统计分析，彩图 4-89～彩图 4-91 分别为节理极射投影的极点分布图、散点分布图和极点等密度图，从三幅图中可以看出，边坡体内发育的节理较为集中，主要分布在两个区间，其中产状为 322°∠40°和 262°∠47°附近的节理面发育较多，组成该边坡发育的两组优势节理面。

从图 4-93 和图 4-94 可以看出，节理倾向主要分布在 250°～340°之间，节理倾角主要分布在 36°～52°之间，其中，倾向在 255°～275°和 315°～335°之间的节理居多，倾角在 36°～42°和 46°～50°之间的节理居多。彩图 4-92 的走向玫瑰花图给出了该边坡体节理的走向分布规律，从图可知，节理走向大致有两个方位：NE52°和 NE172°。因此，回采区边坡

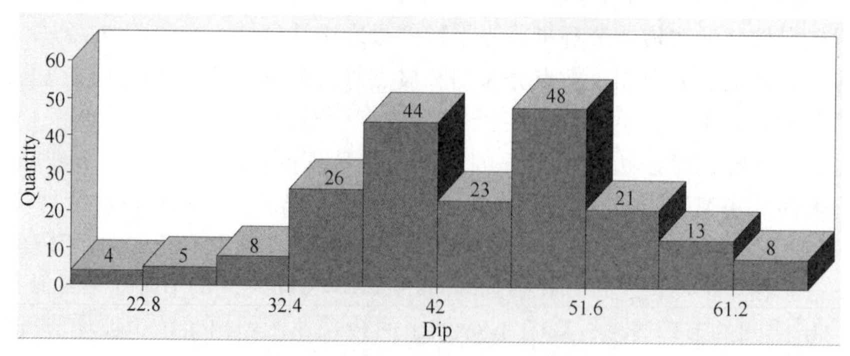

图 4-93　回采区节理倾角分布直方图

体发育的两组优势节理面主要是 J1-322°∠40°和 J2-262°∠47°，两者发育相当，并共同决定或影响着该区边坡体的稳定性。

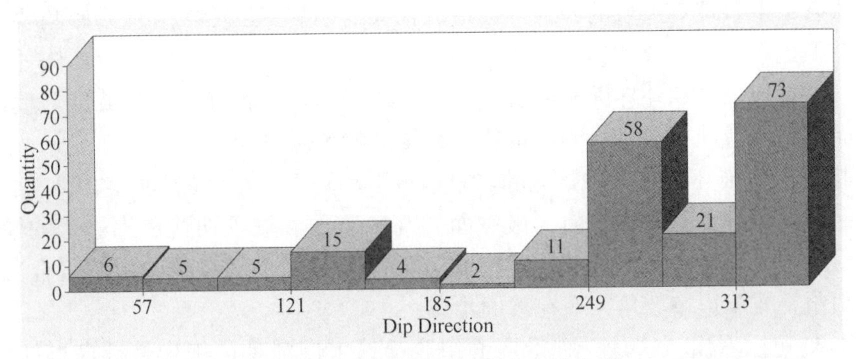

图 4-94 回采区节理倾向分布直方图

4.5.3.3 高陡边坡破坏模式判断识别

岩石边坡破坏最常见的模式主要包括平面滑动破坏、圆弧滑动破坏、楔形体滑动破坏、倾倒破坏。

一般情况下，滑坡的稳定性与岩体的结构面特征关系密切，不同的岩体结构面有不同的破坏模式，而边坡破坏模式的确定又是边坡稳定性分析及边坡防治监测的基础。所以通过对边坡破坏模式的识别进而分析其稳定性，继而确定科学合理的边坡防治措施，采取有效的监测方法和设备，提前预报预警滑坡的发生，对矿区的安全生产和人们生命财产安全具有重大意义。

（1）面滑动破坏是岩石边坡中最为常见的破坏模式。多发生在层状结构边坡中，如黏土岩、页岩、片岩、千枚岩、凝灰岩等岩层中较易发生。平面滑动赤平极射投影特征是：结构面产状与边坡坡面产状一致，结构面倾角小于边坡角，结构面的极点投影比较集中。平面滑动破坏的判别准则为：

1）软弱结构面与边坡面的倾向相同；

2）软弱结构面的倾角小于边坡面的倾角；

3）软弱结构面的倾角必须要大于滑坡体的内摩擦角。

滑坡区边坡岩体破碎，且发育的优势节理组分别是 J3-292°∠48°和 J4-291°∠13°，前者为主节理，该组节理在坡体内贯通性极强，将构成下盘整体或局部体滑坡的主滑面；后者为次节理，此组节理倾向坑内，且在坡面上出露，有可能构成滑体的下部滑面，如图 4-95 所示。

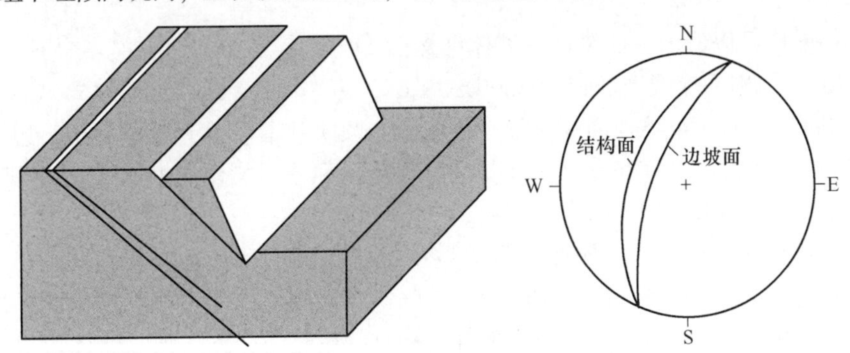

图 4-95 滑坡区破坏模式及结构面赤平极射投影

滑坡区边坡面产状为290°∠46°，发育的一组主要节理面产状是292°∠48°，次节理产状为291°∠13°，软弱面的倾向与边坡面倾向一致，但主节理面倾角大于边坡面倾角。所以在正常状态下主节理对边坡的稳定不会造成很大的影响。虽然次节理面倾角要小于边坡面的倾角，但也小于该区滑坡体的内摩擦角30°，所以可以得出滑坡区滑坡体处于基本稳定状态下。但是如果受到外界因素的影响，如采矿和降雨或者爆破，滑坡区边坡体易发生牵引式平面破坏，滑动方向是沿着两组软弱结构面的顺层滑动。

（2）楔形滑动破坏，是一种常见的岩石边坡滑动类型，楔体的规模越大，其安全系数越小。由两组或两组以上的优势面（破裂面）与临空面和坡顶面构成不稳定的楔形滑体，滑体同时沿这两个优势面发生滑移。其滑移方向沿着这两个优势结构面的组合交线方向，该交线的倾角要缓于边坡坡角，并在坡面出露。

从图4-96可以看出，这是一种沿弱面组合交线方向滑动的楔形体。楔形体沿组合交线滑动的判别准则：

1）结构面①、②均与边坡面斜交，且互为反倾向，若有结构面③存在，则③须与边坡面倾向一致；

2）①、②结构面的组合交线的倾向与边坡面的倾向基本一致，通常组合交线的倾角要大于滑动面的摩擦角；

3）组合交线的倾角通常都小于边坡面的倾角。

回采区边坡岩体较滑坡区完整，但是优势节理发育，其中，主要有两组结构面较为常见，它们降低了岩体整体强度，同时，在雨水和地震的作用下，结构面连续贯通，使得滑坡体的抗剪强度显著降低，这对边坡体的稳定性影响很大。

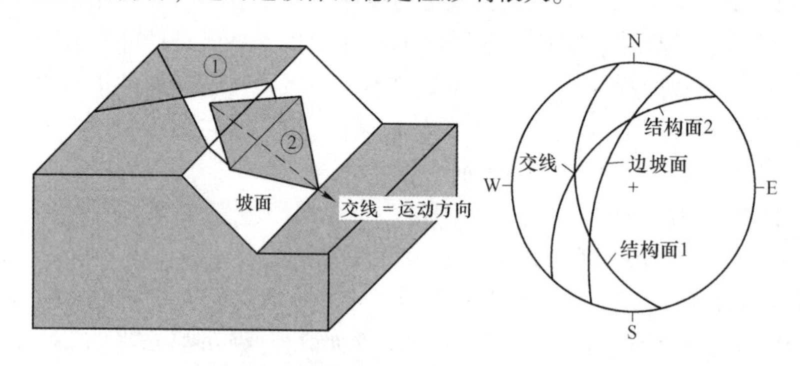

图4-96　回采区破坏模式及结构面赤平极射投影

从图4-96中可以看出，回采区滑坡体结构面①的产状是262°∠47°，结构面②的产状是322°∠40°，结构面交线产状是303.9°∠38.6°，边坡面产状是290°∠45°，显然两组结构面的倾向相反，而两组结构面的交线与边坡面的倾向基本一致，而倾角小于边坡面，同时大于该区滑坡体的内摩擦角32°。所以，可判断出回采区滑坡体可能会发生楔形破坏，楔形体滑动方向是两组结构面的交线方向。

（3）圆弧形滑动破坏，是松散介质边坡中最常见的一种边坡破坏模式，Hoek认为，若边坡中有三组以上产状各异的结构弱面或是强风化破碎岩体均可能会发生此种破坏。如岩体结构面非常发育且密集，产状分布散乱，相互间胶结力较差，那么岩体可以看作松散体，这种情况岩体结构属于碎裂散体结构，边坡破坏时，破裂岩体的滑动面将呈近似圆弧形。在均质的岩体中，特别是在均质泥岩或页岩中，岩坡破坏的滑面通常呈弧形状，岩体沿此弧形滑面滑移。在非均质的岩坡中，滑面是由短折线组成的弧形，近似于对数螺旋曲线或其他形状的弧面。有下列条件之一者均可判定为圆弧形滑动：

1）均匀松散介质、冲积层、大型岩层破碎带；

2）有三组或多组产状各异的软弱结构面存在；

3）强风化碎裂结构的岩体；

4）软弱面的产状各异且均不与边坡面同向；

5）两侧面脱开。

扩帮区南北两端帮以第四系黏土为主，其间夹杂碎屑物质，并堆放有大量破碎、废弃岩石，下部以绿泥岩和混合花岗岩为主，所以该区滑坡体上部易发生圆弧滑坡，下部不再研究。根据图4-97中的边坡面赤平极射投影显示，边坡面倾向294°，若该区发生滑坡，滑动方向将沿着边坡面的方向滑动，滑动模式是圆弧滑动。

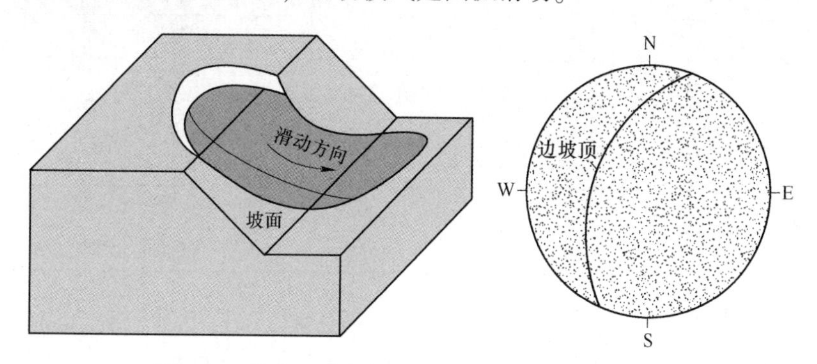

图4-97 扩帮区破坏模式及结构面赤平极射投影

4.6 本章小结

经本书对北山、下盘和上盘的系统调查，共发现显著节理147条，显著弱层和夹层98条，中等规模以上滑坡体22个，危岩体56处，斑岩脉小构造3条，冲沟41条。滑坡体规模和破坏模式详见表4-6，边坡地质调查如附录4彩图附图4-1所示。

表4-6 南芬露天铁矿采场滑坡体调查结果

序号	滑坡地点	规模		破坏模式	描述
		宽/m	高差/m		
1	北山418m台阶	37	12	平面型滑坡	并段台阶
2	北山382m台阶	17	24	楔型滑坡	并段台阶
3	下盘646m台阶	23	15	平面型滑坡	并段台阶
4	下盘646m台阶	34	24	平面-圆弧型复合滑坡	并段台阶
5	下盘646m台阶	47	36	平面型滑坡	并段台阶
6	下盘622m台阶	30	24	平面型滑坡	并段台阶
7	下盘622m台阶	16	12	平面型滑坡	并段台阶

续表 4-6

序号	滑坡地点	规模		破坏模式	描述
		宽/m	高差/m		
8	下盘 622m 台阶	14	12	平面型滑坡	并段台阶
9	下盘 610m 台阶	17	12	圆弧型滑坡	并段台阶
10	下盘 598m 台阶	23	13	平面型滑坡	并段台阶
11	下盘 598m 台阶	21	15	平面型滑坡	并段台阶
12	下盘 598m 台阶	11	24	楔型滑坡	并段台阶
13	下盘 610m 台阶	12	12	平面型滑坡	并段台阶
14	下盘 550m 台阶	13	24	平面型滑坡	并段台阶
15	下盘 550m 台阶	22	12	平面型滑坡	并段台阶
16	下盘 538m 台阶	26	12	平面型滑坡	并段台阶
17	下盘 310m 台阶	17	24	楔型滑坡	并段台阶
18	下盘 310m 台阶	12	36	楔型滑坡	并段台阶
19	下盘 310m 台阶	21	36	楔型滑坡	并段台阶
20	下盘 394m 台阶	100	36	平面型滑坡	并段台阶
21	下盘 310m 台阶	50	36	平面型滑坡	并段台阶
22	下盘 358m 台阶	94	168	楔型-平面型复合滑坡	非并段台阶

5 岩石物理力学数据库构建

5.1 现场取样方案设计

5.1.1 取样点设计

南芬露天铁矿是一个历史悠久的老矿，从20世纪50年代的一期开采勘探到70年代二期扩建勘探，勘探钻孔呈格状分布于矿区。已有钻孔资料对了解矿区深部岩层和揭示浅部岩层的分布及岩性提供了重要的依据。

考虑到南芬露天铁矿采场下盘边坡属于石质顺倾边坡，容易产生崩塌、滑坡等地质灾害；另外，下盘边坡岩性种类较多、弱层发育，因此本次取样工作地点主要集中在采场下盘310~646m台阶之间。而上盘属于石质反倾边坡，各种灾害较少，节理不发育，因此主要在538m台阶上利用捡块法对石英岩组进行了取样，没有对其他岩性取样。

5.1.2 取样批次设计

本次取样工作分两批次进行：

（1）2010—2011年，南芬露天铁矿地测科和技术科组织人员进行了第一批次取样工作，对采场上盘局部与下盘大部主要岩性和主要地点进行了取样，取样方法为捡块法，然后按照岩性进行记录、标识，通过公路将块状岩样运输到北京深部国家重点实验室力学实验室进行室内物理力学实验。第一批次累计取样42块，包含15种类岩性。本次取样工作记录见表5-1，取样编号和岩性对照见附录6附表6-1。

表5-1 第一批次取样记录表

序号	样品编号	取样时间	取样地点	备 注
1	1~19号	2010-7-14	采场下盘滑体部位	7、8、19号因放置时间过长而丢失
2	201~222号	2010-12-20	采场上下盘各台阶	矿石和岩石标本
3	223~226号	无记录	下盘扩帮部位610m台阶	岩石样品
4	227~230号	无记录	上盘扩帮部位610m和598m台阶	岩石样品

（2）2012年，深部岩土力学与地下工程国家重点实验室组织人员进行了第二批次取样工作，对采场下盘各主要台阶进行了取样，取样方法为钻探取样法，然后在现场进行蜡封处理，并按照岩性和地点进行记录、标识，通过公路直接将成型试样运输到北京深部国家重点实验室力学实验室进行室内物理力学实验。本次取样提高了岩样的原状特性，降低了工作强度，实验送回实验室后备案登记，经过简单处理即可开展实验研究工作。

第二批次累计取样107块，以绿帘角闪岩、角闪岩和石英岩为主。本批次样品编号和岩性对照见附录6附表6-2。

5.2　取样机械及取样过程

5.2.1　机械钻孔取样

5.2.1.1　系统组成

目前，还没有专门用于浅部原位钻取符合岩石力学实验要求的岩样钻机，而传统取样钻机，如西安煤科院的 ZDY 系列坑道钻机和 Atlas（阿特拉斯）公司的 Diamec 系列钻机体积和重量偏大，动力要求高，配套设备多，操作复杂，需要专业司钻操作。常规钻机取样主要存在以下三个问题：

（1）已有取样钻机无法从现场取得能够直接符合岩石力学实验要求的样品，均需要进行二次加工，如切割、打磨等工序。

（2）大块岩石在运至室内实验室的运输过程中会经受震动，岩石中气体和水分因难以完全密封而挥发和散失，从而造成实验结果的准确性受到影响。

（3）岩样的个数取决于大块岩石的大小、岩性和室内取样方法，且不能连续取得任意位置的岩样，取得岩样个数和位置受到限制。

本次采用由中国矿业大学（北京）何满潮院士自主研发的“TGQ-Q5 浅部取样钻机”进行现场取样。TGQ-Q5 型取样钻机能在浅部现场进行完整取样，并且带有多种参数监测系统，确保样品直接符合岩石力学实验要求。钻机具有操作简单、携带方便、实用性强、能够 720°全方位取样、经济成本低的特点。

TGQ-Q5 浅部取样钻机主要由四部分组成：双柱桁架式钻机支架、钻进机构、单管钻具、参数监测系统，如图 5-1 所示。

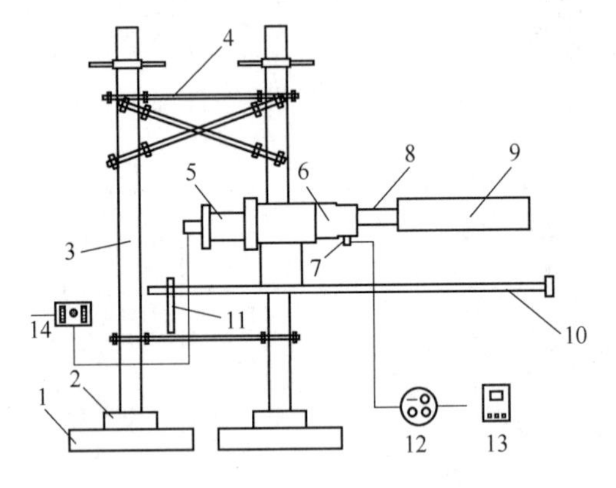

图 5-1　浅部现场取样器结构图

1—底座；2—千斤顶；3—立柱；4—桁架；5—气马达；6—减速箱；7—水嘴；8—输出轴；9—单管钻具；10—导轨；11—给进手柄；12—水流量监测仪；13—红外线测速仪；14—气压计

（1）双柱桁架式钻机支架。双柱桁架式钻机支架由图 5-1 中标号 1、2、3、4 所代表的部件组成，底座可以使整个设备平稳地站立在地面上，中间为立柱，顶部有可以自由伸缩的小立柱，通过底部的千斤顶升降控制立柱的高低，使整个支架上下部完全接触顶底板，或者在底部底座处压制物品，由于双柱互相约束，从而可保证钻机在工作过程中稳定。

（2）钻进机构。钻机机构由图 5-1 中标号 5、6、7、8、10、11 所代表的部件组成。气动马达为钻机提供动力，马达由气压带动。减速箱可以控制钻机的转动速度，根据不同的岩石选取合适的钻速。手柄和导轨可以使钻机在钻进方向进退，通过转动手柄实现。

（3）单管钻具。单管钻具在钻取硬岩时能够快速有效地取出样品。

（4）参数监测系统。参数监测系统由图 5-1 中标号 12、13 和 14 所代表的部件组成。此系统可以监测钻机在工作过程中的各种参数，掌握数据，对不同岩石选取合适的水流量、转速、气压。

5.2.1.2 技术参数

（1）钻机：

1）型号：TGQ-Q5 型；

2）主轴转速：0~1500r/min；

3）给进方式：链轮链条；

4）整机重：140kg。

（2）钻架：

1）类型：双支撑；

2）最大给进力和提升力：500kg；

3）钻架高度：4m；给进行程：1m。

5.2.1.3 操作步骤

该钻机在现场取样过程中的操作步骤如下：

（1）确定取样地点，安装固定钻机，安装钻头；

（2）连接设备，将风管和水管连接好，安装各个监测仪；

（3）把钻头对准岩壁，调整好钻头角度，各工作人员就位；

（4）打开水源（水由水流量表控制），启动气动马达之后加大气压（气压的大小由压力控制仪控制），记录人员在此时记录各检测表初始数据；

（5）钻进结束，首先关闭气压，再关闭水源，同时记录人员记录监测数据；

（6）取出岩样，密封包装。

5.2.1.4 现场取样过程

2012 年 5 月 22 日，取样小组分别对采场下盘 310~646m 台阶之间的绿帘角闪岩和角闪岩，以及采场上盘的石英岩进行样品采集。截至 2012 年 6 月 24 日，历时 30 天累计采样 107 组，其中绿帘角闪岩 90 组、角闪岩 14 组、石英岩 3 组。现场取样过程如下。

（1）供气系统准备。现场采用阿特拉斯空压机（$12m^3$）为钻机提供压缩空气（图 5-2），为了使钻机取样速率达到最优，经过多次实验，发现当空压机供气量达到 $8m^3$ 时，取样速率最佳，且不用放气，以防止空压管崩裂。

（2）供水和供电系统准备：

1）南芬露天铁矿采场边坡无固定水源，本次利用 6 个废弃油桶改装为水仓，定期利用矿用洒水车对其进行水源补给；然后，利用水泵将水仓中的存水按照一定流量给钻机抽

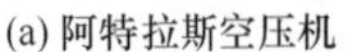
(a) 阿特拉斯空压机

(b) 空压机供气压力控制

图 5-2 供气系统组成

水，保证钻机用水（图 5-3）。

2）由于南芬露天铁矿采场下盘没有固定的交流电源，本次采样过程中主要利用空压机蓄电池对抽水泵进行供电。

(a) 油箱改造后的水箱

(b) 抽水泵

图 5-3 供水系统组成

（3）空气净化系统准备。由于空压机提供的压缩空气内具有机油和水雾，会对钻机马达和消音器产生损害，因此在空压机和钻机连接管路上安装了三联件，主要负责对压缩空气中含有的机油、水雾进行过滤，保证马达和消音器的清洁，延长钻机使用寿命，如图 5-4 所示。

图 5-4 压缩空气净化系统

（4）现场钻进取样。利用 TGQ-Q5 钻机在南芬露天铁矿采场下盘 310m 台阶进行钻进取样，过程如图 5-5 所示。

图 5-5 现场取样过程

5.2.2 样品切割和蜡封

5.2.2.1 系统组成

目前，由于缺乏现场专用切割和打磨设备，地质工作者和岩石力学研究学者通常所用的岩石取样技术，主要操作过程是：现场取样、储存、运输、室内切割、打磨、试验等。这种操作方法会造成两个不可避免的问题，第一，由于没有便携式专用切割和打磨设备，现场取样后，无法及时按照实验方案设计尺寸切割和打磨样品，只能保持样品原状在现场蜡封，包装后运输到实验室，在实验室内对取回的长短样品用大型切石机和磨石机进行处理，直到符合实验要求。这种操作会产生大量废样，既增加样品的运输成本，又耗费大量人员和时间在室内制备样品。第二，现场取样的基本要求是尽量保持样品的原始状态，包括岩石样品的结构、密度、含水量等各项参数。然而，由于现场缺乏专用截样设备，只能将样品现场蜡封包装、运输到实验室，进行二次开封，并且在室内环境中对样品进行带水切割，打磨，从而不可避免地破坏了样品的原始状态，严重影响岩石样品的物理力学性质，造成测试结果的偏差。

按照传统的取样方法，上述两个问题无法避免。因此，中国矿业大学（北京）何满潮院士自主研发了一种适用于复杂环境下岩石样品现场采样过程中对样品进行切割和打磨的便携式自动给进截样设备，既可以提高岩石样品的现场采样率，又减少了制样过程中由于二次开封对岩石样品产生的扰动，大大提高岩石物理力学实验测试数据的准确性和科学性。

便携式自动给进截样器主要应用于岩石试样的现场定长自动截样和磨样，包括切割机、磨石机、步进电机、防腐支撑框架、丝杆传动系统、试样夹持装置、压槽轨道、试样定长标尺、给水器等，如图 5-6 所示。

5.2.2.2 技术参数

便携式截样器技术参数如下：

（1）可切磨岩石试样硬度范围（普氏硬度）f：0~20；

（2）可切磨岩石试样直径范围：$\phi10 \sim \phi120$mm；

（3）可切岩石试样长度范围：50～200mm；

（4）金刚石切刀尺寸：ϕ180×3mm；

（5）磨石齿片尺寸：ϕ120×10mm；

（6）工作形式：单刀切割（磨）单平面；

（7）主电机功率：1.0kW；

（8）切刀线速度：33～55m/s；

（9）工作进度：手控调速（电控调速可选择）；

（10）噪声：≤80dB。

图 5-6　便携式截样器

5.2.2.3　现场切割和蜡封

由于现场所取样品长短不一，且断面参差不齐，为了便于运输和室内实验前打磨，利用自主研发的截样器对样品进行统一切割和蜡封，切割规格为 50mm×100mm 和 35mm×70mm 两种规格。样品切割如图 5-7 所示。

5.2.3　样品运输

5.2.3.1　系统组成

岩石样品能否完整无损地储存和运输关系到整个实验结果的真实性、可靠性和科学性。本次利用自主研发的便携式多功能岩石样品箱对现场样品进行蜡封、储存和运输，大大提高了岩石样品储存和运输的完整性、可靠性，保障了岩石物理力学实验测试数据的准确性和科学性。岩石样品箱如图 5-8 所示。

图 5-7　截样和蜡封

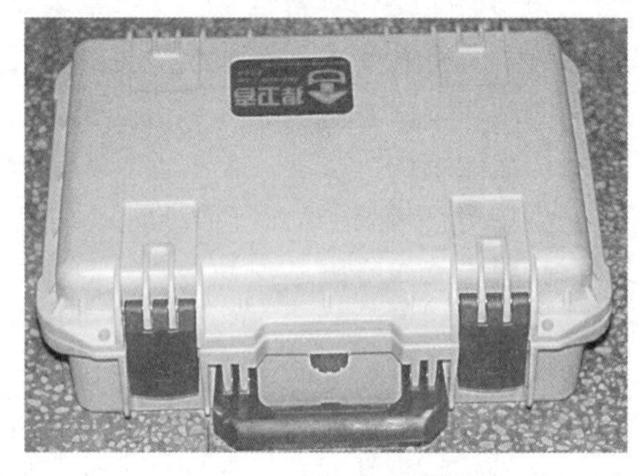

图 5-8　截样和蜡封箱

5.2.3.2　技术参数

便携式多功能岩石样品箱主要性能参数如下：

（1）可储存岩石样品直径范围：ϕ35～ϕ50mm±5mm；

（2）可储存岩石样品长度范围：50～120mm±5mm；

（3）样品最大储存数量：18 块；

（4）样品箱外形尺寸：450mm×350mm×240mm；

（5）主要特点：自动蜡封、防震运输；

（6）电源：220V；

（7）岩样自动升降速率：2～5mm/s；

（8）样品自动升降极限高度：60mm；

（9）噪声：不大于50dB。

5.3 单轴抗压强度实验原理及结果

5.3.1 实验目的

对岩石样品进行单轴压缩实验，确定该岩性的抗压强度、弹性模量和泊松比。

5.3.2 实验设备

中国矿业大学（北京）自主研发的深部煤岩温度－压力耦合瓦斯解吸试验系统（图5-9），由主机、伺服控制加载、温度控制、气体成分检测及计量5个子系统组成。设备参数如下：

（1）轴向加载能力。最大试验力：2000kN；有效范围：20～2000kN；测力精度：不高于±1%；测力分辨率：10N；加载行程：100mm；力加载速度：0.01～20kN/s。

（2）围压加载能力。最大输出压力：100MPa；测量精度：±1%；围压分辨率：0.0005MPa；围压加载速度：0.001～1MPa/s；压力传感器量程：0～100MPa，控制精度：0.1%FS。

（3）压力室。自平衡压力室最大压力：100MPa；试样尺寸：ϕ50×100mm，ϕ38×75mm，ϕ25×50mm；最高加热温度：200℃；加热方式：电加热。

（4）电液伺服加载系统。额定压力：30MPa；额定流量：10L；液压源容积：100L。

（5）测量控制系统。力传感器量程：0～2000kN；测量精度：0.03%FS；位移测控范围：0～100mm；位移测量精度：不高于±0.5%；位移测量分辨率：0.001mm；引伸计量程：轴向0～10mm；径向0～5mm；引伸计测量精度：±0.5%；引伸计测量分辨率：0.0001mm；引伸计变形速率控制范围：0.0001～2mm/s；控制器：多通道伺服测控器；控制闭环频率：10kHz；力通道参数：180000分辨率；2～4mV/V灵敏度；位移逻辑数字输入通道参数：计数频率最大32MHz，信号频率最大8MHz，最小300kHz；模拟通道参数：1/65536；数字通道：4MHz。

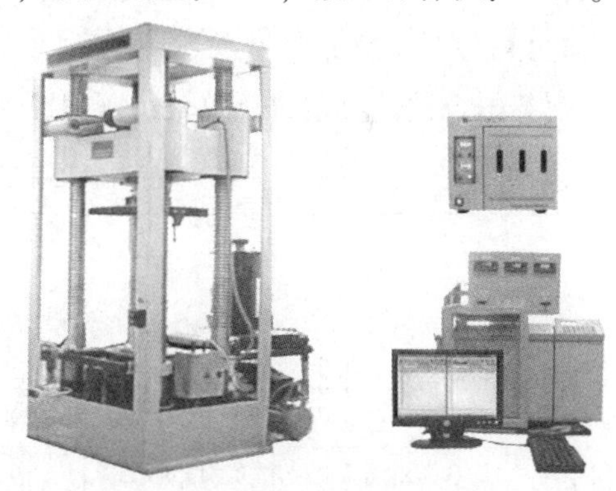

图5-9 深部煤岩T-P耦合实验系统

5.3.3 实验样品

实验样品来自本溪钢铁集团南芬露天铁矿，利用现场取样机取出直径为$\phi=50$mm的样品，在室内加工成高度为100mm的试样，然后测量在天然状态下的单轴抗压强度。

5.3.4　实验步骤

（1）安装轴向引伸计和径向引伸计，使引伸计各引脚接触试件表面。

（2）将试件置于试验机的承压板中心，调节球形支座，使试件受力均匀。

（3）以轴向变形 0.002mm/s 的速度加荷，每秒采集 1 个数据。数据采集系统自动采集荷载和变形值，直至破坏。

（4）记录加荷过程及破坏时出现的现象，并对破坏后的试件进行描述。

5.3.5　实验数据整理

（1）岩石单轴抗压强度计算：

$$R=P/A \tag{5-1}$$

式中，R 为岩石单轴抗压强度，MPa；P 为试件破坏荷载，N；A 为试件面积，mm^2。

（2）计算岩石平均弹性模量和岩石平均泊松比。

$$E_{av}=(\sigma_b-\sigma_a)/(\varepsilon_{lb}-\varepsilon_{la})$$
$$\mu_{av}=(\varepsilon_{db}-\varepsilon_{da})/(\varepsilon_{lb}-\varepsilon_{la}) \tag{5-2}$$

式中，E_{av}为岩石平均弹性模量，MPa；μ_{av}为岩石平均泊松比；σ_a 为应力与纵向应变直线段起始点的应力值，MPa；σ_b 为应力与纵向应变直线段终点的应力值，MPa；ε_{lb}为应力为 σ_b 时的纵向应变值；ε_{la}为应力为 σ_a 时的纵向应变值；ε_{db}为应力为 σ_b 时的横向应变值；ε_{da}为应力为 σ_a 时的横向应变值。

（3）弹性模量值取 3 位有效数字，泊松比计算值精确到 0.01。

5.3.6　实验结果

5.3.6.1　实验结果分析

南芬露天铁矿典型岩石单轴抗压强度实验结果见表 5-2。

表 5-2　岩石单轴压缩实验结果

岩性	试验编号	直径 D/mm	高度 H/mm	单轴抗压强度 σ_c/MPa	弹性模量 E/GPa	泊松比 μ
绿帘角闪岩	NF-4	49.06	98.18	62.3	49.0	0.25
	NF-8	49.85	97.31	59.2	33.5	0.23
	NF-12	49.21	98.54	47.7	34.0	0.43
	NF-47	49.85	92.95	77.1	47.2	0.15
	NF-57	49.79	90.15	76.81	60.4	0.18
	NF-63	49.80	88.1	90.5	63.8	0.29
	NF-65	49.05	99.83	59.6	58.6	0.31
	NF-68	49.85	89.74	73.3	50.0	0.23
	NF-78	49.76	95.89	20.8	15.1	0.1

根据表 5-2，去掉异常数据，得到南芬露天铁矿绿帘角闪岩单轴抗压强度参考值为 71.3MPa，弹性模量参考值为 51.79GPa，泊松比参考值为 0.23。

5.3.6.2 单轴压缩变形实验曲线

南芬露天铁矿典型岩石单轴压缩变形实验曲线如图 5-10~图 5-18 所示。

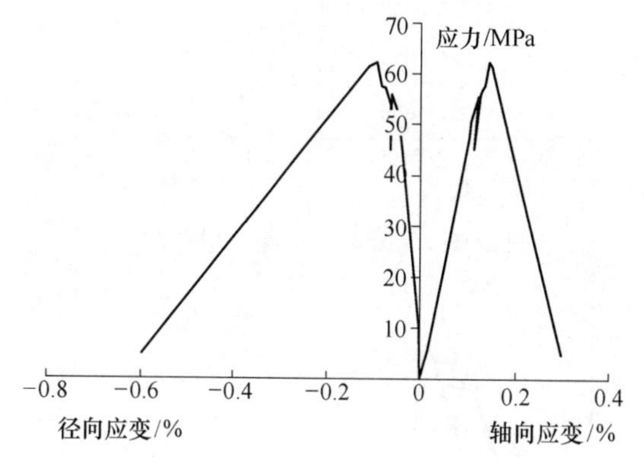

图 5-10 NF-4 单轴应力-应变曲线

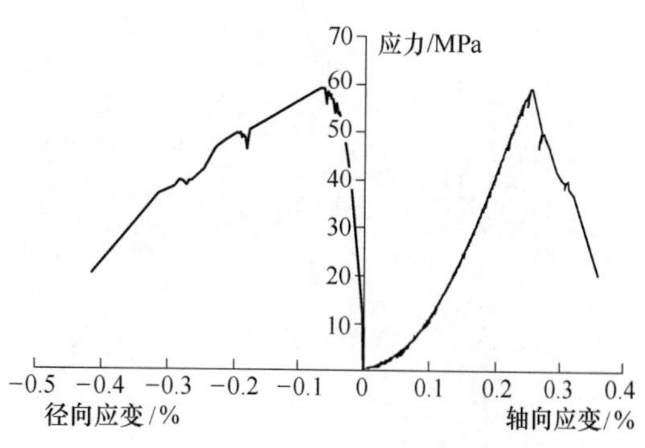

图 5-11 NF-8 单轴应力-应变曲线

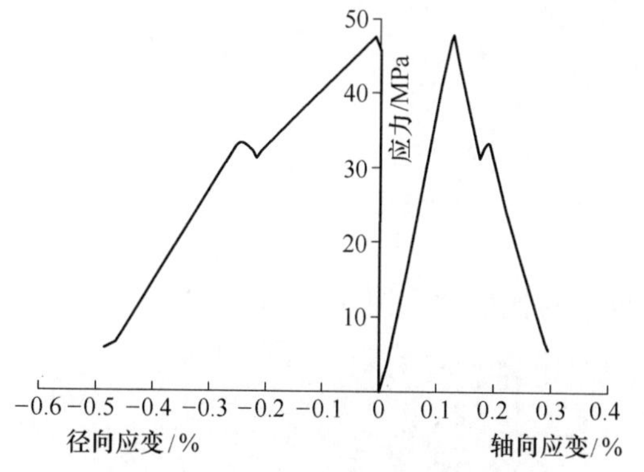

图 5-12 NF-12 单轴应力-应变曲线

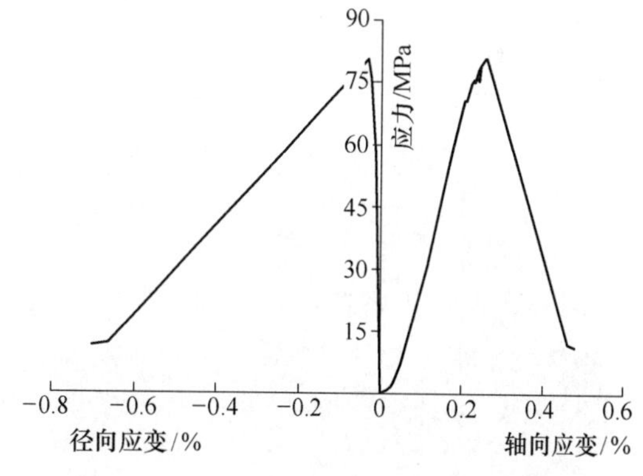

图 5-13 NF-47 单轴应力应变曲线

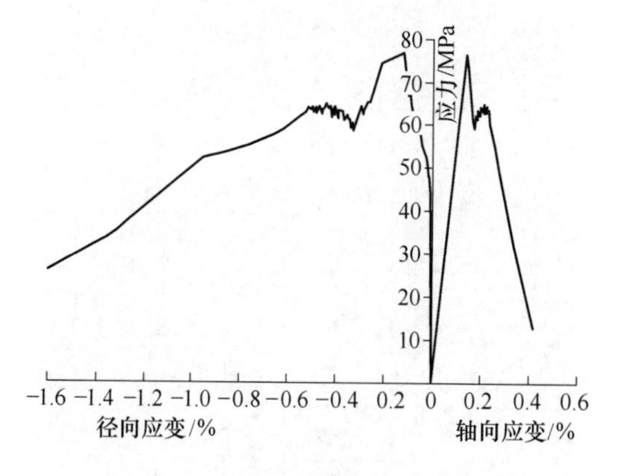

图 5-14 NF-57 单轴应力-应变曲线

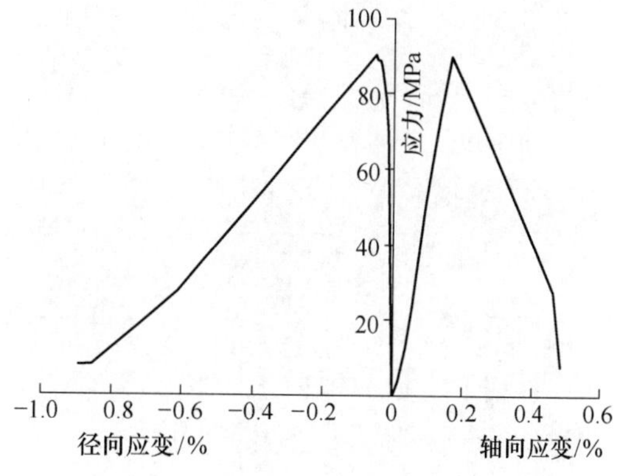

图 5-15 NF-63 单轴应力-应变曲线

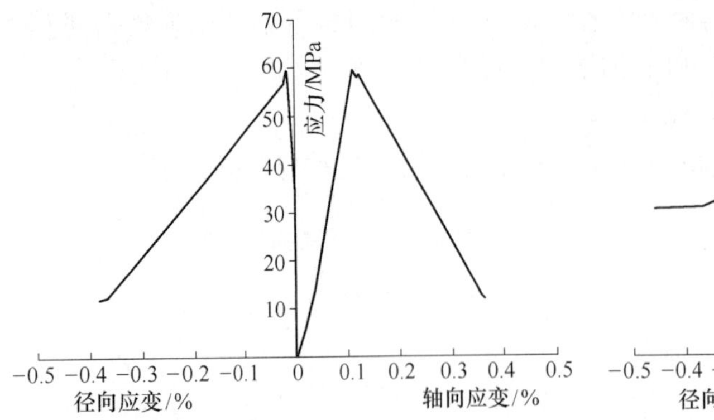

图 5-16 NF-65 单轴应力-应变曲线

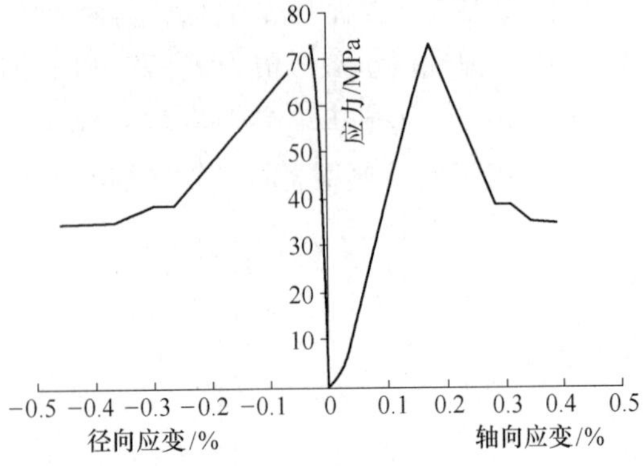

图 5-17 NF-68 单轴应力-应变曲线

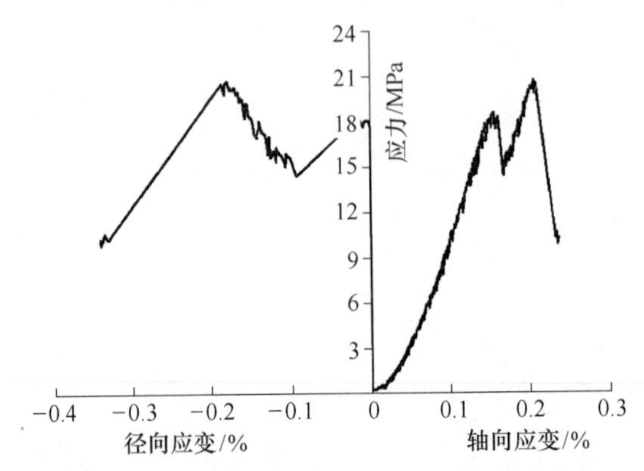

图 5-18 NF-78 单轴压缩变形应力-应变曲线

5.3.6.3 实验前后照片

南芬露天铁矿典型岩石单轴压缩变形实验前后对比照片如图 5-19～图 5-22 所示。

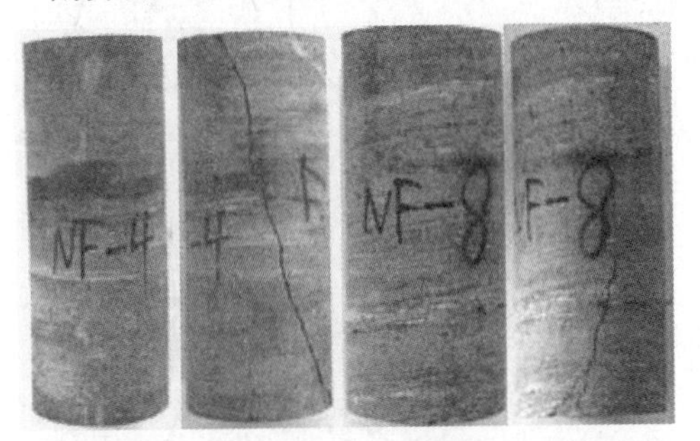

图 5-19 NF-4 和 NF-8 破坏前后照片

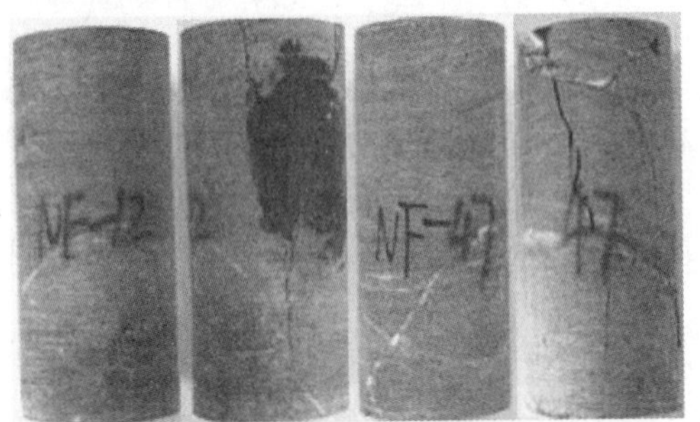

图 5-20 NF-12 和 NF-47 破坏前后照片

图 5-21 NF-57 和 NF-65 破坏前后照片

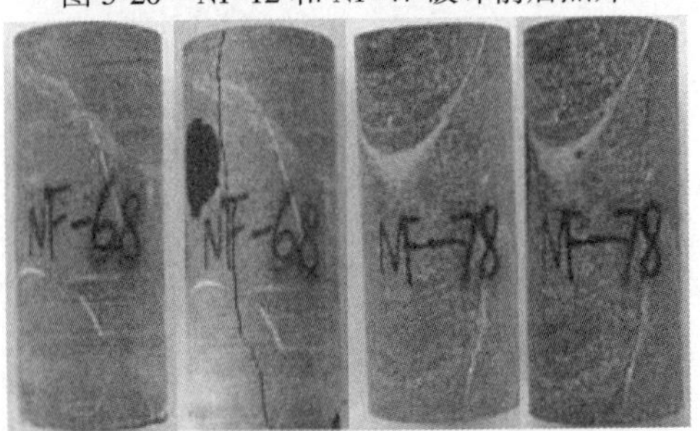

图 5-22 NF-68 和 NF-78 破坏前后照片

5.4 三轴抗压强度实验原理及结果

5.4.1 实验目的

本实验的目的是通过开展天然含水状态下，不同围压条件的三轴压缩强度实验，最终确定南芬绿帘角闪岩的“黏滞力”和“内摩擦角”。

5.4.2 实验步骤

（1）侧压力按等差级进行选择。

（2）根据三轴试验机要求安装试件。

（3）以每秒0.05MPa的加荷速度施加侧压力至预定侧压值，并使侧压力在实验过程中始终保持为常数。

（4）以轴向变形0.001mm/s速度加荷，数据采集系统自动采集荷载和变形值，直至破坏。

（5）对破坏后的试件进行描述，有完整的破坏面时，应量测破坏面与最大主应力作用面之间的夹角。

5.4.3 实验数据整理

（1）计算不同侧压条件下的轴向应力：

$$\sigma = P/A \tag{5-3}$$

式中，σ 为不同侧压条件下的轴向应力，MPa；P 为试件轴向破坏荷载，N；A 为试件面积，mm^2。

（2）根据计算的轴向应力 σ_1 及相应施加的侧压力值 σ_3，利用以下公式拟合出第一主应力和第三主应力关系曲线，反推出内摩擦角和黏聚力值：

$$\sigma_1 = 2c\tan(45° + \frac{\varphi}{2}) + \sigma_3 \tan^2(45° + \frac{\varphi}{2}) \tag{5-4}$$

式中，σ_1 为不同测压下的轴向应力，MPa；σ_3 为不同的围压值，MPa；c 为黏聚力，MPa；φ 为内摩擦角，(°)。

（3）三轴压缩强度实验记录包括试件描述、试件尺寸、各侧向压应力下各轴向破坏荷载。

5.4.4 实验结果分析

（1）岩石三轴压缩实验计算见表5-3。

（2）三轴压缩变形曲线如图5-23~图5-33所示。

表 5-3 岩石三轴压缩实验计算表

岩性	试件编号	围压 σ_3/MPa	竖向荷载 σ_1/MPa	c/MPa	φ/(°)
	NF-22	10	139.22		
	NF-24	40	110.735		
	NF-34	60	134.505		
	NF-54	20	161.164		
	NF-60	40	215.24		
绿帘角闪岩	NF-66	10	81.92	34.77	23.70
	NF-67	20	138.82		
	NF-70	60	237.3		
	NF-71	10	114.995		
	NF-79	30	180.635		
	NF-83	20	156.852		

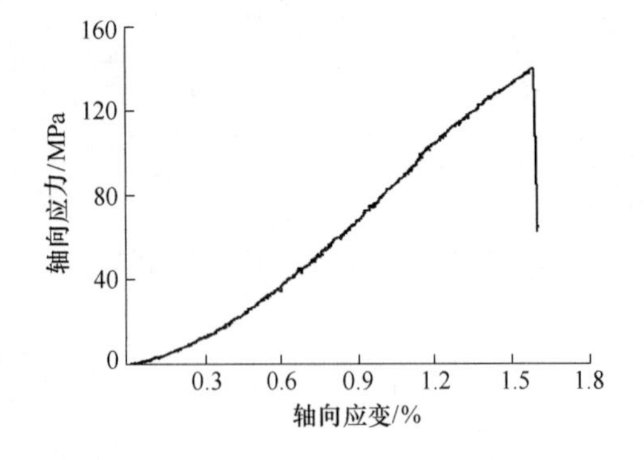

图 5-23 NF-22（围压 10MPa）全应力-应变曲线

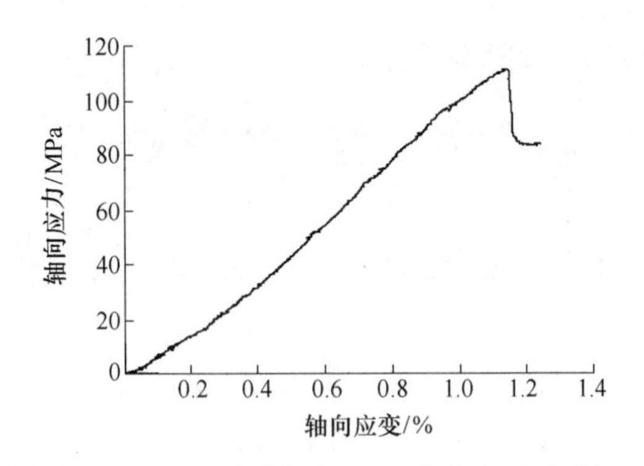

图 5-24 NF-24（围压 40MPa）全应力-应变曲线

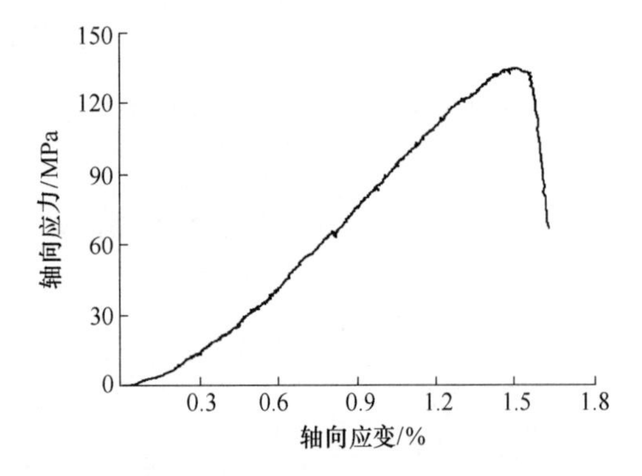

图 5-25 NF-34（围压 60MPa）全应力-应变曲线

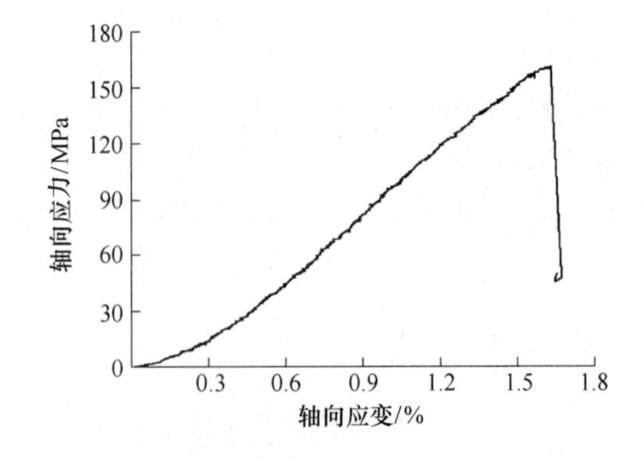

图 5-26 NF-54（围压 20MPa）全应力-应变曲线

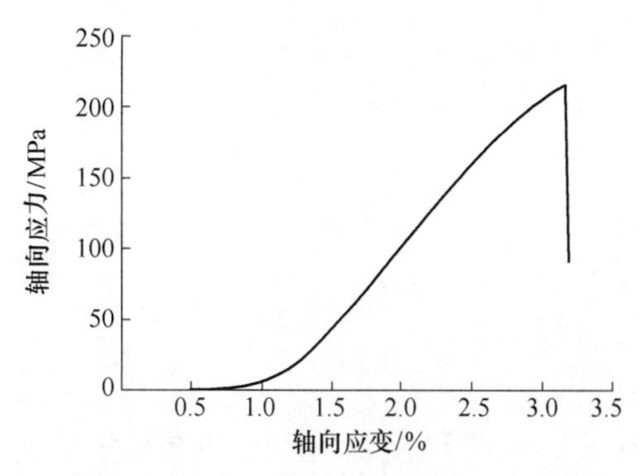

图 5-27 NF-60（围压 40MPa）全应力-应变曲线

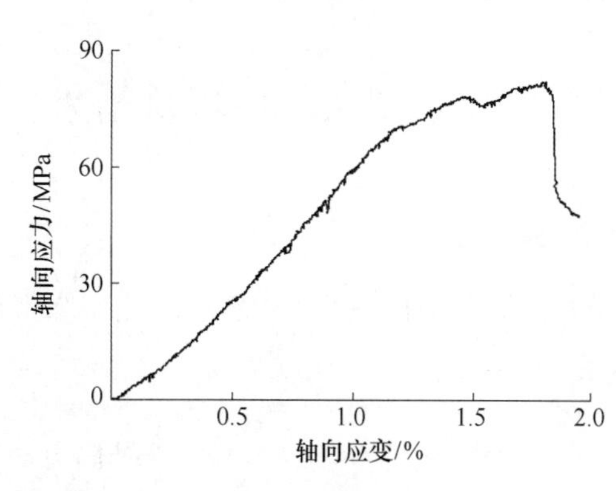

图 5-28 NF-66（围压 10MPa）全应力-应变曲线

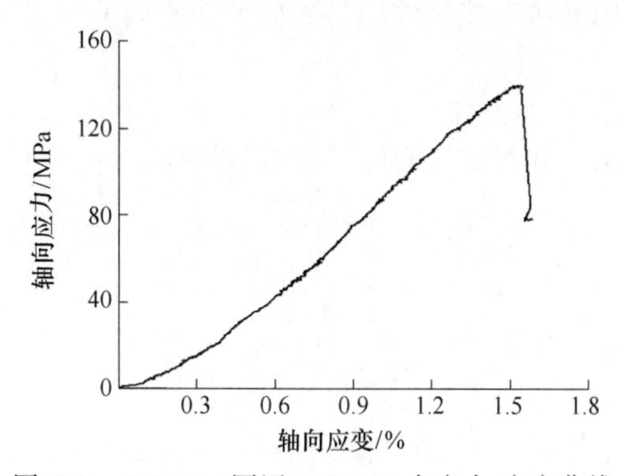

图 5-29 NF-67（围压 20MPa）全应力-应变曲线

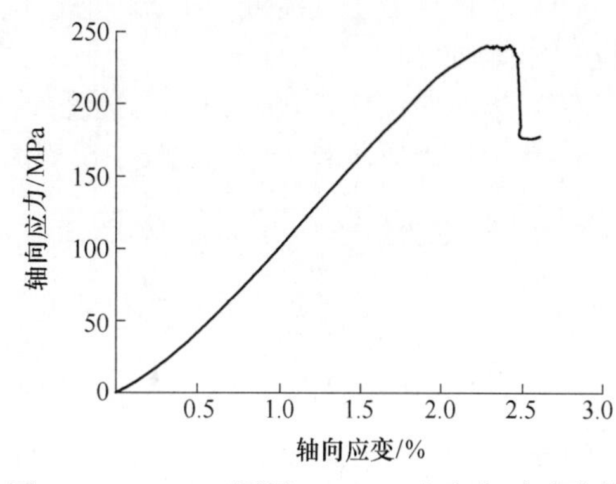

图 5-30 NF-70（围压 60MPa）全应力-应变曲线

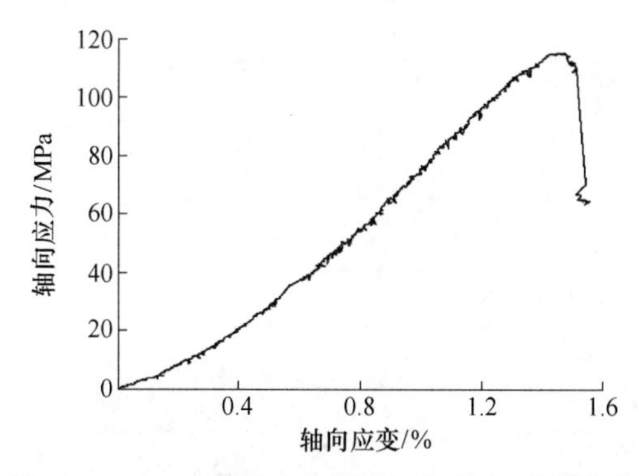

图 5-31 NF-71（围压 10MPa）全应力-应变曲线

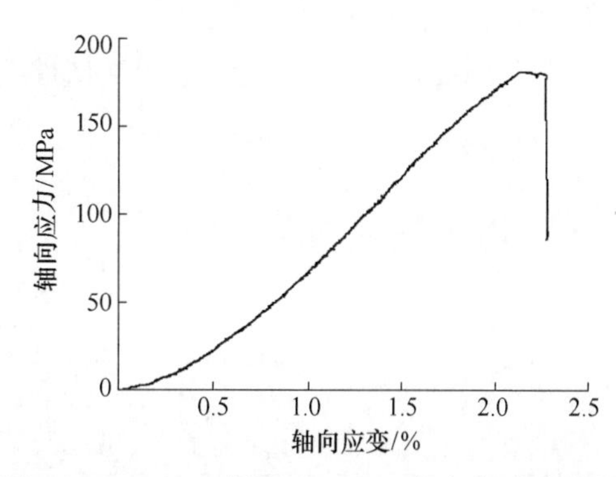

图 5-32 NF-79（围压 30MPa）全应力-应变曲线

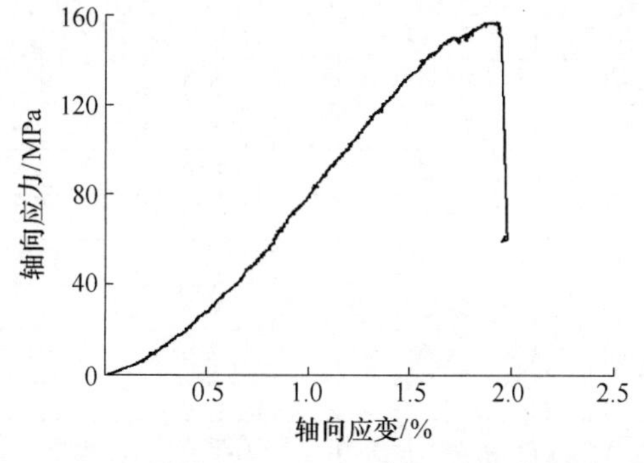

图5-33 NF-83（围压 20MPa）三轴压缩全应力-应变曲线

5.5　抗拉强度实验原理及结果

5.5.1　实验目的

在天然含水状态下采用劈裂法测定绿帘角闪岩试件的抗拉强度。

5.5.2　实验步骤

（1）通过试件直径的两端，沿轴向方向划两条互相平行的加载基线。将 2 根垫条沿加载基线，固定在试件两端。

（2）将试件置于试验机承压板中心，调整球形座，使试件均匀受荷，并使垫条与试件在同一加荷轴线上。

（3）以竖向位移 0.002mm/s 的速度加荷直破坏。

（4）记录破坏荷载及加荷过程中出现的现象，并对破坏后的试件进行描述。

5.5.3　实验数据整理

（1）按下列公式计算岩石的抗拉强度：

$$\sigma_t = \frac{2P}{\pi Dh} \tag{5-5}$$

式中，σ_t 为岩石抗拉强度，MPa；P 为试件破坏荷载，N；D 为试件直径，mm；h 为试件厚度，mm。

（2）计算值取 3 位有效数字。

（3）抗拉强度实验的记录应包括试件编号、试件描述、试件尺寸、破坏荷载。

5.5.4　实验结果

（1）实验结果分析见表 5-4。

表 5-4　岩石劈裂实验结果表

岩性	编号	直径/mm	高度/mm	破坏荷载/kN	抗拉强度/MPa	抗拉强度平均值/MPa
绿泥角闪岩	NF1-1	49.69	25.26	19.8	9.7	11.4
	NF2-1	49.85	22.53	23.9	13.5	
	NF3-1	49.16	23.86	19.0	10.3	
	NF4-1	49.41	24.94	6.3	3.3	
	NF5-1	49.98	24.65	15.4	7.9	
	NF6-1	49.98	25.63	23.7	11.8	
	NF7-1	49.97	25.24	20.0	10.1	
	NF8-1	49.91	25.86	29.2	14.4	
	NF9-1	49.91	24.48	22.1	11.5	
	NF10-1	49.70	24.97	26.5	13.6	
	NF11-1	49.80	24.50	23.6	12.4	
	NF12-1	49.86	23.55	25.8	14.0	
	NF13-1	49.81	24.71	29.5	15.3	

(2) 劈裂抗拉实验曲线

南芬露天铁矿采场下盘绿帘角闪岩劈裂抗拉实验曲线如图5-34~图5-46所示。

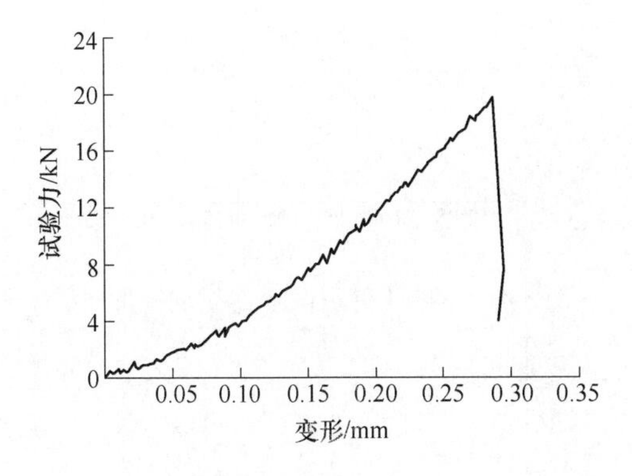

图5-34 NF1-1劈裂试验力-竖向变形曲线

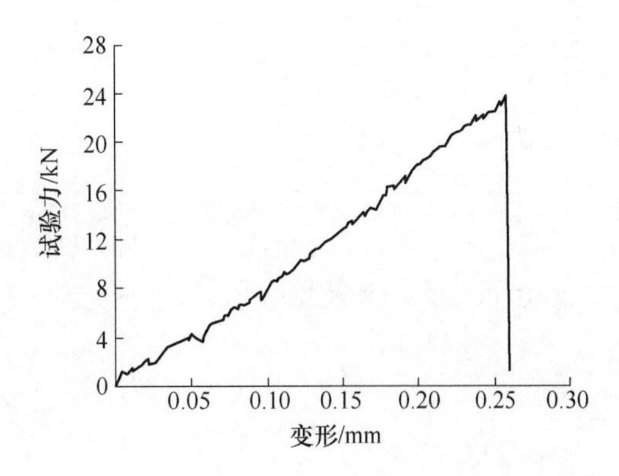

图5-35 NF2-1劈裂试验力-竖向变形曲线

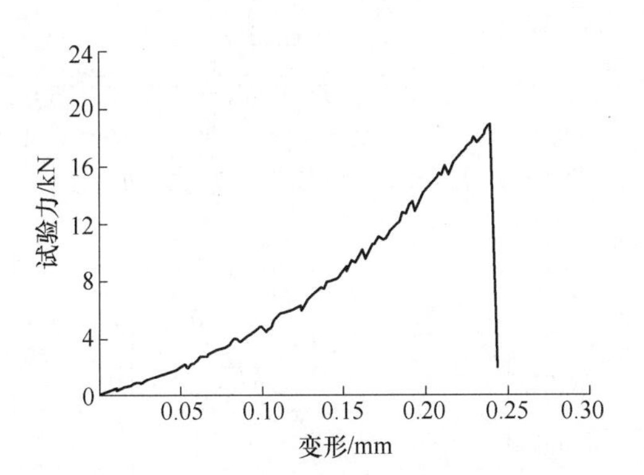

图5-36 NF3-1劈裂试验力-竖向变形曲线

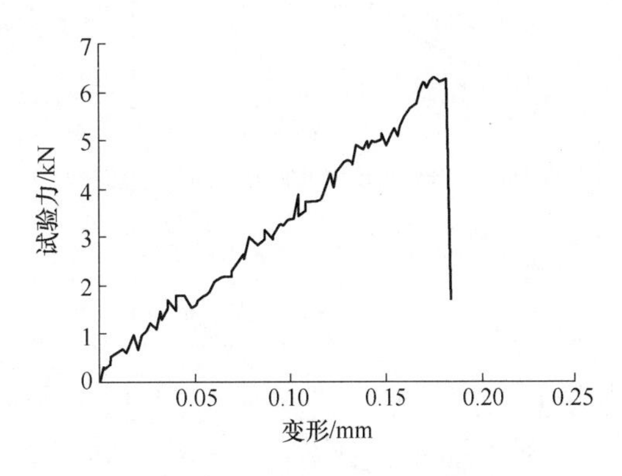

图5-37 NF4-1劈裂试验力-竖向变形曲线

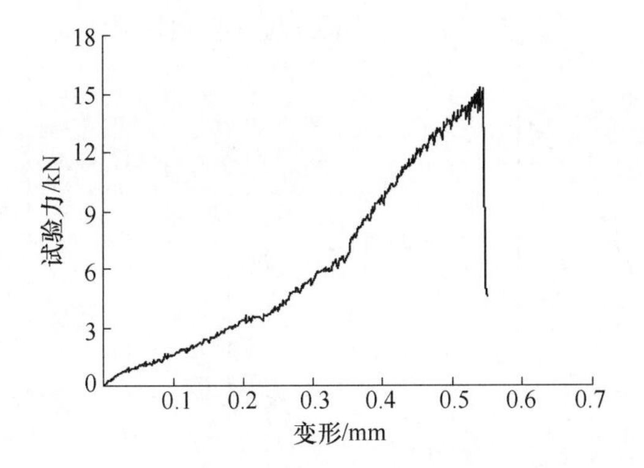

图5-38 NF5-1劈裂试验力-竖向变形曲线

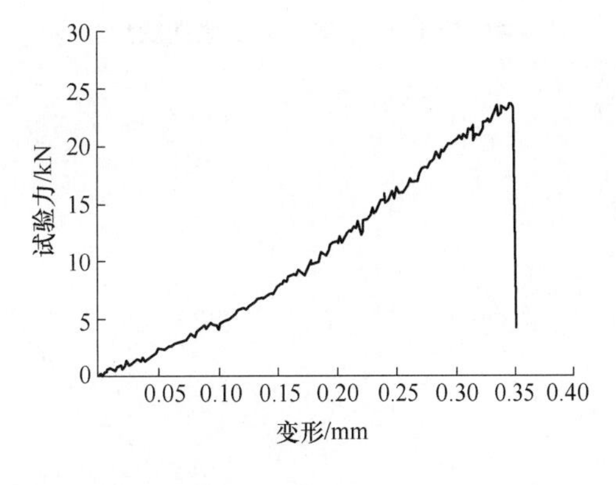

图5-39 NF6-1劈裂试验力-竖向变形曲线

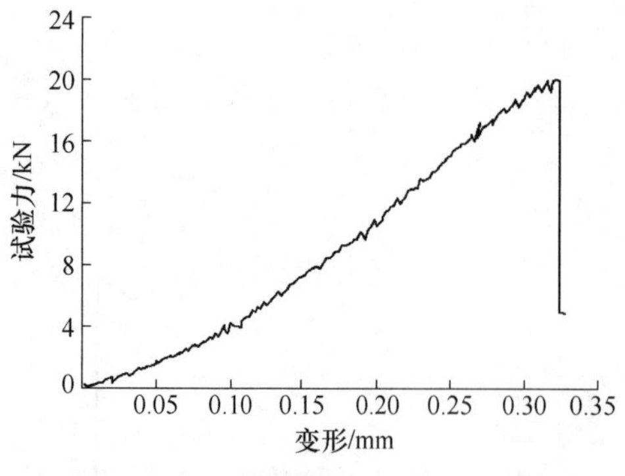

图 5-40 NF7-1 劈裂试验力-竖向变形曲线

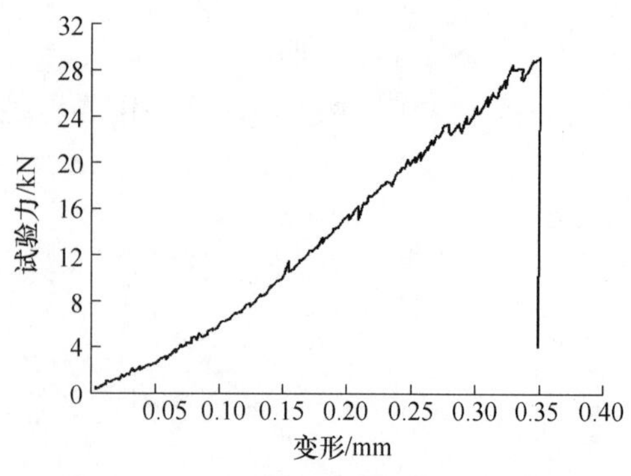

图 5-41 NF8-1 劈裂试验力-竖向变形曲线

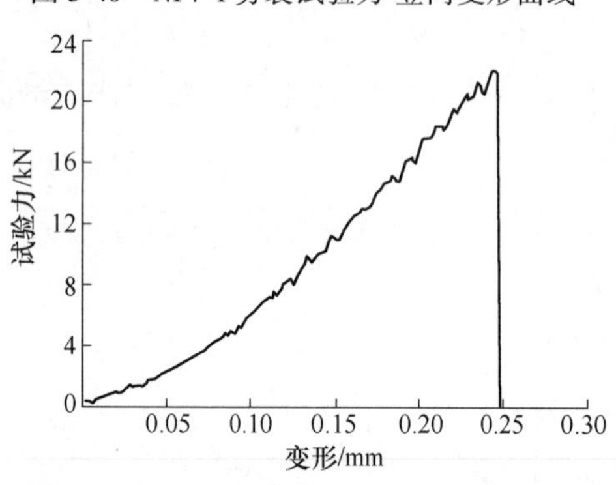

图 5-42 NF9-1 劈裂试验力-竖向变形曲线

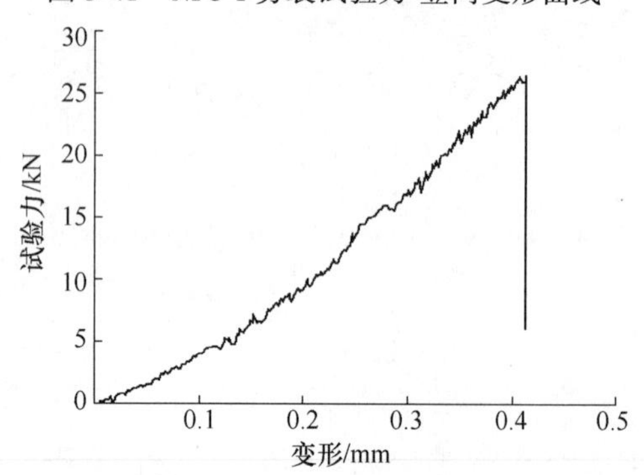

图 5-43 NF10-1 劈裂试验力-竖向变形曲线

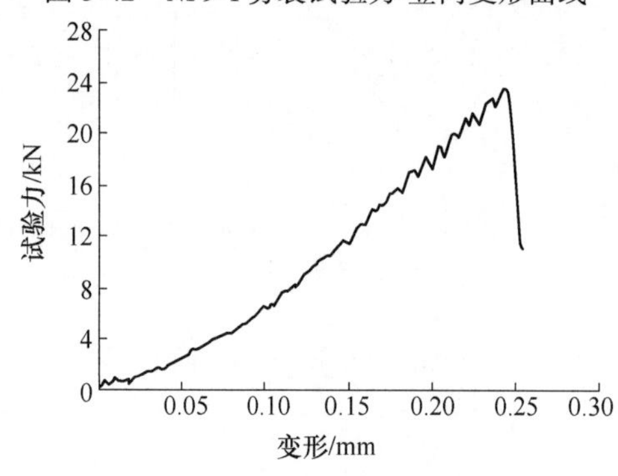

图 5-44 NF11-1 劈裂试验力-竖向变形曲线

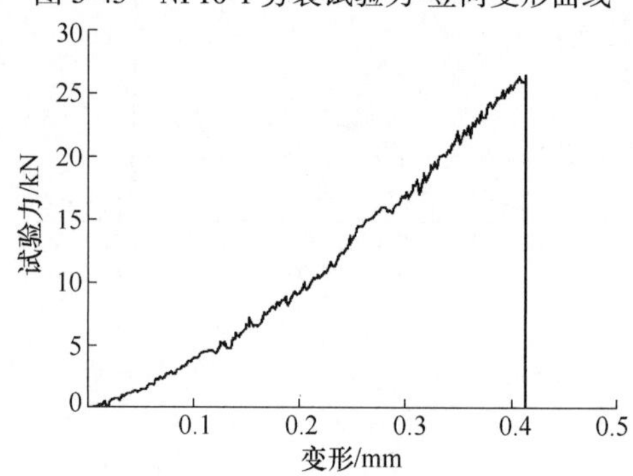

图 5-45 NF12-1 劈裂试验力-竖向变形曲线

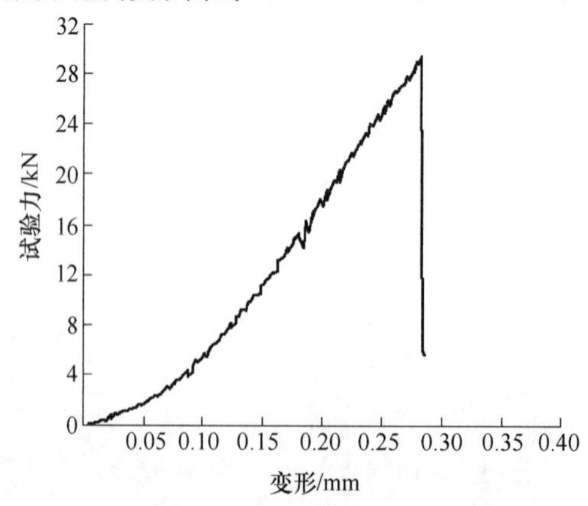

图 5-46 NF13-1 劈裂试验力-竖向变形曲线

（3）岩石试件劈裂破坏特征。南芬露天铁矿采场下盘绿帘角闪岩部分试件劈裂破坏照片如图 5-47～图 5-49 所示。

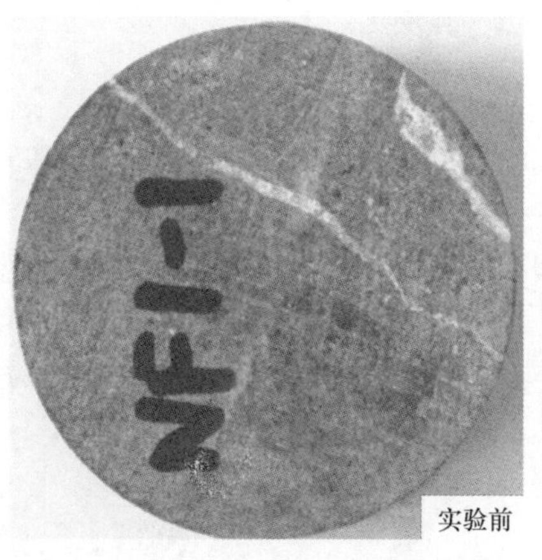

图 5-47 绿帘角闪岩 NF1-1 破坏前后特征对比

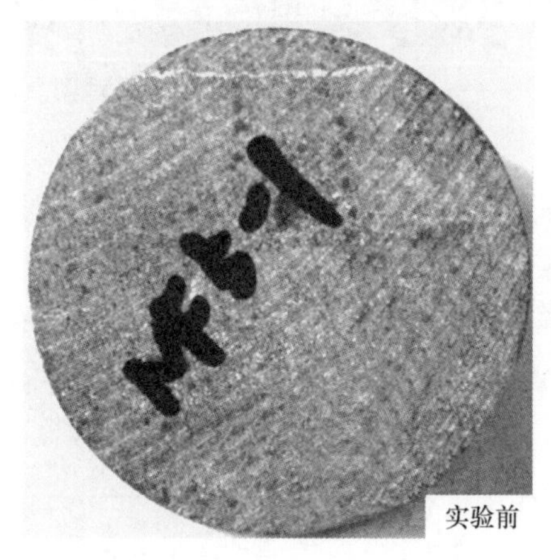

图 5-48 绿帘角闪岩 NF5-1 破坏前后特征对比

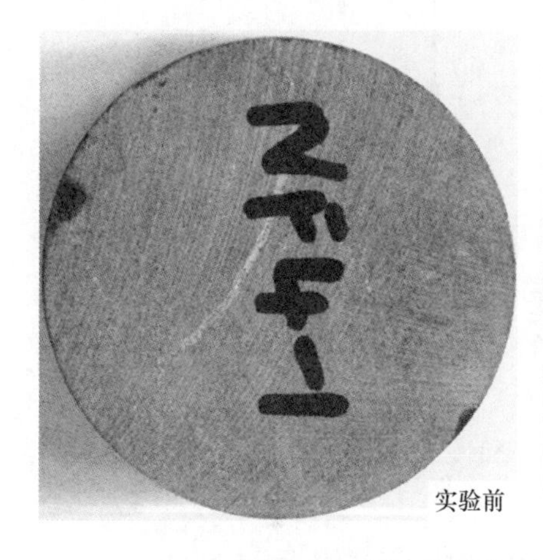

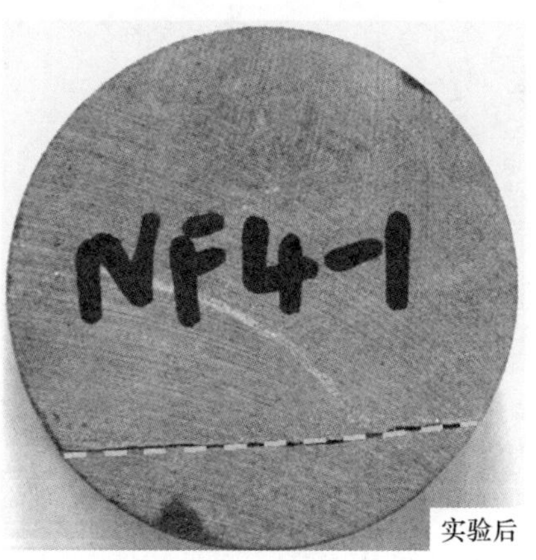

图 5-49 绿帘角闪岩 NF4-1 破坏前后特征对比

5.6　矿物成分及微观结构实验

5.6.1　实验目的

SEM-EDX 黏土矿物分析研究能更准确地鉴定各类黏土矿物特征微观形态和元素组分，为确定南芬露天铁矿采场下盘主要致滑岩石——绿帘角闪岩的矿物成分及微观结构之间的联接特征对岩爆的影响，对绿帘角闪岩实验前具有新鲜断面的绿帘角闪岩样品进行 X 射线衍射和 SEM 实验。

5.6.2　实验设备

X 射线衍射实验委托中国石油勘探开发研究院，扫描电镜实验委托北京航空航天大学材料学院进行。其中，X 射线衍射实验设备型号为 D/MAX 2500 射线衍射仪，扫描电镜型号为 VEGA \\ TESCAN，其外观如图 5-50 所示。

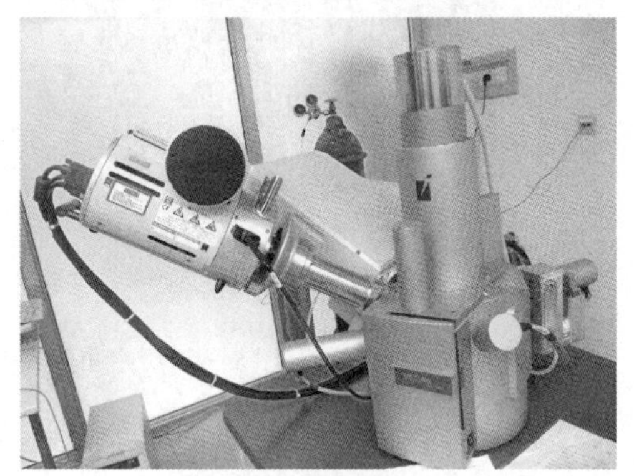

图 5-50　扫描电镜外观图

5.6.3　X 射线衍射实验结果

5.6.3.1　绿帘角闪岩样品 X 射线衍射全矿物实验结果

南芬露天铁矿采场下盘绿帘角闪岩样品 X 射线衍射实验送样时间为 2012 年 12 月 2 日，其全岩矿物成分如图 5-51 和图 5-52 所示。表 5-5 为绿帘角闪岩样品 X 射线衍射全岩

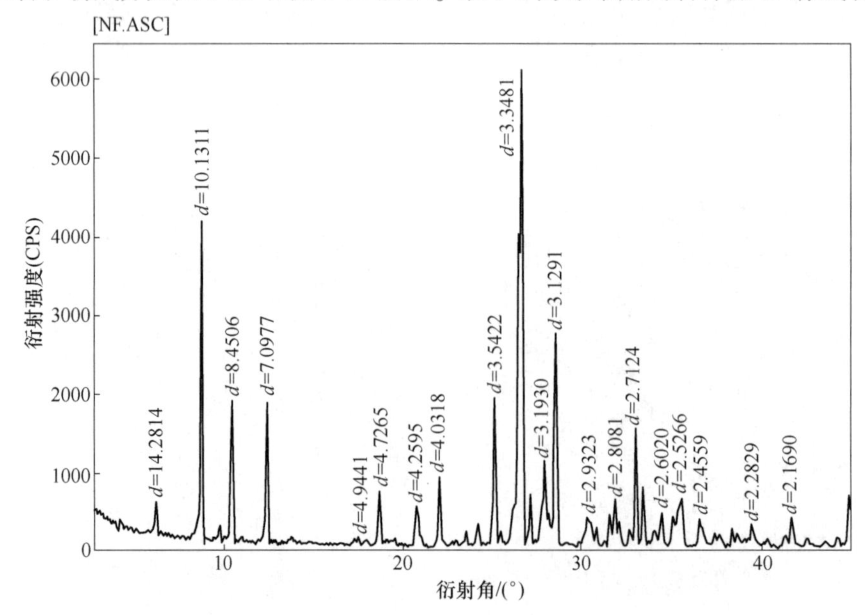

图 5-51　绿帘角闪岩 NF X 射线衍射矿全岩物成分分析图

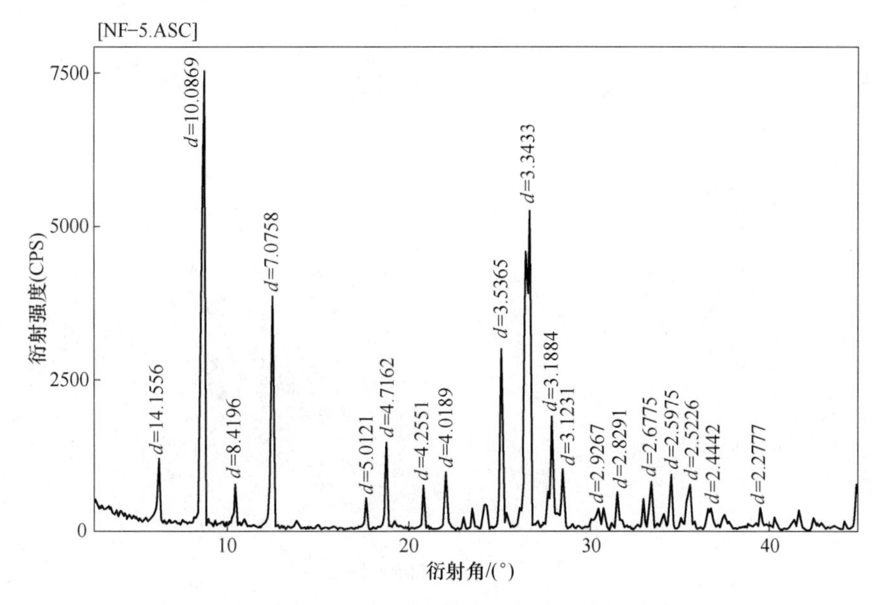

图 5-52 绿帘角闪岩 NF-5 X 射线衍射矿全岩物成分分析图

矿物成分表。

根据电子显微镜观察和 X 射线衍射图谱的峰值强度及相应面积大小的量算，对主要矿物相对百分含量做了概略计算，见表 5-5。计算结果表明，南芬露天铁矿采场下盘主要致滑岩石绿帘角闪岩中石英和云母矿物含量较大。

表 5-5 南芬绿帘角闪岩样品 X 射线衍射全岩矿物成分表

编号	岩性	矿物种类和含量/%						黏土矿物总量/%	备注
		石英	钠长石	斜长石	方解石	云母类	角闪石		
NF-5	绿帘角闪岩	27.4	9.5	—	—	39.4	3.6	20.1	实验后
NF		41.1	7.3	—	—	27.8	11.4	12.3	实验前

5.6.3.2 绿帘角闪岩样品 X 射线衍射黏土矿物实验结果

南芬露天铁矿采场下盘绿帘角闪岩样品 X 射线衍射实验送样时间为 2012 年 12 月 2 日，黏土矿物成分如图 5-53 和图 5-54 所示。表 5-6 为绿帘角闪岩样品 X 射线衍射全岩黏土矿物成分表。

根据电子显微镜观察和 X 射线衍射图谱的峰值强度及对相应面积大小的量算，对主要黏土矿物相对百分含量做了概略计算，见表 5-6。计算结果表明，南芬露天铁矿采场下盘主要致滑岩石绿帘角闪岩中黏土矿物主要为蒙皂石、伊蒙混层、伊利石和绿泥石。

表 5-6 南芬绿帘角闪岩样品 X 射线衍射全岩黏土矿物成分表

编号	岩性	主要黏土矿物种类和含量/%						混层比/%S		备注
		S	I/S	I	K	C	C/S	I/S	C/S	
NF-5	绿帘角闪岩	10	10	71	—	19	—	—	—	实验后
NF		41	41	51	—	8	—	—	—	实验前

注：S—蒙皂石（包括蒙脱石和皂石）；I/S—伊蒙混层；I—伊利石；K—高岭石；C—绿泥石；C/S—绿蒙混层。

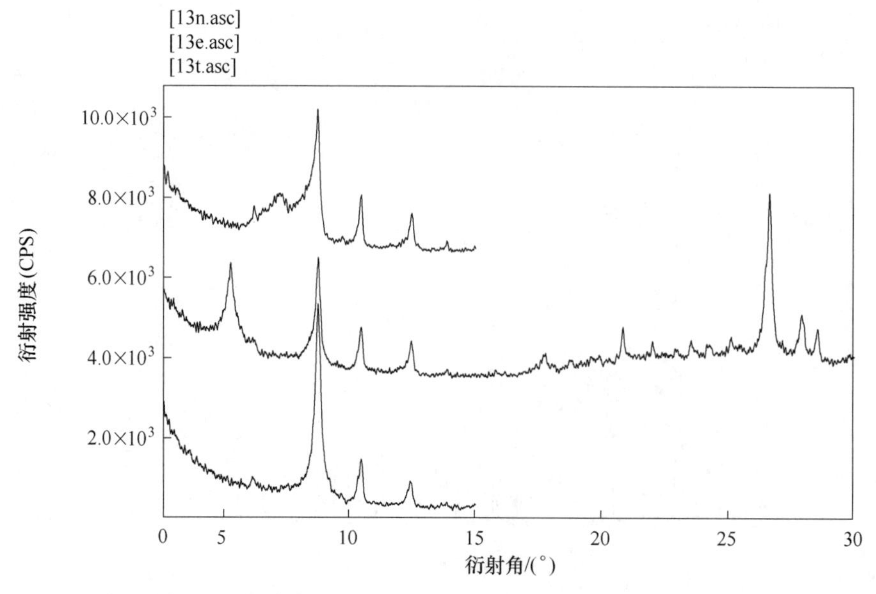

图 5-53　绿帘角闪岩 NF X 射线衍射黏土矿物成分分析图

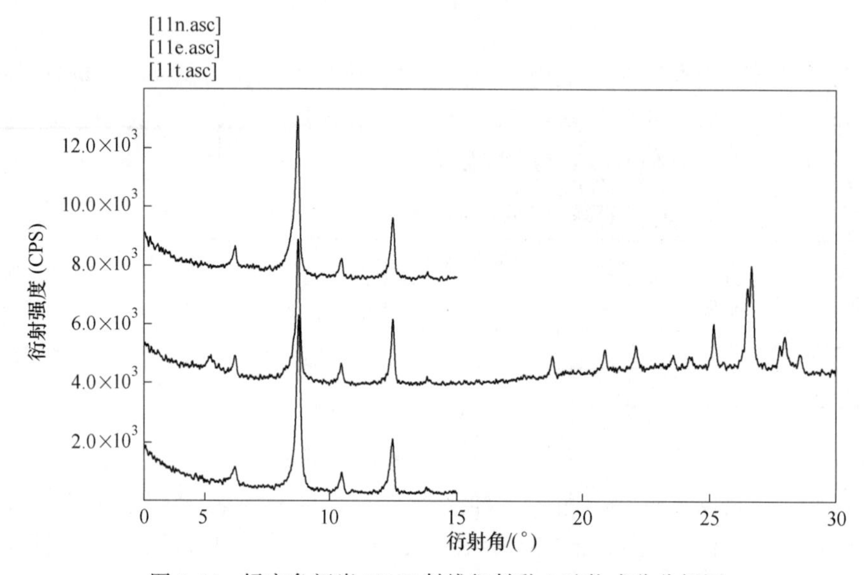

图 5-54　绿帘角闪岩 NF X 射线衍射黏土矿物成分分析图

5.6.4　气态水实验前后电镜扫描实验结果

（1）气态水吸附实验前绿帘角闪岩电镜扫描特征如彩图 5-55 所示。

（2）气态水吸附实验后绿帘角闪岩电镜扫描特征如彩图 5-56 所示。

5.6.5　实验结果分析

通过对南芬露天铁矿采场下盘的工程地质条件进行分析，对其下盘主要致滑岩石绿帘角闪岩的黏土矿物成分、全岩矿物成分和微观结构进行测试研究。研究结果显示：采场下盘潜在滑动面岩性和微结构特征是构成边坡失稳破坏的主要原因，特别是遇水强度急剧下降。因此，在边坡开挖过程中，要时刻关注这种岩性的分布范围，及时采取排水治理措施，避免这种岩石与水长期直接接触。

5.7 水理作用实验原理及结果

5.7.1 样品选择

中国矿业大学（北京）深部岩土力学与地下工程国家重点实验室对南芬露天铁矿滑坡带岩样进行了吸水实验和强度软化实验，实验所用岩样资料见表 5-7。

表 5-7 岩样资料

编号①	烘前质量/g	烘干质量/g	含水率/%
NF-16	559.64	559.27	0.066
NF-21	564.87	564.82	0.009
NF-25	543.42	543.27	0.028
NF-41	564.10	564.04	0.011
NF-42	570.48	570.37	0.019
NF-50	581.56	581.41	0.026
编号②	烘前质量/g	烘干质量/g	含水率/%
NF-5	581.16	581.07	0.015
NF-13	574.41	571.21	0.035
NF-18	560.28	560.16	0.021
NF-26	553.09	552.97	0.022
NF-38	553.10	553.56	0.083
NF-46	525.69	525.48	0.040
编号③	烘前质量/g	烘干质量/g	含水率/%
NF-73	543.27	543.07	0.037
NF-74	585.34	585.27	0.012
NF-75	570.67	570.61	0.013
NF-76	570.05	569.97	0.014
NF-77	585.66	585.59	0.012
NF-80	566.15	566.11	0.007

其中编号①和编号②为绿帘角闪岩，编号③为角闪岩。由于实验所用岩样比较多，本书只选取了部分岩样照片，实验前岩样照片如图 5-57 和图 5-58 所示。

5.7.2 气态水吸附实验

5.7.2.1 实验设备及实验条件

本次采用深部岩土力学与地下工程国家重点实验室自主设计的“深部软岩气态水吸附

智能测试系统”进行各项水理实验，系统结构如图 5-59 所示。

图 5-57　实验前绿帘角闪岩特征

图 5-58　实验前角闪岩特征

（1）编号①的 6 个绿帘角闪岩实验条件：温度：20℃，湿度：95%；

（2）编号②的 6 个绿帘角闪岩实验条件：温度：30℃，湿度：95%；

（3）编号③的 6 个角闪岩实验条件：温度：30℃，湿度：95%。

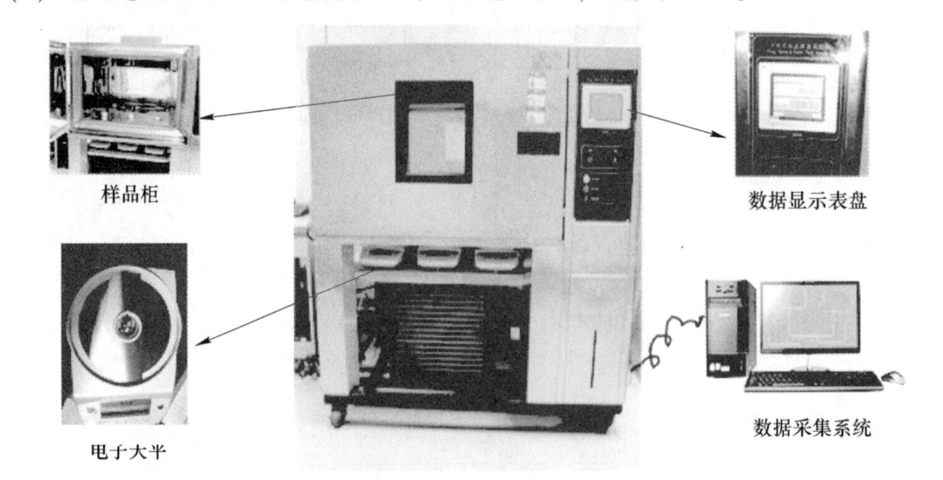

图 5-59　深部软岩气态水吸附智能测试系统

5.7.2.2 实验原理

通过设置“深部软岩气态水吸附智能测试系统”箱体内的温度和湿度，使置于箱体中的岩样能够吸附水蒸气，通过称重装置称取岩样吸水量，并通过数据传输系统将吸水数据传输到计算机上，实时监测岩样在某一时刻的吸水情况，绘制软岩气态水吸附特征曲线。

软岩气态水吸附实验原理如图 5-60 所示。

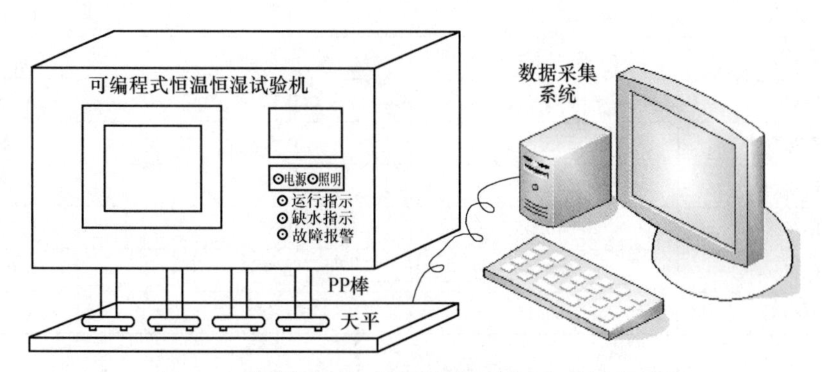

图 5-60 深部软岩气态水吸附智能测试系统原理图

5.7.2.3 实验方法

本次实验步骤设计如下：

（1）选择试样，测量试样尺寸、质量等。

（2）将试样放置于样品柜，关闭箱门。

（3）设置实验所要求的温度和湿度，运行机器。

（4）待表盘上显示的温湿度达到所设定的值时，停止运行机器。

（5）从计算机程序中打开天平，并开始记录天平读数。

（6）读数时间要求：0~120min 内每 5s 记录一次，120min 后每 60min 记录一次，直至在 3 次相同时间间隔中吸水量基本相同，即吸水速率基本不变时结束实验。

5.7.2.4 实验结果

（1）根据吸水实验数据，整理得岩样情况统计表，见表 5-8。

表 5-8 岩样吸水情况统计表

编号①	烘前质量/g	烘干质量/g	含水率/%
NF-16	559.6	0.33	0.059
NF-21	565.19	0.37	0.066
NF-25	543.72	0.45	0.083
NF-41	564.65	0.61	0.108
NF-42	570.77	0.40	0.070
NF-50	582.00	0.59	0.101
编号②	烘前质量/g	烘干质量/g	含水率/%
NF-5	581.53	0.36	0.062
NF-13	571.60	0.39	0.068

续表 5-8

编号②	烘前质量/g	烘干质量/g	含水率/%
NF-18	560. 42	0. 26	0. 046
NF-26	553. 39	0. 32	0. 058
NF-38	553. 83	0. 27	0. 049
NF-46	526. 05	0. 57	0. 108
编号③	烘前质量/g	烘干质量/g	含水率/%
NF-73	543. 27	0. 82	0. 151
NF-74	585. 34	0. 58	0. 099
NF-75	570. 67	0. 59	0. 103
NF-76	570. 05	0. 87	0. 153
NF-77	585. 66	0. 56	0. 096
NF-80	566. 15	0. 48	0. 085

（2）根据吸水实验数据，编号①~③岩样吸水特征曲线如图 5-61~图 5-63 所示。分别对每次实验的曲线进行拟合，并求导得到吸水速率与时间的关系曲线。

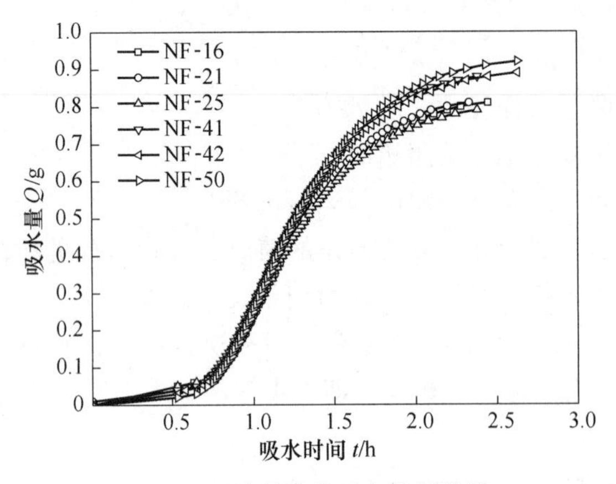

图 5-61　编号①的吸水特征曲线

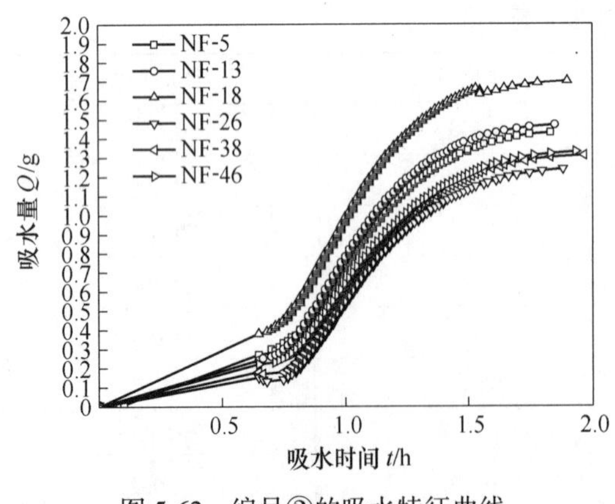

图 5-62　编号②的吸水特征曲线

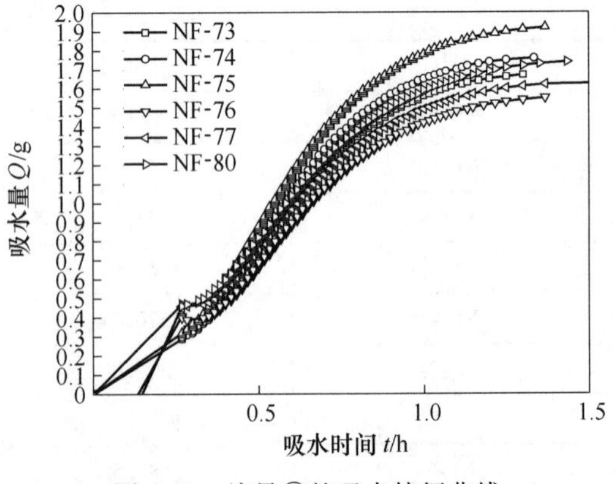

图 5-63　编号③的吸水特征曲线

对编号①的绿帘角闪岩做的第一次气态水吸水实验的计算结果如图 5-64 所示。

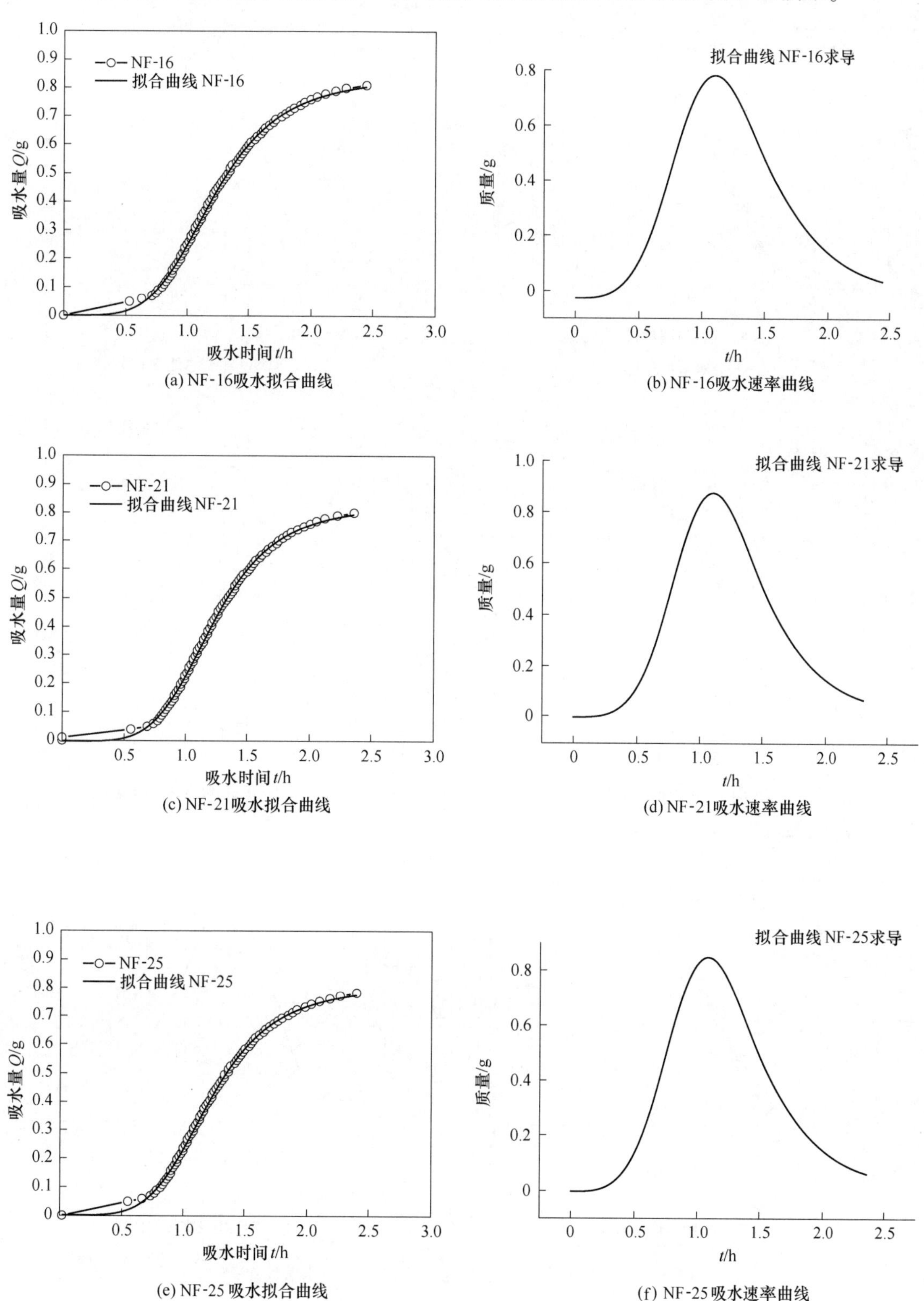

(a) NF-16吸水拟合曲线

(b) NF-16吸水速率曲线

(c) NF-21吸水拟合曲线

(d) NF-21吸水速率曲线

(e) NF-25 吸水拟合曲线

(f) NF-25 吸水速率曲线

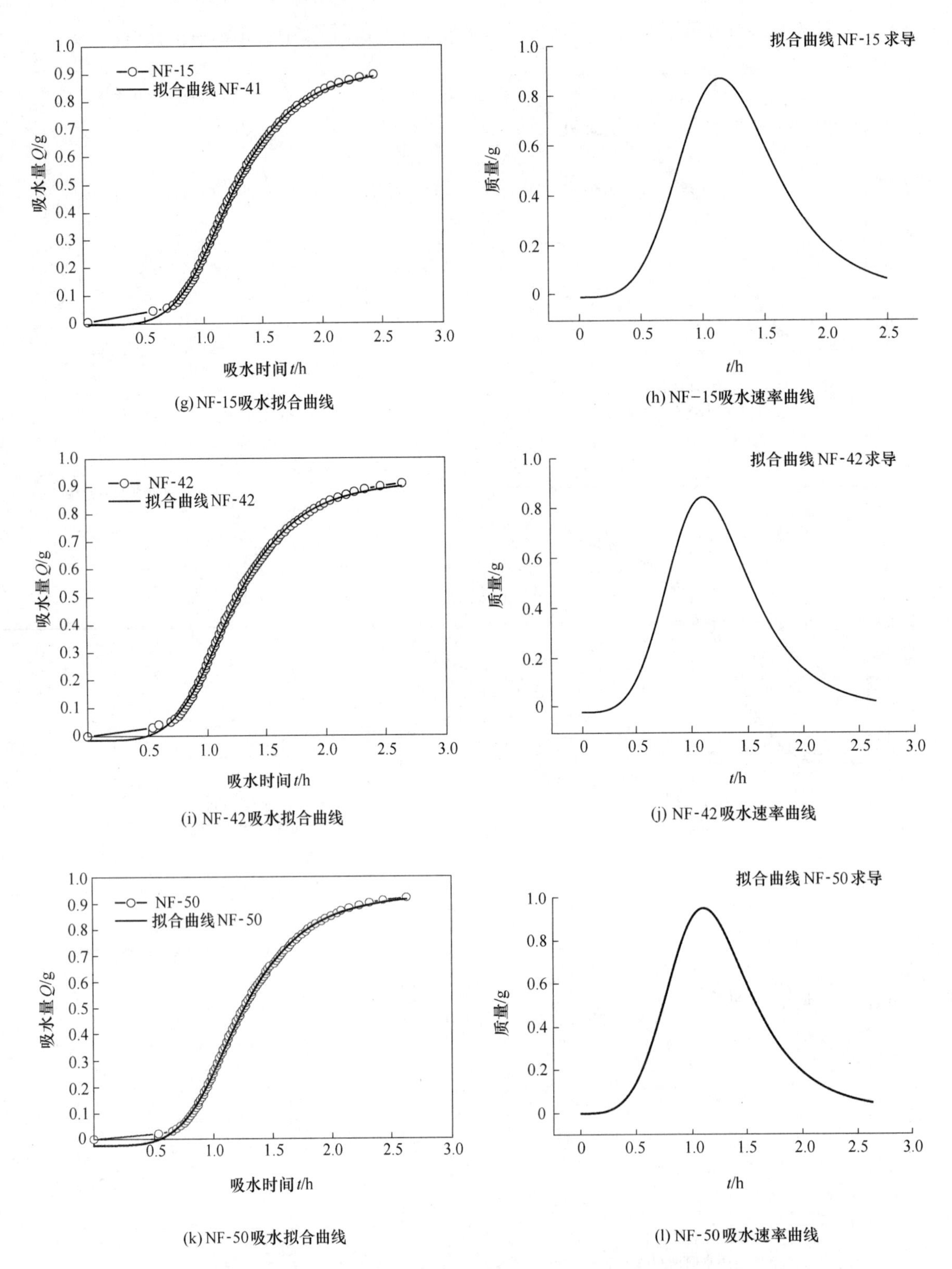

(g) NF-15吸水拟合曲线

(h) NF−15吸水速率曲线

(i) NF-42吸水拟合曲线

(j) NF-42吸水速率曲线

(k) NF-50吸水拟合曲线

(l) NF-50吸水速率曲线

图 5-64　第一组绿帘角闪岩第一次气态水吸水实验结果

对编号②的绿帘角闪岩做的第二次气态水吸水实验的处理结果如图 5-65 所示。

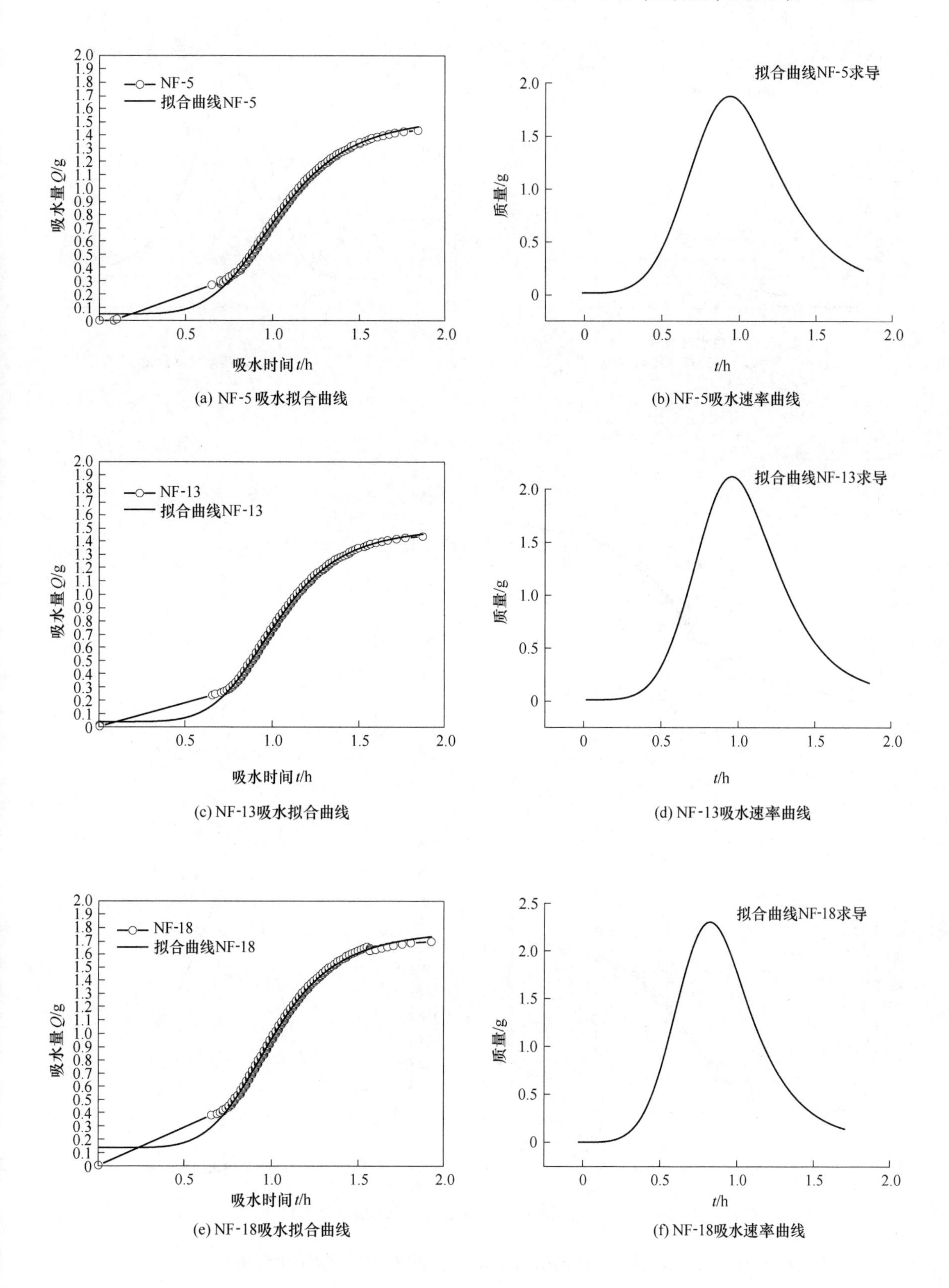

(a) NF-5吸水拟合曲线

(b) NF-5吸水速率曲线

(c) NF-13吸水拟合曲线

(d) NF-13吸水速率曲线

(e) NF-18吸水拟合曲线

(f) NF-18吸水速率曲线

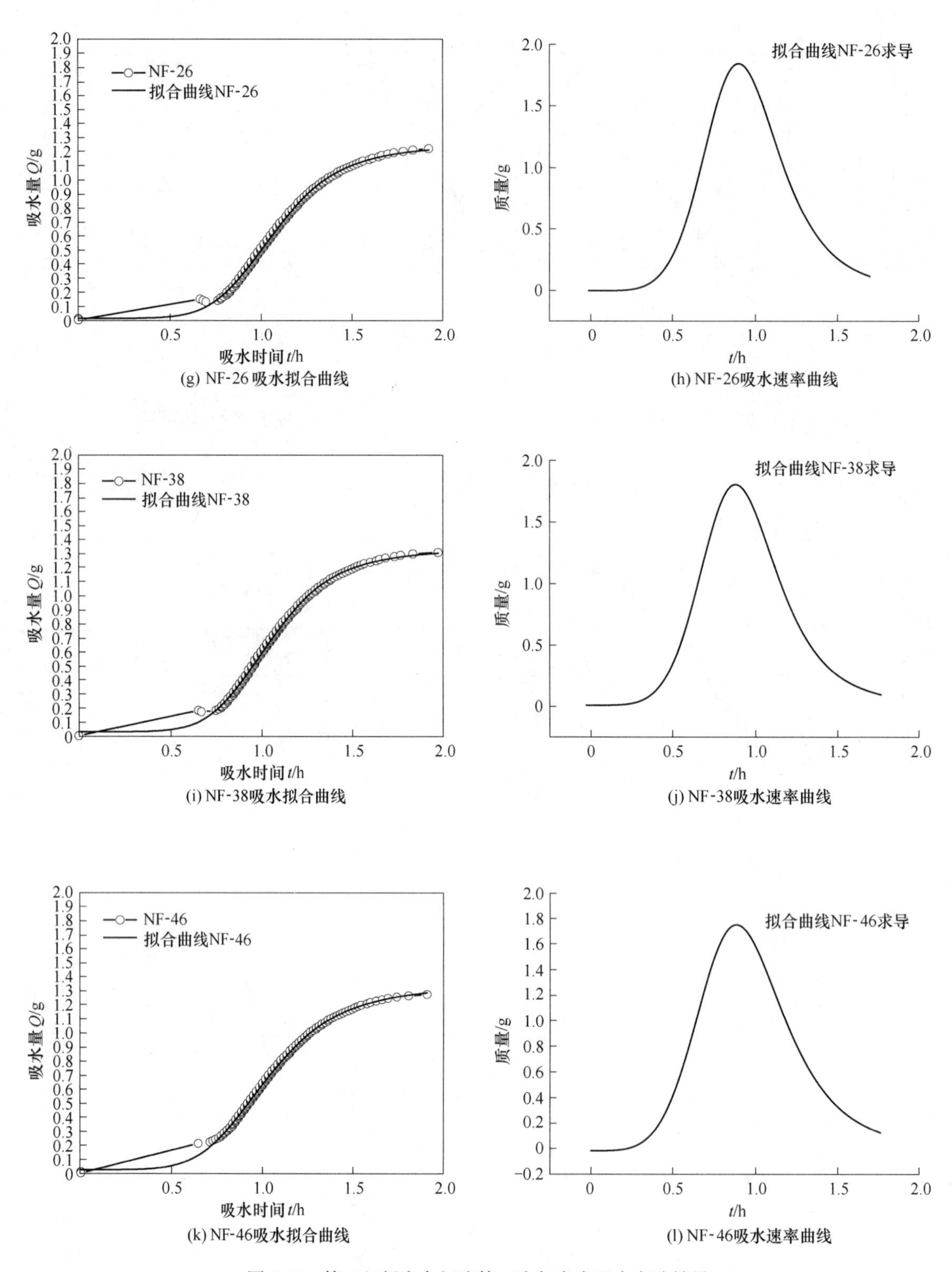

(g) NF-26 吸水拟合曲线

(h) NF-26吸水速率曲线

(i) NF-38吸水拟合曲线

(j) NF-38吸水速率曲线

(k) NF-46吸水拟合曲线

(l) NF-46吸水速率曲线

图 5-65 第二组绿帘角闪岩第二次气态水吸水实验结果

对编号③的角闪岩做的第三次气态水吸水实验的处理结果如图 5-66 所示。

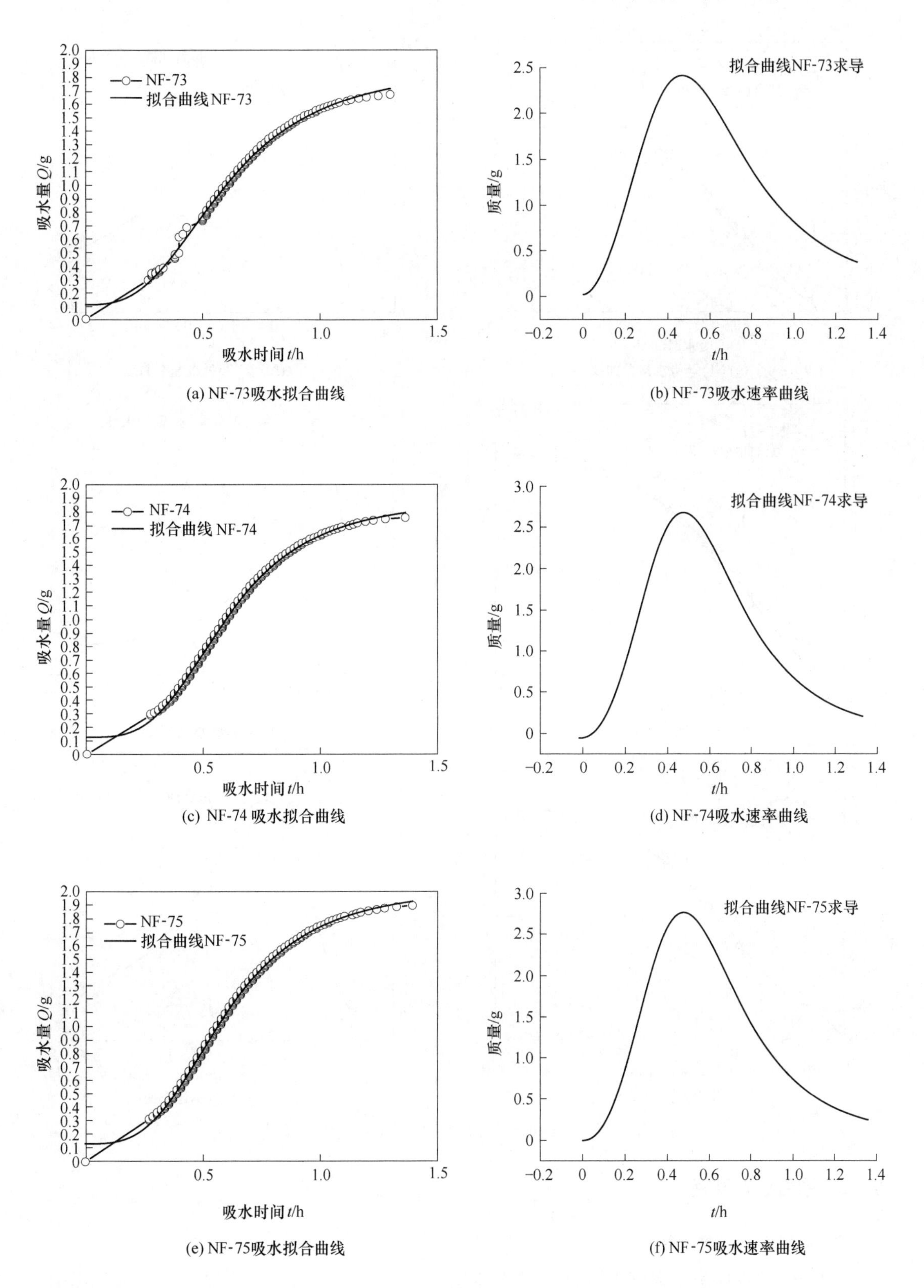

(a) NF-73吸水拟合曲线

(b) NF-73吸水速率曲线

(c) NF-74 吸水拟合曲线

(d) NF-74吸水速率曲线

(e) NF-75吸水拟合曲线

(f) NF-75吸水速率曲线

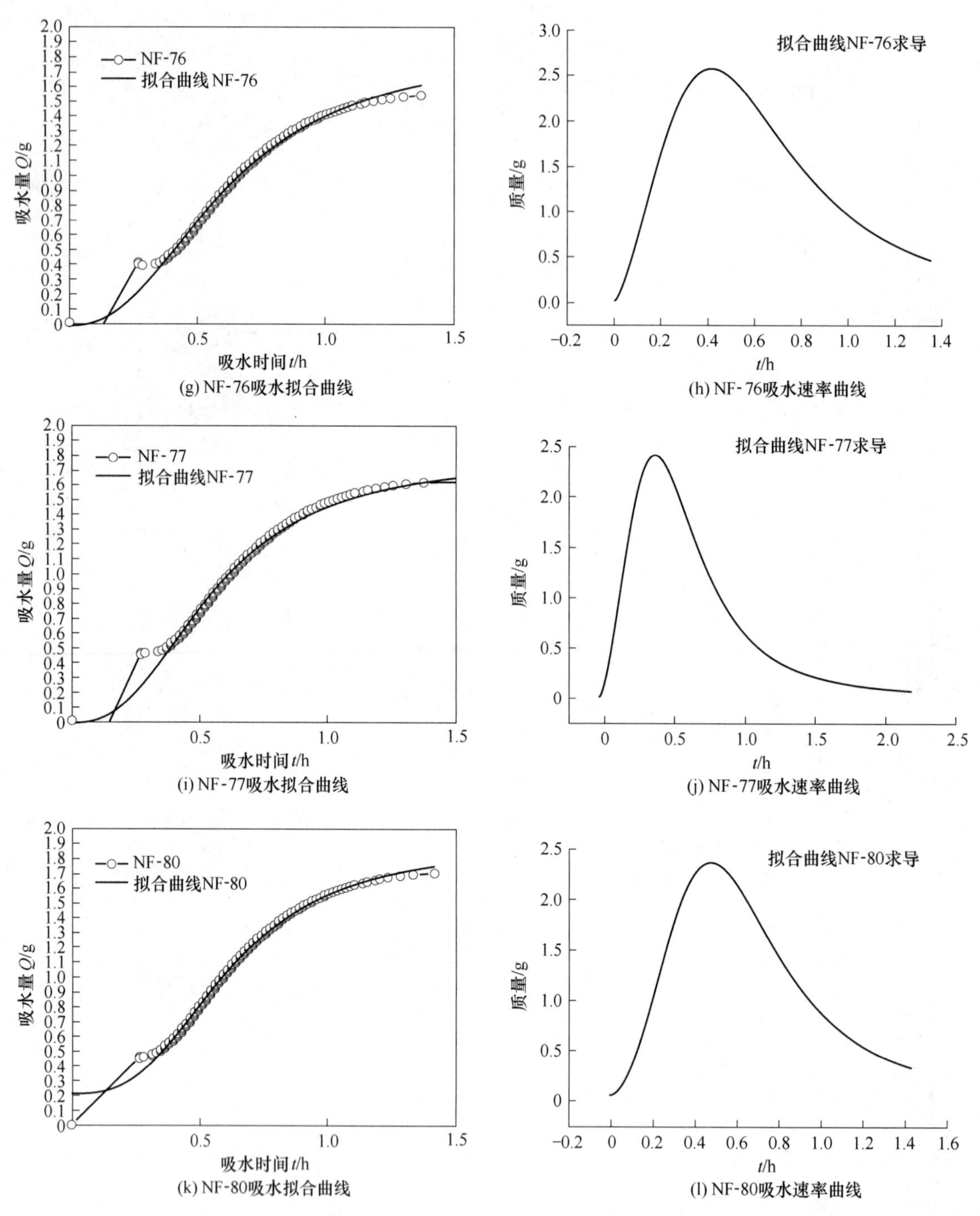

图 5-66　第三组绿帘角闪岩第三次气态水吸水实验结果

5.7.3　强度软化实验

5.7.3.1　实验设备

XTR01 微机控制电液伺服岩石三轴试验机。

5.7.3.2 实验原理

软岩吸水后，其颗粒形态、胶结方式和孔隙结构发生改变，即软岩的化学性质和微观物理性状会发生变化，从而导致软岩宏观力学性质发生改变，促使软岩软化。在潮湿环境中，岩体暴露的时间越长，吸水量越多，吸水范围越大，岩体强度衰减越严重。岩体强度软化与吸水时间之间的关系，即强度衰减函数为：

$$\sigma_t = f(t) \tag{5-6}$$

式中，σ_t为软岩吸水后软化强度；t为吸水时间。

5.7.3.3 实验方法

强度软化实验是对各试样进行吸水，当达到预定的吸水时间后，立即结束吸水，取下试样并擦去试样表面水分，称量其吸水后质量，以便准确测量试样的最后吸水量，然后对试样进行单轴抗压实验。

含水率实验按中华人民共和国国家标准《工程岩体试验方法标准》（GB/T 50266—99）关于含水率测试条文进行。

单轴强度测定方法如下：

（1）用XTR01微机控制电液伺服岩石三轴试验机进行单轴强度实验，主要步骤：

1）将试件置于实验机承压板中心，调节球形支座，使试件受力均匀。

2）以轴向变形0.002mm/s的速度加荷，数据采集系统自动采集荷载和变形值，直至破坏。

3）记录加荷过程及破坏时出现的现象，并对破坏后的试件进行描述。

（2）用点荷载试验仪进行单轴强度实验，主要步骤：

1）将试件放入球端之间，使上下两端位于试件端面正中处并与试件紧密接触，量测加荷间距及垂直于加荷方向的试件宽度。

2）稳定的施加荷载，使试件在10~60s内破坏，记录破坏荷载。

3）记录加荷过程及破坏时出现的现象，并对破坏后的试件进行描述。

5.7.3.4 实验数据整理

（1）岩石单轴抗压强度计算：

$$\sigma = P/A \tag{5-7}$$

式中，σ为岩石单轴抗压强度，MPa；P为试件破坏荷载，N；A为试件面积，mm^2。

（2）强度软化系数。岩体随吸水时间变化的强度软化系数：

$$\eta(t) = \frac{\sigma_{ti}}{\sigma_c} \tag{5-8}$$

式中，σ_{ti}为岩体随吸水时间变化的强度值，MPa；σ_c为干燥试样单轴压缩强度值，MPa。

（3）试样强度实验数据、单轴破坏后照片见实验结果。

5.7.3.5 实验结果

A 单轴强度实验数据整理

表5-9为自然状态下岩样的单轴强度，NF-78为角闪岩，其余为绿帘角闪岩。由数据得到绿帘角闪岩单轴强度的平均值为68.75MPa。

表 5-9 自然状态下岩样的强度

试样编号	强度/MPa	试样编号	强度/MPa
NF-4	62.33	NF-63	90.55
NF-8	59.19	NF-65	59.65
NF-12	47.70	NF-68	73.36
NF-47	80.92	NF-78（角闪岩）	20.76
NF-57	77.09		

根据各岩样在不同吸水状态下的单轴强度实验，整理得三次实验的软化或硬化系数 η，结果见表 5-10~表 5-12，岩样单轴破坏后照片如图 5-67 所示（由于所做岩样比较多，此处只选取部分照片）。

表 5-10 编号①的岩样强度软化情况

编号（1）	吸水时间 t/h	吸水量/g	吸水率 w/%	单轴压缩强度 σ_c/MPa	η
NF-16	137	0.33	0.059	52.0	0.76
NF-21	137	0.37	0.066	46.0	0.67
NF-25	137	0.45	0.083	48.4	0.70
NF-41	137	0.61	0.108	66.8	0.97
NF-42	137	0.40	0.070	53.6	0.78
NF-50	137	0.59	0.101	19.3	0.28

编号（1）平均强度 50MPa；平均软化系数 $\eta=0.727$。

表 5-11 编号②的岩样强度软化情况

编号（2）	吸水时间 t/h	吸水量/g	吸水率 w/%	单轴压缩强度 σ_c/MPa	η
NF-5	51	0.36	0.062	48.22	0.70
NF-26	51	0.32	0.058	78.79	1.15
NF-38	51	0.27	0.049	87.81	1.28

表 5-12 编号③的岩样强度软化情况

编号（3）	吸水时间 t/h	吸水量/g	吸水率 w/%	单轴压缩强度 σ_c/MPa	η
NF-73	139	0.82	0.151	49.31	2.36
NF-74	139	0.58	0.099	21.26	1.02
NF-75	139	0.59	0.103	23.98	1.16
NF-76	139	0.87	0.153	70.93	3.41
NF-77	139	0.56	0.096	54.15	2.61
NF-80	139	0.48	0.085	61.48	2.96

自然状态下强度：20.76MPa；编号③平均强度：47.23MPa，平均硬化系数 $\eta=2.275$。

由上面的数据可以看出，岩样的强度比较离散，吸水后的岩样强度会比自然状态下的强度还大，因此编号①中求得平均软化系数为 0.727，编号②中只选取了 3 个样做了单轴强度实验，编号③的角闪岩强度也是比较离散的，由于自然状态下的强度只做了一个岩样，可能会因为离散型比较大的原因，才会出现实验后岩样硬化的现象。

图 5-67 岩样单轴破坏后特征

B 单轴压缩应力应变曲线

单轴压缩应力应变曲线如图 5-68～图 5-70 所示。

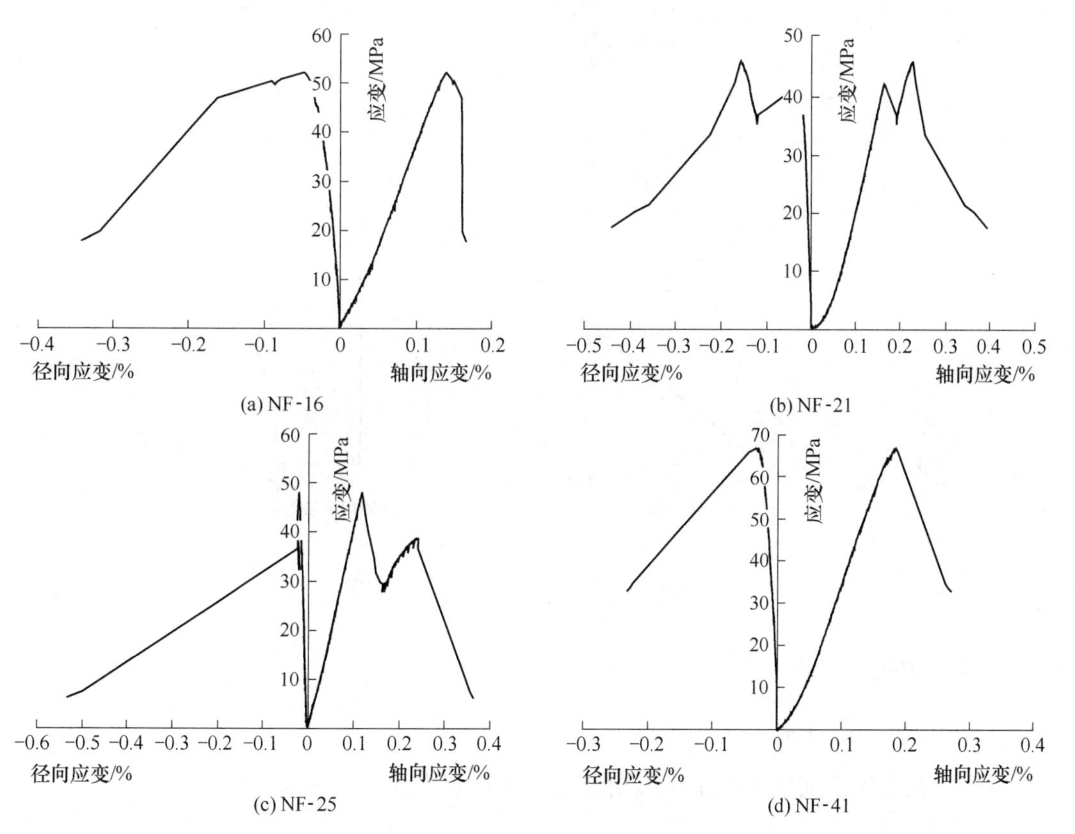

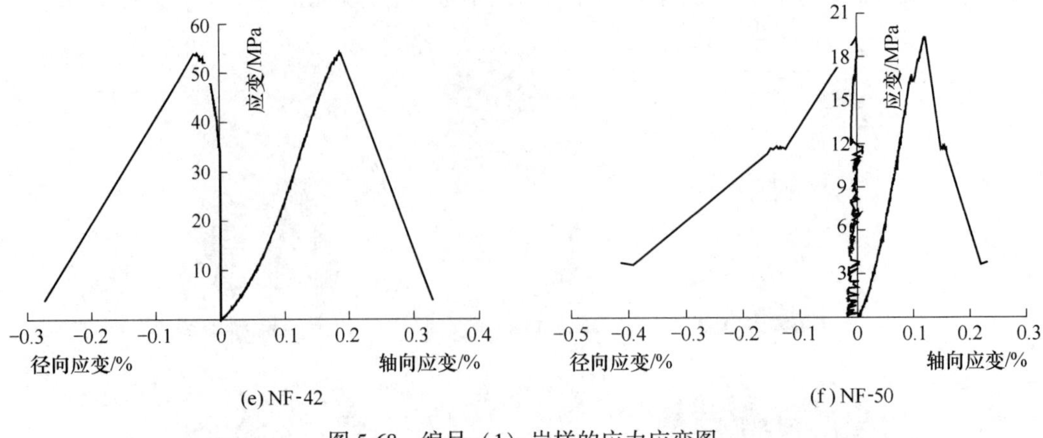

(e) NF-42　　(f) NF-50

图 5-68　编号（1）岩样的应力应变图

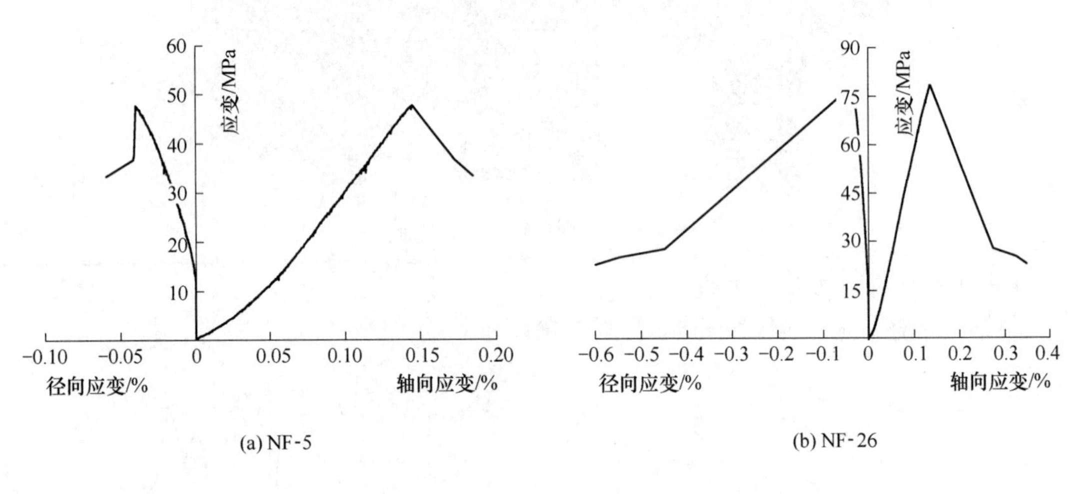

(a) NF-5　　(b) NF-26

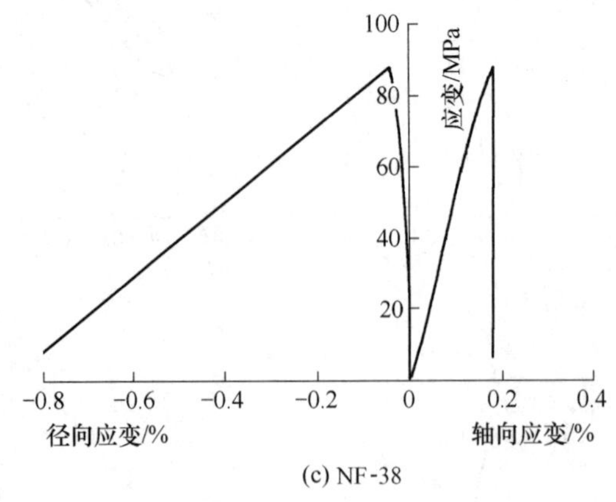

(c) NF-38

图 5-69　编号（2）岩样的应力应变图

5.7.4　液态水吸附实验

5.7.4.1　实验设备

本次实验采用由何满潮院士构思设计的“深部软岩水理作用测试仪”。

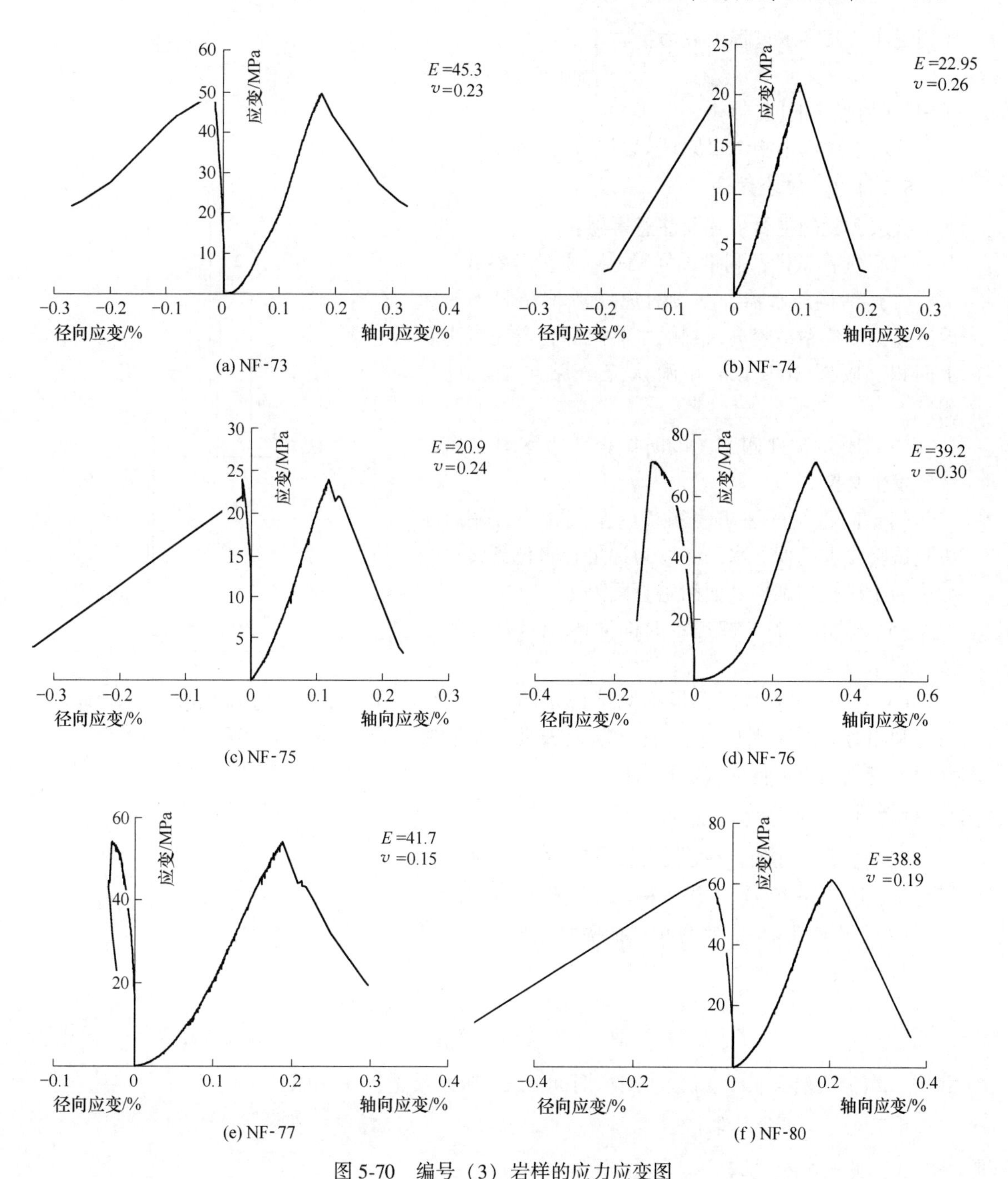

图 5-70 编号（3）岩样的应力应变图

5.7.4.2 实验原理

软岩巷道开挖后除裂隙水外，施工用水和潮湿环境也会使岩体处于表面吸水状态，为此采用深部水理作用仪，通过触水器在岩体（芯）表面形成水环境，并通过调节计量管中水位，对测试体表面施加一定的水压，使水通过微孔隙与微裂隙渗流扩散到岩体内部。根据测试管中水位的变化，计算不同时刻的吸水量，绘制软岩水理作用过程吸水特征曲线，通过吸水量（Q/mL）与吸水速率（k_a/mL · h^{-1}），衡量软岩的吸水性能，分析软岩水理作用规律。其吸水过程函数为：

$$Q_t = f(t) \tag{5-9}$$

式中，t 为吸水时间，h。

软岩水理作用测试仪原理如图 5-71 所示。

5.7.4.3 实验方法

吸水实验的主要步骤及注意事项：

（1）选择试样，测量试样尺寸、质量等参数。

（2）粘接触水器，粘接时应注意粘结胶不易涂得过多，以免粘结胶进入到触水器内部，避免减少触水面积。放置 10～12h 并确认充分粘牢后，进行测试。

（3）密封试件侧壁，以防试样所吸水分与室内空气发生交换。

（4）向系统内注水使系统内空气排出，调整水头到试验要求高度。水头高度为计量管水位到试样与触水器相接触的试样表面的垂直距离。

（5）开始实验，按规定时间间隔记录计量管读数（吸水量 Q）。

（6）整理实验数据，根据测试记录的吸水时间（t）和相对应的吸水量（Q），绘制软岩吸水量随吸水时间变化的吸水特征（Q-t）曲线。

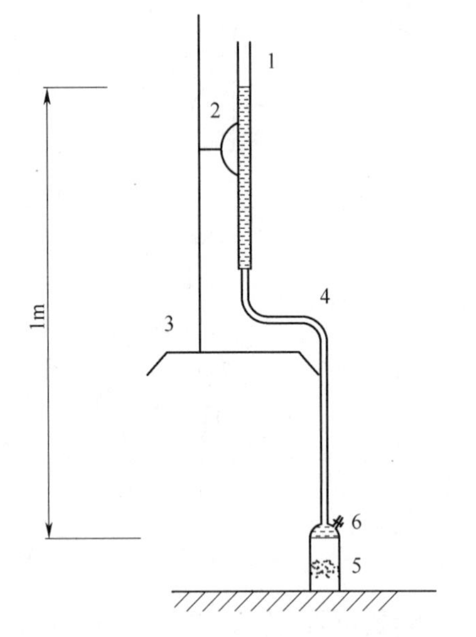

图 5-71 软岩水理作用测试仪原理图
1—计量管；2—计量管夹；3—铁架台；4—胶皮软管；5—岩石样品；6—排气管

5.7.4.4 实验数据整理

（1）整理实验记录数据表，以吸水时间为（t）横坐标，吸水量（Q）为纵坐标，绘制吸水特征曲线。

（2）测试结束时，计算试样的吸水率。

吸水率：

$$\omega_t = \omega_0 + \frac{m_{wt}}{m_s} \tag{5-10}$$

式中，ω_0为天然含水率；m_{wt}为对应时间 t 试件吸水质量；m_s为试样干质量。

5.7.4.5 实验结果

A 吸水实验情况

实验用 5 个绿帘角闪岩，其中编号 NF-43 和 NF-33 做饱和吸水实验，编号 NF-2、NF-44 和 NF-4 做强度软化实验，岩样吸水情况见表 5-13。吸水实验前与实验后岩样外观基本上没有变化，实验前照片如图 5-72 所示。

表 5-13 岩样吸水实验情况

编号	时间/d	吸水量/g	吸水率 w/%	水头高度/m	吸水状态
NF-33	20	4	0.685	1.3	保鲜膜密封，达到饱和吸水状态

续表 5-13

编号	时间/d	吸水量/g	吸水率 w/%	水头高度/m	吸水状态
NF-2	16	1.81	0.322	1.3	保鲜膜密封，未达到饱和吸水状态
NF-44	8	1.3	0.246	1.3	同 NF-2
NF-15	4	1.91	0.345	1.3	同 NF-2

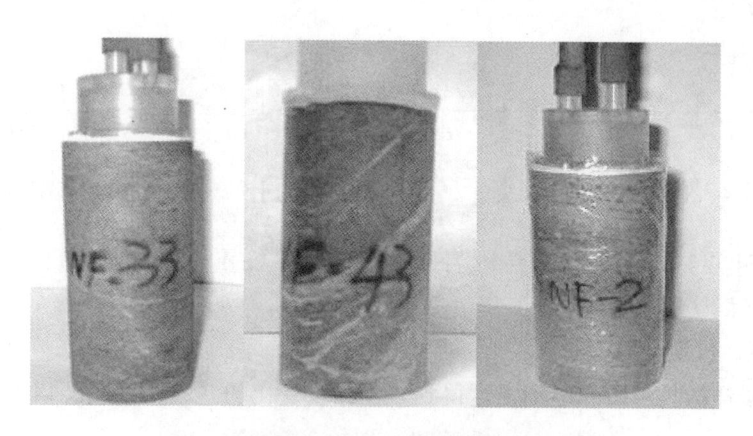

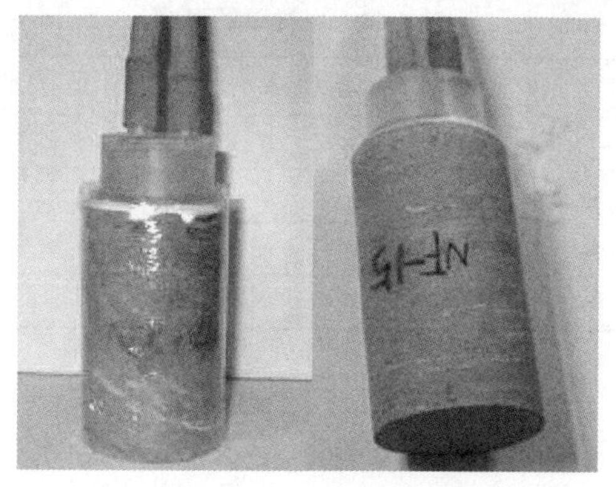

图 5-72 实验前照片

B 吸水特征曲线

根据实验结果整理得到吸水特征曲线，并对曲线进行拟合，求得吸水速率与时间的关系，如图 5-73~图 5-75 所示。

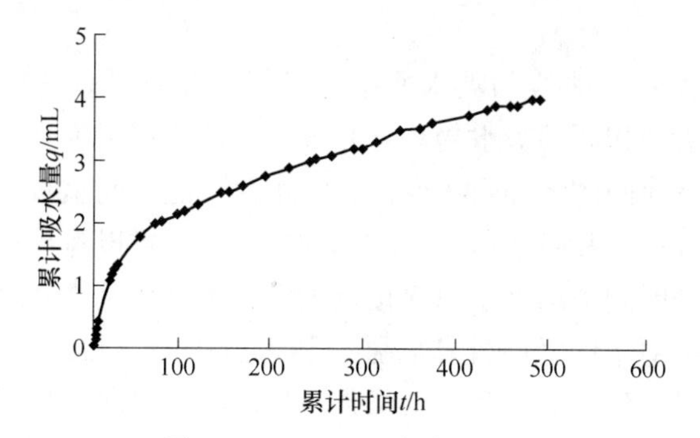

图 5-73 NF-33 吸水特征曲线

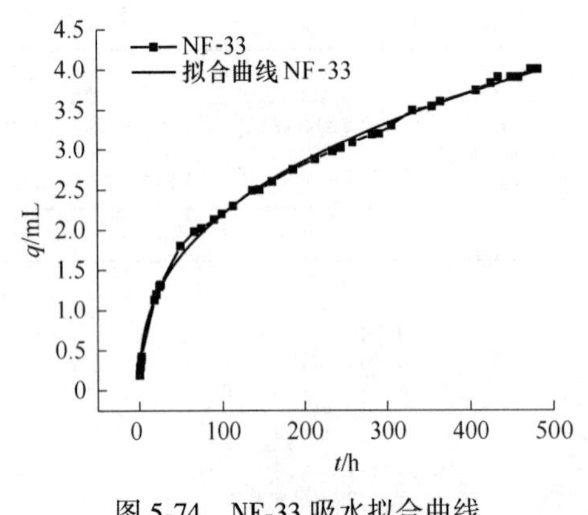

图 5-74　NF-33 吸水拟合曲线

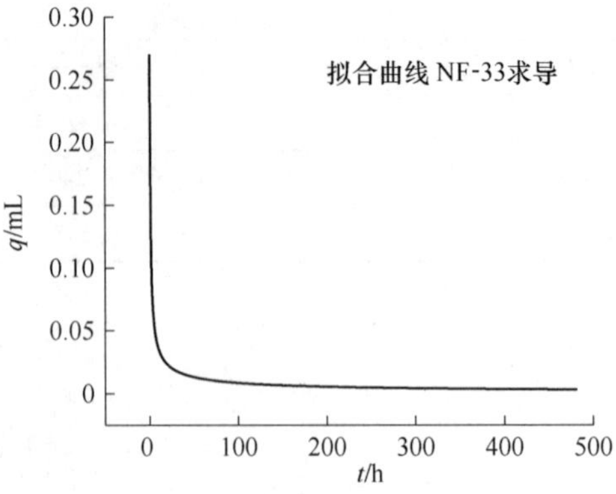

图 5-75　NF-33 吸水速率与时间关系

由图 5-74 可以看出，绿帘角闪岩 NF-33 的吸水性不强，且基本已经达到饱和吸水状态。

5.7.4.6　强度软化结果

根据各岩样的吸水后的单轴强度得到岩样强度变化的系数，见表 5-14。

表 5-14　岩样单轴强度

编号	吸水时间 t/d	吸水量/g	吸水率 w/%	单轴压缩强度 σ_c/MPa	η
NF-33	20	4	0.685	65.71	0.956
NF-44	8	1.81	0.322	22.71	0.330
NF-2	16	1.3	0.246	77.44	1.126
NF-15	4	1.91	0.345	59.28	0.862

5.8　本章小结

（1）由实验结果可以得出，在自然状态下绿帘角闪岩和角闪岩本身的含水量比较少，干燥后对岩样进行吸水实验，两种岩样的吸水性都比较弱。在气态水吸附实验中，绿帘角闪岩的饱和吸水量在 0.3~0.7g 之间，角闪岩的饱和吸水量在 0.4~0.9g 之间，相对于绿帘角闪岩来说，角闪岩的吸水性稍强点。在液态水饱和吸水实验中，绿帘角闪岩的吸水量为 0.48g。

（2）从岩样的吸水特征曲线和吸水速率与时间的关系可以看出，在气态水吸附实验中，两种岩样呈现出大致相同的吸水趋势，并且基本都达到了饱和状态，刚开始岩样的吸水速率比较大，然后随时间的增加吸水变慢，吸水速率随时间呈现正态分布。从液态水饱和吸水实验的吸水特征曲线和吸水速率与时间的关系图也可以看出，岩样刚开始是以一个比较大的速率吸水，随时间增加吸水速率接近于零，即岩样基本达到饱和吸水状态。说明采场下盘边坡岩体初期对水的敏感性非常强，随着岩体的饱和，吸水率逐渐下降。因此，在雨季降雨初期，极易发生滑坡灾害，要加强边坡监测。随着岩体吸水的饱和，吸水量降低，降雨会沿着裂隙在岩体内流动，产生动水压力，破坏岩体的完整性。

（3）南芬露天铁矿采场下盘主要致滑岩石力学性质见表5-15和表5-16。

表5-15 岩石和岩体力学性质指标

岩石名称	容重/kN·m^{-3}	抗压强度/MPa	内聚力/MPa	内摩擦角/(°)
绿帘角闪（片）岩	30.1	71.3	34.77	23.7
角闪岩	28.0	20.76	27.91	25

表5-16 颗粒密度实验结果

试样编号	比重瓶号	瓶+试液质量 M_1/g	干土质量 M_S/g	瓶+土+试液质量 M_2/g	试液温度/℃	试液密度/g·cm^{-3}	颗粒密度/g·cm^{-3}	平均值/g·cm^{-3}
南芬-78	13	143.356	15.67	152.3	15	0.999	2.327	2.321
	14	143.863	15.679	152.776	15	0.999	2.315	
NF-YM	15	142.299	15.37	151.327	15	0.999	2.421	2.420
	16	143.066	15.792	152.338	15	0.999	2.420	
NF-54	17	142.365	15.804	152.132	15	0.999	2.615	2.611
	20	142.036	15.873	151.825	15	0.999	2.606	

6 边坡失稳模式判别及边坡稳定性评价

本书采用极限平衡理论，对南芬露天铁矿采场下盘回采区、老滑坡区和扩帮区边坡进行了稳定性计算和敏感性分析。分析和计算是在南芬露天铁矿现场地质调查、近 3 年连续监测、岩石物理力学试验成果的基础上开展的，其步骤是首先确定各个分区可能的破坏模式，然后按照本钢南芬露天铁矿地测科提供的计算剖面计算各个分区边坡的稳定系数和敏感性分析。在计算过程中，为了降低计算工作量，分别按照破坏模式选择 MSARMA、GEO-SLOPE、ROCSCIENCE-SWEDGE 和 FLAC3D 软件进行辅助计算，为了增加计算精度，重点边坡采用两种软件并行计算。

南芬露天铁矿采场边坡岩体的破坏模式主要受控于岩体中不连续面与坡面产状的组合关系，另外与边坡岩体破碎程度和岩石的性质有关。根据 1986 年详勘中获取的采场工程地质岩组的岩性特征、不连续面特征、岩体结构特征以及采场边坡的空间分布特征，在工程地质分区的基础上，将采场边坡划分为四个设计分区：

（1）北山分区；（2）下盘分区；（3）上盘分区；（4）矽石山分区。

由于矽石山和上盘属于反倾边坡，自稳性强，在扩帮和采矿过程中易发局部崩塌灾害，不会对工程活动构成威胁，因此不进行稳定性计算。本次稳定性分析主要针对下盘和北山区域。为了计算更加精准，除了在北山选定两个计算剖面外，下盘按照工程性质和坡面岩体完整特征，划分为 3 个亚区，分别是回采区、老滑坡区和扩帮区。扩帮区坡面属于最终边坡，其稳定性关系到三期扩帮四期开采全过程的安全，因此扩帮区的稳定性计算是本章的重点计算部位（彩图 6-1）。

6.1 总体边坡破坏模式

南芬露天铁矿采场地层主要为前震旦系和震旦系的一套变质岩系地层，岩层产状较稳定，倾向 W。前震旦系地层倾角约 45°，震旦系地层倾角约 25°。通过对 1986 年报告中地表及钻孔收集的不连续面资料的整理和综合分析，可以认为断层、岩脉等延伸很广的主要不连续面（包括一、二和三级结构面）不会构成整体边坡平面型和楔型破坏模式。

6.1.1 上盘总体边坡破坏模式

对于采场上盘和端帮部位的总体边坡，由于岩体曾经经受了多次构造运动，断裂构造发育，并有倒转背斜存在，致使岩体中三组以上的节理相互截割，将坡体切割成破碎的岩块，使其具有碎裂镶嵌结构的特征。因此，对于具有这种特征的高陡边坡容易产生圆弧型破坏的可能（赛格米勒）。

1986 年勘察报告指出上盘部分岩组纵然有 1~2 组顺坡向缓倾节理组，如：

（1）混合花岗岩中优势面产状为 059∠65 的节理组；

（2）钓鱼台组石英岩中优势面产状为053∠39的节理组；

（3）片麻状混合花岗岩中优势面产状为061∠45和054∠31的两组节理。

但是从地表调查来看，这些节理面的长度非常短，沿着走向出露长度仅5~7m，对上盘总体边坡不构成威胁，因此在分析边坡上盘总体坡面破坏模式时不用考虑这些小尺度结构面的影响。

6.1.2 下盘总体边坡破坏模式

南芬露天铁矿采场下盘边坡的岩体中广泛发育有优势面产状为250~300∠40~55的一组节理，即所谓的“大光面”（1986年地质详勘报告）。这组节理是受东西向构造主应力作用在垂直剖面上形成的，其产状与区域性断裂F1一致或相近，其倾向与坡面倾向均为向西倾。这组节理延展性强贯通于整个台阶，在深部仍然很发育，其节理面光滑，呈波状起伏，节理面-间距0.5~1m，这与本次采场下盘地质雷达物探结果逼近。

赛格米勒曾判断，南芬露天铁矿采场下盘最大可能的破坏模式是平面型滑坡，并解释当边坡角大于“层理面”倾角时，就会发生平面型滑坡破坏。由于该组节理平均倾角陡于规划设计的总体角度，所以判定的平面型滑坡只能发生在一个或几个并段台阶上，造成坡体的局部破坏，从而不能作为总体边坡的破坏模式去评价总边坡的稳定。这点已经在本次边坡地质调查中得到印证，本次调查共发现19组滑坡，其中上盘0组、下盘17组、北山2组，以平面型滑坡为主，部分呈现楔型滑坡和圆弧型滑坡，详见表6-1。

表6-1 南芬露天铁矿采场滑坡体调查结果

序号	滑坡地点	规模		破坏模式	描述
		宽/m	高差/m		
1	北山418m台阶	37	12	平面型滑坡	并段台阶
2	北山382m台阶	17	24	楔型滑坡	并段台阶
3	下盘646m台阶	23	15	平面型滑坡	并段台阶
4	下盘646m台阶	34	24	平面-圆弧型复合滑坡	并段台阶
5	下盘646m台阶	47	36	平面型滑坡	并段台阶
6	下盘622m台阶	30	24	平面型滑坡	并段台阶
7	下盘610m台阶	17	12	圆弧型滑坡	并段台阶
8	下盘598m台阶	23	13	平面型滑坡	并段台阶
9	下盘598m台阶	21	15	平面型滑坡	并段台阶
10	下盘598m台阶	11	24	楔型滑坡	并段台阶
11	下盘610m台阶	12	12	平面型滑坡	并段台阶
12	下盘550m台阶	13	24	平面型滑坡	并段台阶
13	下盘538m台阶	26	12	平面型滑坡	并段台阶
14	下盘310m台阶	17	24	楔型滑坡	并段台阶
15	下盘310m台阶	12	36	楔型滑坡	并段台阶
16	下盘310m台阶	21	36	楔型滑坡	并段台阶
17	下盘394m台阶	100	36	平面型滑坡	并段台阶
18	下盘310m台阶	50	36	平面型滑坡	并段台阶
19	下盘358m台阶	94	168	楔型-平面型复合滑坡	非并段台阶

资料来源：深部岩土力学与地下工程国家重点实验室。 调查时间：2012.5-2012.8

本次调查还在南芬露天铁矿采场下盘发现有倾向与边坡倾向相近的另一组节理，其优势面产状为 270°~300°∠14°~18°，此组节理面很长，沿着台阶走向出露的长度可达百余米。本组节理具有较大间距，通常为 0.5~2m。在钻孔岩心不连续面统计中因其出现机会相对较少，故被掩盖而不显著（根据 1986 年钻孔资料整理）。该组节理的倾向虽然与边坡倾向近似，但是由于属于缓倾角节理，所以不可能形成平面破坏，只能作为滑坡的剪出舌。

由上述分析可知，下盘边坡中的这两组优势结构面均不能单独构成平面型滑坡，但是对高陡边坡来说，单纯按照运动学的观点评定其稳定性和确定其边坡破坏模式已经不能满足要求。下盘总边坡的破坏模式可判定为：滑体的主滑动面为“大光面”，下部可能沿着缓倾角节理面滑动或滑体切穿岩体而受到破坏，这种破坏模式称为双滑面型破坏，也称为折线型滑坡（图 6-2）。

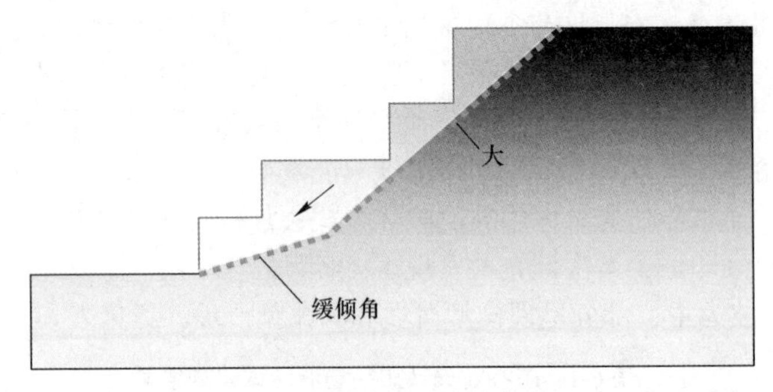

图 6-2 折线型滑坡示意图

下面按照 1986 年报告提出的设计分区（图 6-3）对南芬露天铁矿采场边坡破坏模式进行评判，评判参数包括断层、岩脉分布规律等。

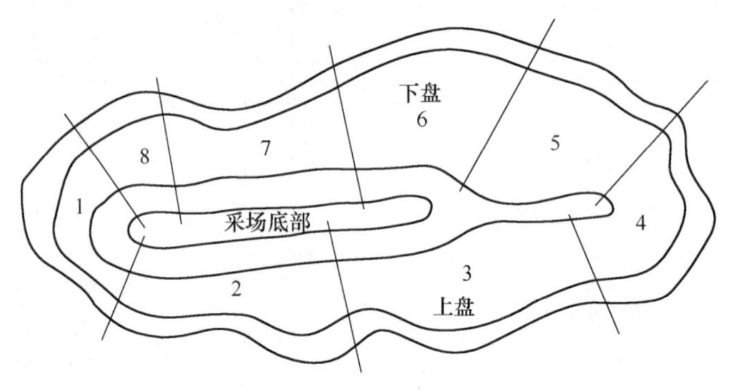

图 6-3 分区示意图

（1）一区。位于采场北山全部，边坡平均倾向 155°，倾角 42°。边坡嵌有 F_{24}、F'_{25}、F'_{26}、F'_{27}和 F_{28}断层，其产状见表 6-2（1）。

这些断层走向主要为 NNE 向，倾向 W，具有陡倾角，延长约 140~150m。断层走向和边坡走向呈正交或大角度斜交，相对坡面呈反倾，可认为这些断层仅起降低坡体完整性的作用或仅影响坡体变形而不构成总体坡的某种破坏形式。本区边坡岩体岩石类型上部为震旦系石英岩，下部为元古界的混合花岗岩，二者呈不整合接触。该区域破坏模式确定为圆弧型。

表 6-2 设计分区断层产状

1	断层编号	F_{24}	F_{25}'	F_{26}'	F_{27}'	F_{28}	—
	产状	250/69	280/70	297/85	290/85	282/65	—
2	断层编号	F_1'	F_1	F_9'	F_{10}'	F_{11}'	F_{12}'
	产状	282/45	282/46	190/85	200/88	023/78	120/73
	断层编号	F_{13}	F_{20}	F_{21}	F_{33}	F_{35}	F_{39}
	产状	113/80	110/80	238/75	110/87	130/84	244/45
3	断层编号	F_1'	F_2	F_3	F_4	F_5	F_{15}'
	产状	257/48	300/65	300/72	275/60	275/75	263/70
	断层编号	F_{16}	F_{46}'	Qπ	Ams	rπ	—
	产状	260/46	263/70	275/65	267/55	300/40	—
4	断层编号	F_{18}	F_{19}	—	—	—	—
	产状	285/60	310/62	—	—	—	—
5	断层编号	F_2	F_3	F_{42}	rπ	β	—
	产状	320/65	320/72	275/43	320/45	200/71	—
6	断层编号	F_4	F_6	F_7	δ	rπ	Qπ
	产状	315/80	305/50	305/75	330/50	025/80	315/65
7	断层编号	F_4	F_{22}	F_{42}	Qπ	—	—
	产状	315/80	305/46	240/40	315/65	—	—
8	断层编号	F_1'	F_1	—	—	—	—
	产状	282/40	282/46	—	—	—	—

注：倾向/倾角。

资料来源：《本钢南芬铁矿深部开采边坡稳定性研究报告》。

（2）二区。位于采场上盘北侧矽石山。边坡倾向 61°，平均倾角 40°。扩帮后形成的最终边坡除有区域性大断层 F_1' 和 F_1 外，还分布有属于三级结构面的一系列小规模断层，其延伸长 130~460m，断层产状见表 6-2（2）。构成该区域边坡的岩石上部为震旦系石英岩，下部为元古界的混合岩，二者呈不整合接触。

其中 F_{12}'、F_{13}、F_{20}、F_{33}断层近于平行排列，F_{21}位于斜坡面中部，都具有陡倾角。F_{30}走向与坡面走向近于平行，但是位于坡脚处。上述结构面相对坡面均呈反倾，且互相不交截，不构成使总边坡产生破坏的模式。但是该区破坏模式具有如下可能性：

1）当小结构面与坡面倾向之差小于 20°，且结构面倾角小于坡面角大于自身摩擦角时，有可能产生平面型破坏；

2）当楔体交线在坡面上出露时，有可能产生楔型体破坏；

3）当结构面倾向与坡面倾向相近且具有陡倾角时就可能产生倾倒型破坏。

（3）三区。位于采场上盘中南部。边坡平均倾向 62°，平均倾角 45°。最终边坡岩体中除分布有区域性大断层 F_1' 外，还分布有属于二级结构面的 F_2、F_3、F_4断层以及属于三级结构面的一些小规模断层。区内还侵入有石英斑岩脉（Qπ）、花岗斑岩脉（rπ），以及一组近南北向的绿角闪岩脉（Ams），其产状见表 6-2（3）。

该区内属三级结构面的断层延伸长为100~200m。区内断层和岩脉多具有反坡向陡倾角的特点，不构成总体坡的某种破坏模式。F_1'上盘为震旦系石英岩，下盘为鞍山群片麻状混合花岗岩，二者呈断层接触。石英岩垂直张裂隙原本就很发育，坡体又有数条断层切割，当受到开挖卸荷作用会导致断层变形，将引起边坡岩体向采场底部方向有较大的移动，这样会进一步加深扩展石英岩岩体中已存在的张裂隙。因此，该区域破坏模式确定为圆弧型。

（4）四区。位于采场上盘南部端帮。边坡平均倾向3°，平均倾角40°。最终边坡岩体中分布有F_{18}、F_{19}断层，其产状见表6-2（4）。两条断层距斜坡较远，具有陡倾角，不影响总体边坡的稳定。构成边坡的岩石上部为鞍山群的片麻状混合花岗岩，下部为鞍山群的云母石英片岩。因此，该区域破坏模式为圆弧型。

（5）五区。位于采场下盘南部端帮。边坡倾向为235°，平均倾角35°。最终边坡岩体中分布有断层F_2、F_3，以及在倾斜坡面上呈X相交的花岗斑岩脉（rπ）和玄武斑岩脉（β），其产状见表6-2（5）。其中，属于二级结构面的较大断层F_2和F_3与坡面成大角度相交，都具有陡倾角。F_{42}位于坡底，顺坡倾向，倾角大于总体坡角，三条断层均不构成危及总体边坡稳定的滑面。断层、岩脉相互截割，通过赤平投影分析，花岗斑岩脉与玄武岩脉、玄武岩脉与断层F_{42}均可组成楔体，但在总体坡面上不出露。两条脉体走向均与坡面成大角度相交，且倾角陡于总体坡角，说明亦不可能构成平面型破坏。总之5条结构面不可能单独或组合构成总体坡的某种破坏模式。

构成本区边帮的岩石主要为二云母石英片岩，仅在靠近坡脚处的坡体为绿帘角闪（片）岩。鉴于本区产状为296∠48的第一组节理和产状为272∠14的第五组节理，参见表6-2（9），该区域破坏模式确定为上部第一组节理滑动，下部或第五组节理面剪断或切穿岩体滑动，构成双滑面型破坏，即折线形破坏。

（6）六区。位于采场下盘南部。边坡平均倾向为242°，平均倾角34°。最终边坡岩体中分布有断层F_2、F_4、F_6、F_7、F_{42}和闪长岩脉（δ）花岗斑岩脉（rπ）和石英斑岩脉（Qπ），其产状见表6-2（6）。这些不连续面倾角均大于边坡面倾角，不会构成平面型破坏。扩帮前该区域两结构面构成的楔体的交线未在坡面上出露，即不会构成楔型破坏。而经过本次现场调查发现，扩帮后形成的最终边坡内两两结构面所构成的楔型体交线已经在526m台阶出露上端部，因此已经构成了局部楔型破坏。另外，该分区构成坡体的主要岩石为二云母石英片岩，坡脚处有少量绿帘角闪（片）岩。因此，六区破坏模式仍受到产状为292∠47的第一组节理和产状为296∠17的第三组节理控制，边坡破坏模式与五区相同，即双滑面型。

（7）七区。位于采场下盘中部。边坡平均倾向为240°，平均倾角33°。最终边坡岩体中分布有断层F_4、F_{22}、F_{42}和一条6区延伸过来的石英斑岩脉（Qπ），其产状见表6-2（7）。

该区内的F_4断层与石英斑岩脉（Qπ）构成楔体，但其交线在坡面不出露，故不构成楔型破坏。F_{42}位于坡脚部位，倾角陡于坡面角，不构成坡面破坏。F_{22}与坡面呈大角度相交，倾角陡于坡面角且很大程度上有孤立的性质，以上结构面均不构成总体坡的某种破坏模式。此区坡体上部的岩组为二云母石英片岩，下部为绿帘角闪（片）岩，控制本区破坏模式的是本区产状为272∠41的第一组节理（表6-2），破坏模式为双滑面型。

（8）八区。位于采场下盘北端帮，平均倾向235°，平均倾角35°。构成本区坡体的岩石为石英绿泥片岩和震旦系南芬页岩。该区最终边坡被 F_1' 和 F_1 断层切割，两条断层走向与边坡走向大角度相交，均向西倾嵌入坡体内，断层破碎带影响宽度为40~110m。断层产状见表6-2（8）。八区内片理发育，就岩体质量和构造发育状况而论，此区是采场边坡中最为薄弱的区段。

F_1' 和 F_1 在走向上近于平行，其中 F_1 倾角陡于 F_1'，二者向深部延伸有复合的趋势。两条断层形成的交线深埋于坡体的内部，不可能产生楔型破坏。破碎的页岩组在斜坡面上出露，形成上宽下窄的喇叭口形，侧面亦受抗滑阻力处于闭锁状态，不具备整体下滑条件。此区破坏模式确定为上部沿节理（282/54）、下部切穿岩体而破坏的双滑面型。

经过上述分析，南芬露天铁矿采场边坡破坏模式见表6-3。

表6-3 采场边坡破坏模式

序号	分区编号	位　置	破坏模式
1	一区	采场北山大部	圆弧型破坏
2	二区	采场上盘北部矽石山	平面型、楔型和倾倒型复合破坏模式
3	三区	采场上盘中南部	圆弧型破坏
4	四区	采场上盘南部端帮	圆弧型破坏
5	五区	采场下盘南部端帮	双滑面型破坏
6	六区	采场下盘中南部	局部楔型破坏模式 大部双滑面型破坏模式
7	七区	采场下盘中部	双滑面型破坏
8	八区	采场下盘北部端帮	双滑面型破坏

注：根据1986年冶金部勘察科学技术研究所提交的《本钢南芬铁矿深部开采边坡稳定性研究报告》统计。

6.2 岩体抗剪强度的确定

岩体的抗剪强度是指切穿岩体的破坏面上所具有的抗剪强度，它包括破坏面中已有不连续面部分的强度和被剪断岩块部分强度。由于破坏面尺度很大，滑面中不连续面和岩块剪断面所占的比例难以明确，因此难以用符合实际情况的精确公式进行计算，确定岩体强度。1983年，冶金部勘察科学技术研究所（保定）完成了《本钢南芬铁矿深部开采边坡稳定性研究》，其中利用经验公式，确定了南芬露天铁矿边坡岩体抗剪强度，研究成果翔实，本书加以引用。

6.2.1 岩体内聚力的确定

（1）岩体的内聚力 C_m 取决于岩体的裂隙密度 ι（条/m）和完整的岩块的内聚力 C_I，其关系式为：

$$C_m = C_I[0.114e^{-0.48(\iota-2)} + 0.02] \tag{6-1}$$

根据对南芬露天铁矿钻孔岩心所作的调查统计，给出各种岩石的平均裂隙密度。由1986年详勘资料给出各种岩组的内聚力，结果列于表6-4。

表 6-4 各种岩组内聚力计算表（第一种方法）

岩组类型	裂隙密度/条 · m^{-1}		内聚力（C_I）/MPa
	计算值	采用值	
二云母石英片岩	4.02	4	21.3
绿帘角闪片岩	4.67	5	11
石英岩	12.36	12	38
片麻状混合花岗岩	6.39	6	29.7
云母石英片岩	5.27	5	41
混合花岗岩	7.35	7	25.5
石英绿泥片岩	5.69	6	6.5
板岩及页岩	12.63	13	11.5

注：表中云母石英片岩岩组因无试样，其强度参数参照二云母石英片岩等性质相似的岩组指标确定。

由上式计算出的各种岩石的 C_m 值以 C_{m1} 表示（见表 6-6）。

（2）按照另一种方法计算岩体内聚力 C_m 的表达式为：

$$C_m = \frac{C_I}{1 + a\ln\frac{H}{L}} \tag{6-2}$$

式中，H 为表破岩体的破坏高度，m；L 为裂隙间距，m；a 为由岩块强度及结构面分布特征确定的系数，其值由表查得。

各类岩组的有关参数列于表 6-5。

表 6-5 各种岩组内聚力计算表（第二种方法）

岩组类型	H/m	L/m	a
二云母石英片岩	700	0.250	4
绿帘角闪片岩	700	0.200	3
石英岩	500	0.083	5
片麻状混合花岗岩	650	0.167	5
云母石英片岩	600	0.200	7
混合花岗岩	400	0.143	5
石英绿泥片岩	400	0.167	2
板岩及页岩	400	0.077	3

由上式计算出的各类岩组的 C_m 值以 C_{m2} 表示，列于表 6-6，此表中还列出两种计算结果的平均值 $\overline{C_m}$。

表 6-6 两种方法计算出的各类岩组平均值

岩组类型	C_{m1}	C_{m2}	$\overline{C_m}$
二云母石英片岩	10.01	6.50	8.25
绿帘角闪片岩	4.04	4.24	4.14
石英岩	8.53	9.06	8.25
片麻状混合花岗岩	9.01	6.87	7.94
云母石英片岩	15.05	7.05	11.05
混合花岗岩	7.74	6.25	7.00
石英绿泥片岩	2.40	3.93	3.17
板岩及页岩	2.37	4.31	3.34

6.2.2 岩体内摩擦角的确定

岩体强度应介于构成岩体的块体强度和赋存于该岩体中的不连续面强度之间；岩体的摩擦角也应介于完整岩块与不连续面峰值摩擦角之间。岩体的摩擦角变化范围不大，相对于岩体的内聚力来说，比较容易确定。由 1986 年详勘报告获得各种类型岩石的岩块抗剪断摩擦角 $\varphi=0$ 和不连续面（节理）的峰值摩擦角 φ_p。本书用两者的平均值 φ_m 作为确定岩体摩擦角的根据（表 6-7），实际采用值在此基础上做适当的调整确定。

表 6-7 两种方法计算出的各类岩组平均值

岩组类型	φ_1/(°)	φ_p/(°)	φ_m/(°)	采用值 $\varphi_{m'}$/(°)
二云母石英片岩	39	33	36	36
绿帘角闪片岩	40.9	36	38.45	38
石英岩	46.6	40	43.3	40
片麻状混合花岗岩	40.3	风干 40	40	35
		饱和 30	35.2	
云母石英片岩	36.3	40	38.15	36
混合花岗岩	41.8	45	43.4	41
石英绿泥片岩	44.3	32.8	38.6	37
板岩及页岩	35.2	30	32.6	33

由表 6-7 可见采用岩体的内摩擦角在 33°~41°区间波动，而对每一岩组，采用的指标值比不连续面摩擦角一般大 2°~3°，个别大 4°。

Stimpson 和 Ross-Brown 曾为确定某斑岩铜矿岩体内摩擦角制定表 6-8 所示标准值亦可参考比较。看来该表未考虑岩性因素，所列的数值比较保守，本次报告按照 1986 年详勘结果未予采纳。

表 6-8 岩石内摩擦角参考值

裂 隙 密 度	岩体内摩擦角 φ_m/(°)
断层角砾岩或断层泥多于岩心的 25%	25
断层角砾岩或断层泥少于岩心的 25%，但含有 10 条/米裂隙的部分超过岩心的 25%	30
断层角砾岩或断层泥加上含有 10 条/米裂隙的部分少于岩心的 25%	35

6.2.3 岩体抗剪强度的确定

按照 1986 年详勘报告，岩体的抗剪强度可用下式表示：

$$\tau = A\sigma_c(\sigma/\sigma_c - T)^B \tag{6-3}$$

式中，σ_c 为完整岩块的单轴抗压强度；A、B、T 为经验常数，其数值依据岩石类型、结构、构造和岩体的工程质量（岩体的风化、破碎情况，CSIR 和 NGI 记分）等综合因素确定。有关参数值及抗剪强度关系式见表 6-9。

表 6-9 岩石内摩擦角计算表

岩组类型	容重 /t · m^{-2}	σ_c /kg · cm^{-2}	CSIR	NGI	岩体质量级别	经验常数			抗剪强度关系式 $\tau = A\sigma_c(\sigma/\sigma_c - T)^B$
						A	B	T	
二云母石英片岩	2.80	851	61	11.38	介于质量一般和优质岩体之间	0.41	0.695	−0.00115	$\tau = 349(0.00117\sigma + 0.00115)^{0.695}$
绿帘角闪片岩	2.97	939	61	9.94	介于质量一般和优质岩体之间	0.41	0.695	−0.00115	$\tau = 385(0.00106\sigma + 0.00115)^{0.695}$
石英岩	2.63	1421	60	43.6	优质岩体	0.501	0.695	−0.003	$\tau = 712(0.0007\sigma + 0.003)^{0.695}$
片麻状混合花岗岩	2.65	1099	51	10.98	介于质量一般和优质岩体之间	0.475	0.704	−0.0011	$\tau = 522(0.00091\sigma + 0.0011)^{0.704}$
云母石英片岩	2.70	1000	55	13.2	介于质量一般和优质岩体之间	0.41	0.695	−0.00115	$\tau = 411.2(0.000997\sigma + 0.00115)^{0.695}$
混合花岗岩	2.70	953	47	9.77	介于质量一般和优质岩体之间	0.475	0.704	−0.0011	$\tau = 453(0.00105\sigma + 0.0011)^{0.704}$
石英绿泥片岩	2.91	607	47	3.56	质量一般	0.234	0.675	−0.0005	$\tau = 142(0.00165\sigma + 0.0005)^{0.675}$
板岩及页岩	2.77	642	28	3.21	质量一般	0.234	0.675	−0.0005	$\tau = 146(0.001603\sigma + 0.0005)^{0.675}$

按照一般的评论和理解，目前由这些经验方法确定的岩体强度往往偏于保守，本次按照 1986 年详勘内容取二者中较大者。但对于页岩来说，因其较破碎，故采用较低的强度作为计算强度之用，最后采用的各类岩体抗剪强度关系式列于表 6-10。

表 6-10 各类岩体抗剪强度关系

岩组类型	采用的岩体抗剪强度关系式
二云母石英片岩	$\tau = 349(0.00117\sigma + 0.00115)^{0.695}$
绿帘角闪片岩	$\tau = 385(0.00106\sigma + 0.00115)^{0.695}$
石英岩	$\tau = 712(0.0007\sigma + 0.003)^{0.695}$
片麻状混合花岗岩	$\tau = 522(0.00091\sigma + 0.0011)^{0.704}$
云母石英片岩	$\tau = 411.2(0.000997\sigma + 0.00115)^{0.695}$
混合花岗岩	$\tau = 453(0.00105\sigma + 0.0011)^{0.704}$
石英绿泥片岩	$\tau = 3.1 + \sigma\tan37°$
板岩及页岩	$\tau = 146(0.001603\sigma + 0.0005)^{0.675}$

6.3 基于 MSARMA 法双滑面型和平面型滑体稳定性分析

根据南芬露天铁矿采场地形地貌和节理分布规律，采场下盘和采场北山东侧边坡滑坡灾害以顺层石质滑坡为主，采场上盘和矽石山边坡属于反倾石质边坡，因此发生大面积滑塌的可能性非常小。

鉴于此，本次利用 MSARMA 法主要对南芬露天铁矿采场下盘南部回采区、下盘南部扩帮区、下盘中部和南部总边坡、北山扩帮区和开采前后采场下盘回采区边坡进行稳定性评价和敏感性分析。

6.3.1 岩石物理力学性质

本次稳定性评价所采用的岩石基本力学参数来源于两部分：

（1）保定地质工程勘察院 1986 年做的《本钢南芬铁矿深部开采边坡稳定性研究报告》；

（2）中国矿业大学（北京）深部岩土力学与地下工程国家重点实验室完成的《本钢集团南芬露天铁矿采场下盘典型岩石物理力学参数实验报告》。

部分实验参数见表 6-11 和表 6-12。

表 6-11 不连续面抗剪强度建议值

岩石名称	结构类型及特征	状态	峰值强度		残余强度	
			内聚力 /kg · cm^{-2}	摩擦角 /(°)	内聚力 /kg · cm^{-2}	摩擦角 /(°)
混合花岗岩	节理	风干饱和	0.00	45	2.00	29
片麻状混合花岗岩	节理	风干	4.50	40	1.50	30
		饱和	1.20	30	1.00	26

续表 6-11

岩石名称	结构类型及特征	状态	峰值强度		残余强度	
			内聚力 /kg·cm^{-2}	摩擦角 /(°)	内聚力 /kg·cm^{-2}	摩擦角 /(°)
角闪石片岩	节理	风干饱和	3.50	40	2.50	30
云母石英片岩	片理节理 含云母少	风干饱和	2.50	40	1.50	27
	片理节理 含云母多		—	—	1.00	20
石英岩	节理	无风化膜	2.50	40	2.00	30
		有风化膜	—	—	1.00	25
页岩板岩	节理		2.00	30	1.00	25
绿泥角闪片岩	片理	饱和	2.00	28	1.50	24
	节理		2.00	36	2.00	28
二云母石英片岩	片理	饱和	3.00	30	2.00	26
	节理		4.50	33	2.00	26
石英绿泥片岩	片理	饱和	2.50	30	1.00	25
	节理					

表 6-12　岩石和岩体力学性质指标表

岩石名称	容重 /kN·m^{-3}	抗压强度 /MPa	内聚力 /MPa	内摩擦角 /(°)	岩体分级	
					CSIR	NGI
混合花岗岩	27.0	95.3	0.700	41.0	47	9.77
石英岩	26.3	142.1	0.825	40.0	60	43.6
页岩板岩	27.7	64.2	0.334	33.0	28	3.21
绿帘角闪片岩	29.7	93.9	0.414	38.0	64	9.94
二云母石英片岩	28.0	85.1	0.825	36.0	61	11.38
石英绿泥片岩	29.1	60.7	0.317	37.0	47	3.56
片麻状混合花岗岩	26.5	109.9	0.794	35.0	51	10.98
云母石英片岩	27.0	100.0	1.105	36.0	55	13.20

6.3.2　采场北山和下盘整体边坡稳定性评价

6.3.2.1　评价系统

中国矿业大学（北京）何满潮院士在最初的 SARMA 法仅考虑边坡齐次边界条件的基础上，不仅考虑了边坡的非齐次边界条件，而且考虑了边坡坡面存在荷载和加固力的情况下边坡的稳定性问题，推导了有坡面面力作用的求解稳定系数的迭代关系式，称为 MSARMA 方法。基于该理论，编制了功能齐全的“边坡工程稳定性 MSARMA 分析设计系统”(图 6-4)。

6.3.2.2　地质剖面和力学模型

本次稳定性评价区域包含在前述的破坏模式五区、六区和一区，共涉及 9 个断面，由北向南依次编号为：*A-A′*、*B-B′*、*C-C′*、*D-D′*、*E-E′*、*F-F′*、*G-G′*、*H-H′*、*I-I′*，如图 6-5 所示。

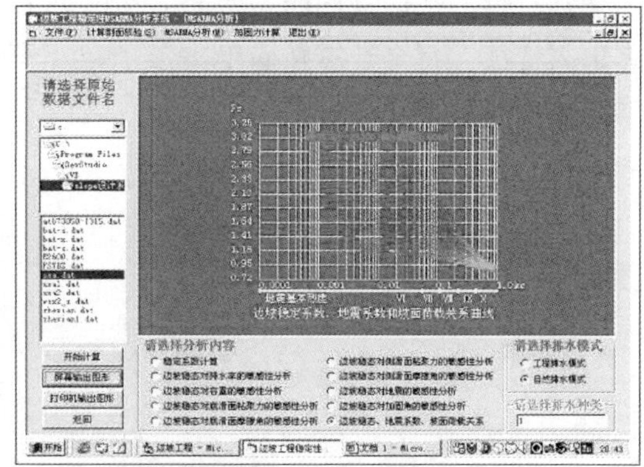

图 6-4 边坡工程稳定性 MSARMA 分析设计系统界面

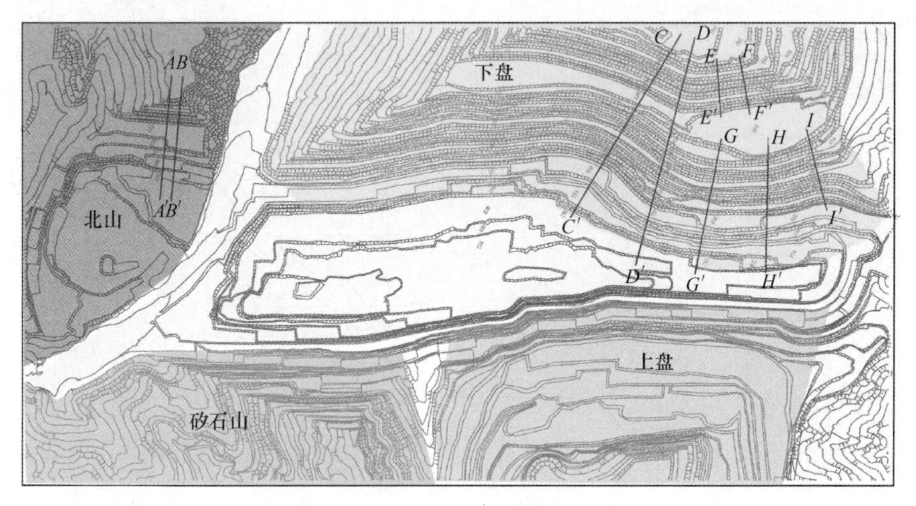

图 6-5 MSARMA 计算剖面分布图

计算剖面利用南芬露天铁矿自主开发的“露天金属矿设计系统（V3.0）”对 9 个计算区域进行剖面划分与成图，系统主界面如图 6-6 所示。

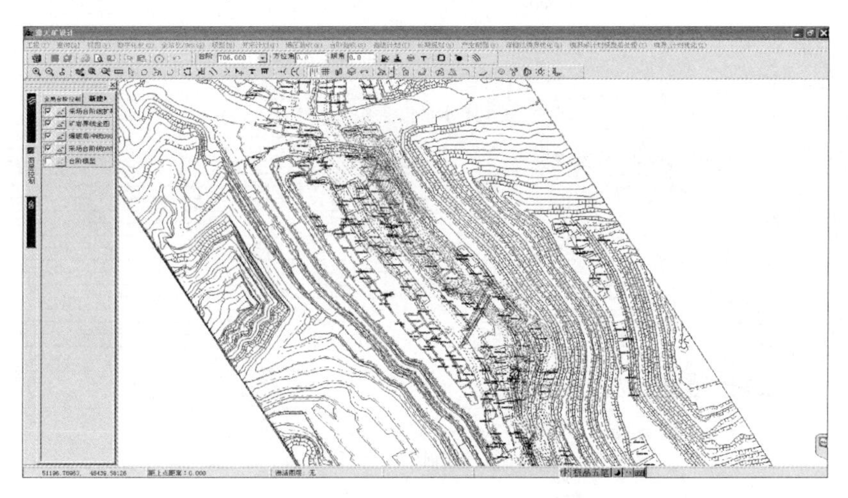

图 6-6 露天金属矿设计系统主界面

针对每一个计算剖面，按照所在区划潜在结构面分布规律和现场调查获取的结构面地表出露特征，每个计算断面得出了 1～2 个潜在最危险滑动面，计算剖面和推测最危险滑动面如图 6-7 所示。

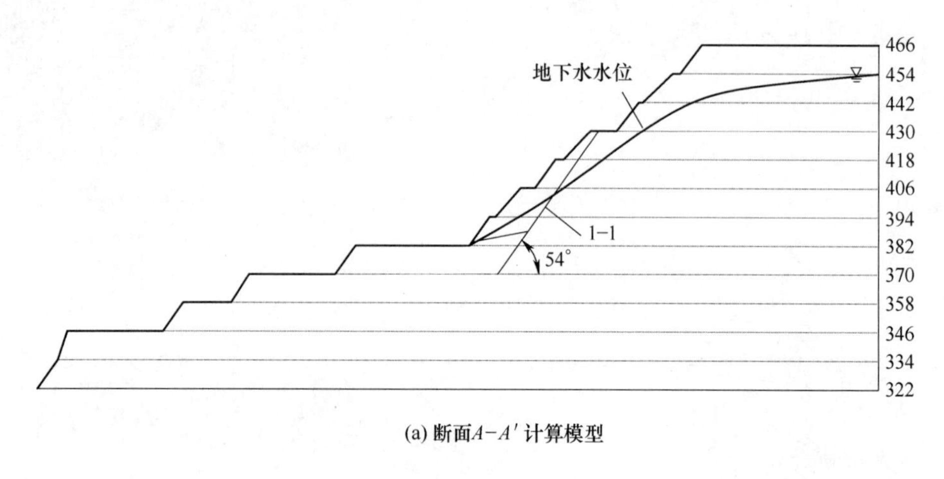

(a) 断面$A-A'$计算模型

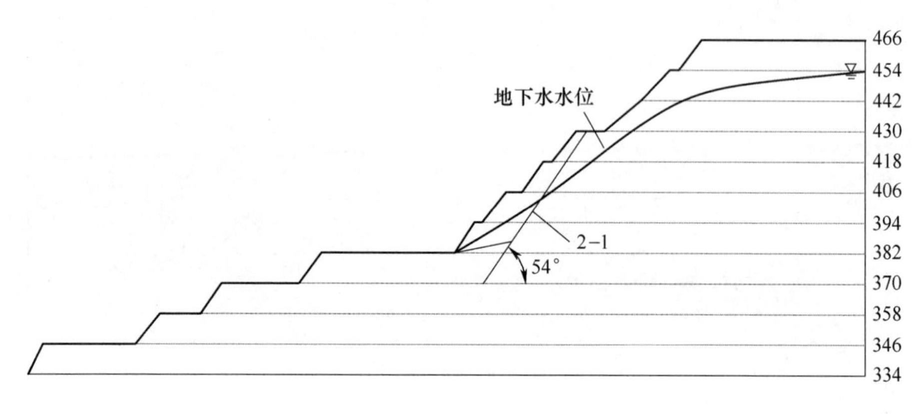

(b) 断面$B-B'$计算模型

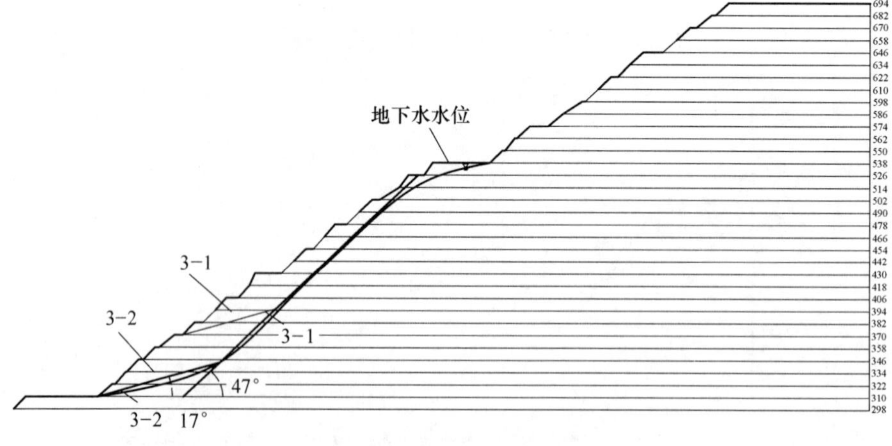

(c) 断面$C-C'$计算模型

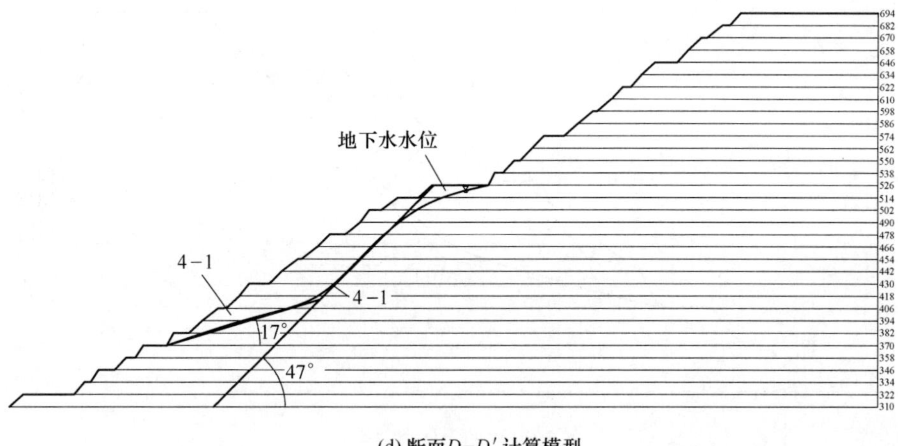

(d) 断面$D-D'$计算模型

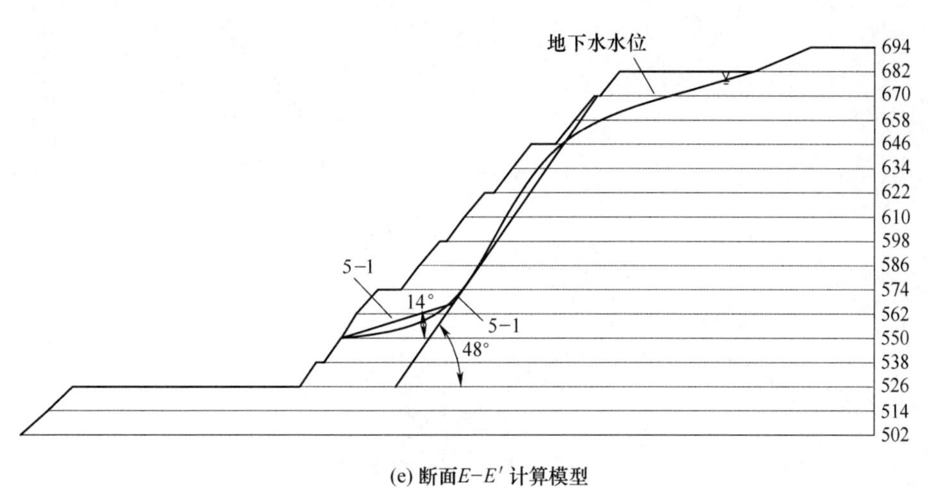

(e) 断面$E-E'$计算模型

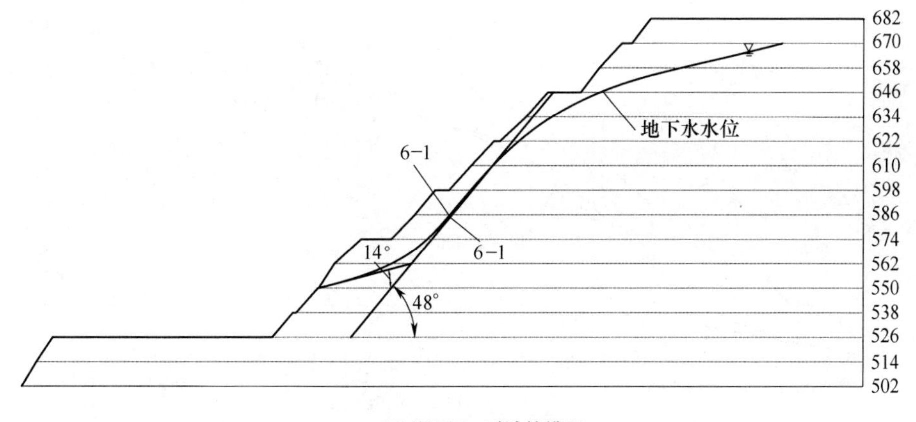

(f) 断面$F-F'$计算模型

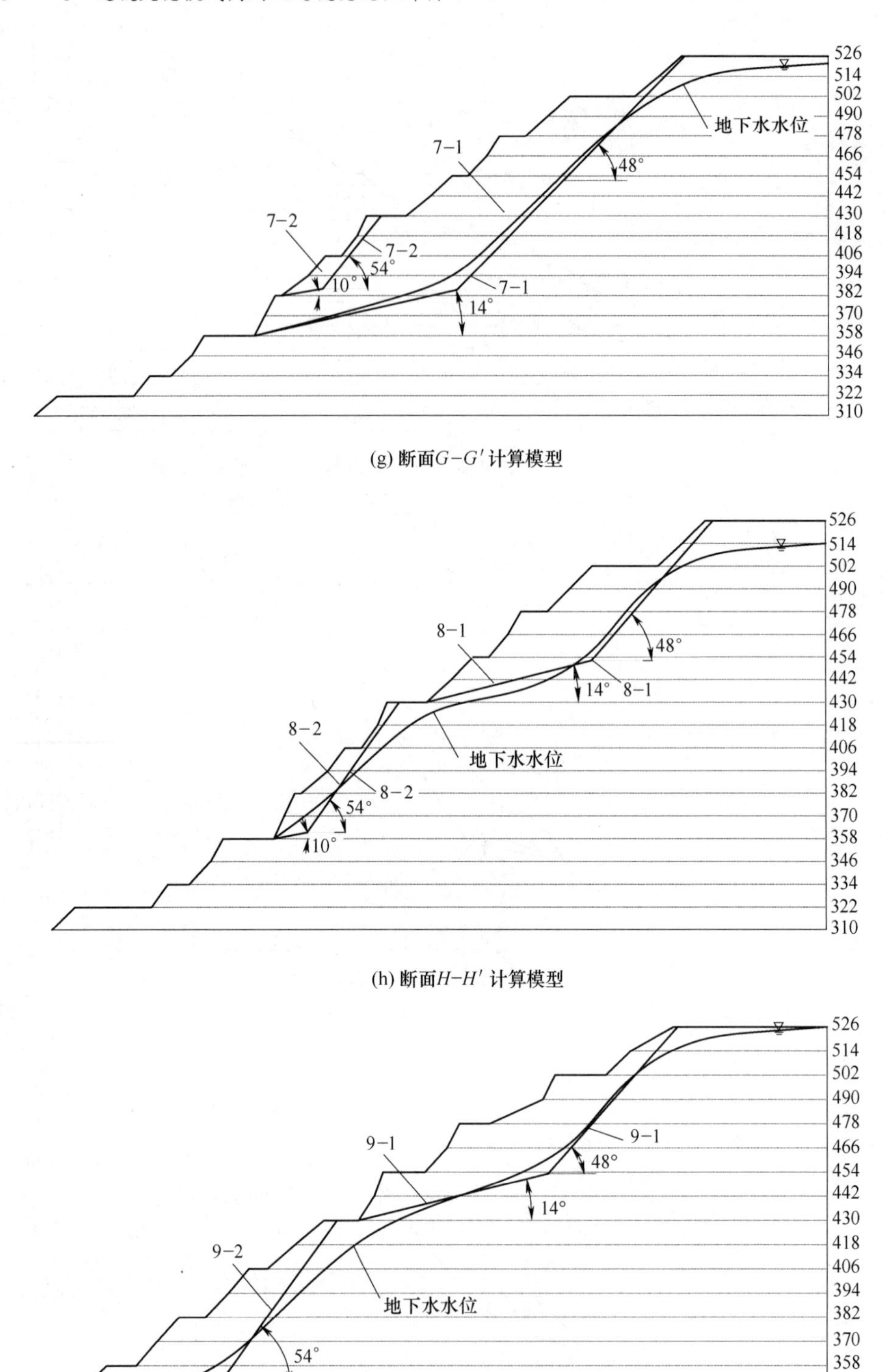

(g) 断面$G-G'$计算模型

(h) 断面$H-H'$计算模型

(i) 断面$I-I'$计算模型

图 6-7　各断面计算模型

6.3.2.3 评价结果分析

根据详勘资料，潜在滑动面确定后，基于不同的滑动面位置，借助 MSARMA 软件进行了边坡稳定系数的计算。计算时考虑该地区地震设防烈度为Ⅵ度，边坡排水率按 0%、25%、50%、75%、100%考虑，假定最不利状态为饱和状态，计算结果见表 6-13。

表 6-13 边坡稳定系数计算结果

计算剖面	潜在滑动面	边坡自然排水率				
		0%	25%	50%	75%	100%
Ⅰ-Ⅰ′	1-1	1.2034	1.2183	1.2394	1.2692	1.2901
Ⅱ-Ⅱ′	2-1	1.1980	1.2018	1.2242	1.2578	1.2794
Ⅲ-Ⅲ′	3-1	1.1069	1.1398	1.1406	1.1609	1.1933
	3-2	0.8031	0.8498	0.8733	0.9011	0.9321
Ⅳ-Ⅳ′	4-1	0.8359	0.8971	0.9012	0.9349	0.9717
Ⅴ-Ⅴ′	5-1	1.3491	1.3781	1.3970	1.4092	1.4388
Ⅵ-Ⅵ′	6-1	1.1148	1.1261	1.1293	1.1479	1.1899
Ⅶ-Ⅶ′	7-1	1.2091	1.2387	1.2615	1.3008	1.3578
	7-2	0.7966	0.8340	0.8941	0.9106	0.9549
Ⅷ-Ⅷ′	8-1	0.8721	0.9056	0.9872	1.1022	1.1649
	8-2	0.8798	0.9871	1.1380	1.1791	1.2011
Ⅸ-Ⅸ′	9-1	0.9004	0.9481	0.9821	1.0491	1.1153
	9-2	1.0831	1.1023	1.1148	1.1791	1.2091

通过分析边坡稳定系数计算结果可知：

（1）边坡稳定系数随着排水率的增加而增大，说明边坡受水的影响稳定性变差，边坡在不排水（饱和）状态下稳定性最差（图 6-8）。

（2）根据《岩土工程勘察规范》（GB 50021—2001）的规定：验算已有边坡的稳定系数，［F_s］可采用 1.10~1.25。因此，部分边坡在不排水条件下不满足规范要求。

（3）北山两个断面（Ⅰ-Ⅰ′和Ⅱ-Ⅱ′）所在边坡饱和条件下安全系数满足规范设计要求，因此处于相对稳定状态。

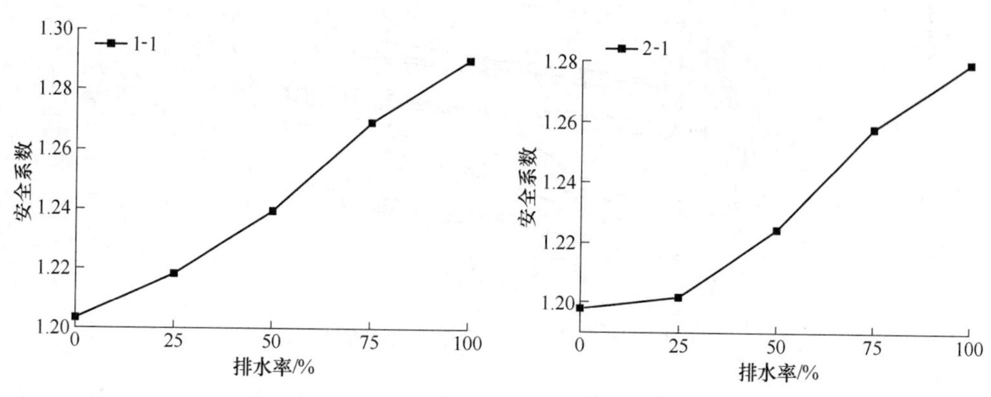

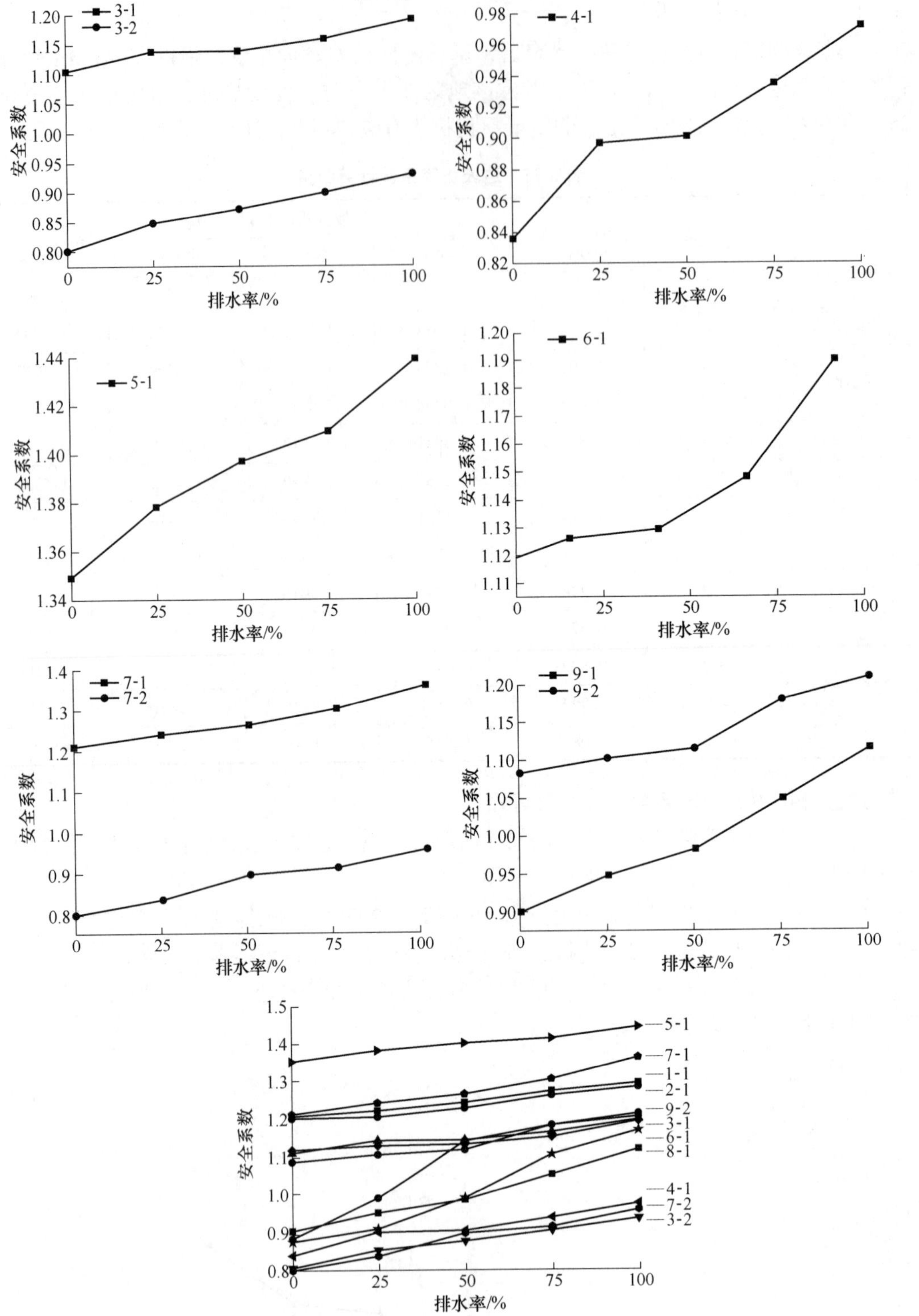

图 6-8　排水率和安全系数关系曲线

（4）采场下盘 3-2、4-1、7-2、8-1、8-2、9-1（Ⅲ-Ⅲ′、Ⅳ-Ⅳ′、Ⅶ-Ⅶ′、Ⅷ-Ⅷ′和Ⅸ-

Ⅸ′）潜在滑动面在饱和状态条件下处于不稳定状态，因此在扩帮和回采过程中要加强对该部位的监测和加固，并设有辅助疏干孔和排水沟，确保排土场边坡排水。

6.3.3 下盘回采区边坡稳定性评价和敏感性分析

6.3.3.1 地质模型和力学模型

南芬露天铁矿采场下盘边坡工程岩体结构破碎、地质条件复杂，边坡稳定特征关系着下方矿产资源的安全开采和滑动力远程监测点的布设。为此，利用“边坡稳定性评价设计系统”对南芬露天铁矿回采区平面滑塌体进行边坡稳定性 MSARMA 分析，滑塌体力学模型如图 6-9 所示，模型高 150m，贯穿 370~526m 平台。

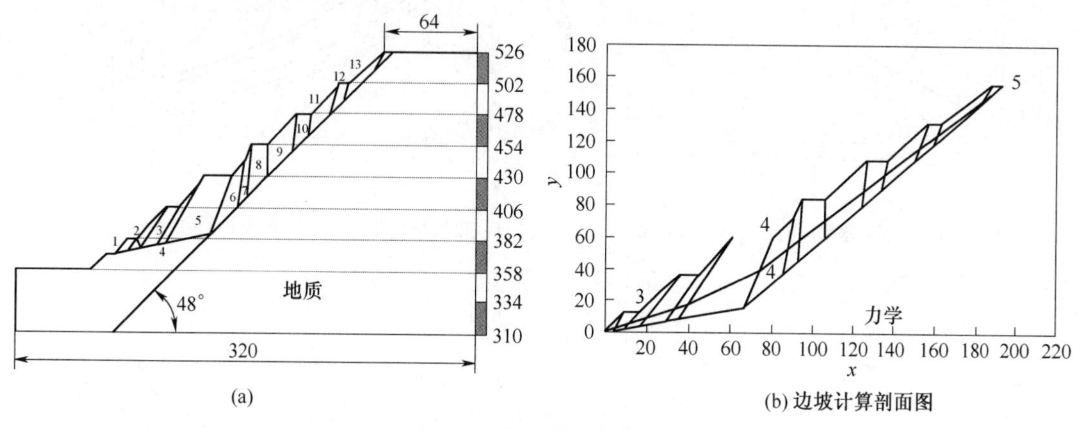

图 6-9 滑塌体几何模型

6.3.3.2 计算参数

计算参数主要依据中国矿业大学（北京）深部岩土力学与地下工程国家重点实验室为南芬露天铁矿建立的岩石力学数据库，数据库部分信息见附录 6 附表 6-1 和附表 6-2。

6.3.3.3 结果分析

通过软件计算，各种条件下的稳定系数见表 6-14。从表中可以看出，在既定的最高地下水位线即排水率为 0%条件下，无地震或振动时，边坡近似于极限平衡状态，稳定系数为 1.0770，Ⅶ度和Ⅷ度地震时边坡失稳；在排水率为 50%条件下，无地震时边坡处于稳定状态，并且较 0%排水条件下更加稳定，Ⅶ度地震时边坡处于极限平衡状态，Ⅷ度地震时边坡失稳；在排水率为 100%条件下，即干边坡条件下，边坡总保持稳定状态。南芬露天铁矿地震基本烈度为Ⅵ度区，由于边坡的重要性，因此必须进行有效监测和科学加固治理。

表 6-14 边坡现状条件下的稳定系数

地震基本烈度	边坡自然排水率				
	0%	25%	50%	75%	100%
0 度	1.0770	1.0975	1.1343	1.1949	1.2255
Ⅵ度	1.0099	1.0292	1.0637	1.1212	1.1506
Ⅶ度	0.9509	0.9691	1.0014	1.0560	1.0844
Ⅷ度	0.8463	0.8625	0.8916	0.9411	0.9675

6.3.3.4　边坡稳态对影响因子的敏感性分析

利用《边坡稳定性评价设计系统》中的敏感性分析功能，对南芬露天矿边坡的重度 R_R，底滑面的 C_B、φ_B值，侧滑面的 C_S、φ_S值，地震系数 k_c和边坡加固角 G_M，分别进行了敏感性分析，其分析曲线如图 6-10 所示。

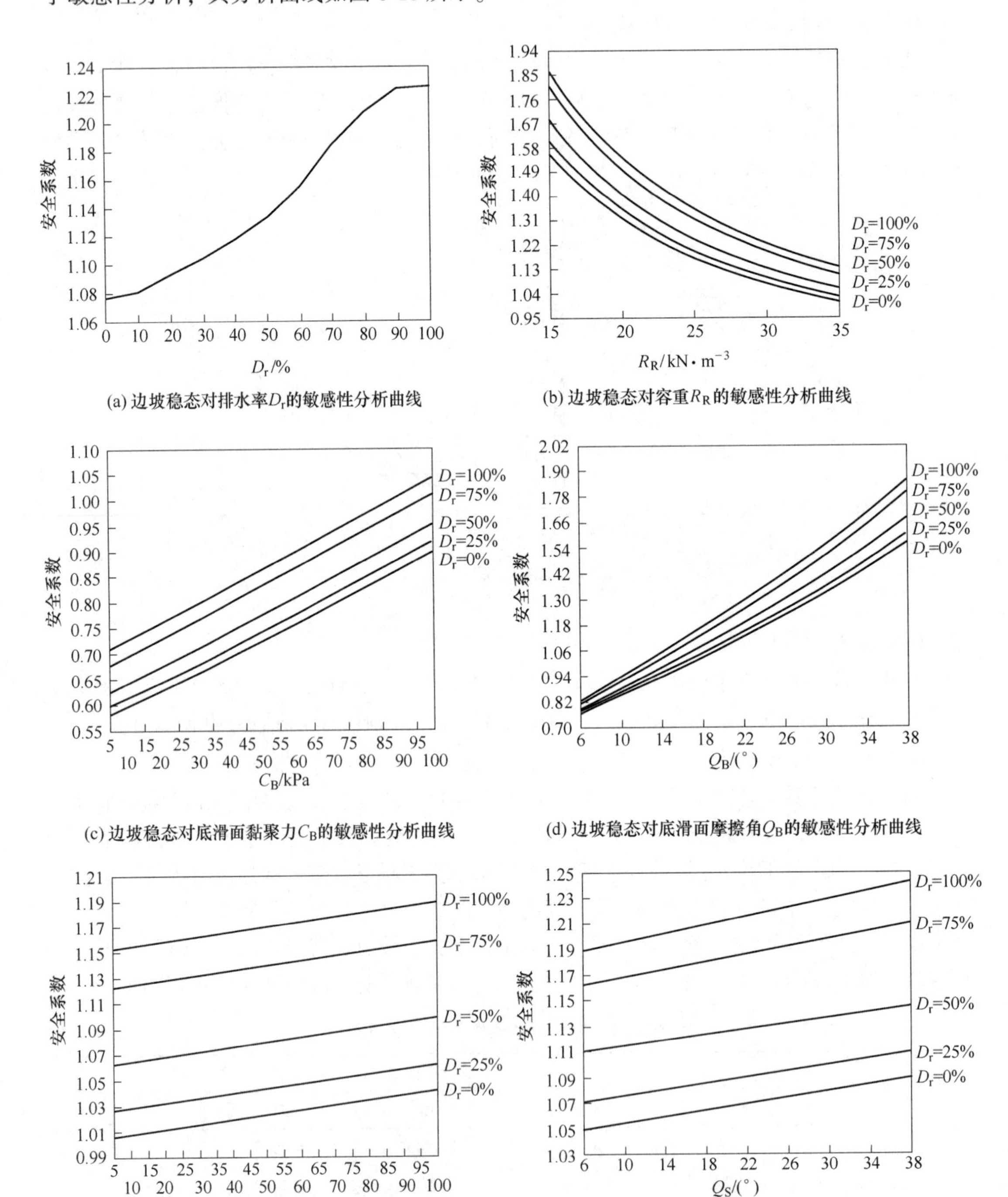

(a) 边坡稳态对排水率D_r的敏感性分析曲线

(b) 边坡稳态对容重R_R的敏感性分析曲线

(c) 边坡稳态对底滑面黏聚力C_B的敏感性分析曲线

(d) 边坡稳态对底滑面摩擦角Q_B的敏感性分析曲线

(e) 边坡稳态对侧滑面黏聚力C_S的敏感性分析曲线

(f) 边坡稳态对侧滑面摩擦角Q_S的敏感性分析曲线

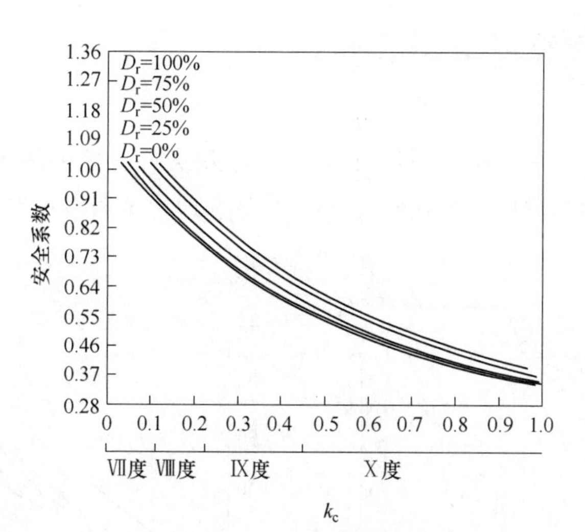

(g) 边坡稳态对水平地震系数k_c的敏感性分析曲线

图 6-10 南芬露天矿扩帮区边坡敏感性分析

不难看出，边坡排水率、底滑面 C_B、φ_B 值和地震仍然是影响边坡稳态的十分活跃的环境动力，是边坡变形破坏的诱发因素。如干边坡和饱水边坡相比，稳定系数显著提高0.15；边坡在Ⅶ度地震作用下，稳定系数比Ⅷ度地震作用下提高0.1046，并随着地震系数的增加，其相应稳定系数迅速减小。随着雨水入渗，底滑面抗剪强度指标 C_B、φ_B 值逐渐减小，边坡稳定系数明显降低。在边坡排水率为100%和50%时，稳定系数随着岩土体重度的增加而减小，它们都是影响边坡稳态的敏感因子。

6.3.3.5 边坡工程加固角敏感性分析

为了寻求优化的加固角，工程计算做了三种既定加固总力（单位宽度，取1m宽）的加固角敏感性分析。如图6-11所示，在14304kN加固力下，最佳加固角为10°（幅度范围0°~20°，在此范围内稳定系数变化极小）；在28608kN加固力作用下，最佳加固角为0°（幅度范围-10°~10°）；在42912kN加固力下，最佳加固角为-10°（幅度范围-20°~0°）。这说明，加固力越大，稳定系数对加固角的敏感性越大。根据《边坡稳定性评价设计系统》可以求得南芬露天铁矿边坡稳定系数、地震系数和坡面荷载间的曲线关系（图6-12）。

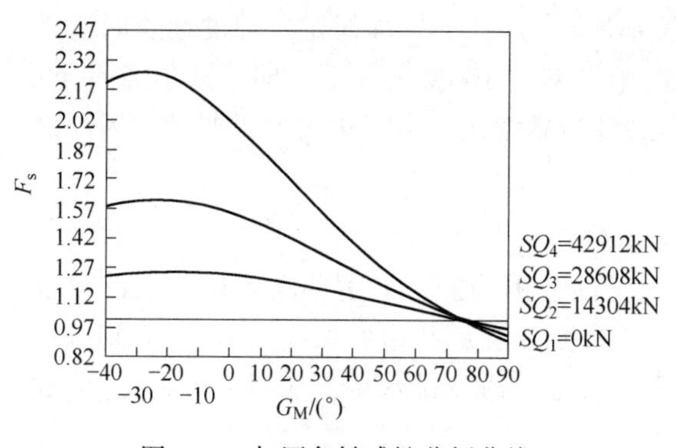

图 6-11 加固角敏感性分析曲线

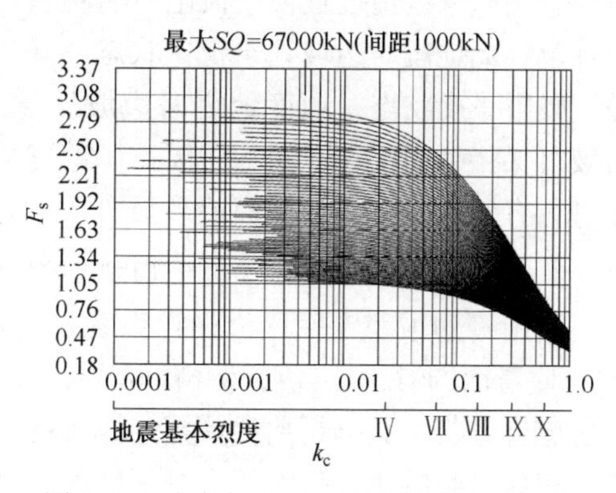

图 6-12 稳态与地震、地面荷载关系曲线

6.3.4　下盘扩帮区边坡稳定性评价和敏感性分析

6.3.4.1　模型建立

利用“边坡稳定性评价设计系统”对南芬露天铁矿下盘扩帮区平面滑坡体（标高646~682m）进行边坡稳定性MSARMA分析，边坡几何模型如图6-13所示，模型高36m。

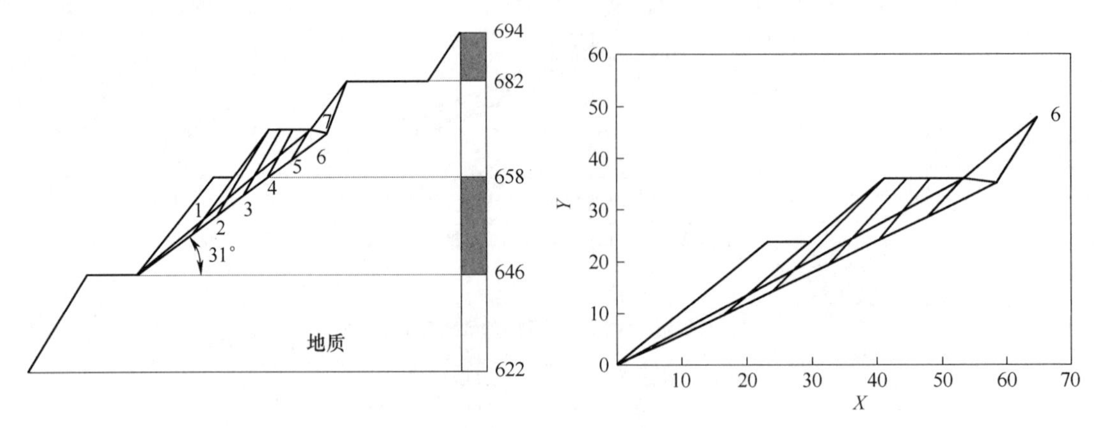

图6-13　滑塌体几何模型

6.3.4.2　结果分析

通过软件计算，各种条件下的稳定系数见表6-15。

表6-15　边坡现状条件下的稳定系数

地震基本烈度	边坡自然排水率				
	0%	25%	50%	75%	100%
0度	1.0887	1.1586	1.2053	1.2143	1.2143
Ⅵ度	1.0358	1.1004	1.1439	1.1523	1.1523
Ⅶ度	0.9904	1.0502	1.0907	1.0985	1.0985
Ⅷ度	0.9131	0.9646	0.9997	1.0063	1.0063

从表中可以看出，在既定的最高地下水位线，即排水率为0%条件下，无地震或振动时，采场回采区边坡近似于极限平衡状态，Ⅶ度和Ⅷ度地震时边坡失稳；在排水率为50%条件下，无地震时边坡处于稳定状态，并且较0%排水条件下更加稳定，Ⅶ度地震时边坡处于极限平衡状态，Ⅷ度地震时边坡失稳；在排水率为100%条件下，即干边坡条件下，边坡总保持稳定状态。南芬露天铁矿地震基本烈度为Ⅵ度区，由于边坡的重要性，因此必须进行有效监测和科学加固治理。

6.3.4.3　边坡稳态对影响因子的敏感性分析

利用《边坡稳定性评价设计系统》中的敏感性分析功能，对南芬露天矿边坡的重度R_R，底滑面的C_B、φ_B值，侧滑面的C_S、φ_S值，地震系数k_c和边坡加固角G_M，分别进行了敏感性分析，其分析曲线如图6-14所示。不难看出，边坡排水率、底滑面C_B、φ_B值和地震仍然是影响边坡稳态的十分活跃的环境动力，是边坡变形破坏的诱发因素。如干边坡和饱水边坡相比，稳定系数显著提高0.13；边坡在Ⅶ度地震作用下，稳定系数比Ⅷ度地震作用下提高 0.08，并随着地震系数的增加，其相应稳定系数迅速减小。随着雨水入渗，底滑面抗剪强度指标 C_B、φ_B 值逐渐减小，边坡稳定系数明显降低。在边坡排水率为 100%和 50%时，稳定系数随着岩土体重度的增加而减小，它们都是影响边坡稳态的敏感因子。

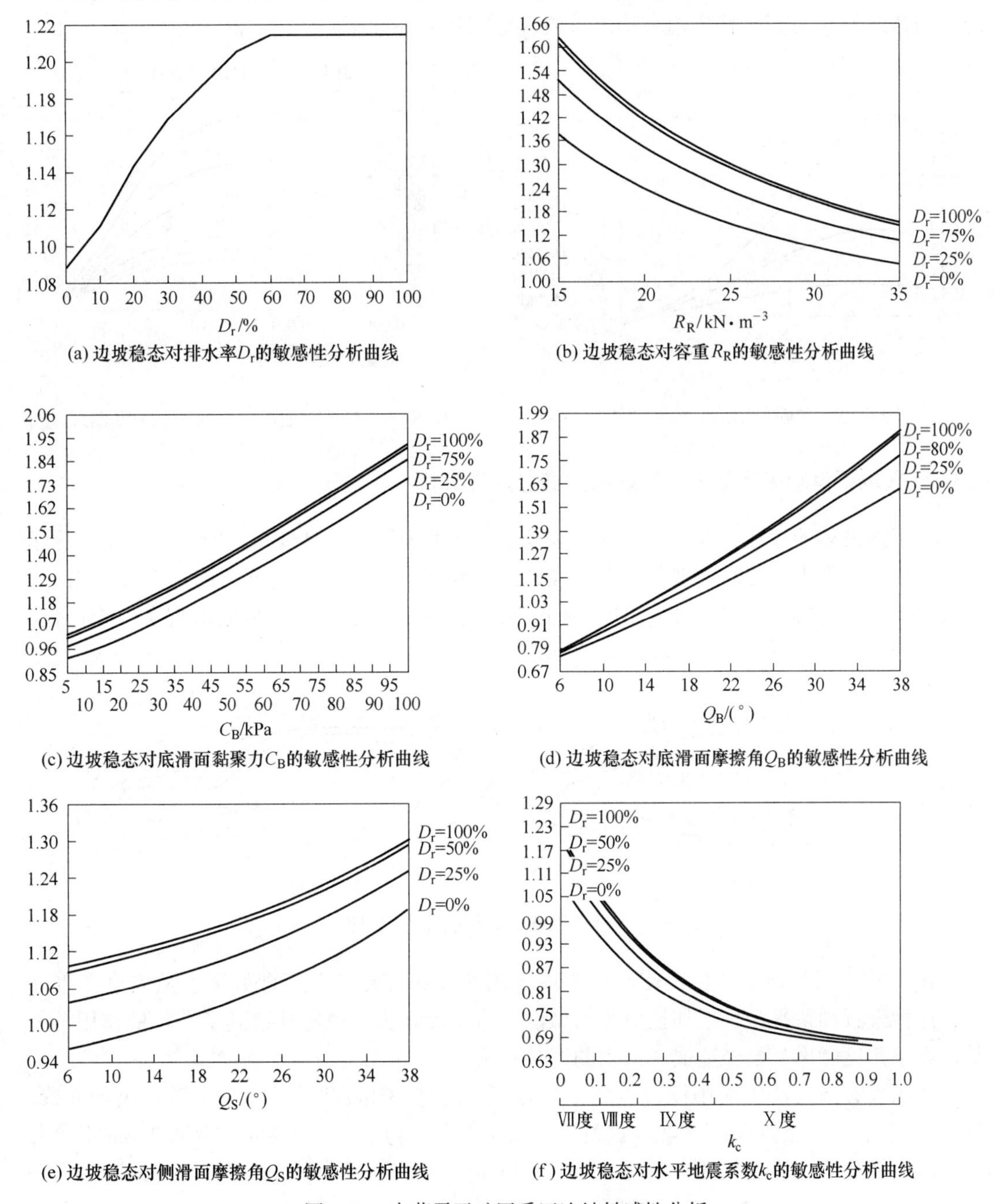

(a) 边坡稳态对排水率 D_r 的敏感性分析曲线

(b) 边坡稳态对容重 R_R 的敏感性分析曲线

(c) 边坡稳态对底滑面黏聚力 C_B 的敏感性分析曲线

(d) 边坡稳态对底滑面摩擦角 Q_B 的敏感性分析曲线

(e) 边坡稳态对侧滑面摩擦角 Q_S 的敏感性分析曲线

(f) 边坡稳态对水平地震系数 k_c 的敏感性分析曲线

图 6-14 南芬露天矿回采区边坡敏感性分析

6.3.4.4 边坡工程加固角敏感性分析

为了寻求优化的加固角，工程计算做了三种既定加固总力（单位宽度，取 1m 宽）的加固角敏感性分析。如图 6-15 所示，在 1539kN 加固力下，最佳加固角为 0°（幅度范围

0°~10°，在此范围内稳定系数变化极小）；在3078kN加固力作用下，最佳加固角为-10°（幅度范围-10°~0°）；在4617kN加固力下，最佳加固角为-20°（幅度范围-20°~-30°）。这说明，加固力越大，稳定系数对加固角的敏感性越大。根据“边坡稳定性评价设计系统”可以求得南芬露天铁矿边坡稳定系数、地震系数和坡面荷载间的曲线关系（图6-16）。

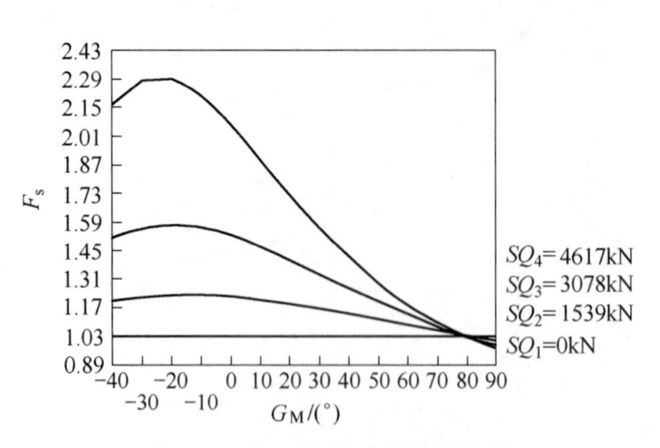

图6-15　加固角敏感性分析曲线

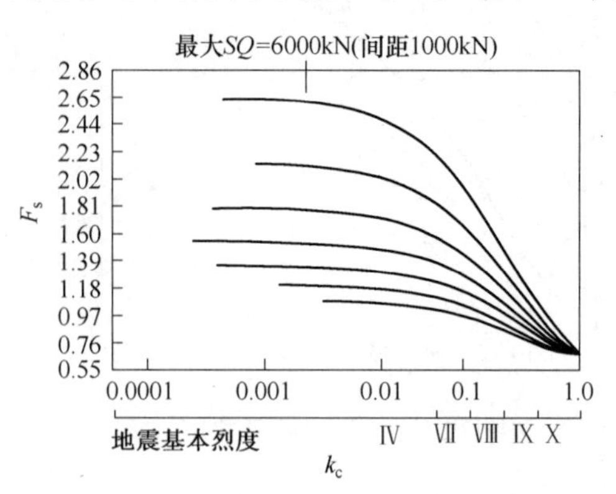

图6-16　稳态与地震、地面荷载关系曲线

6.3.5　采场下盘回采区露天开采前后边坡稳定性分析

由于滑坡体的存在，南芬露天铁矿采场下帮边坡未按照设计要求进行正常开采。为了增加滑坡体抗滑力，提高边坡稳定性，在开采过程中，保留了采场下帮南部边坡394m平台及以下平台，促使走向为294°的采场下帮边坡，在12号勘探线附近出现了一个凸起，形成了凸型边坡（图6-17）。

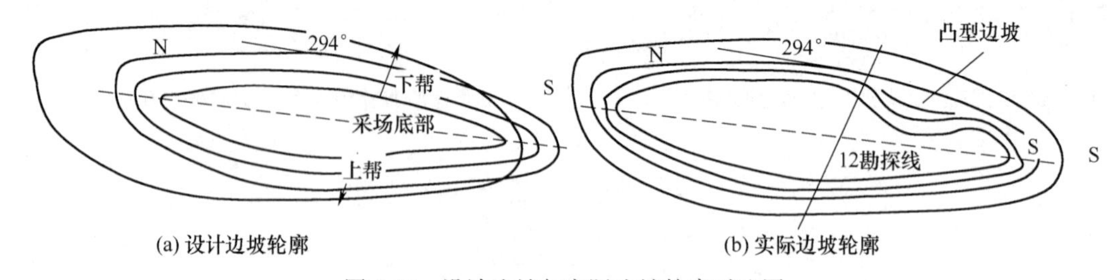

图6-17　设计边坡与实际边坡轮廓对比图

10年内，滑坡体的存在，使凸型边坡下压的900万吨矿石不敢开采，从安全角度考虑，这种设置预留平台、增加抗滑力的做法，对于提高边坡稳定性起到了一定的作用，但是从经济角度考虑，已经造成了巨大的经济损失。

按照南芬露天铁矿采场设计规划，采场下帮边坡358m平台和370m平台应当并段，358m以下平台按照要求每隔46m保留一个安全平台。为了评价358m平台和346m平台并段后滑坡体稳定性演变特征，利用“MSARMA边坡稳定性评价设计系统”对358m平台和346m平台开采前后边坡稳定系数进行数值计算和对比分析，边坡开采规划如图6-18所示。

6.3.5.1　现状稳定性分析

为了真实反映南芬露天铁矿边坡在自然环境下（降雨饱和状态和未降雨干燥状态）的稳定状态，利用“MSARMA边坡稳定性评价设计系统”对降雨条件和未降雨条件下采场下帮边坡稳定性进行安全评价。数值计算剖面选取回采区顶部滑坡体 I-I′计算剖面，剖面贯穿 346~526m 平台（图 6-18 所示）。

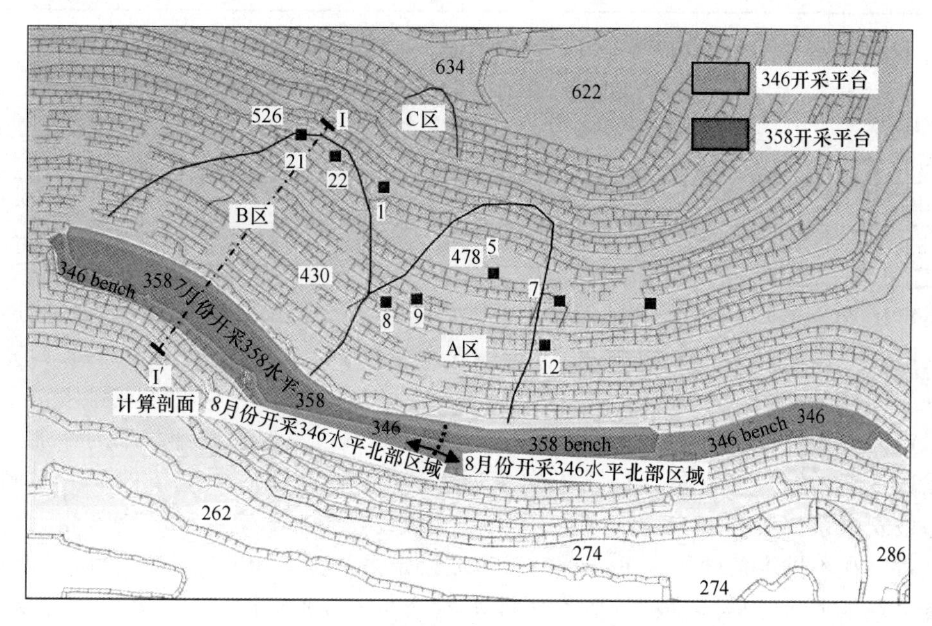

图 6-18　滑坡体下方台阶开采规划

（358 开采平台，开采时间 7 月；346 开采平台，开采时间 8~9 月）

A　未降雨条件

干燥条件下，根据实际钻孔资料，在 430m 以下平台发现自由水面，430~526m 平台 40m 深范围内未发现有地下水存在。故在计算干燥状态下边坡稳定性时，按照钻孔数据推测出采场下帮边坡地下水面埋深，如图 6-19 所示。

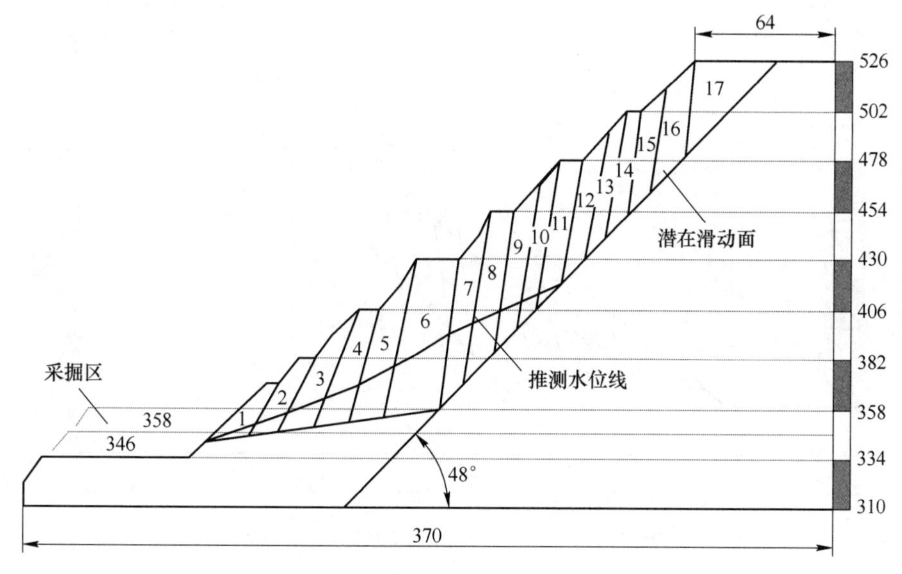

图 6-19　未降雨条件下边坡地质模型

通过软件计算，各种条件下的稳定系数见表 6-16。

表 6-16　边坡现状条件下的稳定系数（干燥）

地震基本烈度	边坡自然排水率				
	0%	25%	50%	75%	100%
0 度	1. 1356	1. 1728	1. 2642	1. 3043	1. 3547
Ⅵ度	1. 1068	1. 1429	1. 1839	1. 2012	1. 2231
Ⅶ度	1. 0203	1. 0921	1. 1202	1. 1460	1. 1922
Ⅷ度	0. 9942	1. 0636	1. 0932	1. 1057	1. 1429

表 6-16 数据显示：(1) 干燥条件下，随着地震烈度的增加，边坡安全系数逐渐降低。其中，不排水条件下（0%排水），边坡安全系数从 1. 1356 降低至 0. 9942；完全排水条件下（100%排水），边坡安全系数从 1. 3547 降至 1. 1429，说明边坡排水对于提高边坡稳定性有积极作用；(2) 在相同地震基本烈度下，随着边坡排水率的增加，边坡安全系数逐渐增加，边坡向着稳定方向发展。其中，0 度地震烈度条件下，即无地震区，边坡安全系数从 1. 1356 提高到 1. 3547，边坡变得更加稳定；(3) 南芬露天铁矿属于Ⅵ度带，在不排水条件下（0%排水），边坡稳定系数为 1. 1068，处于极限平衡状态。随着排水率的增加，当边坡处于完全排水状态时（100%排水），边坡安全系数为 1. 2231，提高了 0. 1163。

B　降雨条件

降雨饱和条件下，根据实际钻孔资料，在 526m 以下平台均发现了自由水面，水面埋深 4～15m。故在计算饱和状态下边坡稳定性时，按照钻孔数据推测出采场下帮边坡地下水面埋深，如图 6-20 所示。

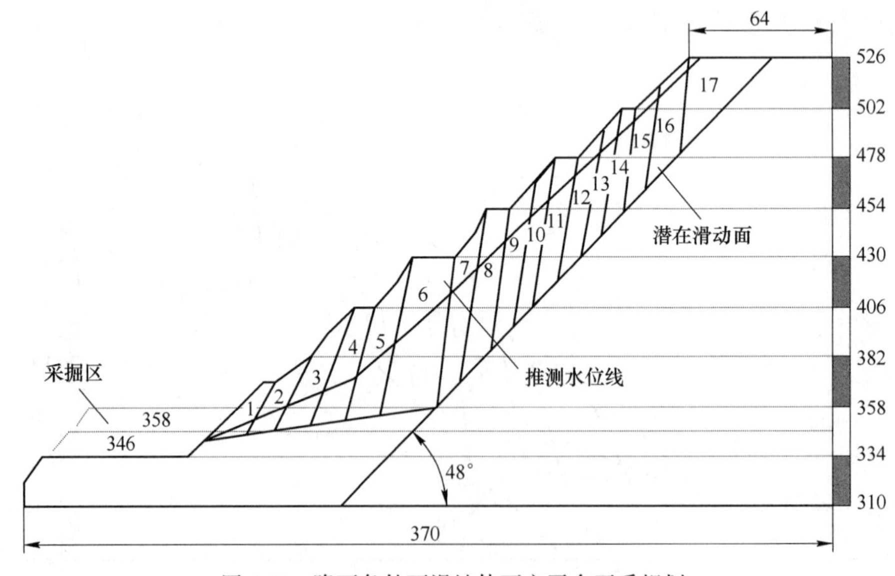

图 6-20　降雨条件下滑坡体下方平台开采规划

通过软件计算，各种条件下的稳定系数见表 6-17。

表 6-17 边坡现状条件下的稳定系数（饱和）

地震基本烈度	边坡自然排水率				
	0%	25%	50%	75%	100%
0 度	1.0770	1.0975	1.1343	1.1949	1.2255
Ⅵ度	1.0099	1.0292	1.0637	1.1212	1.1506
Ⅶ度	0.9509	0.9691	1.0014	1.0560	1.0844
Ⅷ度	0.8463	0.8625	0.8916	0.9411	0.9675

表 6-17 数据显示：（1）饱和条件下，随着地震烈度的增加，边坡安全系数逐渐降低。其中，不排水条件下（0%排水），边坡安全系数从 1.0770 降低至 0.8463；完全排水条件下（100%排水），边坡安全系数从 1.2255 降至 0.9675，说明饱和条件下与干燥条件下具有相同的特征，边坡排水对于提高边坡稳定性有积极作用；（2）在相同地震基本烈度下，随着边坡排水率的增加，边坡安全系数逐渐增加，边坡向着稳定方向发展。其中，0 度地震烈度条件下，即无地震区，边坡安全系数从 1.0070 提高到 1.2255，边坡变得更加稳定；（3）南芬露天铁矿属于Ⅵ度带，在不排水条件下（0%排水），边坡稳定系数为 1.0099，处于极限平衡状态。随着排水率的增加，当边坡处于完全排水状态时（100%排水），边坡安全系数为 1.1506，提高了 0.1407；（4）通过对饱和条件和干燥条件下边坡安全系数的对比发现，饱和状态下边坡安全系数较干燥状态下边坡安全系数小。如：同为 0 度地震基本烈度，0%排水率条件下，饱和状态边坡安全系数为 1.0770，而干燥状态边坡安全系数为 1.1356。说明降雨对边坡稳定性具有较大的影响。

6.3.5.2 采后稳定性分析

此次模拟计算的采掘工程主要针对 346m 和 358m 平台进行开采模拟计算，采掘量约 $100\times10^4m^3$。

A 未降雨条件

未降雨条件下，358m 平台和 346m 平台开采后，边坡数值计算力学模型如图 6-21 所示。模型中 358m 平台和 346m 平台支撑部分已经移除。

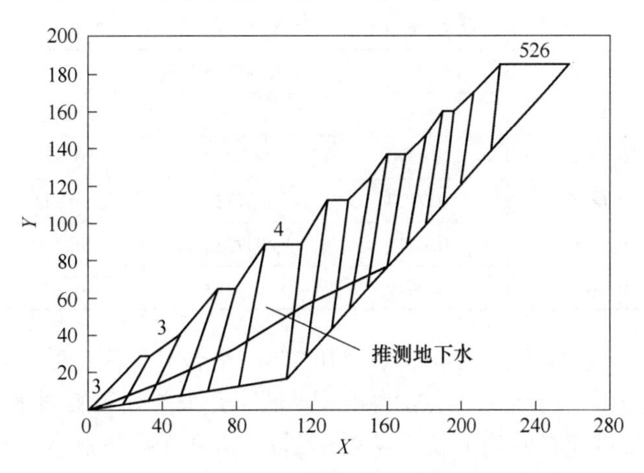

图 6-21 未降雨条件下滑坡体下方平台开采规划

通过软件计算，开采后，干燥条件下，边坡的稳定系数见表 6-18。

表 6-18 开采后未降雨条件下边坡的稳定系数（干燥）

地震基本烈度	边坡自然排水率				
	0%	25%	50%	75%	100%
0 度	0. 8553	0. 8553	0. 8556	0. 8998	0. 9321
Ⅵ度	0. 8018	0. 8018	0. 8021	0. 8438	0. 8613
Ⅶ度	0. 7551	0. 7551	0. 7554	0. 7947	0. 8124
Ⅷ度	0. 6739	0. 6739	0. 6742	0. 7094	0. 7389

B 降雨条件

降雨条件下，358m 平台和 346m 平台开采后，边坡数值计算力学模型如图 6-22 所示。模型中 358m 平台和 346m 平台支撑部分已经移除。

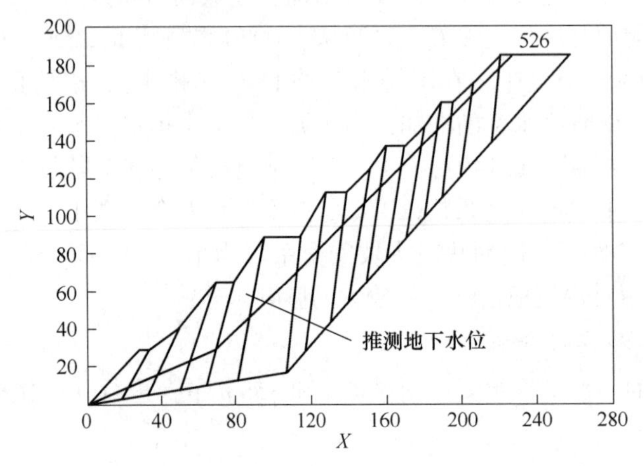

图 6-22 降雨条件下滑坡体下方台阶开采规划

通过软件计算，开采后，饱和条件下边坡的稳定系数见表 6-19。

表 6-19 开采后降雨条件下边坡的稳定系数（饱和）

地震基本烈度	边坡自然排水率				
	0%	25%	50%	75%	100%
0 度	0. 7108	0. 7590	0. 8250	0. 8945	0. 9284
Ⅵ度	0. 6685	0. 7123	0. 7731	0. 8387	0. 8712
Ⅶ度	0. 6320	0. 6717	0. 7278	0. 7899	0. 8211
Ⅷ度	0. 5694	0. 6019	0. 6493	0. 7050	0. 7339

表 6-18 和表 6-19 数据显示：346m 平台和 358m 平台开采后，采场下帮边坡由于坡脚处被开挖，抗滑力降低，边坡安全系数均相应降低。开采前处于极限平衡状态的边坡，开采后，边坡安全系数迅速降低到 1 以下（表 6-20），边坡变得非常不稳定，特别是在震动、降雨等影响下，边坡安全系数最小降低至 0. 5694，处于极不稳定状态。这些数据说明，南芬露天铁矿采场下帮边坡在自然状态下处于极限平衡状态，在采掘、降雨、震动等影响

下，边坡变得十分不稳定，甚至出现失稳破坏的灾害。

表 6-20 开采前后边坡的稳定系数对比

排水率	开采前		开采后	
	未降雨	降雨	未降雨	降雨
100%	1.3547	1.2255	0.9321	0.9284
50%	1.2642	1.1343	0.8556	0.8250
0%	1.1356	1.0770	0.8553	0.7108

6.3.5.3 排水有效性分析

滑坡往往发生在雨季或雨后，雨水渗入地下使地下水位升高，继而影响边坡稳定性。地下水对岩石的物理化学作用将影响强度参数，将用数值模拟的方法，给出不同水位下稳定系数的变化，刻画边坡稳定性状态。“MSARMA 边坡稳定性评价设计系统”可以按照需要，自动输出任意水位时边坡稳定系数值，据此可以做定量预测曲线。

A 工程强制排水模型

为了增强边坡的稳定性，降低地下水对边坡的影响，可以采取工程强制手段进行边坡排水，如露天矿高边坡。工程排水条件下，每一条块排水率均相同。在这种模型下，边坡排水的排水概率定义如下：

$$D_{\mathrm{r}} = \frac{YW_i(t_0) - YW_i(t)}{YW_i(t_0) - YB_i} \times 100\% \tag{6-4}$$

式中，D_{r} 为边坡排水率；$YW_i(t_0)$ 为第 i 条块前侧面 t_0（原始）时刻水位线纵坐标；$YW_i(t)$ 为第 i 条块前侧面 t 时刻水位线纵坐标；YB_i 为第 i 条块前侧面与底滑面交点纵坐标。

B 边坡自然排水模型

假设含水层是均质各向同性的，底部隔水层水平，上部有均匀入渗，边坡前缘为平行于坡面的河流或排泄区，则数学模型为：

$$\frac{\mathrm{d}}{\mathrm{d}x}\left(h\frac{\mathrm{d}h}{\mathrm{d}x}\right) + \frac{W}{K} = 0, \quad \begin{matrix} h|_{x=0} = h_1 \\ h|_{x=l} = h_2 \end{matrix} \tag{6-5}$$

解上述微分方程，得其解析解，即：

$$h^2 = h_1^2 + \frac{h_2^2 - h_1^2}{l}x + \frac{W}{K}(lx - x^2) \tag{6-6}$$

式中，W 为平均入渗量；K 为平均渗透系数。

当不考虑边坡坡面入渗，即 $W=0$ 时，地下水位的函数曲线为抛物线，即：

$$h^2 = h_1^2 + \frac{h_2^2 - h_1^2}{l}x \tag{6-7}$$

在进行边坡地下水敏感性分析时，以边坡后缘水头降低率为准则，根据式（6-7）可由边坡前缘水位 h_1 和后缘的水位 h_2 求得边坡体内任意点（x）的水位，水头降低率的定义如下：

$$D_{\mathrm{r}} = \frac{YW_{n+1}(t_0) - YW_{n+1}(t)}{YW_{n+1}(t_0) - YW_1} \times 100\% \tag{6-8}$$

式中，$YW_{n+1}(t_0)$ 为边坡后缘侧滑面水位 t_0 时刻纵坐标；$YW_{n+1}(t)$ 为边坡后缘侧滑面水位 t 时刻纵坐标；YW_1 为边坡前缘第 1 侧滑面水位纵坐标。

C 排水率对边坡稳态敏感性分析

通过软件计算，南芬露天铁矿采场下帮边坡不同排水率条件下，边坡安全系数演变特征如图 6-23 所示。从图中可以看出，露天矿排水系统完善程度对边坡稳定性起着至关重要的作用，随着排水率的增加，边坡安全系数逐渐增大，从 1.078 增加到 1.225。

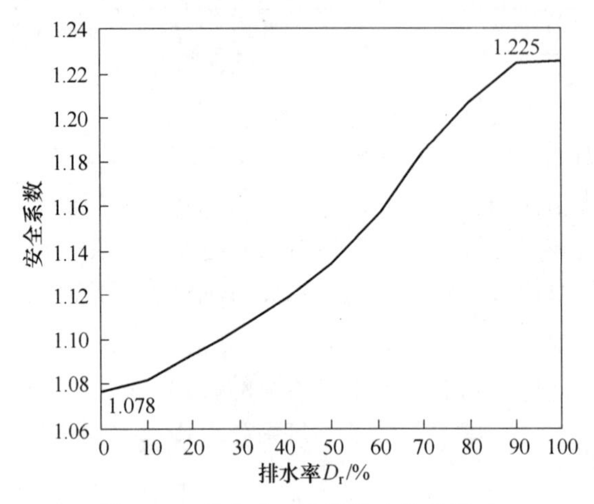

图 6-23 排水率对边坡稳定性的影响

综上所述，必须完善南芬露天铁矿采场排水系统，使地表径流按照设计要求集中排泄，提高边坡稳定性。

6.4 基于 Geo-slope 的圆弧型滑体稳定性分析

6.4.1 Geo-slope 稳定性分析软件介绍

为了验证 MSARMA 法的计算成果，本书采用 GEO/SLOPE 软件中的 SLOPE/W 模块对采场下盘边坡全段高稳定性进行复核计算。该模块是基于极限平衡法原理的专业边坡稳定性分析软件，通常用于计算土质或岩石边坡的安全系数，并对边坡的稳定性进行分析。无论是均质边坡还是非均质边坡，或者滑面深入坡脚下部的软岩基底边坡还是滑面通过坡脚的硬岩边坡，该软件都比较适用。另外在均质岩土体中，能够非常完美地搜索出最不利滑面。

采用极限平衡方法进行边坡稳定分析首先需要确定出边坡的稳定系数。不同岩体结构与滑动面，计算方法也不同；岩体强度参数值的测定以及边坡工程本身的重要程度，使该系数差别较大。国外学者 I. K. Lee 等主张，边坡常用的稳定系数取值范围是 1.2~1.3。而 E. Hock 和 J. W. Bray 认为，大部分露天采矿条件下，较永久边坡稳定系数取 1.5，短期内保持稳定的边坡取 1.3。《岩土工程勘查规范》规定：(1) 对新设计的边坡，一级边坡工程安全系数可采用 1.3~1.5；二级边坡工程可采用 1.15~1.30；三级边坡工程可采用 1.05~1.15；(2) 当验算评价已有边坡的稳定性时，安全系数可采用 1.10~1.25。综上所述，所研究区段属于情况（2），故选取安全系数为 1.10~1.25。

6.4.2 最危险滑动面搜索原理

应用最小安全系数来确定最危险滑移面仍然是稳定性分析中的关键问题。我们都知道，寻找最危险滑移面包括一个试算的过程，每创建一个滑动面，对应着都要算出一个安全系数。对于很多可能的滑动面来讲，这是一个重复的过程，最终，具有最小安全系数的那个试算滑动面就是最危险的滑动面。不管软件的级别有多高，寻找危险的滑移面需要分析者具有相当丰富的经验。岩土体的地层条件可能会影响潜在破坏的危险模式，因此在选择试算滑移面形状时必须考虑到地层的影响因素。

滑动圆弧的圆心以及其曲率半径决定了最危险滑动面的确定，确定方法主要有以下 3 种：

（1）指定圆弧圆心的取值范围，即在边坡前上方大致确定一个圆心坐标取值栅格，栅格上每个结点就是待试算的圆心，然后计算出不同半径下边坡的安全系数，通过对比并与现场实际情况结合，确定出边坡最小安全系数以及相对应的最小安全系数的最危险滑面。

（2）根据现场的工程地质状况以及岩体的结构面发育状况，在边坡软弱部位指定出折线滑动面，进而计算出最小安全系数和确定出最危险滑动面。

（3）剪入口剪出口指定法。通过指定搜索滑面可能的入口和出口来确定滑面的范围，即 Entry and Exit 法。

圆心网格和半径搜索方法存在的一个难题是很难确定搜索滑面的范围，指定滑面法需要采用边坡测斜仪、地质地层监控和坡面监测准确确定出边坡的滑动面，本文采用的是第 3 种方法，即 Entry and Exit 法。

6.4.3 下盘回采区边坡稳定性分析

6.4.3.1 Geo-slope 计算模型建立

把采场下盘回采区圆弧型滑坡体沿着纵断面剖开，形成的地质剖面图如图 6-24 所示，断面底部标高 238m、顶部标高 526m，高差约 288m。

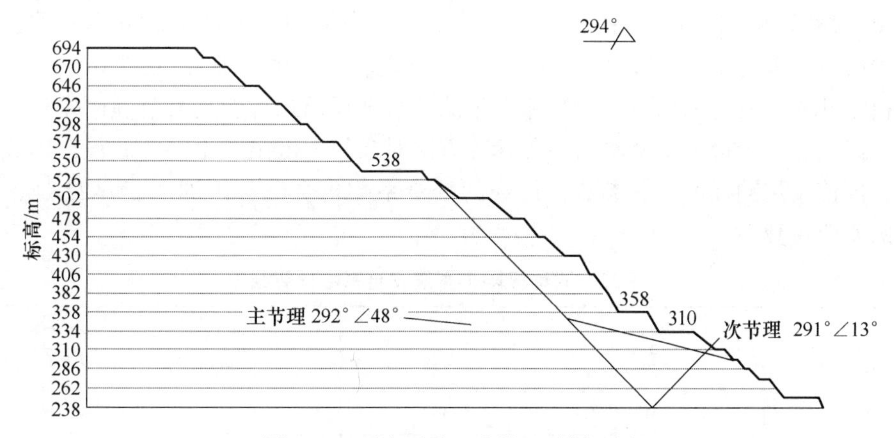

图 6-24 下盘回采区边坡地质剖面图

根据这一剖面图，在 Geo-slope 中绘制出采场下盘回采区圆弧型滑坡体的二维几何模型轮廓（彩图 6-25）。

6.4.3.2　参数的选取

寻找最危险滑动面时另一个关键的问题就是岩土层力学参数的选择，不同的岩土层力学参数可以导致最危险滑动面的计算位置不同，计算参数的选取对计算结果至关重要，合理地选择 c、φ 值才能对滑坡稳定性做出合理正确的预测。本次计算参数选取通过岩土体试验、工程类比及反演等综合确定，详见表 6-21。

表 6-21　岩石力学参数

岩石名称	容重 /kN · m^{-3}	抗压强度 /MPa	内聚力 /MPa	内摩擦角 /(°)	岩体质量级别
石英绿泥片岩	29.1	60.7	0.210	31	质量一般岩体
角闪绿泥片岩	29.7	93.9	0.250	36	介于质量一般与优质岩体之间
主节理	18.0	12.5	0.06	15	质量较差
次节理	18.0	12.5	0.06	15	质量较差

6.4.3.3　计算结果分析

本次计算采用一种被称作“安全图”的方法来表示最危险滑动面的分布区域，拥有同样安全系数的所有有效试算滑动面被归类到一个条带中。从最高的安全系数条带开始到最低的安全系数条带，这些条带分别被涂上了不同的颜色。结果是，在其余的颜色条带之上，具有最小安全系数的条带被涂上了像彩虹一样的颜色。

在彩图 6-26（a）中，红颜色的条带具有最小的安全系数，白色的线条就是最危险的滑动面。对于所有试算的滑动面来说，这种展示法很清晰地表示出了危险滑动面的位置，也显示出了具有一定安全系数范围内的潜在滑动面的区域。彩图 6-26（b）为边坡开挖前后的潜在滑动面。

目前，国内外学者常用的四种极限平衡方法是瑞典条分法、Bishop 法、Janbu 法和 Morgenstern-Price 法。本次分别利用这四种方法对南芬露天铁矿采场下盘圆弧型滑坡体稳定性进行计算，得到四个相应的危险滑动面，如彩图 6-27 所示。

彩图 6-27 显示，四种极限平衡方法搜索到的最危险滑动面的范围基本一致，最危险滑动面均沿着边坡的两条主节理分布（一条主节理、一条次节理）。这两条主节理影响着边坡的稳定性质，所以采场下盘边坡体发生的滑坡破坏模式可能是沿节理面发育的顺层岩质滑坡。但是，由于极限平衡法的各种计算方法对条间力做出了不同的假设，因此对于同一边坡，即使采用同样的计算参数，得到的安全系数也会略有不同，表 6-22 是各平衡法计算出的安全系数。

表 6-22　四种极限平衡法安全系数计算结果

开挖量	Ordinary	Bishop	Janbu	Morgenstern-Price
0	1.32	1.383	1.292	1.39
6	1.302	1.361	1.261	1.369
12	1.289	1.355	1.247	1.363
18	1.278	1.344	1.236	1.355
24	1.271	1.343	1.228	1.354

续表 6-22

开挖量	Ordinary	Bishop	Janbu	Morgenstern-Price
30	1. 246	1. 343	1. 211	1. 354
36	0. 972	1. 076	1. 016	1. 053
42	0. 95	1. 042	0. 993	1. 024
54	0. 923	1. 005	0. 969	0. 995

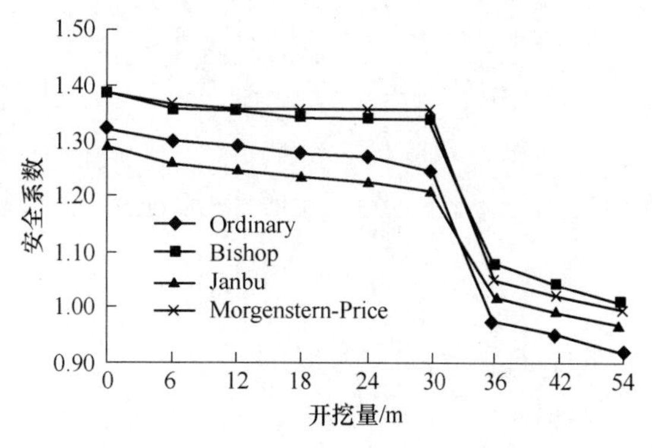

图 6-28　安全系数与边坡开挖量关系

图 6-28 是根据四种极限平衡分析法计算出的边坡安全系数绘制的效果图。图中显示，Bishop 法和 Morgenstern-Price 法的计算结果相近，明显大于瑞典条分法和 Janbu 法，这是因为 Bishop 法和 M-P 法考虑了土条之间的作用力，使边坡的抗滑力增大而使边坡的安全系数变大。

另外，在 364m 平台开挖到 310m 平台的过程中，采场下盘边坡安全系数逐渐减小，且很明显的是开挖到 334~328m 平台时，边坡安全系数突然下降，降到 1 附近。依据《岩土工程勘查规范》规定的该边坡的稳定系数是 1. 1~1. 25，所以，边坡将在此时失稳，产生位移或者发生滑坡。

与南芬露天铁矿实际情况相比，Morgenstern-Price 法的计算结果更满足要求。因此，本次调查用 M-P 法来分析评价采场下盘全段高边坡的稳定性状况，计算结果如彩图 6-29 所示。

随着 370m 平台下方矿石开采的进行，边坡最危险滑动面逐步下降，并逐渐接近两条大节理，剪出口由 334m 平台向下发育到 310m 平台，具有最小安全系数的条带逐渐扩大，即失稳区域逐步扩大，同时，潜在滑动面的区域也逐渐增大。另外，在开挖 36m 后，即开挖到 328m 平台时，最危险滑面下降了 24m，次节理成为边坡体下部的最危险滑动面，边坡体破坏模式为平面破坏。因此，在开挖过程中，应该时刻注意观察上方边坡体的稳定性动态，特别是在开挖到 334m 平台后，不应再继续开挖，可采取爆破或者等降雨之后，等边坡体产生滑动后再开挖。如条件许可，可布置部分监测点，实时监测边坡体内部的力学性质的变化，为边坡体的稳定性变化提供预警预报。

6.4.4　下盘扩帮区边坡稳定性分析

6.4.4.1　Geo-slope 计算模型建立

南芬露天铁矿采场下盘顶部是扩帮区，位于回采区上方。扩帮区形成的永久边坡局部发生了小规模滑塌，滑塌体贯穿 646~694m 平台，滑体高度约 48m、宽约 60m。该滑体形成于 2010 年 4 月，滑体后缘位于 694m 平台，后缘滑面呈圆弧型，滑坡舌位于 646m 平台下方。滑体表面岩石破碎，巨型岩石被错断。

根据扩帮区滑塌体地质剖面图，绘制出下盘扩帮区模型轮廓图，如图 6-30 所示。该滑坡体上部以第四系黏土为主，有大量碎石堆积物，其间夹杂少量碎屑物质；下部以绿泥岩和混合花岗岩为主。

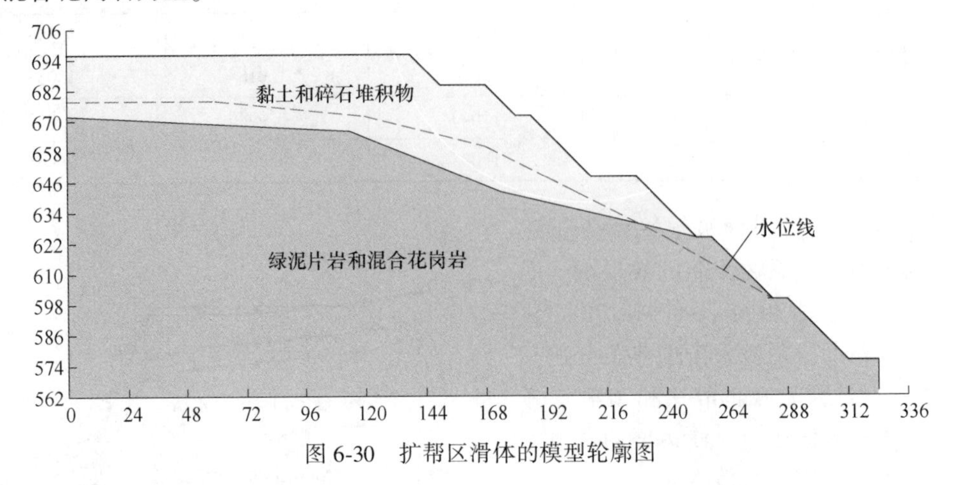

图 6-30　扩帮区滑体的模型轮廓图

6.4.4.2　计算结果分析

在无外界因素影响下，边坡体能保持基本稳定状态，但降雨后，上部岩土体内摩擦角和黏聚力都将显著降低，导致整体岩体强度降低，抗滑能力减小，将容易发生圆弧型滑坡。

如彩图 6-31 所示，白线代表最危险滑面，红色条带代表具有最小安全系数的一个区域，彩色区域是该边坡体所有可能滑动的范围。另外绘出了 50 条可能滑动的滑面，如图 6-32 所示。因此，可以看出该区边坡体如果破坏，其破坏模式可能会是圆弧型破坏。

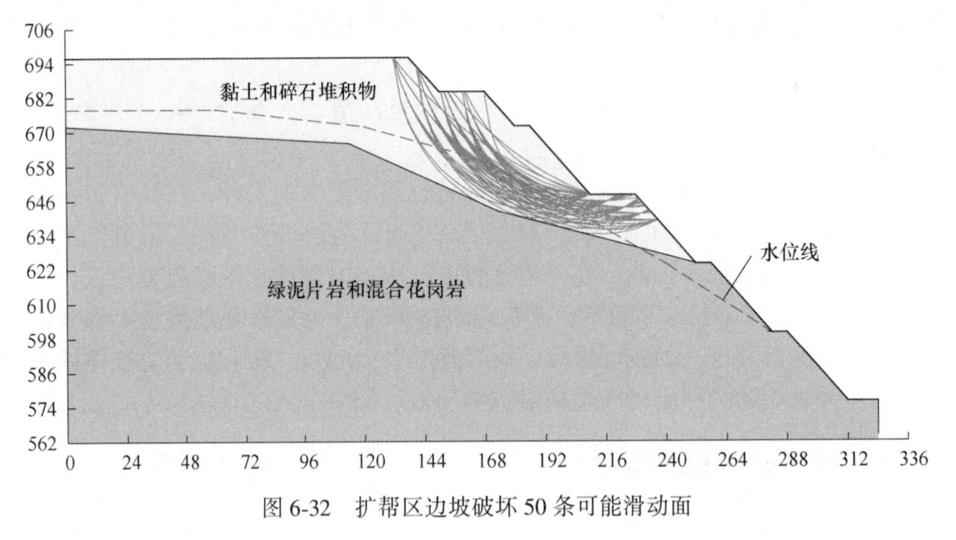

图 6-32　扩帮区边坡破坏 50 条可能滑动面

6.4.4.3　边坡敏感性因素分析

随着下方台阶的不断扩帮，受采场爆破振动、雨水入渗及临空影响，滑体滑移面积和趋势将逐渐加大。如图 6-33 所示，在横坐标 175m 附近，边坡空隙水压达到最大，为 114kPa，当因降雨水位上升 1m，空隙水压达到最大的 124kPa，但是边坡安全系数变化却不大，见表 6-23。所以，边坡的稳定性对地下水位上升的敏感性不大。

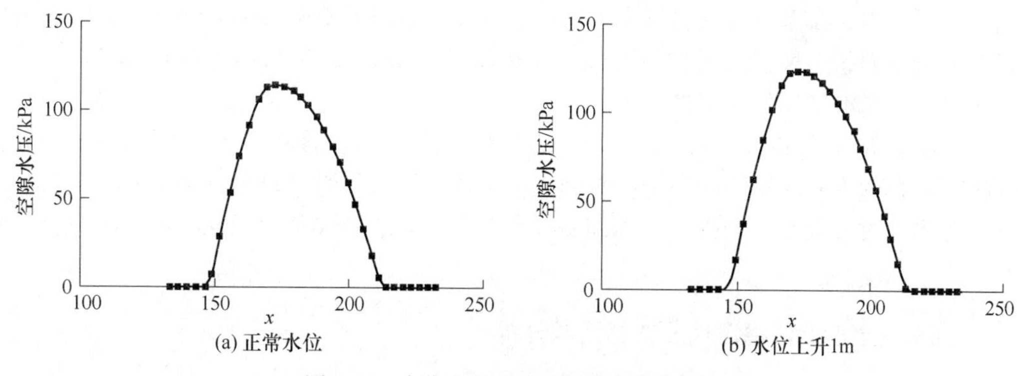

图 6-33 水位变化对边坡孔隙水压的影响

表 6-23 水位变化对边坡安全系数的影响

水位	Ordinary	Bishop	Janbu	Morgenstern-Price
正常水位	1.259	1.352	1.242	1.353
水位上升 1m	1.247	1.341	1.232	1.341

边坡安全系数对岩土体内摩擦角和黏聚力的敏感性却很大，降雨使得这两个因子数值减小，从而导致安全系数显著降低，如图 6-34 所示。因此，必须在雨季和爆破时加强对边坡的观测，制定合理有效的排水措施，减小地表水的渗流；同时还应该布置部分监测点，实时监测边坡体内部的力学性质的变化，为边坡体的稳定性变化提供预警预报。如果边坡稳定性状况有明显变化，在此区域工作的人员设备应随时做好撤离的准备。

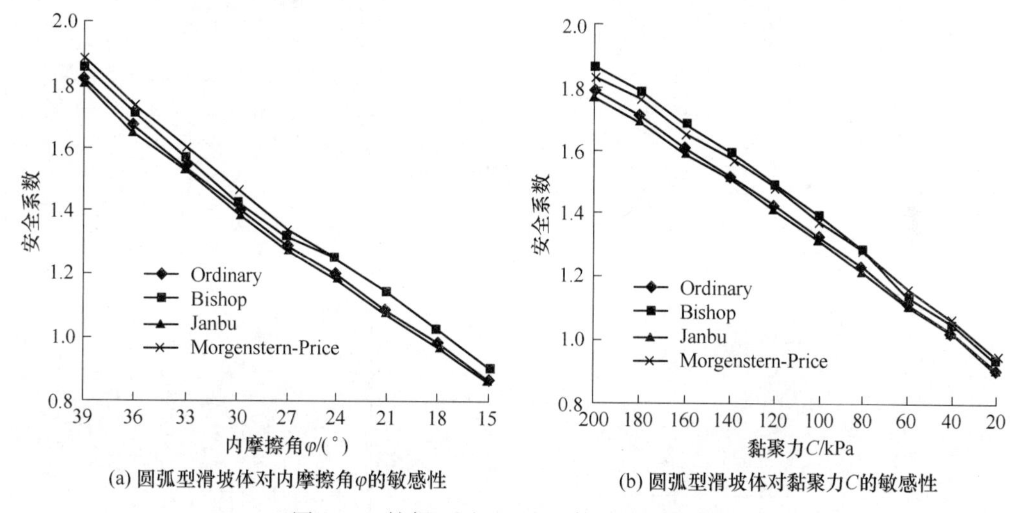

图 6-34 扩帮区圆弧型滑坡体敏感性分析图

6.5 基于 Rocscience-Swedge 楔型滑坡体稳定性分析

6.5.1 Rocscience-Swedge 计算程序

Geo-slope 只能分析平面破坏和圆弧破坏等单个滑面滑坡的稳定性，并搜索出最危险滑动面的位置，但对楔型滑坡就显得力不从心了。而南芬露天铁矿回采区和扩帮区边坡岩体内发育多组节理，边坡失稳很容易发生楔型体滑坡。所以，本次计算选择 Swedge 来分析回采区局部楔形滑坡体的稳定性。

Swedge 是加拿大 Rocscience 公司开发的楔型稳定性分析软件，适用于快速分析和评价岩质边坡潜在的不稳定楔体的安全系数和失稳破坏概率，同时可以考虑地下水、支护、地震作用等参数对安全系数的影响。Swedge 操作界面简洁，楔型体可以从三维角度直观展示出来。

6.5.2　回采区楔型滑体稳定性及敏感因素分析

由 6.1.2 节描述得知，6 区位于采场下盘南部，最终边坡岩体中分布有断层 F_2、F_4、F_6、F_7、F_{42}和闪长岩脉（δ）花岗斑岩脉（rπ）和石英斑岩脉（Qπ）。这些不连续面倾角均大于边坡面倾角，不会构成平面型破坏。但是，扩帮后形成的最终边坡内两两结构面所构成的楔型体交线已经在 526m 台阶出露，另外边坡岩体破碎，发育多组小结构面，已经对边坡构成了局部楔型破坏。特别是在 310m 平台、358m 平台和 478m 平台都有楔型滑坡体发育，图 6-35 所示是楔型体的不同视角图。

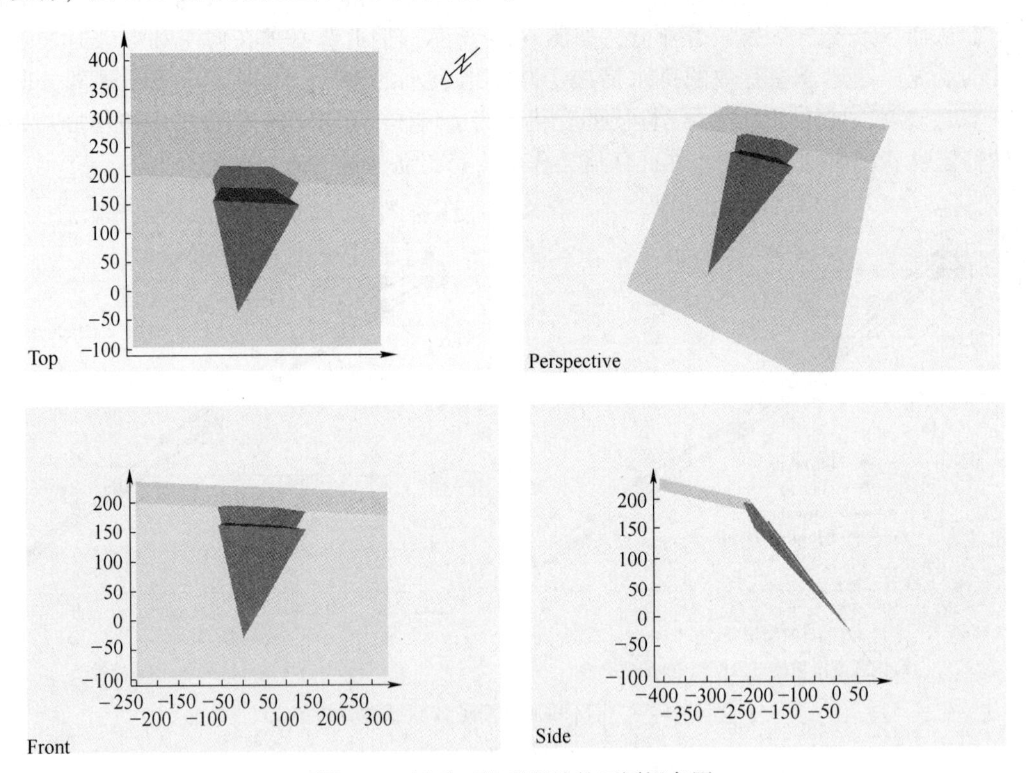

图 6-35　回采区楔型滑坡的不同视角图

根据现场勘查报告资料和室内实验获取软弱结构面岩石的力学参数（结构面产状来自于工程现场地质调查所得），并对楔型体在不同工况下的稳定性进行计算分析（图 6-36）。

计算结果为：在天然状态回采区楔型滑坡体的安全系数为 2.187，表示回采区楔型滑

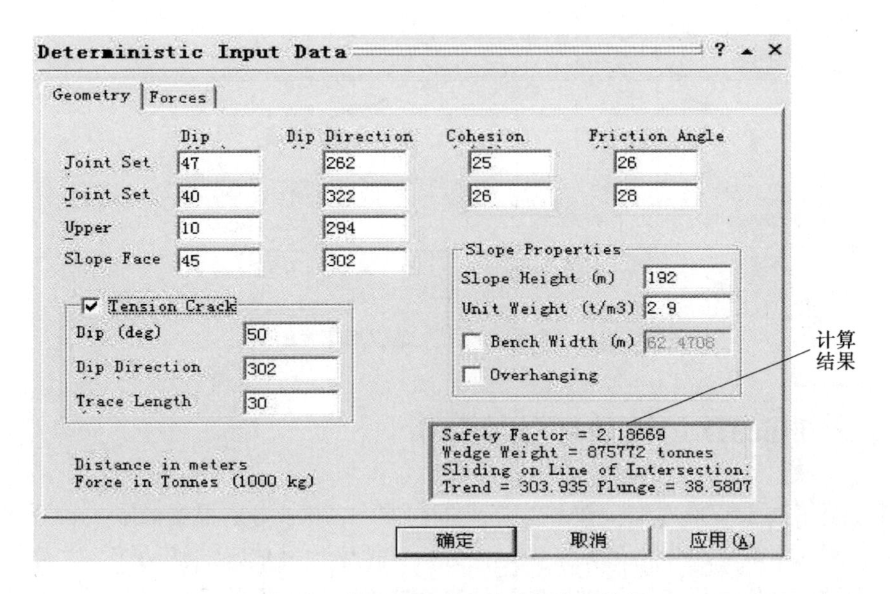

图 6-36 楔型滑坡稳定性计算分析结果

坡体整体是稳定的，两组软弱结构面不会直接造成回采区楔型滑坡体的失稳破坏。但是如果在坡脚开挖过程中改变了边坡面的倾角，整体边坡安全系数将明显减小，而局部平台间的边坡将可能会发生失稳现象，产生局部平台间的楔型滑坡，图 6-37 所示为安全系数与边坡开挖坡脚相关曲线。

在暴雨或强降雨条件下，不考虑雨水渗透边坡导致的力学参数值的减小，仅考虑边坡体的富水状态，边坡体的稳定性也将进一步降低，特别是当边坡体富水接近饱和时，其安全系数显著降低，如图 6-38 所示，因此在降雨期，应加强地表和地下水的排放，并时刻注意边坡的发展动态。

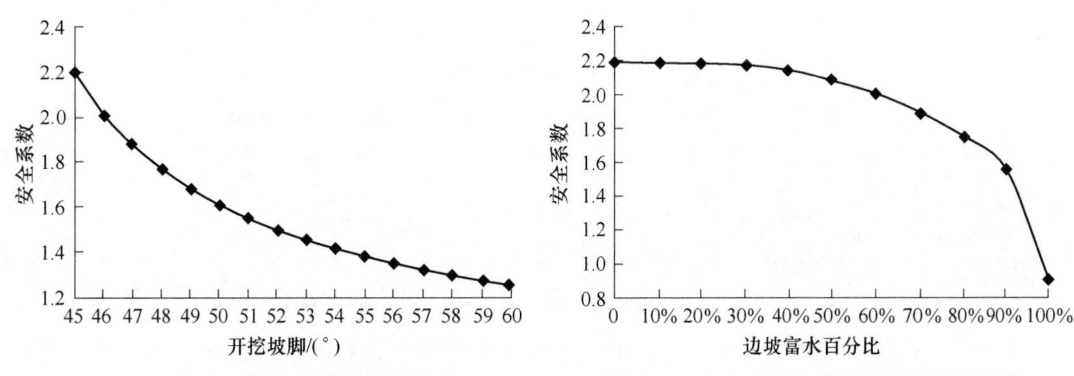

图 6-37 安全系数与开挖坡脚的关系

图 6-38 安全系数与边坡富水状况的关系

在地震作用下，边坡体稳定性也将随着地震烈度的增加而明显降低，在地震系数为 0.255（Ⅷ级）时，边坡仍然处于稳定状态；但在地震系数为 0.051（Ⅸ级）时，边坡将处于极限平衡状态，在外界条件影响下，边坡将可能失稳；而在地震系数为 1.020（Ⅹ级）时，边坡已处于失稳状态，如图 6-39 所示。

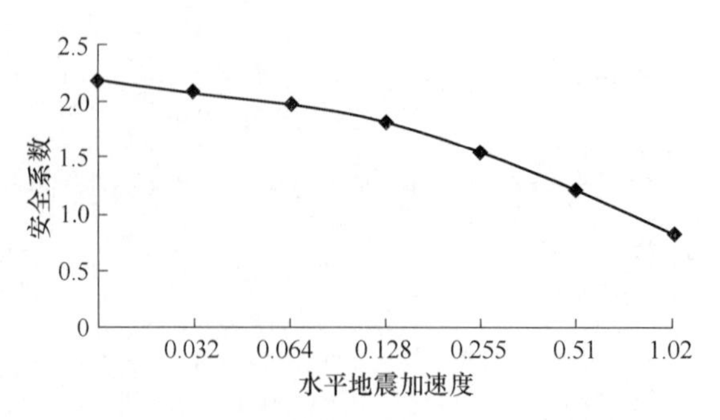

图 6-39　安全系数与水平地震加速度的关系

6.6　基于 Flac3D 边坡破坏数值分析

第 6.3 至第 6.5 节采用 MSARMA、Geo-slope 和 Swedge 方法根据极限平衡原理分别对平面滑坡、圆弧滑坡和楔型滑坡做了稳定性分析，搜索出最危险的滑动面，并分析出对边坡稳定最为敏感的影响因素。但它们都是从定性或者理论解析的角度去分析，不能非常准确地反映边坡岩体的真实情况，所以本节拟使用 Flac3D 对边坡体的破坏情况进行数值模拟分析，以期对该边坡问题有一个更为科学、系统的认识，并做出经济、合理的评价。连续介质快速拉格朗日分析数值分析法，能更好地考虑岩土体的不连续和大变形特性，求解速度较快。

6.6.1　下盘边坡整体模型建立

本次计算采用 ANSYS 软件，建立了南芬露天铁矿采场下盘中部整个滑坡体的三维地质模型，坡脚标高 238m，坡顶标高 694m，边坡相对高度 456m。将该模型导入 Flac3D，分析计算下盘回采区和扩帮区两个区域的失稳破坏模式，计算中所采用的物理力学性质参数见表 6-24。

表 6-24　岩石物理力学性质参数

岩性名称	容重 /kN · m^{-3}	体积模量 /GPa	剪切模量 /MPa	抗拉强度 /MPa	黏聚力 /MPa	内摩擦角 /(°)
黏土和碎石	27.3	2.0	1.2	1	60	30
石英绿泥片岩	29.1	4.0	2.4	2.0	0.21	31
角闪绿泥片岩	29.7	4.0	2.4	2.0	0.25	36

根据南芬露天铁矿采场下盘边坡体的地形地质图，模型选取范围为长×宽×高＝1245.2m×1112.8m×650m，共划分为 66780 个单元、11450 个节点。该模型侧面限制水平移动，底部固定，材料破坏符合 Mohr-Coulomb 强度准则，计算模型如图 6-40 所示。

6.6.2　下盘平面破坏数值分析

南芬露天铁矿下盘回采区边坡坡面产状为 290°∠46°，主要发育两组节理，主节理产状是 292°∠48°，次节理产状为 291°∠13°，两条结构面共同组成了该区滑坡体的主滑面，决定着边坡体的滑动模式和滑动方向，边坡体如果发生失稳破坏，破坏模式将沿着两组软弱结构面的顺层双滑面滑动，滑动方向与坡向一致，如彩图6-41所示。

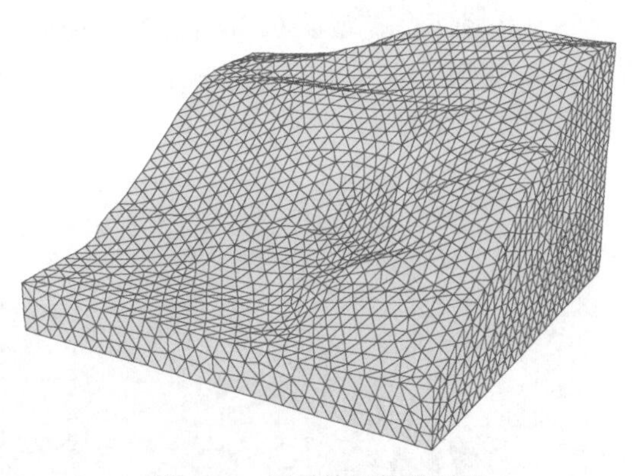

图6-40 滑坡体整体模型图

彩图6-41显示出如下变形特征：

（1）采场下盘大位移变形区主要集中在370~622m台阶之间，其中最大位移主要集中在370~478m台阶之间。最大水平位移变形发生在394m台阶上，最大水平位移为3.14m。从现场调查结果来看，394~430m台阶近5年已经出现了大面积蠕滑变形，滑坡舌部沿着394m台阶滑移，舌部岩体破碎（图6-42）。根据现场测量，滑坡舌部最大水平位移量在2m以上。因此，模拟结果与调查结果相似，具有一定价值。

图6-42 394m台阶破碎坡面

（2）采场下盘478m台阶处也出现了一个较大位移变形区，最大水平位移量2m，垂直位移量1.5m。根据现场调查发现采场下盘回采区478m平台在整个回采过程中出现明显的塌陷错台，错台长约25m，高差约1.3m。错台处剪切裂缝宽度5~20mm，利于雨水入渗，减小了滑动面抗剪强度，会诱发滑坡灾害进一步恶化，如图6-43和图6-44所示。

图6-43 破碎堆积体

图6-44 478m平台产生错台

（3）采场下盘扩帮区 622m 台阶和 646m 台阶出现了局部片状变形区，最大水平位移约 1.5m，变形区主要集中在这两个台阶的中北部。经过现场调查发现该区域确实存在多处局部滑坡，如图 6-45 所示。

图 6-45　622m 台阶局部滑坡

这种情况说明前期认为“扩帮后形成的最终边坡已经处于稳定状态，不会发生滑坡”的判断是错误的，因此必须加强对永久边坡的监测和日常巡查。特别是降雨发生后，要加强对变形区的检查和下方截渣平台的清理工作，确保边坡的稳定。

6.7　本章小结

经过针对采场北山、下盘主要区域的稳定性评价和敏感性分析，可以得到以下主要结论：

（1）南芬露天铁矿采场下盘和北山边坡受到 5~6 组节理的切割，但是由于这些节理在地表出露，且埋深较浅，没有发现有延伸很广的可构成大型平面型和楔型破坏模式的不连续面，因此对边坡稳定性不构成大的影响，其作用主要在于切割完整岩体，形成滑坡舌部。

（2）对于采场南北端帮和上盘边坡其主要的破坏模式为圆弧型破坏；采场北山和下盘边坡主要破坏模式是双滑面型。由于采场边坡与自然边坡主要区别是采场边坡具有台阶结构，因此这种独特的结构必然使边坡每个台阶坡度变陡，再加上系列节理面的切割，各台阶有产生平面型、双滑面型、倾倒型和楔型破坏的可能。

（3）水是影响南芬露天铁矿采场边坡稳定性非常敏感的因素，经过对 9 个断面的稳定性评价，边坡稳定系数随着排水率的增加而增大。当对边坡进行 100%疏干排水时，其边坡稳定系数明显提高。计算表明，按照现有边坡台阶高度和坡度，局部区域边坡处于不稳定状态，但是大部分边坡在饱和状态下仍是安全的，说明现有设计符合安全标准，但是针对局部破碎边坡要加强监测、加固、喷护、排水等措施，确保边坡的稳定。

（4）经过计算，北山两个断面（Ⅰ-Ⅰ′和Ⅱ-Ⅱ′）所在边坡在饱和条件下安全系数完全满足安全要求，因此处于相对稳定状态；采场下盘 3-2、4-1、7-2、8-1、8-2、9-1（Ⅲ-Ⅲ′、Ⅳ-Ⅳ′、Ⅶ-Ⅶ′、Ⅷ-Ⅷ′和Ⅸ-Ⅸ′）潜在滑动面在饱和状态条件下处于不稳定状态，因此在扩帮和回采过程中要加强对该部位的监测和加固，并且设计辅助疏干孔和排水沟，确保排土场边坡的排水。

（5）目前采用的疏干孔、截排水沟、排水管道等疏干方式对提高边坡稳定性是非常有效的，应当逐步扩大疏干孔和排水沟的设置范围，并且研究一套系统的排水方案，杜绝上一台阶疏干排水渗入到下一个台阶，坡顶疏干排水流向坡底等现象。所有排水系统要通过盲沟、明渠、排水管和集水井等构筑物连接为一个整体，有计划、有目的进行就近排水，将采场内的地表水、雨水、裂隙水、工程用水等集中排泄到采场外。

（6）纵贯采场的 F_1' 断层断裂影响破碎带宽约 40～120m，对其坡体稳定性影响不可忽视，特别对第八区影响更为显著。为了保持边坡在开采过程中的稳定，应当对坡面出露部位加强滑动力监测和地表位移监测，并针对第四系松散坡积物表面进行喷锚加固。其他断层，如 F_1、F_2、F_3、F_4、F_5、F_6、F_{42}，以及规模较大的花岗岩、石英斑岩脉和玄武岩脉也应随着对其的揭露密切观测。

7 采场边坡危险性区划及防治对策研究

7.1 模糊数学综合评判法

模糊数学（fuzzy mathematics）是一个十分年轻的数学分支，它的产生使得数学能够在一片更广阔的领域里发挥独特作用。自查德提出模糊集合以来，数学对象之间的各种模糊关系、模糊运算也相继产生，模糊数学迅速发展起来，理论不断完善，应用日益广泛。模糊数学经过近 40 年的发展，其应用几乎涉及自然科学、社会科学和工程技术的各个领域。

7.1.1 模糊数学综合评价的基本原理

首先，建立影响评价对象的 n 个因素组成的集合，称为因素集：

$$\boldsymbol{U} = \{u_1, u_2, \cdots, u_n\} \tag{7-1}$$

式中 $\boldsymbol{U}$——所有的评判因素所组成的集合。

然后，建立由 m 个评价结果组成的评价集：

$$\boldsymbol{V} = \{v_1, v_2, \cdots, v_m\} \tag{7-2}$$

式中 $\boldsymbol{V}$——所有的评语等级所组成的集合。

如果着眼于第 $i(i = 1, 2, \cdots, n)$ 个评判因素 u_i，其单因素评判结果为：

$$\boldsymbol{R}_i = [r_{i1}, r_{i2}, \cdots, r_{im}] \tag{7-3}$$

则各个评判因素的评判决策矩阵：

$$\boldsymbol{R} = \begin{pmatrix} \boldsymbol{R}_1 \\ \boldsymbol{R}_2 \\ \vdots \\ \boldsymbol{R}_n \end{pmatrix} = \begin{pmatrix} r_{11} & r_{12} & \cdots & r_{1m} \\ r_{21} & r_{22} & \cdots & r_{2m} \\ \vdots & \vdots & \ddots & \vdots \\ r_{n1} & r_{n2} & \cdots & r_{nm} \end{pmatrix} \tag{7-4}$$

这就定义了 $\boldsymbol{V}$ 上的一个模糊关系。

如果各评判因素的权重分配为：

$$\boldsymbol{A} = [a_1, a_2, \cdots, a_n] \tag{7-5}$$

显然，$\boldsymbol{A}$ 是论域 $\boldsymbol{U}$ 上的一个模糊子集，且 $0 \leqslant a_i \leqslant 1$，$\sum_{i=1}^{n} a_i = 1$，则通过模糊变换，可以得到 $\boldsymbol{V}$ 上的一个模糊子集，即综合评判结果：

$$\boldsymbol{B} = \boldsymbol{A} \circ \boldsymbol{R} \tag{7-6}$$

式中 $\boldsymbol{B}$——所求的综合评价结果；

$\boldsymbol{A}$——参与评价因子的权重归一化处理后构成的一个 $1 \times n$ 阶矩阵；

R——由各单因子评价行矩阵组成的 $n \times m$ 阶模糊关系矩阵；

◦——矩阵合成运算符号，其方法通常有两种：第一种是主因素决定模型法，即利用逻辑算子 $M(\wedge, \vee)$ 进行取小或取大合成，该方法一般适合于单项最优的选择；第二种是普通矩阵模型法，即利用普通矩阵乘法进行运算，这种方法兼顾了各方面的因素，因此适宜于多因素的排序。

7.1.2 模糊数学综合评价的过程与步骤

模糊数学综合评价的过程与步骤如图 7-1 所示。

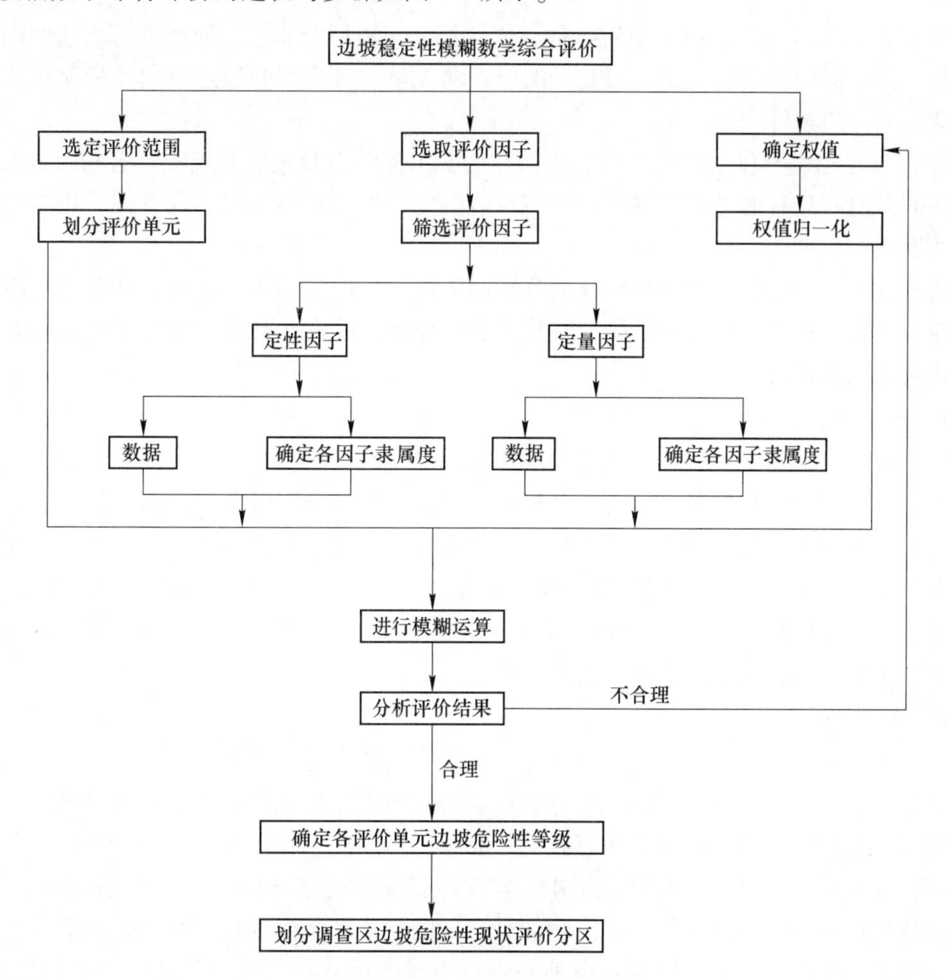

图 7-1 模糊数学综合评价法评价步骤

（1）确定评价因素集（**E**）；

（2）确定评价集（**Y**）；

（3）确定各级权系（**X**）；

（4）确定一级评价因素的隶属度（函数）；

（5）模糊综合评价，得出模糊综合评价的隶属度进行评价，最后得出评价结果；

（6）以定性分析为基础，进行模糊综合评判运算并分析评判结果之合理性。

7.2　边坡危险性的模糊综合评价

7.2.1　评价因子的选取与数据准备

7.2.1.1　南芬露天铁矿边坡危险性影响因素分析

露天矿滑坡、崩塌和泥石流等灾害的发生发展是极其错综复杂的，影响因素也很多。概括起来可以分为两个方面：

（1）内在因素。包括地形地貌条件、岩性特征、地层分布、地质构造等。这些因素的变化是十分缓慢的，它们决定边坡变形的形式和规模，对边坡的稳定性起着控制作用，是边坡变形的先决条件。

（2）外在因素。包括风化作用、水的作用、工程爆破及边坡开挖等。这些因素的变化是很快的，但它只有通过内在因素，才能对边坡危险性起破坏作用，或者促进边坡变形的发生和发展。

边坡变形，实质上是内在和外在的各种因素综合作用的结果。因此，在分析边坡稳定时，应在研究各种单一因素的基础上，找出它们彼此间的内在联系，才能对边坡的稳定性做出比较正确的评价。

A　地形地貌条件

地形地貌是由于地球内外应力作用而形成的地表起伏形态。地貌条件决定了边坡形态，对边坡稳定性有直接影响。边坡的形态系指边坡的高度、坡角、剖面形态、平面形态以及边坡的临空条件等。对于均质岩坡，其坡度越陡、坡高越大则稳定性越差。对边坡的临空条件来讲，在工程地质条件相类似的情况下，平面呈凹形的边坡较呈凸形的边坡稳定。此外，在边坡倾向与缓倾角结构面倾向一致的同向结构类型地段，边坡稳定性与边坡坡度关系不甚密切，而主要取决于边坡高度。

B　岩性特征

岩性的差异是影响边坡稳定的基本因素，就边坡的变形破坏特征而论，不同的地层岩组有其常见的变形破坏形式。例如，有些地层岩组中滑坡特别发育，这是与该地层岩石的矿物成分、亲水特性及抗风化能力等有关，如绿泥角闪岩、绿泥片岩、二云母石英片岩和云母石英片岩都是易滑地层岩组。此外，岩组特征对边坡的变形破坏有着直接影响，坚硬完整的块状或厚层状岩组，易形成高达数百米的陡立边坡，而在软弱地层的岩石中形成的边坡在坡高一定时，其坡度较缓。由某些岩石组成的边坡在干燥或天然状态下是稳定的，但一经水浸，岩石强度将大为降低，边坡出现失稳等，充分说明岩石的性质对边坡的变形破坏有直接影响。

C　岩体结构与地质构造

岩体结构类型、结构面性状及其与坡面的关系是岩质边坡稳定的控制因素。

（1）结构面的倾角和倾向。同向缓倾边坡的稳定性较反向坡要差；同向缓倾坡中的倾角越陡，稳定性越好；水平岩层组成的边坡稳定性亦较好。

（2）结构面的走向。结构面走向与坡面走向之间的关系，决定了失稳边坡岩体运动的临空程度，当倾向不利的结构面走向和坡面平行时，整个坡面都具有临空自由滑动的条件，因此，对边坡的稳定性最为不利。

(3) 结构面的组数和数量。边坡受多组结构面切割时，切割面、临空面和滑动面较多，整个边坡变形破坏的自由度就大，组成滑动块体的机会也较大；结构面较多时，为地下水活动提供了较多的通道，显然，地下水的出现降低了结构面的抗剪强度，对边坡稳定不利。另外，结构面的数量会影响被切割岩块的大小和岩体的破碎程度，它不仅影响边坡的稳定性，而且影响到边坡变形破坏的形式。

对边坡稳定性有影响的岩体结构还包括结构面的连续性、粗糙程度及结构面胶结情况、充填物性质和厚度等方面。

地质构造是影响岩质边坡稳定性的重要因素，它包括区域构造特点、边坡地段的褶皱形态、岩层产状、断层与节理裂隙的发育程度及分布规律、区域新构造运动等。在区域构造较复杂、褶皱较强烈、新构造运动较活跃区域，边坡的稳定性较差。边坡地段的褶皱形态、岩层产状、断层及节理等本身就是软弱结构面，经常构成滑动面或滑坡周界，直接控制边坡变形破坏的形式和规模。对地质构造进行分析研究，是定性和定量分析评价边坡稳定性的基础。

D 风化作用

风化作用，是各类岩石长期暴露地表，受到水文、气象变化的影响，发生的物理和化学作用。风化作用导致产生各种不良现象，如产生次生矿物，节理张开或裂隙扩大，并出现新的风化裂隙，岩体结构破坏，物理力学性质降低等。显然，风化作用强烈的边坡的稳定性将大大降低，并对边坡变形的发生和发展起着促进作用。实际资料说明，岩石风化越深，边坡的稳定性越差，稳定坡角越小。

岩石的风化速度、深度和厚度受一系列因素的影响，如岩石的性质、断裂的发育程度、水文地质形态、水文、气象、地形地貌及现代物理地质作用等。在同一地区由于岩石性质不同，风化程度也不同。如黏土质页岩比硬砂岩易风化，风化较深，风化层的厚度也较大，边坡角较小，根据某些地区自然边坡实际调查资料，黏土质岩组成的边坡坡角均缓于 36°，而砂岩边坡则较陡。

断裂发育的破碎岩石带比裂隙少的岩石风化较深，风化厚度也较大，在几组断裂面交汇处常形成袋状深化风化带，有些断裂面成为边坡变形的控制面。

具有周期性干湿变化地区（地下水位季节变动带）的岩石易于风化，风化速度较快，边坡稳定性较差；而无干湿变化影响地区的岩石，风化速度较慢，边坡稳定性高；位于冲沟、河谷的岸坡，由于剥蚀冲刷作用强烈，风化层较薄，边坡坡角较陡，有的 45°~50°以上边坡仍然稳定；而越接近山顶，风化层的厚度越大，边坡坡度也较缓，常见为 15°~20°之间。以上说明风化作用对边坡稳定是不利的。

在这里必须指出，由于岩石性质、组织结构和完整性不一，以及各处风化因素的不同，风化带的厚度和分布状况都有极大的差别。同时，风化作用的强度随着岩石的埋深增大逐渐减弱。所以，每一带之间并不见明显的分界线，而是具有过渡性的渐变特征。

此外，自然界的风化作用，总是在不停止地进行着，岩石性质和边坡的稳定性也在不断恶化，在研究风化作用对边坡稳定性的影响时，必须考虑这些特点和它们的发展趋势。

E 水的作用

水对边坡稳定性有显著影响。它的影响是多方面的，包括软化作用、冲刷作用、静水压力和动水压力作用，还有浮托力作用等。

（1）水的软化作用。水的软化作用系指由于水的活动使岩土体强度降低的作用。对岩质边坡来说，当岩体或其中的软弱夹层亲水性较强，有易溶于水的矿物存在时，浸水后岩石和岩体结构遭到破坏，发生崩解泥化现象，使抗剪强度降低，影响边坡的稳定。对于土质边坡来说，遇水后软化现象更加明显，尤其是黏性土和黄土边坡。

（2）水的冲刷作用。当有集中强降雨时因水流冲刷而使边坡变高、变陡，不利于边坡的稳定。冲刷还可使坡脚和滑动面临空，易导致滑动。水流冲刷也常是岸坡崩塌的原因。

（3）静水压力。作用于边坡上的静水压力主要有三种不同的情况：其一是当边坡被水淹没时作用在坡面上的静水压力；其二是岩质边坡张拉裂隙充水时的静水压力；其三是作用于滑体底部滑动面（或软弱结构面）上的静水压力。

（4）动水压力。如果边坡岩土体是透水的，地下水在其中渗流时由于水力梯度作用，就会对边坡产生动水压力。其方向与渗流方向一致，指向临空面，因而对边坡稳定是不利的。

此外，地下水的潜蚀作用，会削弱甚至破坏土体的结构联结，对边坡稳定性也是有影响的。

（5）浮托力。处于水下的透水边坡，将承受浮托力的作用，使坡体的有效重量减轻，对边坡稳定不利。一些由松散堆积物组成的边坡，当有集中强降雨作用时就会发生失稳破坏，原因之一就是浮托力的作用。

F 地震

地震对边坡稳定性的影响较大。强烈地震时由于水平力的作用，常引起山崩、滑坡等边坡破坏现象。地震对边坡稳定性的影响，是因为水平地震力使法向压力削减和下滑力增强，促使边坡易于滑动。此外，强烈的振动，使地震带附近岩土体结构松动，也给边坡稳定带来潜在威胁。

G 人为因素

岩质边坡变形，除各种自然地质因素外，人为因素的影响也是比较显著的。

（1）爆破作用。爆破作用对岩质边坡稳定的影响与地震作用相类似，只是影响深度较小，范围不大。当地下开采时，采用硐室爆破（装药量为500~1400kg），爆破后，即在边坡上产生许多弧形裂缝，宽度约1~50mm，并不断发展扩大，在爆破后30min左右，先后发生多处崩塌和滑坡。这些说明爆破对边坡稳定性起着直接破坏作用。

（2）人工削坡。岩质边坡变形，多数是由于开挖没有考虑岩体结构的特点，或者切断了控制边坡稳定的主要结构面，形成滑动临空面，使边坡岩体失去支撑而发生变形。

（3）工程作用。因工程作用，破坏了自然稳定边坡的平衡状态或未考虑水文地质条件等自然因素也较容易引起边坡破坏。如露天矿排土场堆载，原有边坡岩体内存在有不利于稳定的结构面和夹层时，由于水的作用，抗滑力将很快降低，最易发生边坡变形。

综上所述，影响边坡变形的因素是多种多样的。因此，对露天矿各处边坡的稳定性，必须作具体分析。同时应该指出，目前对某些因素如震动作用、水的作用等，只对一般现象有所了解，至于对边坡的危害程度、变化规律及其发展趋势等，尚难作出定量评价，还有待今后在生产实践中有所研究提高和论证。

7.2.1.2 南芬露天铁矿采场边坡危险性评价因子的确定

边坡危险性的影响因素复杂多样，而各种影响因素又大小不一，在这里根据南芬露天矿的工程地质和水文地质条件，结合露天矿开采和扩帮工程的实际工况，选取如下六个指标作为评价因子，建立评价因子的模糊集合。

$$\boldsymbol{U}=\{u_1, u_2, u_3, u_4, u_5, u_6\} \tag{7-7}$$

而这六种评价因子对边坡危险性分区的影响并不是相同的，因此，把危险性程度按顺序划分为极危险（标识A）、危险（标识B）、次稳定（标识C）和稳定（标识D）四个等级，建立评价集合：

$$\boldsymbol{V}=\{v_1, v_2, v_3, v_4\} \tag{7-8}$$

各影响因素的评价标准见表7-1，其中离散型指标的评价方法见表7-2。

表7-1 影响因素级别划分

指标因素	取值	危险级别			
		稳定Ⅰ	次稳定Ⅱ	危险Ⅲ	极危险Ⅳ
坡角	数值	<15	15~30	30~50	>50
	基值	15	22.5	35	50
边坡高度	数值	<100	100~200	200~300	>300
	基值	100	150	250	300
降雨强度	数值	1（弱）	2（较弱）	3（较强）	4（强）
	基值	1	2	3	4
稳定性空间差值综合系数	数值	1（弱）	2（较弱）	3（较强）	4（强）
	基值	1	2	3	4
地质构造影响程度	数值	1（低）	2（较低）	3（较高）	4（高）
	基值	1	2	3	4
矿山开采影响指数	数值	<0.25	0.25~0.5	0.5~0.75	>0.75
	基值	0.25	0.375	0.625	0.75

表7-2 离散型变量取值标准

赋值	影响程度分级	滑坡体特征综合影响指数	地质构造影响程度	矿山开采影响指数
1	弱（低）	老滑体和崩塌很少（<2），植被很发育，岩石坚硬，结构完整，中风化岩	构造运动微弱、只有少量小型断裂	开采区或回采区宽度<40m，面积<800m²，高度<8m，埋藏深度<100m，开采区或回采区位于被评价边坡坡顶下方60m外

续表 7-2

赋值	影响程度分级	滑坡体特征综合影响指数	地质构造影响程度	矿山开采影响指数
2	较弱（较低）	老滑体和崩塌较少（2~6），植被发育，岩石较坚硬，结构较完整，强风化岩	构造运动不强烈、只有小型断裂	开采区或回采区宽度 40~80m，面积 800~1200m^2，高度 8~20m，埋藏深度 100~200m，开采或回采区位于被评价边坡坡顶下方 48m 外
3	较强（较高）	老滑体和崩塌较多（6~10），植被较发育，岩石破碎，岩土体不完整，全风化岩	构造运动强烈、大型断裂带，断裂较密集	开采区跨度 80~120m，面积 1200~2700m^2，高度 20~30m，埋藏深度 200~300m，开采区或回采区位于被评价边坡下方 36m 外
4	强（高）	老滑体和崩塌多（>10），植被不发育，岩石特别破碎，软弱结构面发育，岩体特别不完整	构造运动强烈、巨大断裂带，断裂密集	开采区跨度>120m，面积>2700m^2，高度>30m，埋藏深度>300m，开采区或回采区位于被评价边坡坡顶下方 24m 外

由表 7-1 和表 7-2 可得边坡危险性综合评价分级标准集合：

$$\boldsymbol{V} = \begin{pmatrix} 15 & 22.5 & 35 & 50 \\ 100 & 150 & 250 & 300 \\ 1 & 2 & 3 & 4 \\ 1 & 2 & 3 & 4 \\ 1 & 2 & 3 & 4 \\ 0.25 & 0.375 & 0.625 & 0.75 \end{pmatrix} \tag{7-9}$$

7.2.2　边坡危险性评价单元的划分

边坡危险性模糊综合评价单元的划分直接影响着评价的精度和准确度。目前评价单元的划分主要有两种：一是按照评价因子的分区界线划分，主要用于定性、定性-半定量评价；二是按照正方形划分，可按照不同精度要求确定单元的大小，但是，单元越小，评价运算量越大。本文采用后者，评价单元的大小以 20m×20m 为评价小区间，以经纬度网格为控制边界，将研究区划分为 11248 个评价小单元，如彩图 7-2 所示。将大的评价图进行细化，按照北山、上盘、下盘和矽石山四个区域进行单独评价，其中：

（1）北山划分为 1154 个评价单元（图 7-3）；

（2）上盘划分为 2272 个评价单元（图 7-4）；

（3）下盘划分为 2560 个评价单元（图 7-5）；

（4）矽石山划分为 4902 个评价单元（图 7-6）。

7.2.3　确定权重

由于各单项评价指标（或评价要素）对于边坡稳定性的影响存在差异，相应有不同的侧重。因此，对各单项指标要给予一定的权重。一般应当采用反映对边坡稳定性危害大小的加权法，即对于边坡是否失稳的影响，显然坡角、坡高、降雨强度、稳定性空间差值综合系数、地质构造影响程度、井工工采影响指数越大，实际边坡失稳的可能性也就越大，给人类造成的影响就越大。

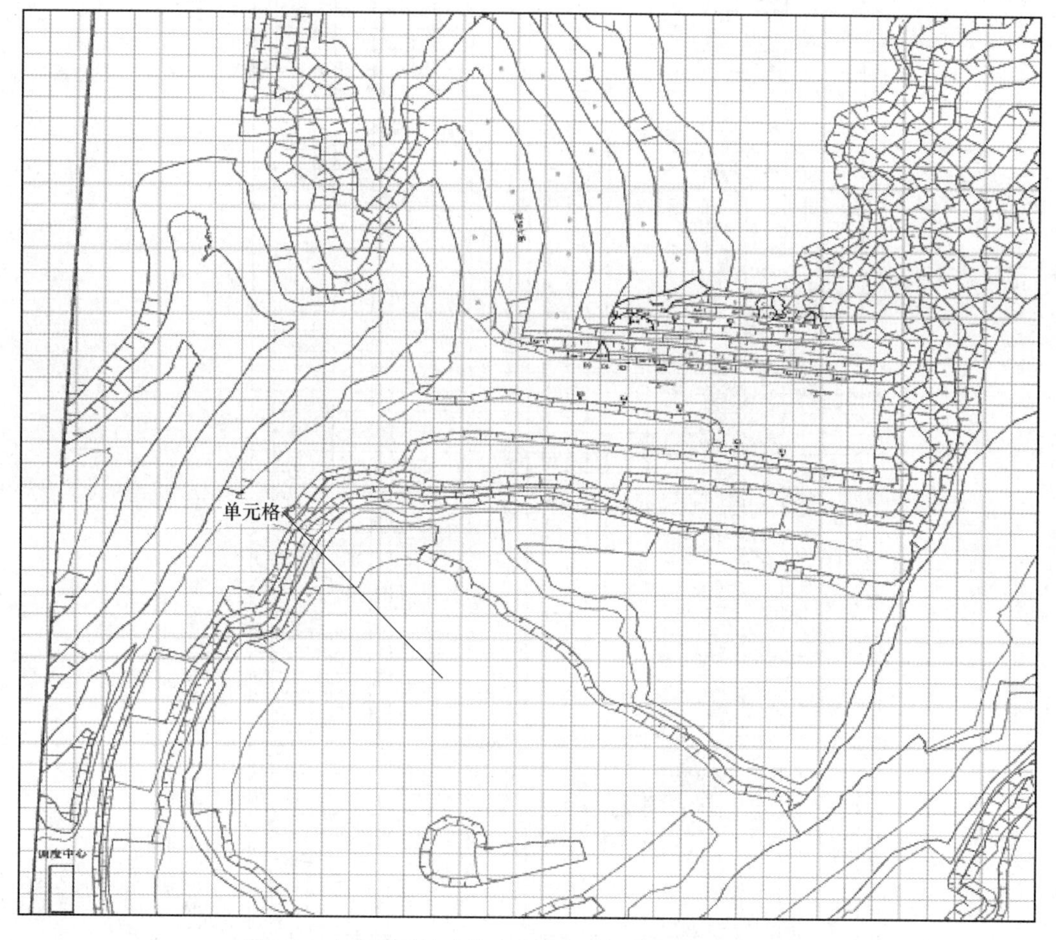

图 7-3 南芬露天铁矿北山边坡危险性模糊综合评价单元

计算权重的公式为：

$$W_i = \frac{C_i}{S_i} \tag{7-10}$$

式中，C_i 为各种指标实测值；S_i 为各指标等级代表值。

$$S_i = \frac{1}{j}(S_1 + S_2 + \cdots + S_j) \tag{7-11}$$

（注意：如果某项指标与其他指标相反，其值越大说明对边坡稳定性影响越小，这种情况权重计算要取倒数）

$$W_i = \frac{S_i}{C_i}(C_i \neq 0) \tag{7-12}$$

为了进行模糊运算，各单项权重值还必须归一化：

$$\overline{W_i} = \frac{\dfrac{C_i}{S_i}}{\sum\limits_{i=1}^{n} \dfrac{C_i}{S_i}} \rightarrow \overline{W_i} = \frac{W_i}{\sum\limits_{i=1}^{n} W_i} \tag{7-13}$$

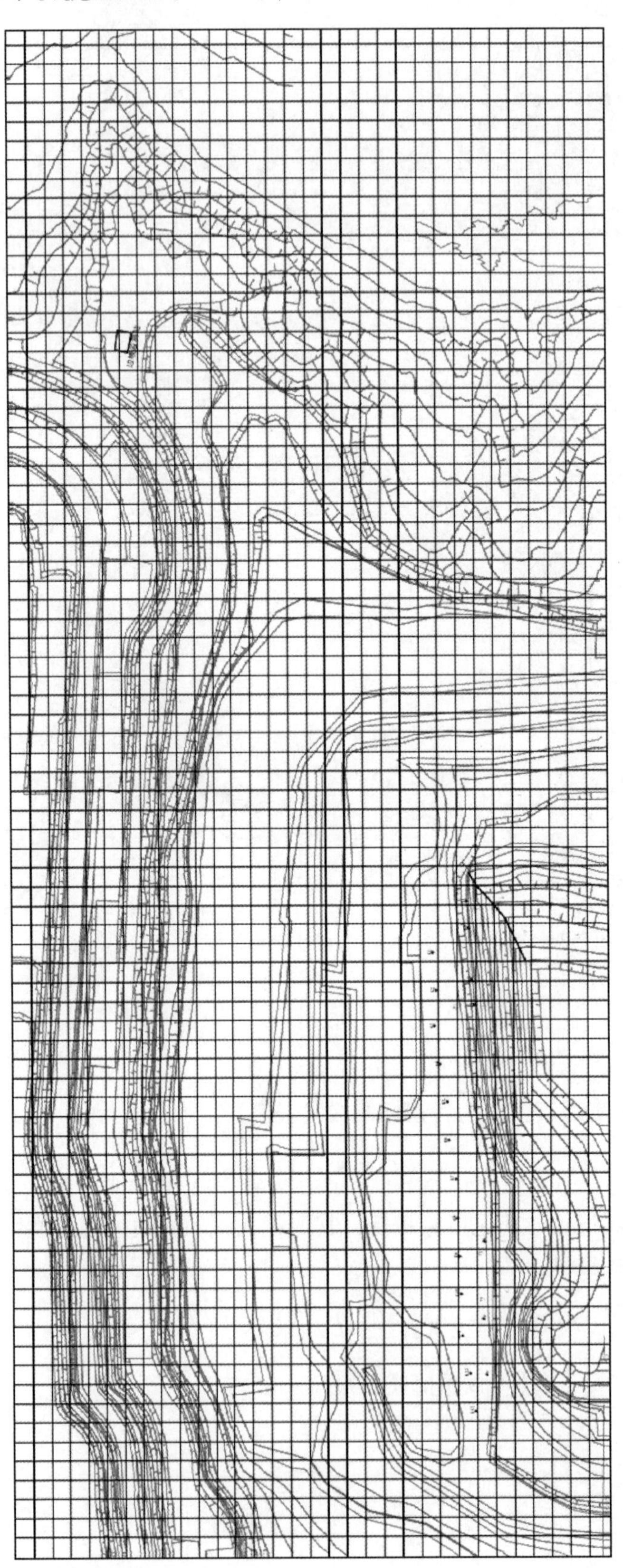

图 7-4　南芬露天铁矿上盘边坡危险性模糊综合评价单元划分图

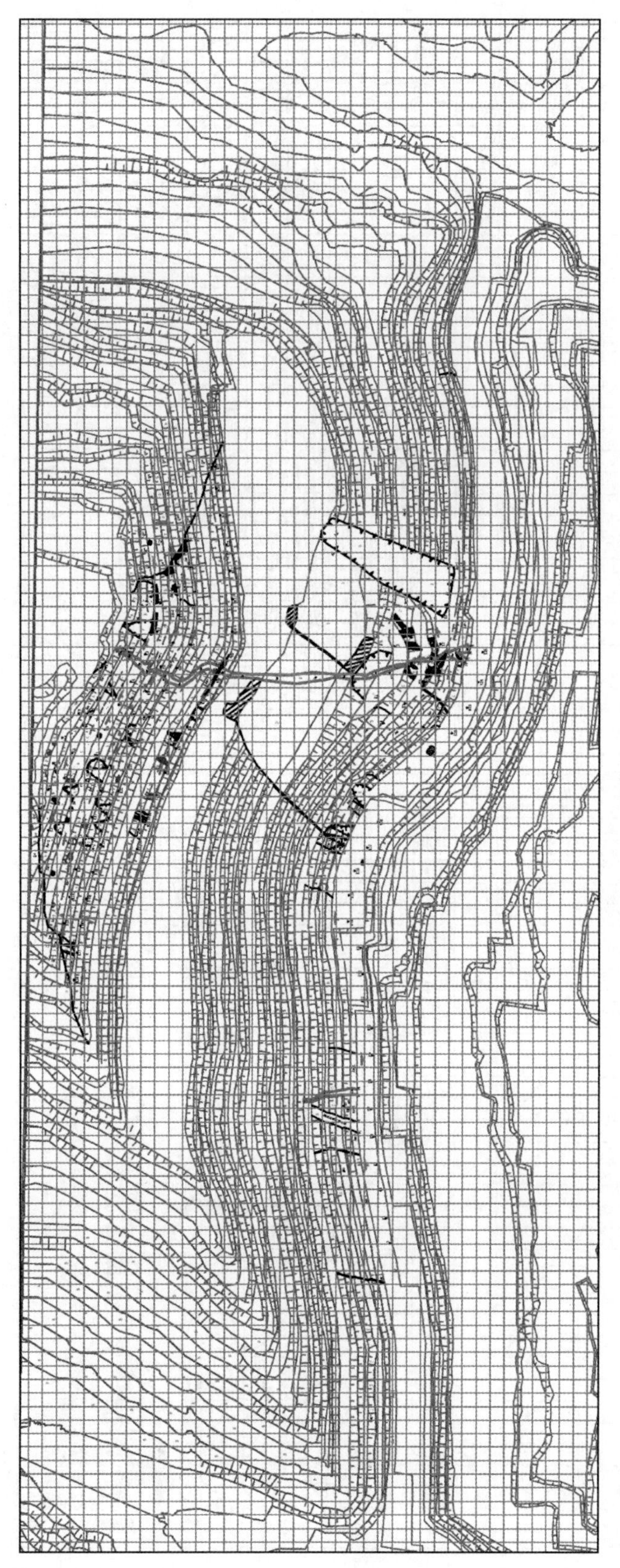

图 7-5 南芬露天铁矿下盘边坡危险性模糊综合评价单元划分图

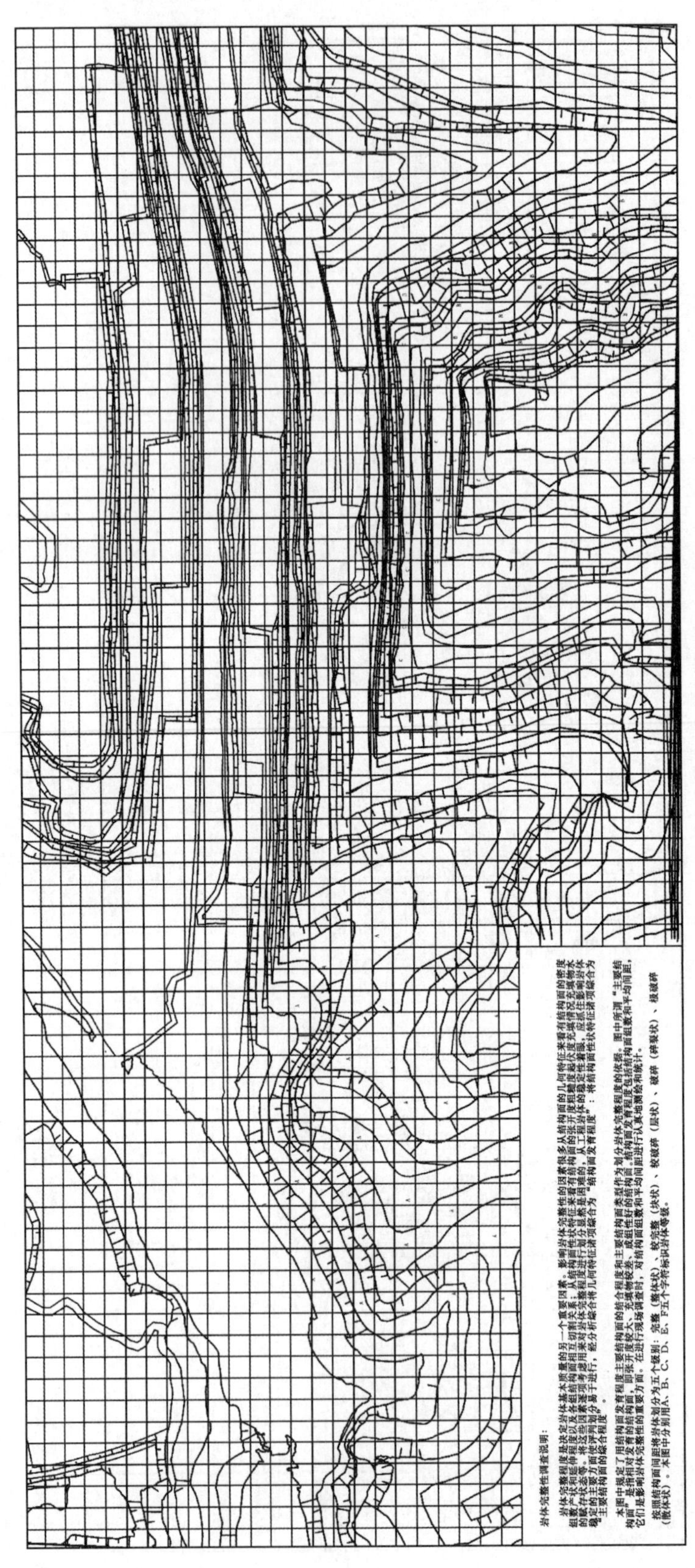

图 7-6　南芬露天铁矿石山边坡危险性模糊综合评价单元划分图

权重计算表见表 7-3。

表 7-3 权重计算表

项目	坡角/(°)	坡高/m	降雨强度	滑体特征综合影响指数	地质构造影响程度	矿山开采影响指数
C_i	45	120	1.5	2	1.5	0.2
S_i	30.63	200	2.5	2.5	2.5	0.5
W_i	0.67	0.6	0.6	0.8	0.6	0.4
$\overline{W_i}$	0.18	0.16	0.16	0.22	0.16	0.12

7.2.4 评价因子对于模糊集合的隶属函数的确定

南芬露天铁矿露天矿边坡危险性评价采用的是，对不同影响因素，根据其对边坡稳定性的实际影响程度分别打分的方法。因此，虽然各因子的实际情况不一样，但其对边坡稳定的影响程度都在各自的得分中表现出来。这样就可以把各因子对不同边坡的指标统一起来，算出隶属函数。在此基础上，在研究了其他学者在模糊数学评价中隶属函数的方法和思路后，得出影响南芬露天矿边坡危险性的影响因子，对应的四个危险级别的隶属函数大致为三角函数和梯形函数。而事实上，为了简化计算，在不影响评判准确性基础上，人们也常常把模糊评价的隶属函数简化为三角形和梯形。南芬露天矿模糊数学综合评价的边坡危险性质量等级为 V_1 稳定，V_2 次稳定，V_3 危险，V_4 极危险。各评价因子相对于这四个危险等级的隶属函数可以按照梯形分布和三角形分布（图 7-7）来计算，计算公式为：

$$u_{1i}=\begin{cases}1 & (x \leqslant a_1)\\ \dfrac{a_2-x}{a_2-a_1} & (a_1 \leqslant x \leqslant a_2)\\ 0 & (x \leqslant a_2)\end{cases} \tag{7-14}$$

$$u_{2i}=\begin{cases}0 & (x \geqslant a_3,\ x \leqslant a_1)\\ \dfrac{x-a_1}{a_2-a_1} & (a_1 \leqslant x \leqslant a_2)\\ \dfrac{a_3-x}{a_3-a_2} & (a_2 \leqslant x \leqslant a_3)\end{cases} \tag{7-15}$$

$$u_{3i}=\begin{cases}0 & (x \geqslant a_4,\ x \leqslant a_2)\\ \dfrac{x-a_2}{a_3-a_2} & (a_2 \leqslant x \leqslant a_3)\\ \dfrac{a_4-x}{a_4-a_3} & (a_3 \leqslant x \leqslant a_4)\end{cases} \tag{7-16}$$

$$u_{4i}=\begin{cases}0 & (x \leqslant a_3)\\ \dfrac{x-a_3}{a_4-a_3} & (a_3 \leqslant x \leqslant a_4)\\ 1 & (x \geqslant a_4)\end{cases} \tag{7-17}$$

式中，x 为被评组的实测值；a_i（i=1，2，3，4）为Ⅰ，Ⅱ，Ⅲ，Ⅳ级评价标准值。

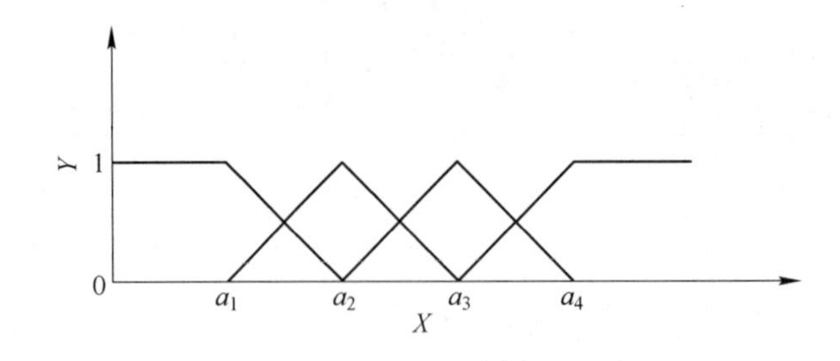

图 7-7　梯形和三角形分布

7.2.5　边坡危险性模糊综合评价

确定了隶属函数，便可以据此计算出 6 项因子各自对于模糊集合 $\{V_1, V_2, V_3, V_4\}$ 4 个危险等级的 4 个模糊隶属度，根据这 4 个隶属度，便可以形成由隶属度构成的一个 6×4 阶模糊关系矩阵。例如，任意选取一个单元第（10，8）单元（见图 7-8），其 6 个因子得分分别为 40、200、3、3、3、0.3，将每个数分别代入以上述隶属函数进行计算，便可得到一个 6×4 阶矩阵，如下：

$$\boldsymbol{R}=\begin{pmatrix} 0 & 0 & 0.67 & 0.33 \\ 0 & 0.5 & 0.5 & 0 \\ 0 & 0 & 1 & 0 \\ 0 & 0 & 1 & 0 \\ 0 & 0 & 1 & 0 \\ 0.6 & 0.4 & 0 & 0 \end{pmatrix} \tag{7-18}$$

式（7-18）中，每一行代表每一因子对于 4 个边坡危险性分区的隶属度。

将模糊关系矩阵 $\boldsymbol{R}$ 和权重分配矩阵 $\boldsymbol{A}$ 代入式 $\boldsymbol{B}=\boldsymbol{A}\circ R$ 中，即可得出第（10，8）单元待评区的模糊综合评价结果。进行归一化处理得出：

$$\boldsymbol{B}=\boldsymbol{A}\circ\boldsymbol{R}=(0.18,\ 0.24,\ 0.32,\ 0.26) \tag{7-19}$$

评价结果按最大隶属度决定，即哪一级的隶属度最大，则边坡危险等级就定哪一级。依照上述原则，由式（7-19）计算可知，该待评区属于Ⅲ级，南芬露天铁矿边坡危险性较不稳定。

按照上述对第（10，8）单元待评区的模糊数学综合评价方法，对整个南芬露天矿 11248 个待评单元逐一进行评判，便可完成对整个南芬露天矿边坡危险性的评价工作，按照北山、下盘、上盘和矽石山四个评价区域划分：

（1）下盘评价结果如图 7-8 所示；

（2）上盘评价结果如图 7-9 所示；

（3）矽石山评价结果如图 7-10 所示；

（4）北山评价结果如图 7-11 所示；

（5）南芬露天铁矿采场边坡总体评价结果如彩图 7-12 所示。

图 7-8 南芬露天铁矿下盘边坡危险性模糊综合评价结果图

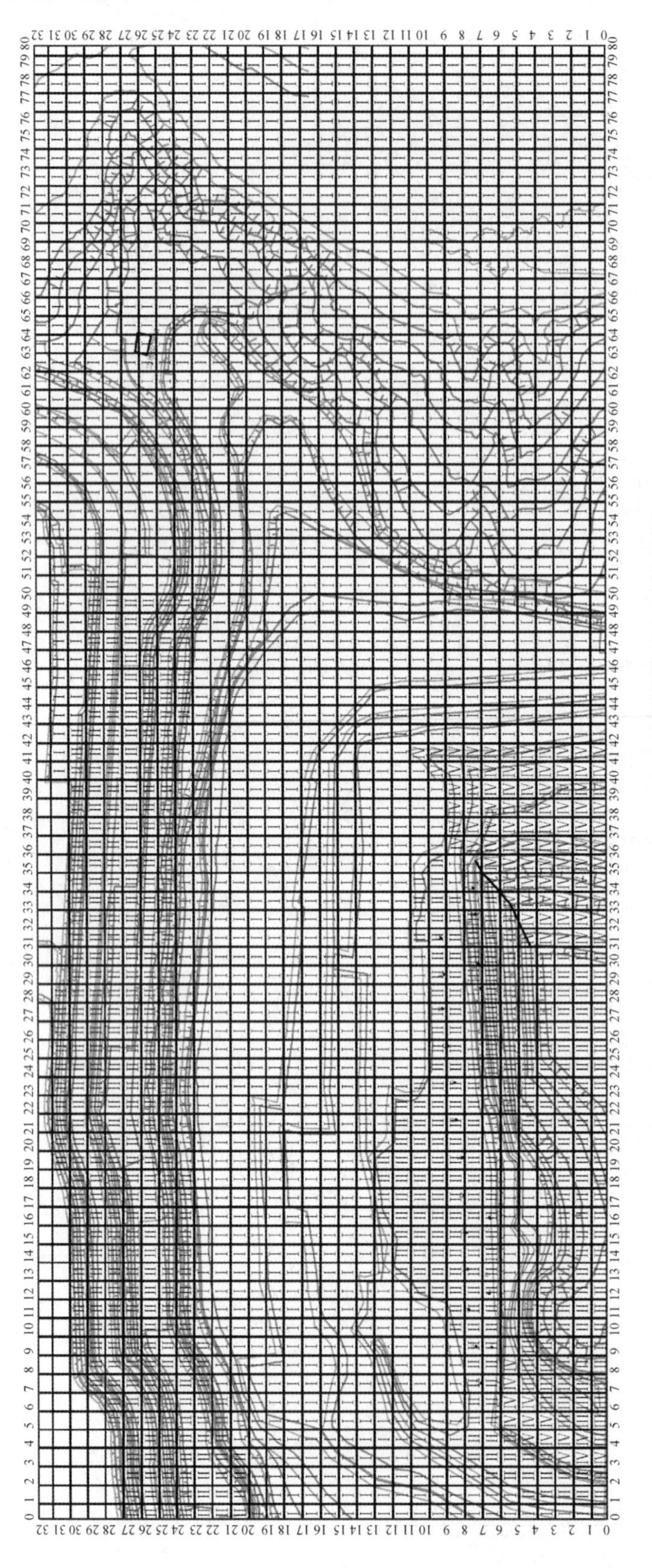

图 7-9　南芬露天铁矿上盘边坡危险性模糊综合评价结果图

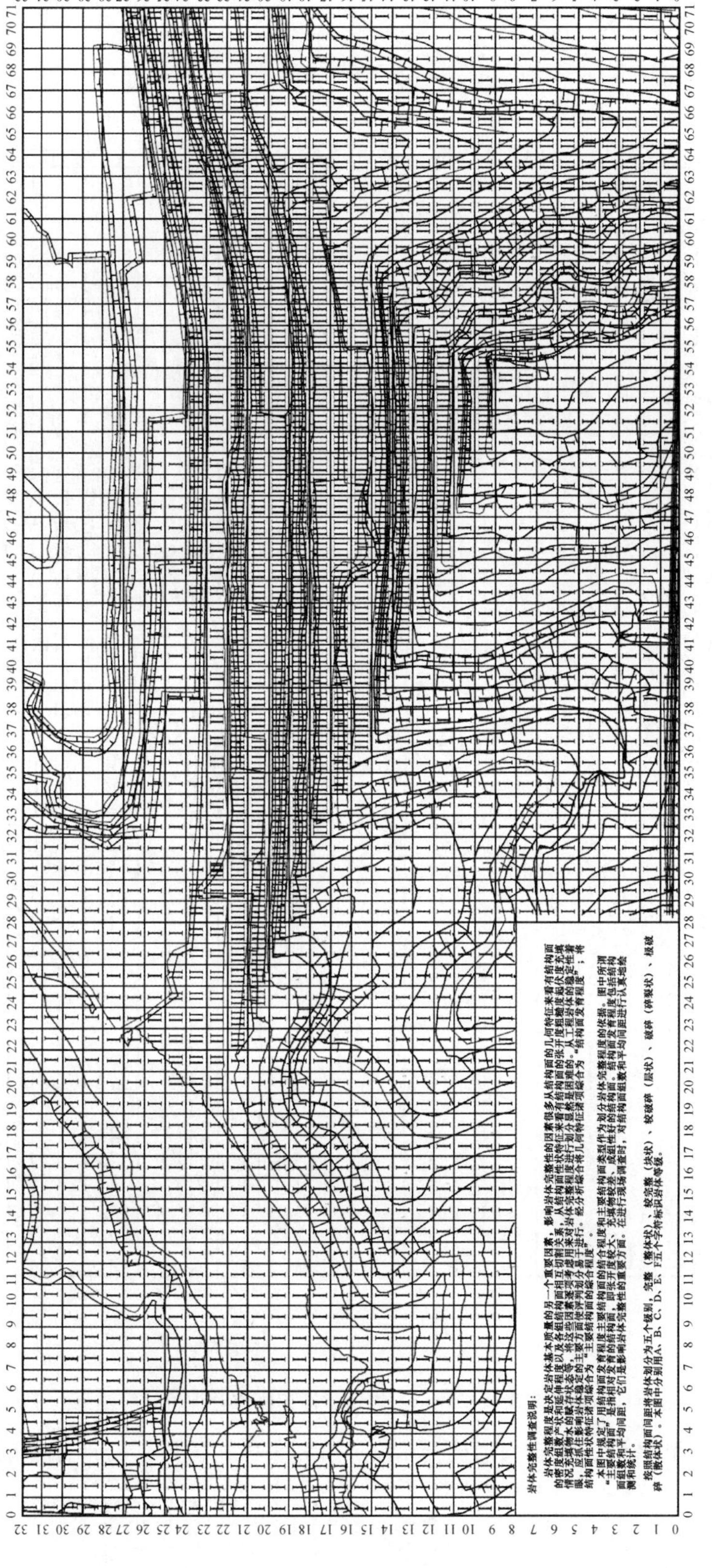

图 7-10 南芬露天铁矿矽石山边坡危险性模糊综合评价结果图

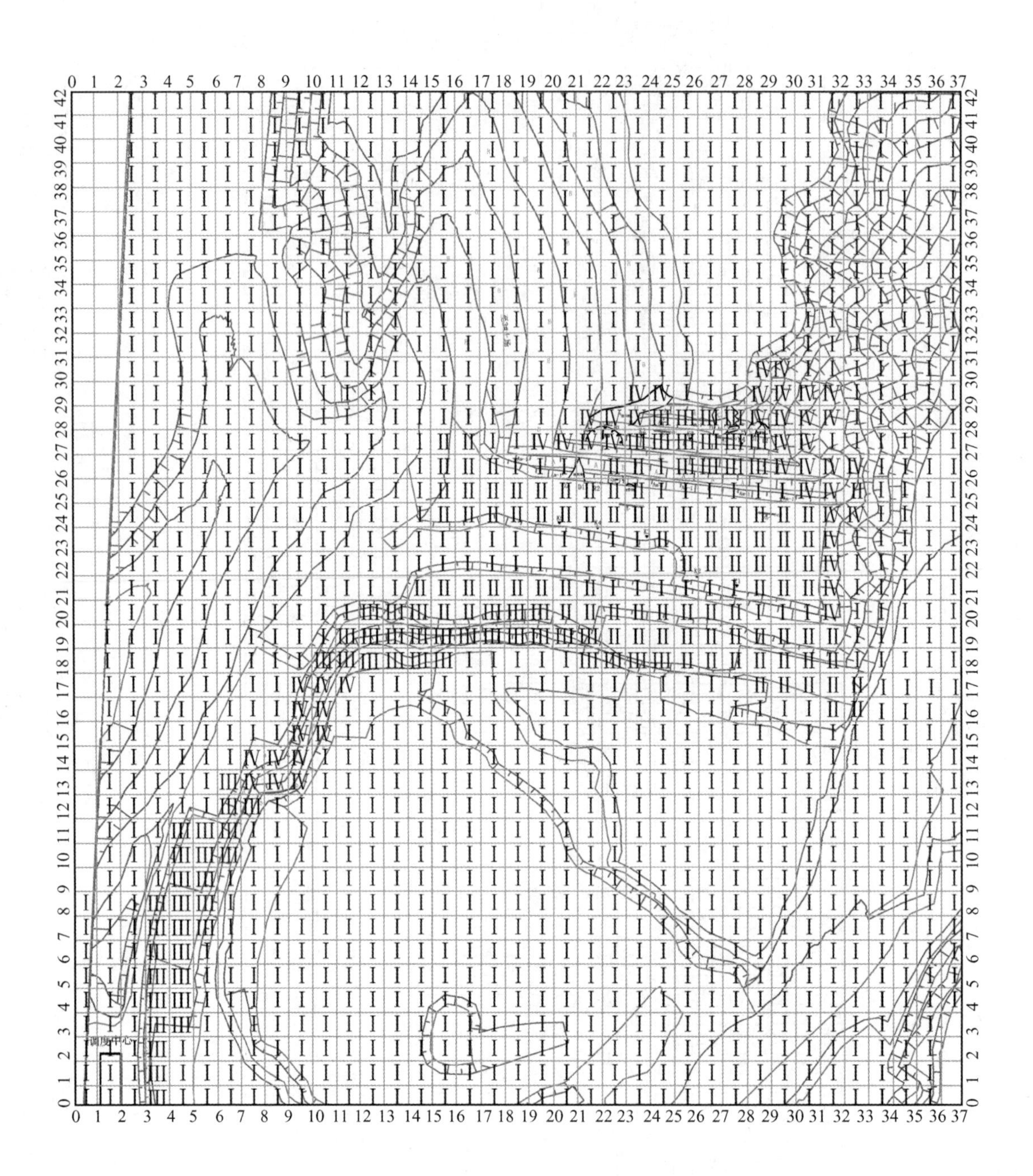

图 7-11　南芬露天铁矿北山边坡危险性模糊综合评价计算结果

由于模糊关系矩阵的计算相当烦琐，本次南芬露天铁矿边坡危险性评价采用自主开发的“模糊数学边坡危险性/稳定性评价系统”，系统主界面如图 7-13 所示。

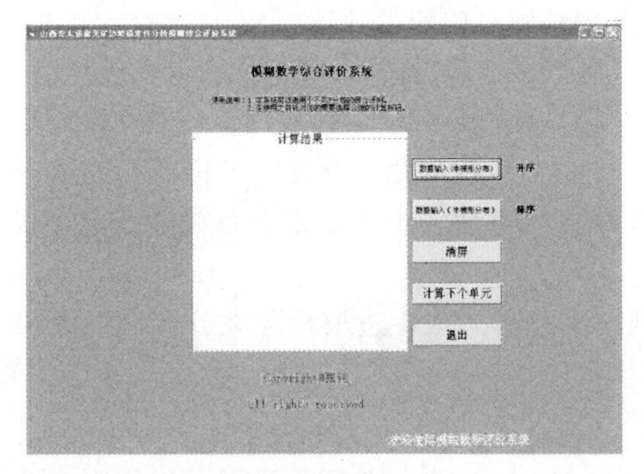

(a) 系统主界面

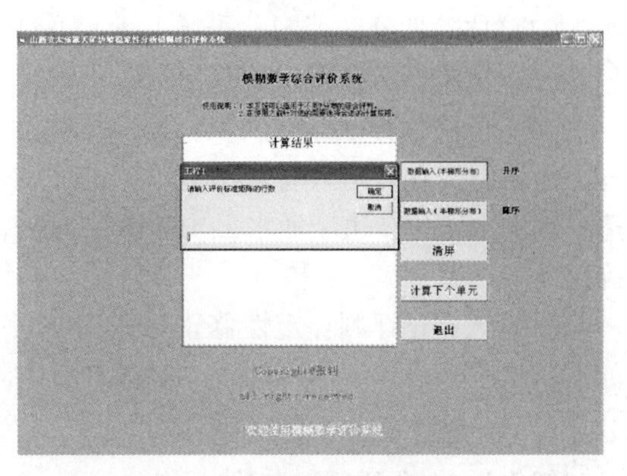

(b) 评价参数输入界面

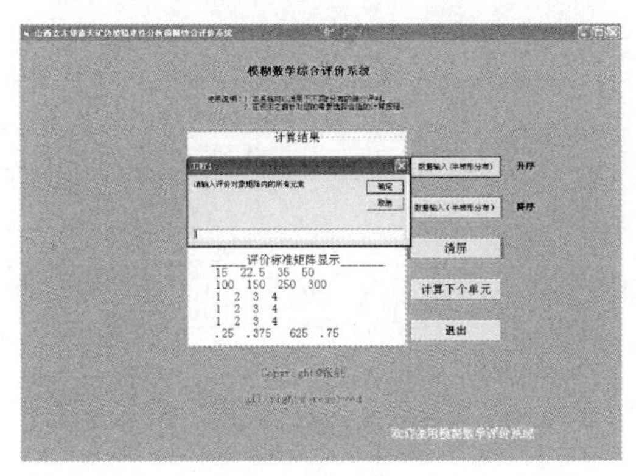

(c) 评价矩阵计算界面

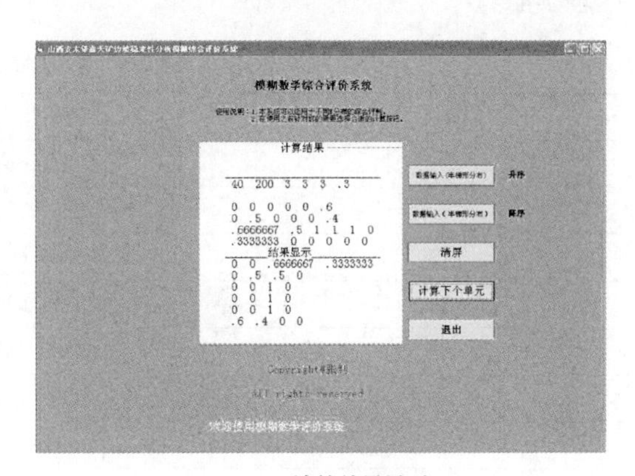

(d) 计算结果界面

图 7-13　模糊数学边坡危险性评价系统界面

7.3　边坡危险性分区结果分析

通过对南芬露天铁矿采场边坡危险性模糊等价关系矩阵作截集运算，定量化得到露天矿采场边坡危险性分区结果（彩图 7-14 和图 7-15）。

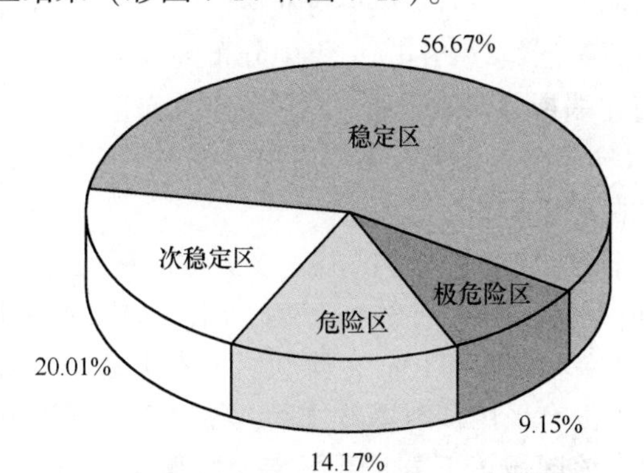

图 7-15　南芬露天矿边坡危险性分区面积比例饼状图

（1）危险性分区方法：模糊数学法和定性评价法。

（2）危险性分区范围：采场上盘、下盘、北山和矽石山四个区域。

（3）危险性分区等级：稳定区、次稳定区、危险区、极危险区。

（4）危险性分区影响因素：按照植被发育、边坡地形地貌、岩性特征、裂缝及裂隙发育、滑动力变化、地表位移变化、边坡岩体完整性、节理频度、滑坡历史特征、地质构造、地下水水位、边坡涌水量、矿山开采影响指数、稳定性空间差值综合系数等综合信息确定。

根据“定量评判，定性修正”的分区原则，南芬露天铁矿边坡危险性分区详细说明如下。

A　极危险区

细化为11个亚区，分别用 Ai（$i=1, 2, 3, \cdots, 11$）表示，每个亚区面积和比例见见表7-4。

表7-4　极危险区面积统计表

分区	面积/m^2	总百分比/%
A1	17275.667	0.54
A2	5573.9722	0.17
A3	95309.694	2.98
A4	45718.639	1.43
A5	68558.333	2.14
A6	20092.222	0.63
A7	4465.3611	0.14
A8	25447.278	0.80
A9	1770.6389	0.06
A10	5147.8611	0.16
A11	3113.6667	0.10
小计	292473.333	9.15

极危险分区如彩图7-14红色标识区域，占采场总面积的9.15%，分布在以下区域：

（1）北山南北端帮第四系岩组（Q）集中分布区。

（2）调度中心正下方石英岩组（$PtlaL_1$）集中分布区。

（3）下盘最终边坡南北端帮第四系岩组（Q）集中分布区。

（4）下盘622~646台阶北部二云母石英片岩组（GPL）破碎区。

（5）下盘石英斑岩脉两侧破碎带。

（6）下盘394~526台阶中部老滑坡体区域。该极危险区北起大裂缝，南至滑坡体右侧边缘，上部从526m台阶开始，下部到394m台阶结束，如图7-16所示。

（7）下盘298m台阶北端和298~310m台阶联络道附近边坡。其中下盘298m台阶北端主要由于前期扩帮过程中没有采用预裂爆破技术，导致边坡岩体极其破碎，危岩体分布广泛，节理裂隙极其发育，该区域正下方是采场南北联络主干道，工程车辆和人员密集，因此危险程度很高；298~310m台阶联络道附近由于受到“2011-1005”滑坡的影响，该区域岩石破碎，且绿帘角闪片岩岩组分布广泛，雨水强度迅速降低，潜在滑坡危险系数

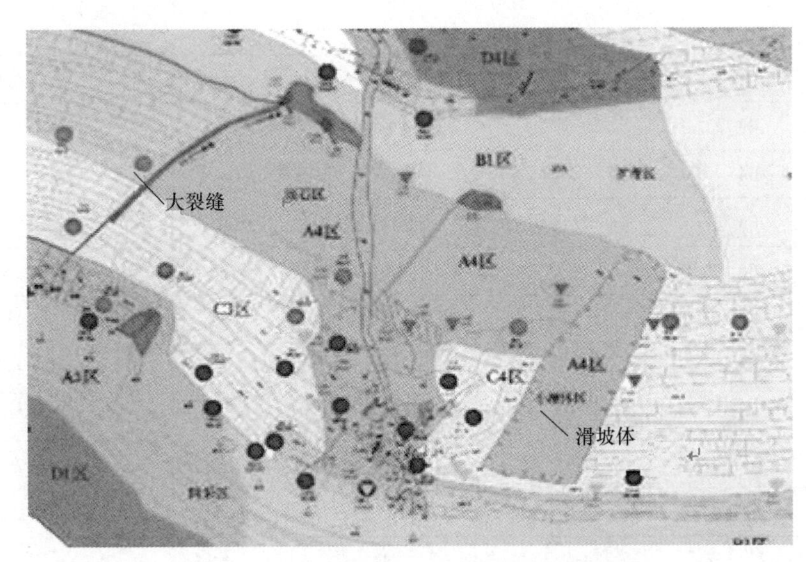

图 7-16 下盘 430~526 台阶极危险区轮廓

很大。

(8) 上盘南端帮第四系岩组（A）和北端帮钓鱼台石英岩组（Zz+3d）破碎区。这两个区域岩体整体上松散破碎（图 7-17），以砂、砾石、黏性土、碎石、石英为主，底部夹有薄层页岩，再加上上盘台阶段高 18m，2 个台阶一并段，累计高度 36m，因此边坡危险性很大，严重影响下部扩帮工程车辆和人员的安全。

(a) 南端帮第四系破碎区

(b) 北端帮石英岩组破碎区

图 7-17 北山 574 台阶南北端帮破碎区

B 危险区

细化为 10 个亚区，分别用 Bi（$i=1, 2, 3, \cdots, 10$）表示，每个亚区面积和比例见表 7-5。

表 7-5 危险区面积统计表

分区	面积/m^2	百分比/%
B1	48965.639	1.53
B2	79584.917	2.49

续表 7-5

分区	面积/m²	百分比/%
B3	51454. 056	1. 61
B4	152751. 86	4. 78
B5	93242	2. 92
B6	4661. 4167	0. 15
B7	3451. 7222	0. 11
B8	4182. 25	0. 13
B9	6515. 2222	0. 20
B10	8207. 6944	0. 26
小计	453016. 7775	14. 17

危险分区如彩图 7-14 橙色标识区域，占采场总面积的 14. 17%，主要分布在以下区域：

（1）北山调度中心东西两侧石英岩组边坡（B10 亚区）。

（2）北山采场东北角边坡（B9 亚区）。

（3）北山采场 406 台阶以上边坡中部岩体（B8 亚区），该区域滚石威胁较大，且中小规模滑坡发育，现场调查发现该区域已经出现 4 处局部滑坡，滑面光滑有泥痕。

（4）下盘 526 台阶大部，北起台阶北端帮，南至大裂缝（B1 亚区）。

（5）下盘 370~526 台阶北端帮（B2 亚区），该区域岩体以绿帘角闪片岩组和二云母石英片岩组为主，由于上期扩帮没有采用预裂技术，导致边坡岩体极其破碎，大块危岩体悬在边坡坡面上，并且台阶面上堆满滚石。

（6）下盘台阶南端帮第四系岩组破碎区（B4 亚区），该区域紧邻黄柏峪河，植被不发育，因此边坡较危险。

（7）下盘 322~358m 台阶南部破碎区（B3 亚区）。

（8）矽石山东边坡石英岩组和南芬页岩组破碎带（B5 亚区）。

（9）上盘 574 北端帮石英岩组和上盘 556 台阶南部破碎带（B6 亚区和 B7 亚区）。

C 次稳定区

细化为 9 个亚区，分别用 Ci（i=1，2，3，…，9）表示，每个亚区面积和比例见表 7-6。

表 7-6 次稳定区面积统计表

分区	面积/m²	百分比/%
C1	123256. 5	3. 86
C2	36965. 028	1. 16
C3	76385. 222	2. 39
C4	119729	3. 75

续表 7-6

分区	面积/m²	百分比
C5	189381.61	5.92
C6	34863.583	1.09
C7	33957.833	1.06
C8	12807.556	0.40
C9	12230.417	0.38
小计	639576.749	20.01

次稳定区如彩图 7-14 黄色标识区域，占采场总面积的 20.01%，主要分布在以下区域：

（1）北山 382~406m 台阶大部（C8 亚区）。

（2）北山 346~382m 台阶大部（C9 亚区）。

（3）下盘北端帮边坡全部（C1 亚区）。

（4）下盘 574~646m 台阶北部和南部局部区域（C4 亚区和 C2 亚区）。

（5）下盘 310~526m 台阶北部，台阶面滚石堆积、边坡岩体松散破碎（C3 亚区）。

（6）上盘大部区域（C7 亚区和 C6 亚区）。

（7）矽石山南部边坡大部（C5 亚区）。

（8）2 号路沿线区域，以石英岩组和南芬页岩组为主的破碎带，由于滚石严重威胁 2 号路主干道的安全，因此局部边坡进行了挡墙和喷锚加固工程（C5 亚区）。

D 稳定区

细化为 5 个亚区，分别用 *Di*（*i*=1，2，3，4，5）表示，每个亚区面积和比例见表 7-7。稳定区如彩图 7-14 蓝色标识区域，占采场总面积的 56.67%。

表 7-7 稳定区面积统计表

分区	面积/m²	百分比/%
D_1	1688636.2	52.82
D_2	26029.861	0.81
D_3	2254.5556	0.07
D_4	81955.417	2.56
D_5	12879.556	0.40
小计	1811755.5896	56.67

7.4 采场边坡危险性 GIS 三维可视化分析

根据上述危险性分区结果，利用 GIS 技术实现南芬露天铁路采场边坡危险性三维可视化分析。

7.4.1 GIS 的组成

从应用的角度，地理信息系统 GIS（图 7-18）由硬件、软件、数据、人员和方法五部分组成。硬件和软件为地理信息系统建设提供环境；数据是 GIS 的重要内容；方法为 GIS 建设提供解决方案；人员是系统建设中的关键和能动性因素，直接影响和协调其他几个组成部分。硬件主要包括计算机和网络设备，存储设备，数据输入、显示和输出的外围设备等。软件主要包括以下几类：操作系统软件、数据库管理软件、系统开发软件、GIS 软件等。GIS 软件的选型直接影响其他软件的选择，影响系统解决方案，也影响着系统建设周期和效益。数据是 GIS 的重要内容，也是 GIS 系统的灵魂和生命。数据组织和处理是 GIS 应用系统建设中的关键环节。方法指系统需要采用何种技术路线，采用何种解决方案来实现系统目标。方法的采用会直接影响系统性能，影响系统的可用性和可维护性。

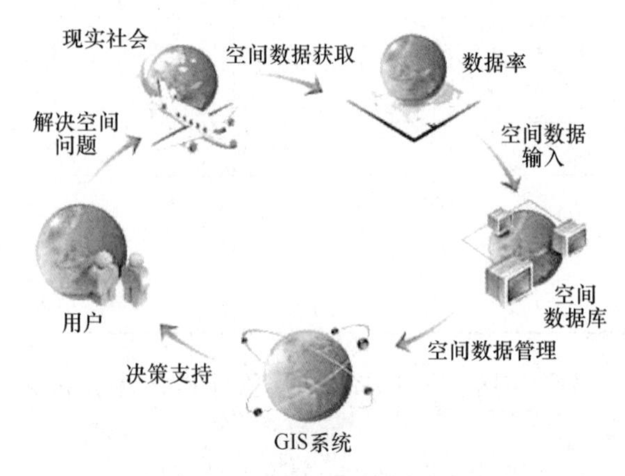

图 7-18 GIS 拓扑结构图

7.4.2 GIS 软件平台与应用系统

GIS 软件平台是专门为 GIS 的建立和开发而研制的通用软件系统，是一组系统化具有 GIS 基本功能的软件包。ArcGIS 是美国 ESRI 公司集近 40 年 GIS 研发之经验，奉献给用户的一套从低到高、可无缝扩展的 GIS 平台系列产品。ArcGIS 产品建立在工业标准之上，不但功能强大、使用方便，而且界面友好，可以满足不同层次的用户需求。

ArcGIS 系列由若干不同定位 GIS 产品组成，其体系结构如图 7-19 所示。

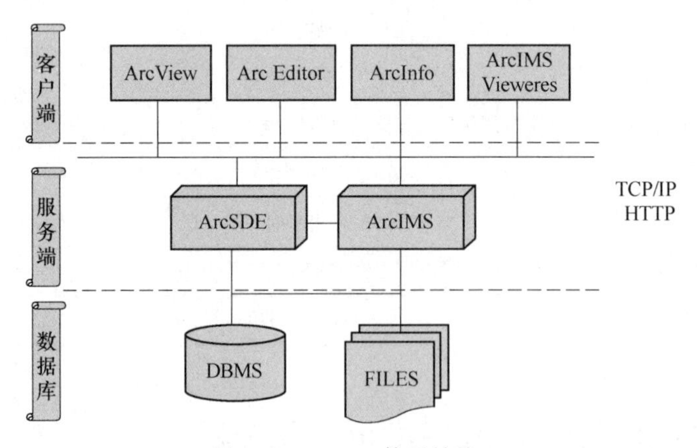

图 7-19 ArcGIS 体系结构

ArcMap 是 ArcGIS Desktop 中一个复杂的制作地图的应用程序，具有基于地图的所有功能，包括制图、地图分析和编辑（图 7-20）。

ArcMap 提供两种类型的地图视图：地理数据视图和地图布局视图。地理数据视图能对地理图层进行符号化显示、分析和编辑 GIS 数据集。内容表界面（table of contents）帮助组织和控制数据框中 GIS 数据图层的显示属性。数据视图是任何一个数据集在选定的一个区域内的地理显示窗口。在地图布局窗口中，可以处理地图的页面，包括地理数据视图和其他地图元素，如比例尺、图例、指北针和参照地图等。通常，ArcMap 可以将地图组成页面，以便打印和印刷。

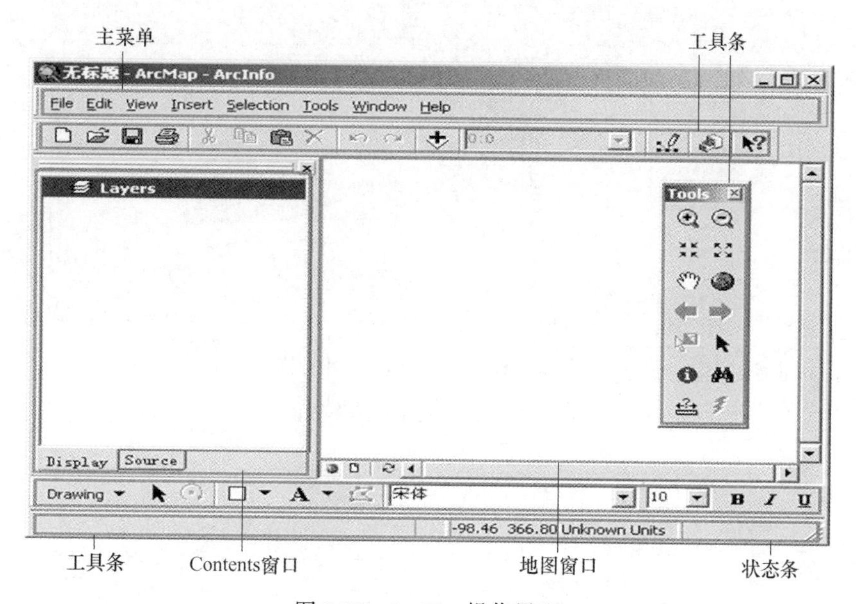

图 7-20 ArcMap 操作界面

ArcCatalog 应用模块帮助组织和管理所有的 GIS 信息，如地图、数据集、模型、元数据、服务等。它包括了下面的工具：浏览和查找地理信息；记录、查看和管理元数据；定义、输入和输出 geodatabase 结构和设计；在局域网和广域网上搜索和查找 GIS 数据；管理 ArcGIS Server。

GIS 使用者使用 ArcCatalog 来组织、发现和使用 GIS 数据，同时也使用标准化的元数据来说明他们的数据。GIS 数据库的管理员使用 ArcCatalog 来定义和建立 geodatabase。GIS 服务器管理员使用 Arccatalog 来管理 GIS 服务器框架。

ArcToolbox 具有许多复杂的空间处理功能，包括的工具有数据管理 、数据转换、Coverage的处理、矢量分析、地理编码、统计分析（图 7-21）。

7.4.3 采场边坡的二维模型建立

本次建模基于南芬露天铁矿采场边坡现场地质调查获取的原始数据和矢量等高线图，运用 ArcCatalog 与 ArcMap 的制图功能、ArcView 空间分析功能和 ArcScene 三维成像功能联合完成南芬露天矿采场边坡三维危险性分区图。

首先，在 ArcGIS 建立新的操作文件，如图 7-22 所示。

其次，基于已有的点文件和线文件，建立南芬露天矿等高线“面文件”，如图 7-23 所示。

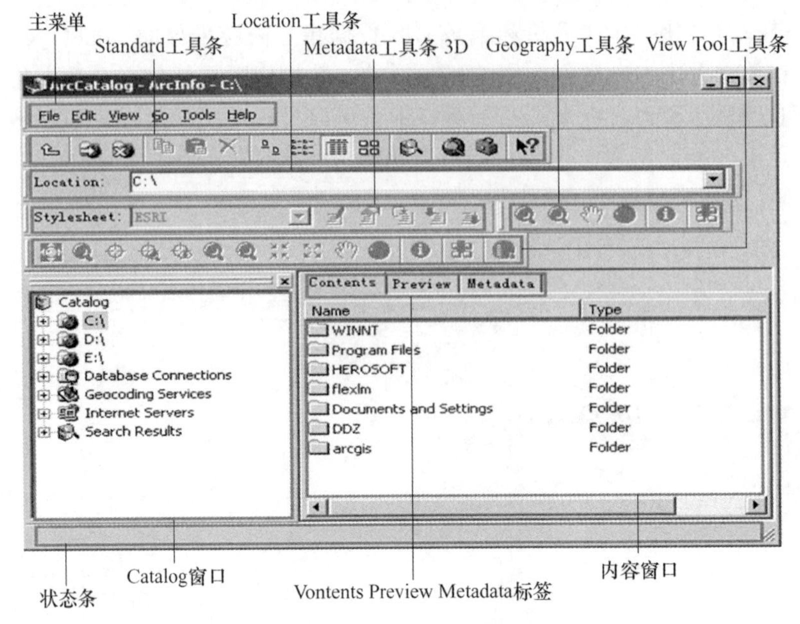

图 7-21　ArcGatalog 操作界面

图 7-22　地质等高线图

基于安全评价模式对于矿区进行安全分区，分别按照稳定、次稳定、危险和极危险的标准以蓝色、黄色、橙色、红色在图上呈现出来，分区标准见表 7-8。

表 7-8　边坡稳定性分区标准

稳定状况	稳定	次稳定	危险	极危险
颜色标识	蓝色	黄色	橙色	红色
稳定性系数 F_s	>=1.4	1.25~1.4	1.0~1.25	<1.0

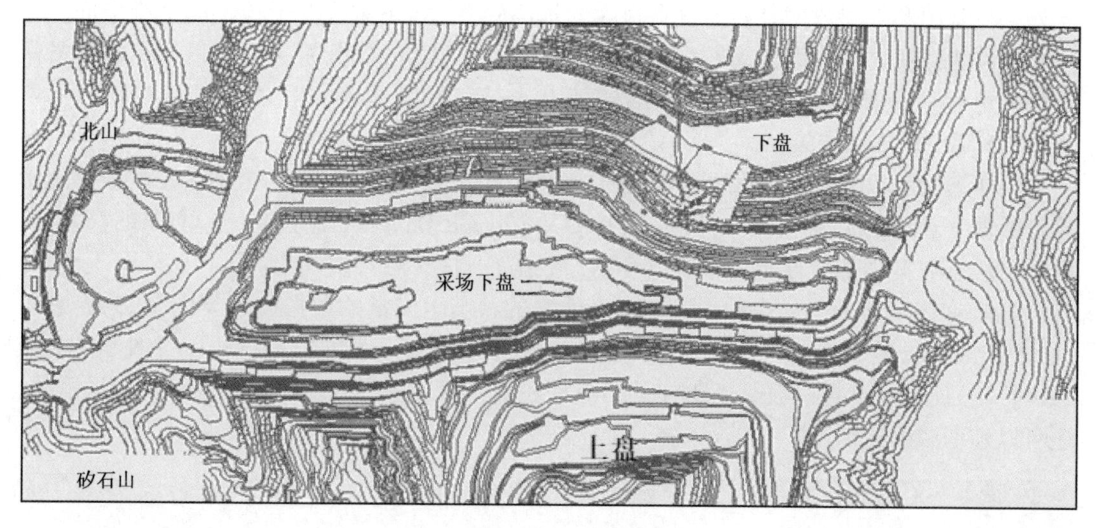

图 7-23 地质等高线面状图

最后，在已有南芬露天矿面文件的基础上，根据“边坡危险性分区标准”，进行区域划分工作，如图 7-24 所示。

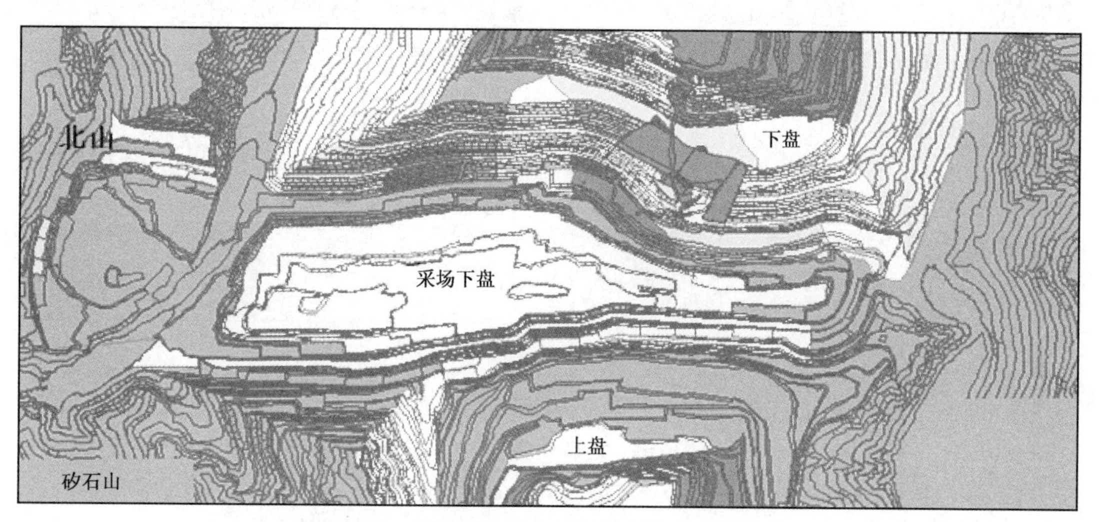

图 7-24 南芬露天铁矿采场危险性分区平面图

7.4.4 采场边坡的三维空间可视化分析

通过 ArcGIS 3D Analyst，能够对表面数据进行高效率的可视化和分析。使用 ArcGIS 3D Analyst，可以从不同的视点观察表面，查询表面，确定从表面上某一点观察时其他地物的可见性，还可以将栅格和矢量数据贴在表面以创建一副真实的透视图。ArcGIS 3D 分析扩展模块的核心是 ArcGlobe 应用程序。ArcGlobe 提供浏览多层 GIS 数据、创建和分析表面的界面。

ArcGIS 3D Analyst 提供了三维建模的高级 GIS 工具，比如挖填分析、可见分析以及地表建模等。ArcView 3D Analyst 模块为桌面 GIS 带来了三维数据的透视观察和分析功能。

此外，在制图和空间数据分析上也有很大的提高，3D Analyst 改变了传统的二维平面的地图显示方式，代之以三维的动态交互的地图显示。丰富的 3D 分析工具可以使工作人员从全新的角度认识地理数据。其在三维建模上支持三种数据类型：Grids、不规则三角网（TINSs）和 3D Shapefiles。

Grid 表面可以从已有的数据（如 USGS 的数字高程模型（DEM）或 NIMA 的数字地形高程数据（DTED））中引入（【File 菜单】-【Import Data Source】）；还可以通过包含高程信息的点数据（如全球定位系统（GPS）数据）内插得到。

TINs 在表现地表上是一种快速的、高效率的、基于矢量的数据类型（图 7-25），它可以通过 ArcView GIS 已有的各类地理要素层生成（【Surface 菜单】-【Create TIN from Features】）。属性信息可以被赋予 TIN 的结点和表面，帮助进行地表建模和分析。如果需要，还可以移动或删除结点。

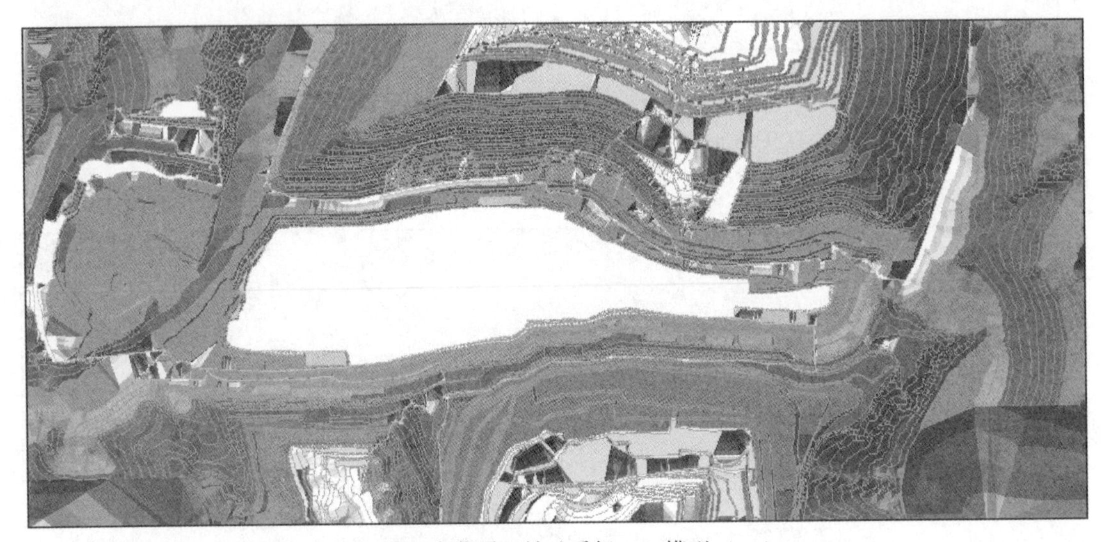

图 7-25 南芬露天铁矿采场 TIN 模型（2D）

ArcView GIS shapefiles 的数据结构可扩展到支持包含坐标 z 值的数据类型。z 值可以通过矢量要素的某一属性值得到（Theme 菜单→Convert to 3D Shapefile），也可以通过已有的 TIN 或 grid 插值得到（Toolbar→Interpolate Line tool）。这使得 2D shapefiles 到 3D shapefiles 的转换变得快速便捷。任何二维地理要素都可以直接覆盖在三维表面（TIN 或 grid）。还可以将多种影像数据（卫星影像、航空相片、扫描影像）覆盖在三维表面，使三维制图的内容更丰富、效果更逼真（Theme 菜单→3D Properties）。

通过对南芬露天矿区进行现场资料收集和地质调查分析，运用 ArcGIS 的三维分析功能对平面图形进行三维成像处理，有利于直观地对南芬露天矿的边坡地带进行稳定性分析。

在 ArcScene 打开 TIN 模型。如图 7-26 所示。

由图 7-26 可以看出，ArcView 3D Analyst 在三维动态交互显示地理数据方面取得了飞跃的进步。现在可以实在地看到并直观地感受地形的起伏及相互间的空间位置关系。

分别将各个分区模块进行三维模型可视化呈现：

（1）稳定区的三维模型正面俯视图如图 7-27 所示。

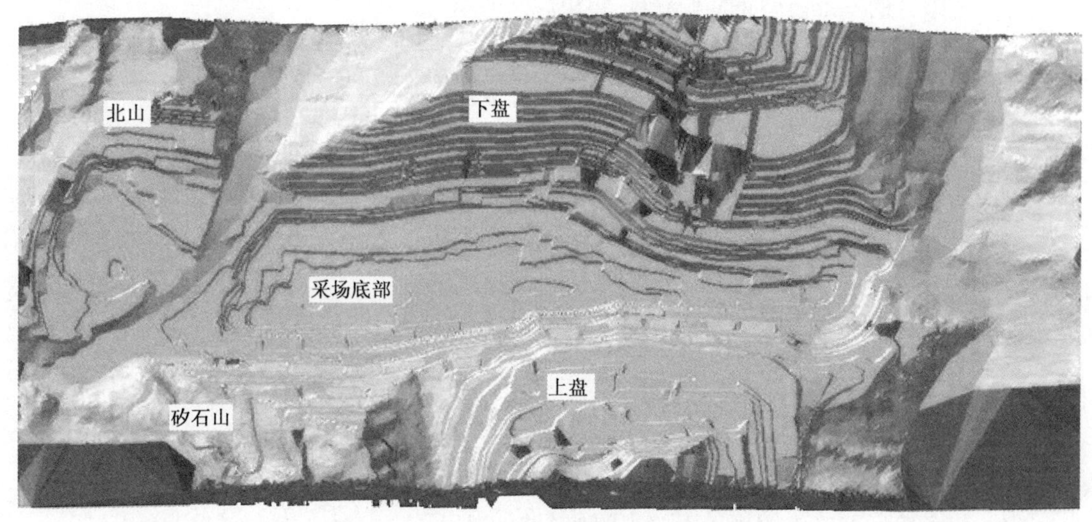

图 7-26 南芬露天铁矿采场 TIN 模型

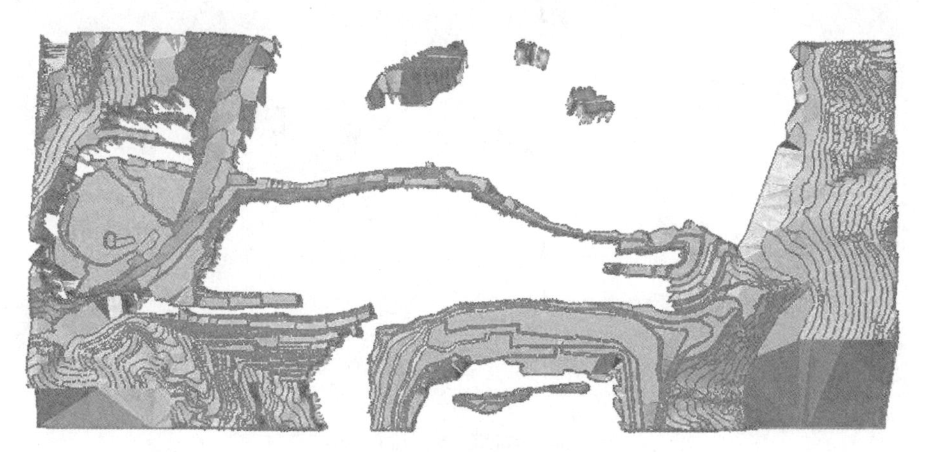
图 7-27 稳定分区三维模型图

（2）次稳定区的三维模型正面俯视图如图 7-28 所示。

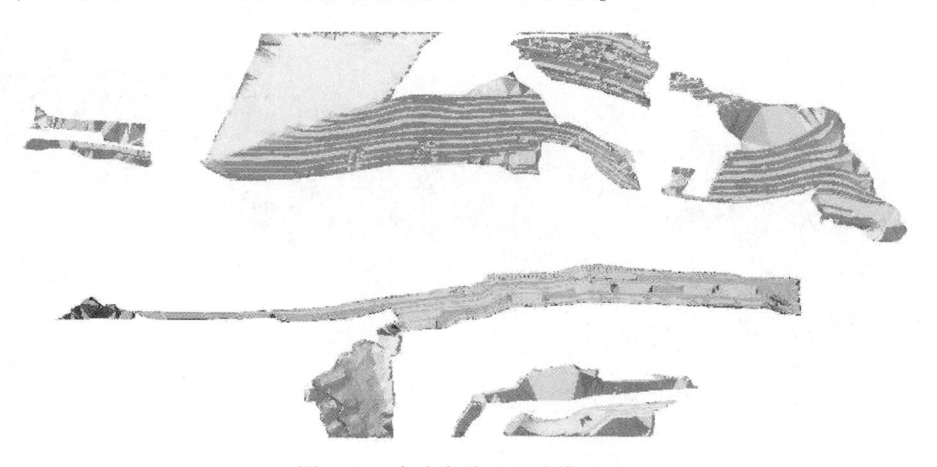
图 7-28 次稳定分区三维模型图

（3）危险区的三维模型正面俯视图如图 7-29 所示。

图 7-29 危险分区三维模型图

（4）极危险区的三维模型正面俯视图如图 7-30 所示。

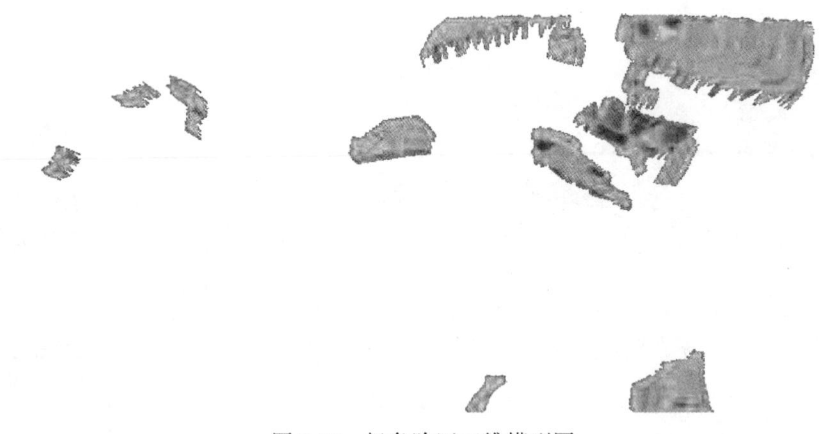

图 7-30 极危险区三维模型图

（5）叠合后的南芬矿区采场边坡危险性分区的三维模型可视化效果如彩图 7-31 所示。由于上盘视觉效果不显著，因此上盘危险性分区三维可视化模型如图 7-32 所示。

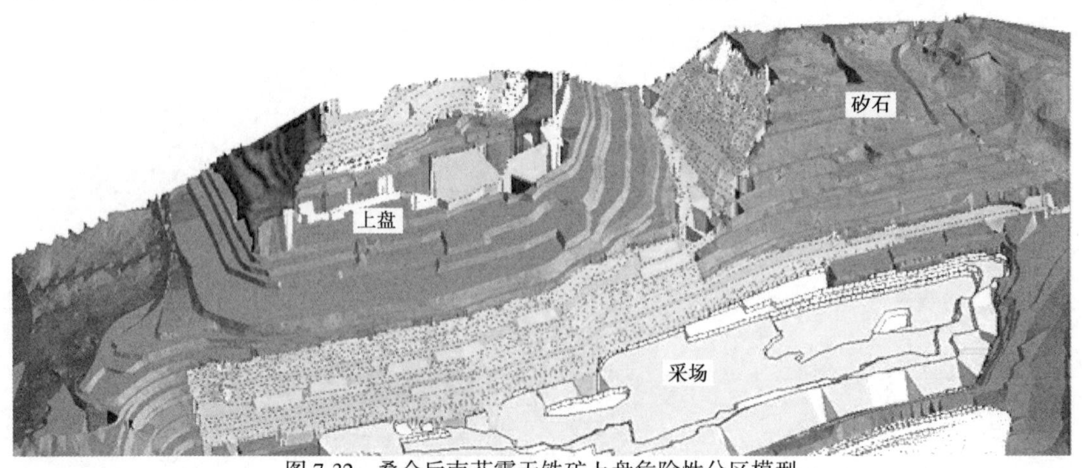

图 7-32 叠合后南芬露天铁矿上盘危险性分区模型

ArcScene 提供了丰富的工具帮助使用者进行透视观察，包括移动和放大缩小、旋转、倾斜、模拟穿越飞行。此外，还可以将透视图输出到 VRML（虚拟现实建模语言），可以多方位地分析危险区域，为矿区的发展提供更加可靠的保障。

7.5 灾害防治对策及详细设计方案

7.5.1 各危险性分区防治对策

根据本次调查结果，结合模糊数学评判结果、稳定性分析结果和 GIS 差值分析结果，得出了详细的南芬露天铁矿危险性分区图。共分为四个危险区划，分别是极危险区、危险区、次稳定区和稳定区。根据每个区划空间分布特征又划分为 35 个亚区。其中，极危险区细化为 11 个亚区，危险区细化为 10 个亚区，次稳定区划分为 9 个亚区，稳定区划分为 5 个亚区。

按照本次调查的最终目的及其计划任务书中的要求，对每个亚区的防治对策给予综合研究，并将研究结果用表格的形式列出，详见表 7-9。

表 7-9 露天矿采场边坡危险性防治对策

序号	危险区划	亚区编号	防 治 对 策	备注
1	极危险区（A）	A1	1. 喷锚加固；2. 截排水工程；3. 植树	最终边坡
2		A2	1. 加固—防治—监测—预警综合防护工程；2. 疏干孔；3. 浮石清理；4. 帽檐处理	最终边坡
3		A3	1. 喷锚加固（斑岩脉两侧和台阶南端帮）；2. 植树（南坡）	最终边坡
4		A4	1. 加固—防治—监测—预警综合防护工程；2. 浮石清理；3. 疏干孔；4. 截排水工程；5. 地下水位和水压监测	最终边坡
5		A5	1. 加固—防治—监测—预警综合防护工程；2. 地表位移监测；3. 浮石清理；4. 截渣平台清理	临时边坡
6		A6	1. 加固—防治—监测—预警综合防护工程；2. 帽檐处理；3. 地表位移监测；4. 浮石清理；5. 截渣平台清理	临时边坡
7		A7	1. 喷锚加固；2. 截排水工程；3. 帽檐处理；4. 浮石清理；5. 截渣平台清理	最终边坡
8		A8	1. 喷锚加固；2. 截排水工程；3. 浮石清理；4. 截渣平台清理；5. 植树	最终边坡
9		A9	1. 局部喷锚加固；2. 截排水工程；3. 浮石清理；4. 截渣平台清理；5. 帽檐处理	最终边坡
10		A10	1. 截排水工程；2. 浮石清理；3. 截渣平台清理；4. 植树	最终边坡
11		A11	1. 喷锚加固；2. 截排水工程；3. 浮石清理；4. 截渣平台清理；5. 帽檐处理	最终边坡

续表 7-9

序号	危险区划	亚区编号	防 治 对 策	备注
12	危险区（B）	B1	1. 加固—防治—监测—预警综合防护；2. 地表位移监测；3. 浮石清理；4. 截渣平台清理；5. 截排水工程	最终边坡
13		B2	1. 加固—防治—监测—预警综合防护；2. 地表位移监测；3. 浮石清理；4. 截渣平台清理；5. 疏干孔	临时边坡
14		B3	1. 加固—防治—监测—预警综合防护；2. 地表位移监测；3. 浮石清理；4. 截渣平台清理；5. 疏干孔	临时边坡
15		B4	1. 植树	临时边坡
16		B5	1. 局部喷锚加固；2. 截排水工程；3. 局部挡墙防护；4. 浮石清理（主要保护 2 号路和排水管道的安全）	临时边坡
17		B6	1. 截排水工程；2. 浮石清理；3. 截渣平台清理；4. 帽檐处理	最终边坡
18		B7	1. 截排水工程；2. 浮石清理；3. 疏干孔；4. 截渣平台清理；5. 帽檐处理	最终边坡
19		B8	1. 加固—防治—监测—预警综合防护；2. 浮石清理；3. 截渣平台清理；4. 地下水水位和水压监测	最终边坡
20		B9	1. 浮石清理；2. 截渣平台清理；3. 帽檐处理	临时边坡
21		B10	1. 局部喷锚加固（主要考虑调度中心安全）；2. 截排水工程；3. 浮石清理；4. 截渣平台清理；	最终边坡
22	次稳定区（C）	C1	1. 截排水工程；2. 植树	最终边坡
23		C2	1. 加固—防治—监测—预警综合防护；2. 浮石清理；3. 截渣平台清理；4. 截排水工程	最终边坡
24		C3	1. 加固—防治—监测—预警综合防护；2. 浮石清理；3. 截渣平台清理；4. 帽檐处理	临时边坡
25		C4	1. 加固—防治—监测—预警综合防护；2. 浮石清理；3. 截渣平台清理（重点监测区，有滑坡历史）	临时边坡
26		C5	1. 浮石清理；2. 截渣平台清理；3. 截排水工程；4. 滚石防护工程（该区域有大冲沟，台阶高陡）	临时边坡
27		C6	1. 浮石清理；2. 截渣平台清理；3. 截排水工程；4. 疏干孔；5. 帽檐处理	最终边坡
28		C7	1. 加固—防治—监测—预警综合防护；2. 浮石清理；3. 截渣平台清理；4. 截排水工程；5. 疏干孔	最终边坡
29		C8	1. 加固—防治—监测—预警综合防护；2. 浮石清理；3. 截渣平台清理；4. 截排水工程；5. 疏干孔	最终边坡
30		C9	1. 浮石清理；2. 截渣平台清理；3. 日常维护措施	临时边坡

续表 7-9

序号	危险区划	亚区编号	防 治 对 策	备注
31	稳定区（D）	D1	1. 浮石清理；2. 截渣平台清理；3. 日常维护措施	临时边坡
32		D2	1. 无线视频监测（主要对采场上盘进行监测）；2. 浮石清理；3. 截渣平台清理；4. 日常维护措施	最终边坡
33		D3	1. 地下水位和水压监测；2. 浮石清理；3. 截渣平台清理；3. 日常维护措施	最终边坡
34		D4	1. 浮石清理；2. 截渣平台清理；3. 日常维护措施	最终边坡
35		D5	1. 浮石清理；2. 截渣平台清理；3. 日常维护措施	最终边坡

表 7-9 列出了南芬露天铁矿采场各亚区的综合防灾措施，计划部门和技术部门可以根据露天矿山回采、扩帮和开采进度，每当工程点到达相应区域，可以灵活按照表 7-9 所列的灾害治理对策进行防灾设计和施工。各种防灾对策的详细设计方案在后续几个小节中会陆续给予说明。

7.5.2 加固—防治—监测—预警综合防护工程

7.5.2.1 恒阻大变形缆索工作原理

A 恒阻大变形缆索

恒阻大变形缆索是针对岩土体大变形破坏专门设计的一种集加固、防治、监测和预警于一体的通信缆索。所谓恒阻大变形缆索，是指当缆索上的荷载达到设计极限时，设置在缆索上的一种特殊联结装置就可以通过恒阻体在特殊结构管体内滑移来抵消剩余荷载产生的拉断效应，从而防止缆索被拉断破坏。恒阻大变形缆索与锚索的本质区别在于其具有力学信息传输和通信功能。特别是在滑坡监测领域，可采集滑动面上的力学信息并传输到地表。

从监测的角度来说，这种恒阻大变形缆索在滑坡发生过程中的贡献是不会因为下滑力大于缆索强度而被拉断，继而丧失监测作用，而是通过恒阻体在特殊结构管体内滑移来抵消剩余下滑力拉断效应，从而实现对滑坡全过程进行实时监测。

B 恒阻大变形缆索工作原理

恒阻大变形缆索是一种集加固—防治—监测—预警于一体的新型防护材料，其边坡安全防护工作原理如下：

（1）滑坡发生前——安装新型锚索。边坡开挖前，边坡岩土体处于平衡状态，根据边坡加固或监测设计要求，按照传统预应力锚索现场施工工艺，在监测点处钻孔，当孔深符合设计要求时，安装恒阻大变形缆索，使恒阻大变形缆索穿过滑动面，锚固在相对稳定的滑床上，如图 7-33（a）所示。锚索长度和入射角度根据详细勘察资料确定，如果详勘资料缺失，以实际钻孔资料为主。

（2）滑坡发生中——吸收变形能。降雨、人工扰动等因素打破边坡原有的力学平衡状态后，滑体开始沿着潜在滑动面发生相对运动，当岩土体的变形能超出锚索的恒阻力范围时，恒阻体在恒阻套管内发生滑移，即恒阻大变形缆索随着边坡岩土体大变形而发生径向拉伸，随变形吸收能量，避免由于岩土体大变形而发生锚索的断裂、失效，从而导致边坡突然滑塌或监测设备丧失作用，如图 7-33（b）所示。

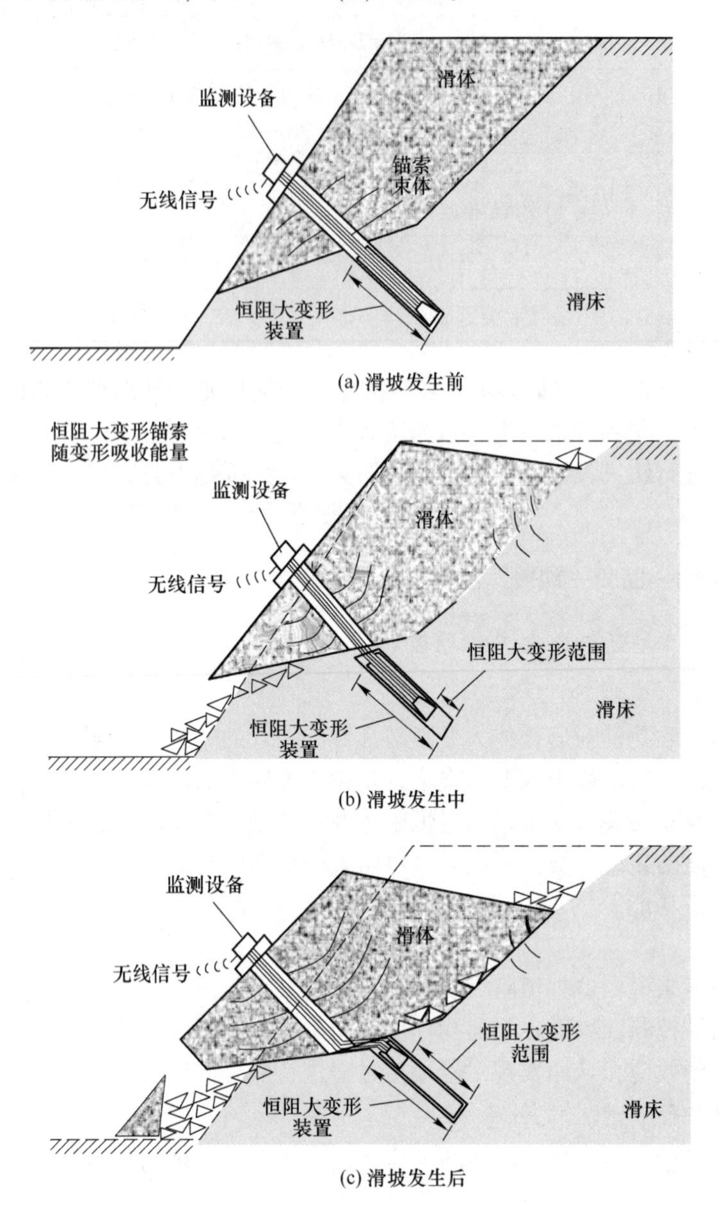

图 7-33　恒阻大变形缆索边坡防护原理

（3）滑坡发生后——边坡稳定。在边坡发生大变形之后，岩土体内部应力达到新的平衡，其能量得到释放，岩土体内部的变形能小于恒阻器的设计恒阻力 T，锚索轴力 P 小于恒阻体与恒阻套管的摩擦阻力，围岩在恒阻大变形缆索的加固作用下再次处于稳定状态，如图 7-33（c）所示。

7.5.2.2　恒阻大变形缆索加固和监测效果

在本次调查与统计过程中，南芬露天铁矿监测区从 2010 年 7 月至 2012 年 12 月期间，共发生 4 次滑坡，均提前成功预报。每次滑坡时间、地点、规模和变形量信息见表 7-10。

表 7-10　露天矿监测区滑坡历史及规模

<table>
<tr><th rowspan="2">序号</th><th rowspan="2">滑坡编号</th><th rowspan="2">地点</th><th rowspan="2">滑坡时间</th><th colspan="2">滑体规模</th><th rowspan="2">变形量</th></tr>
<tr><th>长度/m</th><th>高度/m</th></tr>
<tr><td>1</td><td>10~0731</td><td>438~526 台阶</td><td>2010. 7. 31</td><td>12. 0</td><td>1. 0</td><td>滑移 1. 0m</td></tr>
<tr><td>2</td><td>10~0805</td><td>526m 台阶</td><td>2010. 8. 31</td><td>1. 2</td><td>48. 0</td><td>裂缝 1. 2m</td></tr>
<tr><td>3</td><td>11~1005</td><td>334m 台阶</td><td>2011. 10. 5</td><td>50. 0</td><td>24. 0</td><td>彻底滑坡</td></tr>
<tr><td rowspan="2">4</td><td rowspan="2">12~0804</td><td rowspan="2">526m 台阶</td><td rowspan="2">2012. 8. 4</td><td>51</td><td>0. 93</td><td>下沉 0. 93m</td></tr>
<tr><td>27</td><td>1. 03</td><td>下沉 1. 03m</td></tr>
</table>

资料来源：深部岩土力学与地下工程国家重点实验室。

A　10-0731 滑坡和 10-0805 滑坡

南芬露天铁矿采场分别于 2010 年 7 月 31 日和 8 月 5 日经历了两次集中强降雨天气，6h 累积降雨量分别达到 17mm 和 74. 6mm（表 7-11）。本次降雨使露天铁矿采场遭受了罕见的内涝灾害，并且在采场下盘 430~526 台阶发生了两次滑坡灾害。

表 7-11　南芬露天矿采场降雨强度

<table>
<tr><th rowspan="2">日　期</th><th colspan="2">2010-7-31</th><th colspan="2">2010-8-5</th><th colspan="2">2010-8-8</th></tr>
<tr><th>峰值</th><th>总量</th><th>峰值</th><th>总量</th><th>峰值</th><th>总量</th></tr>
<tr><td>降雨量</td><td>6. 1mm</td><td>16. 2mm</td><td>21. 8mm</td><td>74. 6mm</td><td>6. 6mm</td><td>16mm</td></tr>
<tr><td>雨　强</td><td>6. 1mm/h</td><td>3. 24mm/h</td><td>21. 8mm/h</td><td>12. 43mm/h</td><td>6. 6mm/h</td><td>2. 3mm/h</td></tr>
<tr><td>历　时</td><td colspan="2">5h</td><td colspan="2">6h</td><td colspan="2">7h</td></tr>
<tr><td>等　级</td><td colspan="2">中雨</td><td colspan="2">暴雨</td><td colspan="2">中雨</td></tr>
<tr><td>NO. 1-2</td><td colspan="2">突降 308kN</td><td colspan="2">突升 178kN</td><td colspan="2">变化不明显</td></tr>
<tr><td>NO. 2-2</td><td colspan="2">突升 240kN</td><td colspan="2">突升 300kN</td><td colspan="2">变化不明显</td></tr>
<tr><td>NO. 3-2</td><td colspan="2">突升 338kN</td><td colspan="2">突升 493kN</td><td colspan="2">变化不明显</td></tr>
<tr><td>NO. Ⅱ-3</td><td colspan="2">突升 50kN</td><td colspan="2">突升 205kN</td><td colspan="2">变化不明显</td></tr>
</table>

注：滑动力突降按照 24 小时内计算。

两次滑坡的断面特征如图 7-34 所示。从图中可以看出，“10-0731 滑坡”和“10-0805 滑坡”范围内共有三层恒阻大变形缆索监测系统，分别位于 430m 台阶、394m 台阶和 370m 台阶。由于恒阻大变形缆索具有加固-防治-监测-预警功能，且最大变形量为 2000mm，因此三层恒阻大变形缆索在一定程度上对滑坡体产生加固作用，防止滑体整体滑塌，使滑体表面仅仅产生了 1m 左右的变形。

B　11-1005 滑坡

“11-1005 滑坡”发生在南芬露天铁矿采场下盘 322~370m 北部。在此期间，工程人员正在对下盘 322m 台阶实施矿岩回采工程。从 2011 年 10 月 2 日开始，采掘机械由北向南靠帮进行挖掘，行至 No. 334-4 监测点下方时，由于岩石比较破碎而出现了超采现象，致使 No. 334-4 监测点附近边坡岩体裂缝发育，并逐渐贯通。2011 年 10 月 5 日 19 时，出现

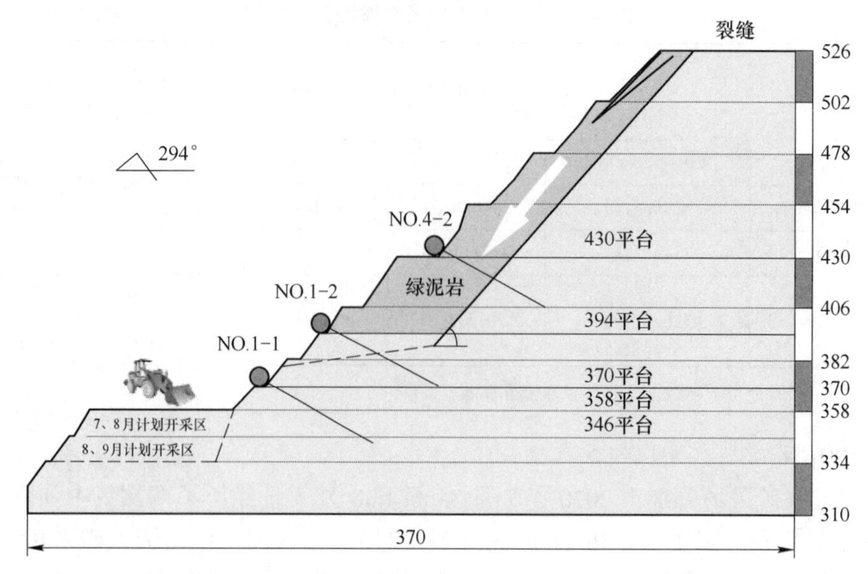

图 7-34　“10-0731 滑坡”和“10-0805 滑坡”区域断面图

集中降雨，累积降雨量 31. 8mm，雨水沿着裂缝渗入绿帘角闪片岩组内部，岩体强度降低，诱发了本次滑坡灾害。

“11-1005 滑坡”的断面特征如图 7-35 所示。从图 7-35 中可以看出，滑坡体上没有任何恒阻大变形缆索，最近恒阻大变形缆索距离滑坡体周界约 4m。由于没有恒阻大变形缆索的加固和防治功能，因此该滑坡体彻底滑塌，滑坡体南北向宽 50m，垂直高差约 36m，贯穿 3 个台阶（322~358m），滑动方向 276°。通过对 370m 台阶上出露的滑体后壁的测量，发现潜在滑动面倾角为 48°，与岩层倾向和倾角基本相同，滑体特征如图 7-36 所示。

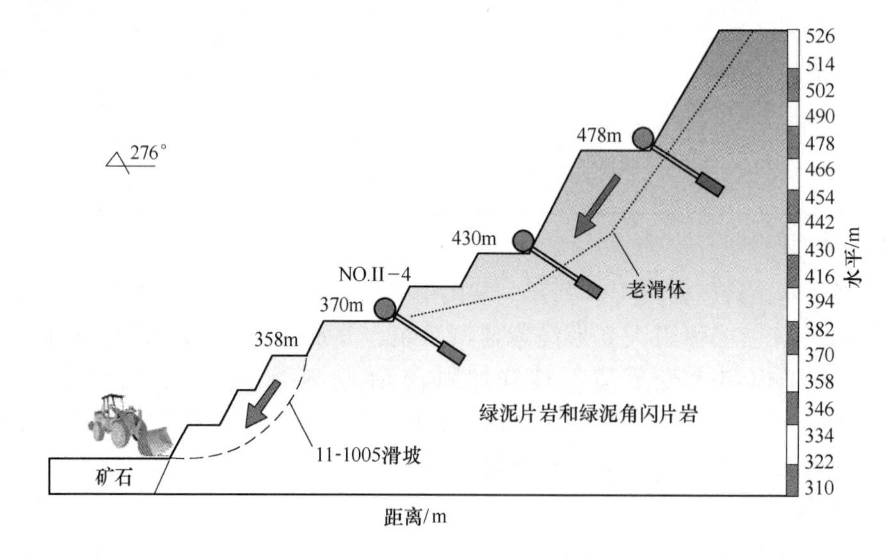

图 7-35　“11-1005 滑坡”区域断面图

C　12-0804 滑坡

2012 年 8 月 4 日 8 点到 5 日 12 点，受“达维”台风和弱冷空气的共同影响，南芬地区

图 7-36 “11-1005”滑坡体特征

出现大到暴雨（100~180mm），露天铁矿采场下盘边坡滑动力监测点已经出现明显的力学变化，9 个滑动力监测点发生突变。彩图 7-37 所示为根据突变监测点确定的预报危险区范围。

2012 年 8 月 4 日 16 点，南芬露天铁矿采场 526m 台阶上出现两处沉降变形区，其中北侧沉降变形区下沉 0. 93m，南部沉降变形区下沉 1. 03m。两沉降变形区断面特征如图 7-38

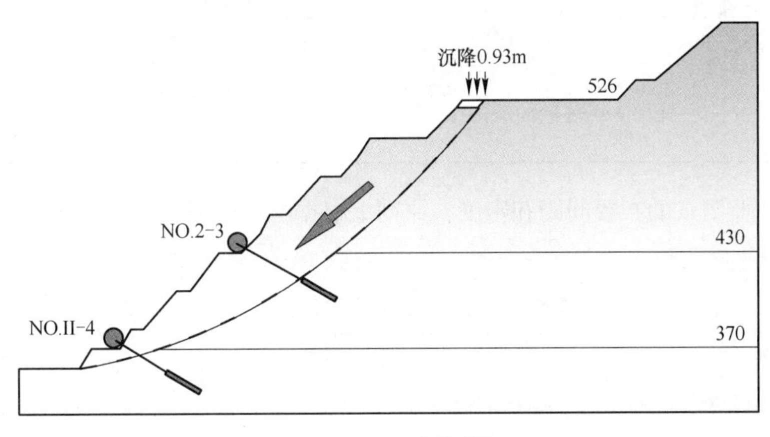

(a) I-I′断面图

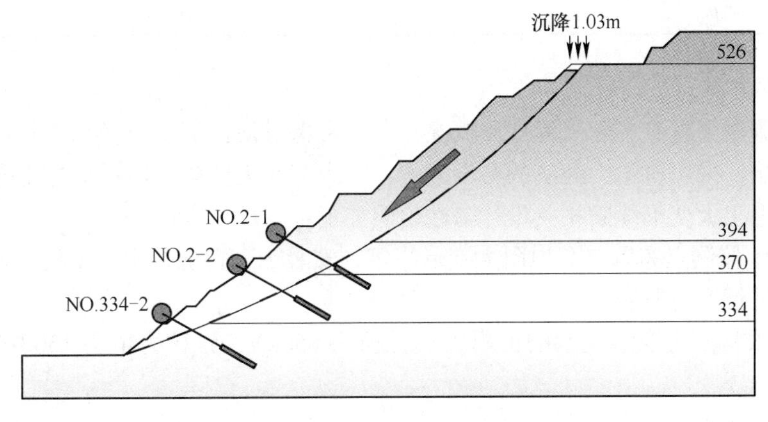

(b) II-II′断面图

图 7-38 “12-0804 滑坡”断面图

所示。图中显示，两滑坡体下方均由多条恒阻大变形缆索贯穿，由于恒阻大变形缆索的加固和防治功能，滑体没有整体滑移，仅在后缘出现 1m 左右的下沉变形。

综上所述，恒阻大变形缆索具有加固、防治、监测、预警功能，南芬露天铁矿未来边坡维护可以利用恒阻大变形监测缆索，实现对采场边坡加固-防治-监测-预警综合防护的目标。

7.5.2.3　滑动力监测方案

A　监测点布置原则

南芬露天铁矿计划部门和技术部门可以按照当年或五年开采计划，对当年或五年内即将扩帮形成的“最终边坡”或回采（开采）形成的“临时边坡”，按照边坡所在危险性分区的防灾对策，实施滑动力远程监测预警工程。

监测点设计方案主要依据国土资源部 2004 年制定的《三峡库区滑坡地质灾害防治工程设计技术要求》，详见表 7-12。

表 7-12　地质灾害防治工程分级（国土资源部，2004）

工程重要性	危及人数	经济损失/亿元	安全系数	
			常态	特殊态
Ⅰ级	≥2000	>1.0	≥1.25	≥1.1
Ⅱ级	300~2000	0.2~1.0	≥1.20	≥1.05
Ⅲ级	<300	<0.2	≥1.15	≥1.00

监测线和监测点的布置间距和密度，原则上根据滑坡工程的重要性分级，按照表 7-13 选取设计标准。

表 7-13　滑坡灾害实时摄动监测点设计标准（何满潮，2006）

工程重要性	测线间距/m	监测点密度/m
Ⅰ级	50	20
Ⅱ级	70	40
Ⅲ级	100	60

B　设计参数

根据南芬露天铁矿实际工程地质概况，充分考虑滑坡体下矿石回采工程和扩帮工程对滑坡体的影响，采用科学、经济的布设方法，在南芬露天铁矿危险滑坡体上布设滑动力远程监测点，恒阻大变形缆索相关设计参数说明如下：

（1）每个监测点布置 1 套恒阻大变形缆索，安装 1 套智能传感、采集、发射系统，对滑体下滑力进行实时监测；

（2）每根恒阻大变形缆索的恒阻力设计值为 850kN，张拉力值为 1500kN，锁定值为 200kN（约 20t）。

C　现场施工设计

恒阻大变形缆索现场施工设计图依据中国矿业大学（北京）岩土工程中心编制的

《南芬露天铁矿滑坡体远程监测预警预报工程设计报告》进行编制。本施工图编制依据的技术规范、规程：

(1)《建筑边坡支护技术规范》(GB 50330—2002)；

(2)《岩土锚杆（索）技术规程》(SECS 22：2005)；

(3)《混凝土结构工程施工质量验收规范》(GB 50204—2002)；

(4)《建筑施工扣件式钢管脚手架安全技术规范》(JGJ 30—2001)。

对本施工图说明如下：

(1) 恒阻大变形缆索施工工序为：整理坡面—确定孔位—钻孔—清孔—恒阻大变形缆索制安—注浆—支模—绑扎钢筋—浇注锚墩—养护—张拉锁定。

(2) 每根恒阻大变形缆索的预应力设计恒阻值为 85t，张拉力值 150t，锁定值为 20t(已经考虑应力损失情况)。

(3) 恒阻大变形缆索孔位测放力求准确，偏差不得超过±10cm，钻孔倾角按设计倾角允许误差±2°；考虑沉渣的影响，为确保恒阻大变形缆索深度，实际钻孔要大于设计深度 1.0m。

(4) 恒阻大变形缆索成孔禁止开水钻进，以确保恒阻大变形缆索施工不至于恶化边坡工程地质条件。钻进过程中应对每孔地层变化（岩粉情况）、进尺速度（钻速、钻压等）、地下水情况以及一些特殊情况作现场记录。若遇塌孔，应采取跟管钻进。

(5) 恒阻大变形缆索孔径 150mm，成孔后的孔径不得小于该值。钻孔完成之后必须使用高压空气（风压 0.2~0.4MPa）清孔，将孔中岩粉全部清除孔外，以免降低水泥砂浆与孔壁土体的黏结强度。

(6) 恒阻大变形缆索材料采用高强度、恒阻、防断预应力钢绞线，直径 $\phi=15.24$mm，强度 1860 级。要求顺直、无损伤、无死弯。

(7) 锚固段必须除锈、除油污，按设计要求绑扎架线环和箍线环（箍线环采用 $\phi8$ 钢筋焊接成内径为 4.0cm 的圆环，恒阻大变形缆索由其内穿过)；架线环与箍线环间距 0.75m，箍线环仅分布在锚固段，与架线环相间分布，自由段除锈后，涂抹黄油并立即外套波纹管，两头用铁丝箍紧，并用电工胶布缠封，以防注浆时浆液进入波纹管内。

(8) 恒阻大变形缆索下料采用砂轮切割机切割，避免电焊切割。考虑到恒阻大变形缆索张拉工艺要求，实际恒阻大变形缆索长度要比设计长度多留 2.0m，即恒阻大变形缆索长度 $L_{锚}=L_{锚固段}+L_{自由段}+2.0$m（张拉段)。锚具采用 QM15-10 型。

(9) 恒阻大变形缆索孔内灌注水灰比 0.45，灰砂比 1∶1，砂浆体强度不低于 30MPa。采用从孔底到孔口返浆式注浆，注浆压力不低于 0.3MPa，并应与恒阻大变形缆索拉拔试验结果一致。当砂浆体强度达到设计强度 80%后，方可进行张拉锁定。

(10) 恒阻大变形缆索下端部锥形体和套管间放置树脂药卷，利用树脂药卷黏结力使其成为一个整体。套管和孔壁利用高压注浆措施进行锚固。

(11) 锚墩采用 C25 钢筋砼现场浇注，浇筑时预埋 QM 锚垫板及孔口 PVC 管。

(12) 恒阻大变形缆索张拉作业前必须对张拉设备进行标定。正式张拉前先对恒阻大变形缆索行 1~2 次试张拉，荷载等级为 0.1 倍的设计拉力。

(13) 恒阻大变形缆索张拉分预张拉、张拉、超张拉进行，每级荷载分别为设计拉力的 0.25、0.5、0.75、1.2 倍，除最后一级需要稳定 2~3d 外，其余每级需要稳定 5~

10min，分别记录每一级恒阻大变形缆索的伸长量。在每一级稳定时间里必须测读锚头位移5次。

7.5.3 常规监测预警工程

常规监测预警工程指除滑动力远程监测工程以外的其他辅助监测工程，主要包括地表位移监测工程、地下水水位监测工程、地下水水压监测工程、无线视频监控工程等，为滑动力监测服务。

7.5.3.1 地表位移监测工程

A 地表位移监测工程概况

矿山边坡地表位移极坐标测量法是一种比较实用也比较常用的观测方法，它将仪器架设到已知坐标的稳定点上，利用已知点来定向，观测未知点的水平角、垂直角和斜距，通过这些观测量和已知点数据来求得未知点的三维坐标。如图7-39所示。

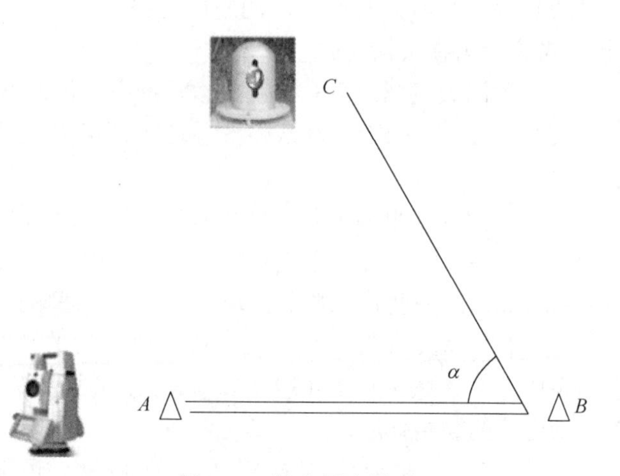

图7-39 极坐标法原理

已知点 A、B 两点的坐标分别为：(X_A, Y_A, H_A)、(X_B, Y_B, H_B)，未知点 C 的坐标假设为：(X_C, Y_C, C_A)，则 BA 方向的方位角为：$\alpha_{BA} = \arctan\dfrac{X_B - X_A}{Y_B - Y_A}$，而 BC 的方位角为：$\alpha_{BC} = \alpha_{BA} + \alpha$，那么 C 点的坐标可以计算出来：

$$\left.\begin{aligned} X_C &= X + D_{BC}\cos\alpha_{BC} \\ Y_C &= Y_B + D_{BC}\sin\alpha_{BC} \end{aligned}\right\} \tag{7-21}$$

其中，D_{BC} 为 B、C 两点之间的平距。它可以通过斜距 S 和垂直角 i 来计算：

$$D_{BC} = S\cos i \tag{7-22}$$

C 点的高程可以通过三角高程的方法来求：

$$H_C = H_B + D\tan i + i_{\mathrm{h}} - a_{\mathrm{h}} \tag{7-23}$$

式中，i 为垂直角；i_{h} 为仪器高；a_{h} 为棱镜高度。

B 监测点设计方案

2009年10月，南芬露天铁矿引进TCA系列全自动全站仪，建立了采场边坡变形全自动监测系统，对采场下盘老滑坡体和斑岩脉两侧破碎带进行自动监测。

（1）未来5年内，南芬露天铁矿地表位移监测点的设置原则如下：

1）配合滑动力监测点进行设置，即利用滑动力监测点防护锚墩作为基础，在锚墩上部安装地表位移监测棱镜；

2）在台阶较窄区域，滑动力监测点无法安装时，选用地表位移监测点代替，安装监测棱镜；

3）在新发生滑坡地区，由于岩层破碎，无法钻孔的区域，在滑体周界设计地表位移监测点，并安装监测棱镜。

（2）2013 年南芬露天铁矿地表位移监测点设计方案：

1）310 平台清理后，属于滑坡易发区，地表裂隙发育，为了配合滑动力监测，需要增加 4 个地表位移监测点，由北向南编号依次为 J70、J71、J72 和 J73。

2）514 平台属于扩帮区，此处曾经出现过塌陷区域，为了配合滑动力监测，需要增加 3 个地表位移监测点，由北向南编号依次为 J74、J75 和 J76。

3）502 平台属于扩帮区，由于 514 平台曾经出现的塌陷影响，此次需要增加 3 个位移监测点，由北向南编号依次为 J77、J78 和 J79。

C 监测系统

本次沿用南芬露天铁矿 2009 年引进的徕卡公司生产的 TCA 系列自动全站仪，该系统是当今世界上最先进的测量全站仪，其具有自动识别目标、精确瞄准目标、自动正倒镜测量和自动完成数据采集的功能。TCA2003 全站仪是徕卡 TPS1000 系列中精度最高、性能最好、智能化与自动化程度最高的全站仪，其测角精度为 0.5″，测距精度 1mm+1μm，适合微变形监测和大变形监测。

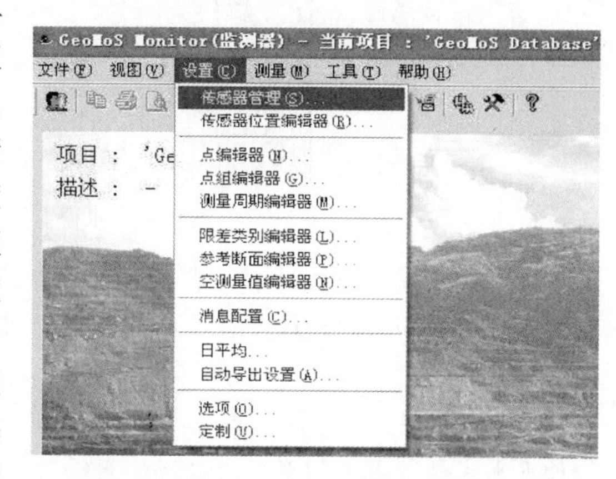

图 7-40 监测系统主界面

南芬露天铁矿地表位移自动监测系统由如下几部分组成：TCA2003 全站仪、基准点和变形点、监测分析软件 GEOMOS（图 7-40）、温湿度补偿系统、计算机和专用通信电缆。

该系统可以自动完成测量周期、实时评价测量成果、实时显示变形趋势等智能化的功能合为一体，可 24h 不间断对监测目标实施测量。

7.5.3.2 地下水水位和水压监测工程

A 地下水水位和水压监测工程概况

根据国内外学者的多年研究，发现滑坡发生前后地下水水位和水压都有明显的变化，特别是高速滑坡发生前，地下水水压呈急速上升趋势。因此对采场上盘和下盘地下水水位和水压演变特征的监测，可以辅助滑动力监测系统对滑坡灾害的发生时间进行超前预报。

目前，随着科学技术的飞速发展，国内外学者研发出多种类型的地下水位和水压监测系统。2011 年 6 月，选择国内自主研发的地下水位和水压自动监测系统进行工程应用，经过近 2 年的现场实际应用，发现设备稳定性和精度符合设计要求，因此本次设计继续沿用本套设备。

B　监测点设计方案

南芬露天铁矿地下水水位监测点安装在采场上盘430平台，监测井井深1165m，监测井直径25cm，用钢管护臂，防止塌孔。目前，一期工程主要安装1台地下水水位远程监测系统。为了确保监测设备防水防盗，设计了水位监测系统承载平台（图7-41）。

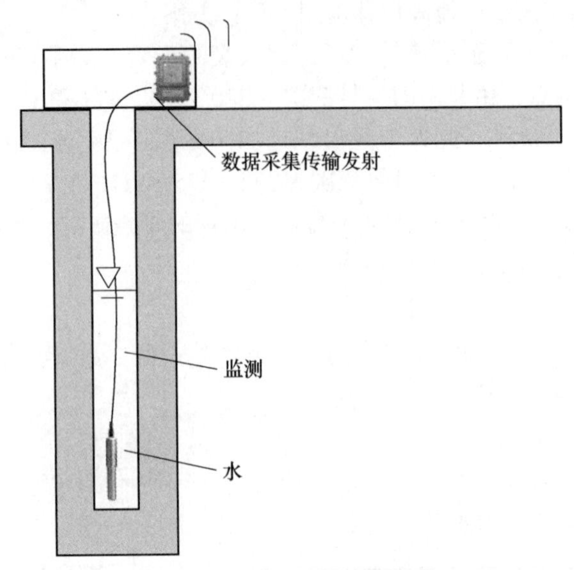

图7-41　水位监测点设计方案

按照危险区综合防治对策（表7-9）中的规划，在未来五年内，南芬露天铁矿需要在采场上盘、下盘和北山累计安装4套地下水位和水压监测系统，主要分布在A4、B8和D3亚区。

C　监测系统

地下水水位远程监测系统由现场子系统和室内子系统组成（图7-42）。

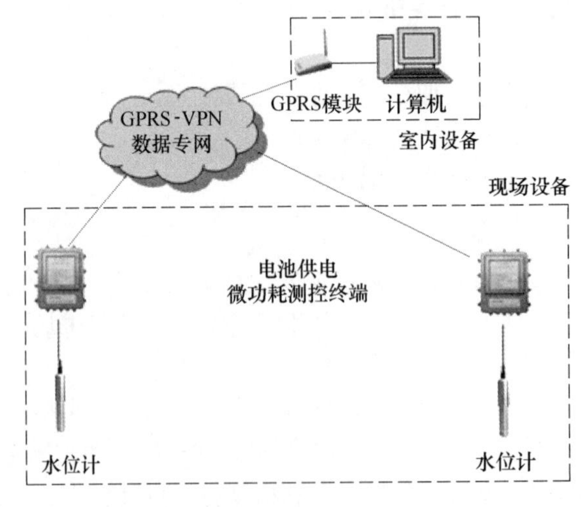

图7-42　系统拓扑结构

现场子系统安装到监测现场，包括水位计（图7-43）和数据采集器和数据传输设备

（图7-44）。该设备具有传感、采集、发射的功能，可将水位计电子数据自动采集、自动发射到接收分析系统。

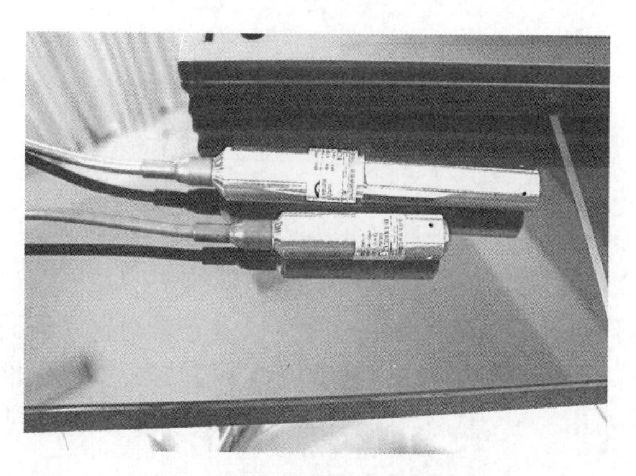

图7-43 电子水位计

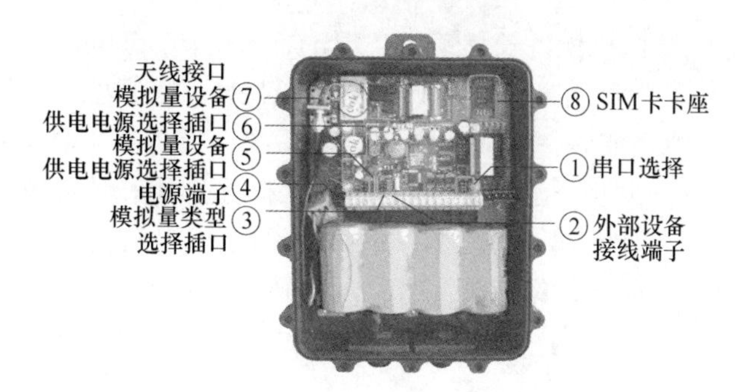

图7-44 数据采集—传输设备

室内子系统是智能接收分析系统（图7-45），可自动接收现场发来的数据，并处理形成动态监测曲线和监测预警曲线，根据监测曲线和预警准则判断所监测区水位演变特征和降雨量之间的耦合关系。

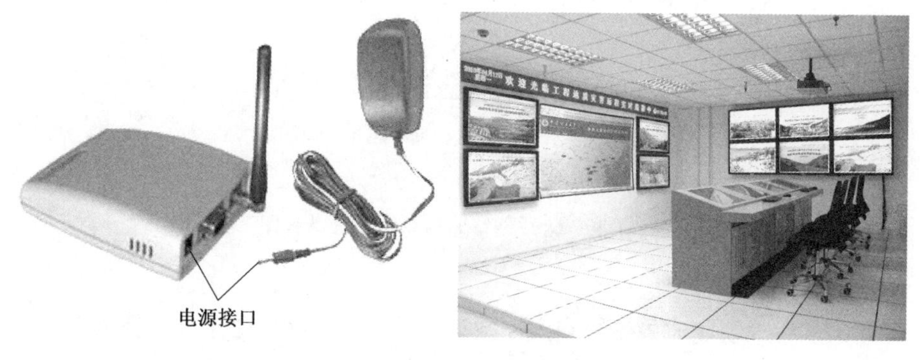

图7-45 数据接收处理系统

在监测方法上，运用了现代通信技术，在地下水水位和水压监测系统中增加无线发射装置，实时发射监测区水位变化动态，具有远程性、实时性和智能性，可以实现监测数据自动采集、水位态远程无线监测，不受距离限制，现场监测数据的实时自动接收等。

7.5.3.3　无线视频监控工程

A　无线视频监测概况

无线网络监控系统主要用于对重要区域或远程地点的监视和控制，在公路、银行、金融、水利、航运、大型企业、治安、消防、小区安保等领域具有举足轻重的地位。一套优秀的监控系统可以实时动态汇报被监测点的情况，及时发现问题并进行处理，完整的备份资料可以随时进行分析调查。

传统的视频监控系统采用模拟视频传输和存储技术，可以实现令人满意的图像质量，成本也相对较低。随着数字视频编码技术以及互联网技术的发展，出现了基于以太网为传输介质的数字视频监控系统，也就是将原来的模拟信号采用数字编码压缩技术，并且通过计算机互联网络传输。网络监控系统的优势在于视频数据通过以太网进行传输，监控范围非常广泛，且在高带宽环境下，依然可以提供高质量视频，同时视频内容存储检索非常方便。

B　监测点设计方案

矿场专用高清彩色摄像机配备长焦镜头，理论有效距离 1500m，南芬露天铁矿采场上盘 490m 台阶已经安装了一套无线视频监测系统，负责对采场下盘整体边坡进行无线监测。本次拟在下盘 526m 台阶上安装一套无线视频监测系统，负责对采场上盘边坡演变特征进行监测。根据现场调查，发现下盘 526m 台阶距离采场上盘采场边坡监测区直线距离约 800m，完全在长焦镜头工作距离范围之内。故拟建设网线网络监控系统一套，配置 1 台矿场专用高清彩色摄像机一台，长焦镜头一组，网络硬盘录像机系统一套，设备组网拓扑结构如图 7-46 所示。

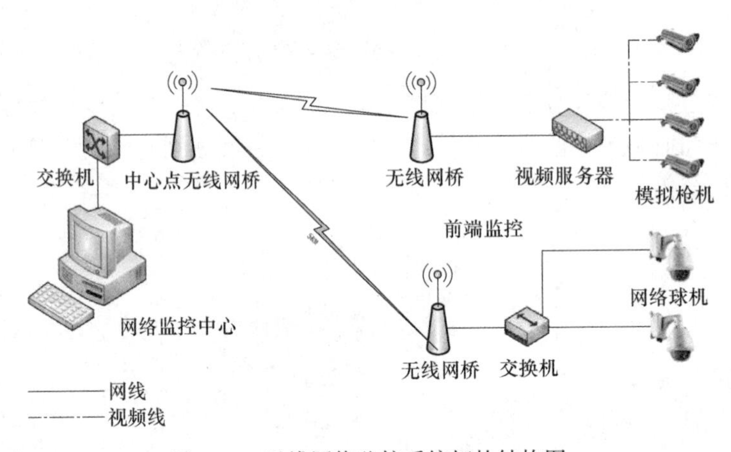

图 7-46　无线网络监控系统拓扑结构图

C　系统组成

南芬露天矿无线视频监控系统室内控制系统安放在矿办公楼“南芬露天矿边坡监测预警中心”，南芬露天矿无线视频监控系统主要组成包括：

（1）硬件系统。矿场专用高清彩色 1/2 摄像机、长焦镜头（图 7-47）、云台、网络硬盘录像机系统、远距离无线网桥等。

（2）软件系统。视频数据处理软件，视频显示软件，如图 7-48 所示。

图 7-47 长焦镜头

图 7-48 系统主界面

7.5.4 加固治理工程

7.5.4.1 截碴平台清理

(1) 三期境界内截渣平台清理设计。三期境界内主要有上盘 370~310m 固定路。清扫长度 1100m，每年清扫 2 次，每延长米清扫量 342 吨，清理后的岩石运至 3 号排土场，运距 4. 8km。下盘清扫平台为 430 台阶，长度 1500m，每年清扫 2 次，每延长米清扫量 342 吨，岩石运至 5 号排土场，运距 4. 5km。按照 2012 年露天矿外委作业价格（铲装 1. 2 元/吨、运输 1. 32 元/吨 · 公里）核算，平台清理铲装和运输环节单价上盘为 7. 5 元/吨，下盘为 7. 1 元/吨。考虑平台清理作业空间狭小、清扫难度大、设备效率难以发挥，清理岩石费用高于采场相应剥岩工艺环节费用，将清扫量乘以 1. 5 作为最终结算量，其中 1. 0 系数进入扩帮剥岩费用，0. 5 系数进入边坡清理维护费用。

(2) 四期境界内截渣平台清理设计。四期境界内主要有上盘 574 台阶。清扫长度 820m，每年清扫 1 次，每延长米清扫量 8. 6 吨，运距 2. 8km；下盘清扫平台为 646、574 台阶，长度分别为 910m 和 1240m，每年清扫 1 次，每延长米清扫量 8. 6 吨，运距 3. 8km。按照 2012 年露天矿外委作业价格（铲装 1. 2 元/吨、运输 1. 32 元/吨 · 千米）核算，平台清理铲装和运输环节单价上盘为 4. 9 元/吨，下盘为 6. 2 元/吨。

7.5.4.2 喷锚加固

A 喷锚加固设计方案

南芬露天铁矿采场上盘边坡岩体较完整，局部区域较破碎。采场下盘岩体在扩帮过程中，对邻近边坡采用了预裂爆破技术，取得了较好的效果，使得台阶平整、阶面整齐，安全平台和清扫平台清晰、完整，起到了安全和清扫的作用，使四期结束台阶基本达到设计要求。由于采用打水平疏干孔技术，降低了地下裂隙水对边坡的侧向作用力，对已暴露的边坡稳定起到了作用，为矿山安全生产提供了保障。

尽管采取以上措施，但影响边坡稳定的因素异常复杂，如岩石的性质和风化的程度、岩体的节理、裂隙、层理、地质构造、各种岩脉的浸入、水文地质条件等因素，千变万化，均对边坡稳定有影响，因此，很难预测边坡的破坏。

本次设计采用“喷锚网加固”方法，对采场上盘 598~538 台阶、下盘 502m 台阶以上石英斑岩脉南北两侧以及北山 358~334 台阶进行喷锚加固，如彩图 7-49 所示。

B 施工方案设计

（1）喷锚加固区域。在2009年7月编制《本钢南芬露天矿1500万t/a扩产工程初步设计》时已提出，矿山在生产中，对各种不稳定的边坡要采取不同的方法进行加固。此次加固区域已形成固定边坡，岩石破碎较严重，浮石容易下落，影响下部扩帮处的安全施工，因此，采用“喷锚网”进行加固措施。

（2）主要技术标准。本设计采用“喷锚网加固”方法。喷射混凝土厚度为150mm，混凝土标号为C20细石混凝土，钢筋网的方格采用200mm×200mm，钢筋网采用ϕ6圆钢，巩固钢筋网锚杆采用ϕ22螺纹钢筋，锚杆长1800mm，孔深1650mm，孔径ϕ38～42mm，孔间距和排间距为1600mm，梅花形交错布置。在边坡坡脚处高0.5m起，每4m设置一排泄水孔，孔距3.2m，交错排列。泄水孔采用ϕ57m×4mm钢管。锚杆加工、喷射混凝土各成分配比以及施工方法按照有关规范和标准执行。

施工前要对坡顶坡面进行整修，将浮石和松动岩石清除干净，延后用高压水冲洗受喷面。此次喷锚总面积为102312m^2。每100m^{2}喷锚网加固范围消耗：ϕ22mm×1800mm螺纹钢筋36.91根，ϕ6圆钢1000m，C20混凝土15m^3，ϕ57×4钢管1.23m（图7-50）。

7.5.5 截排水工程

7.5.5.1 疏干孔

水是影响边坡稳定性的一个重要因素，岩体内部水对边坡稳定性具有至关重要的影响。因此，为确保本钢南芬露天矿最终境界边坡的稳定性，需要按照设计要求进行疏干孔的施工，对深部积水进行疏导排泄。

A 疏干孔设计方案

根据南芬露天铁矿危险性分区图，2013年在采场下盘扩帮部位进行疏干孔的布置施工。根据采场开采进度和地质调查结果，需要在下盘扩帮502m台阶布设32个疏干孔。设计钻孔直径为115mm，钻孔深度为90～100m，仰角5°～10°。

施工部位岩体岩石普氏系数8～12，摩氏系数5～6；岩层呈片状结构，层间存在夹泥层，岩石裂隙发育，存在潜在滑层，给钻机钻孔带来不便。钻孔位置依据设计孔间距为50m，特殊区域需结合现场实际情况确定。

B 施工过程设计

（1）作业现场安全确认。现场安全、生产主管人员安全主管人员对作业现场设备停放部位的安全情况进行详细检查，发现安全隐患，及时整改，并进行复检，保证作业时的安全，并做好详细的安全检查记录。

（2）清理边坡及施工场地和道路。边坡清理执行《本钢南芬露天铁矿边坡机械清理施工方案》。

（3）定孔位。根据设计图纸和现场实际情况在现场测量放线选定穿凿位。

（4）穿凿作业和PPR管加工并验收。CM351钻机行驶到指定位置，钻孔时垂直台阶境界线，钻孔高度距设备作业水平2.5m，钻孔直径115mm，仰角5°～8°，钻孔深度在90～100m。依据对PPR管的技术要求，对PPR管进行加工（图7-51）。

（5）排水管埋设及质量验收。组织人员进行下管，安装导向头，在管的连接处用管接

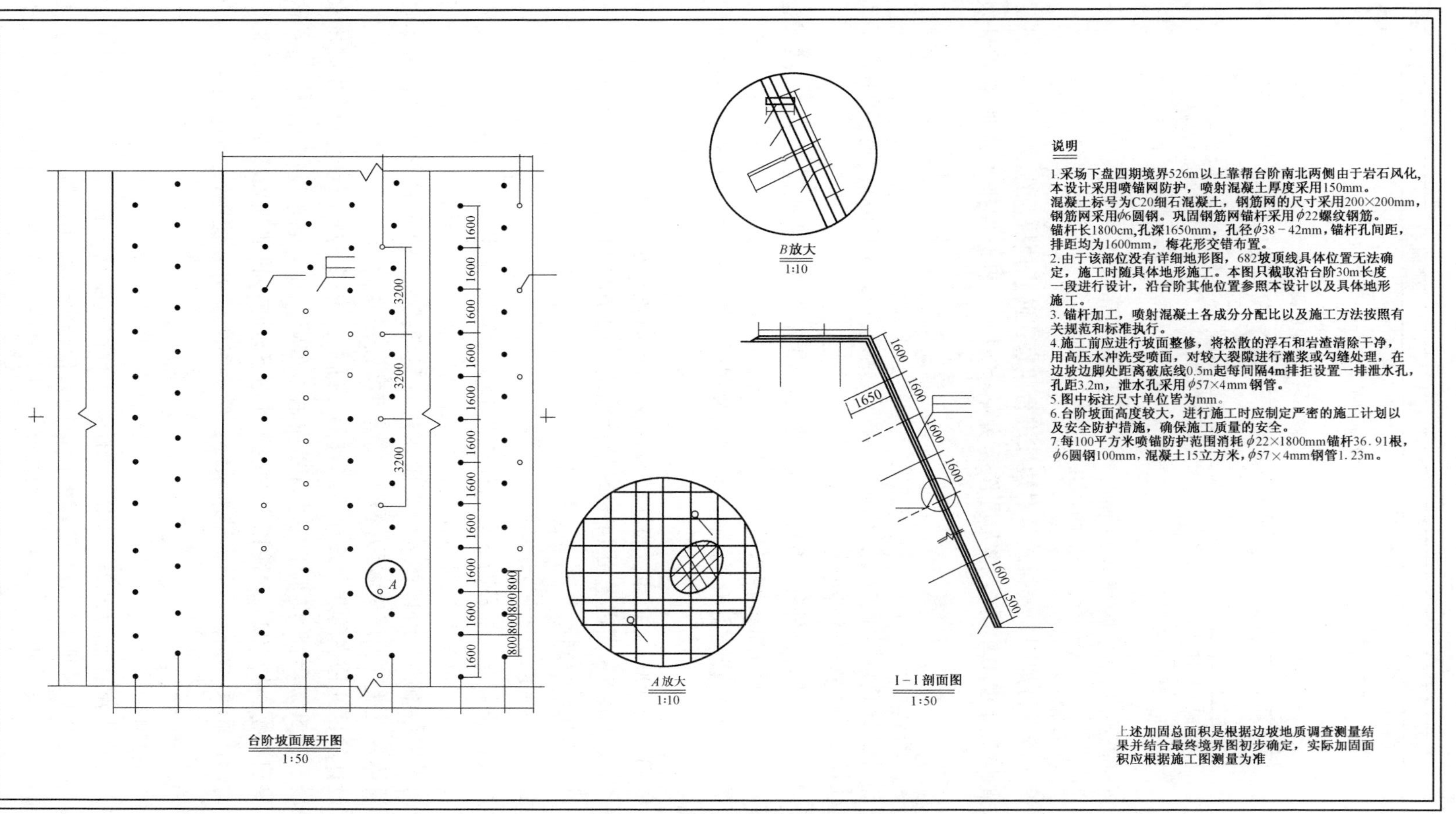

图 7-50 喷锚网加固设计方案

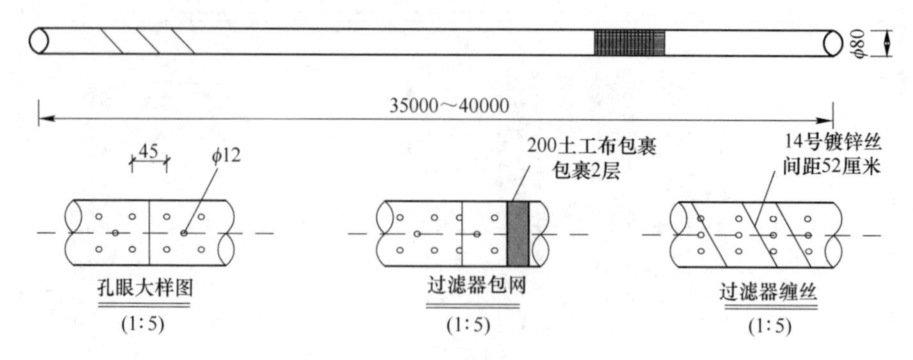

图 7-51　排渗管结构图

头连接，速干胶进行加固。安排人员对边坡进行监察，防止掉块，造成人员、设备受伤。

排水管埋设过程中甲方安排人员作为旁站监理，全程监控排水管加工质量及埋设质量。

C　技术指标

（1）钻孔。钻孔直径 115mm，仰角 5°～8°，钻孔深度 70～100m，钻孔方向垂直台阶境界线，钻孔高度距设备作业水平 2. 5m。

（2）管材。PVC 管，外径 75mm，壁厚 8mm，管壁上有红线或蓝线。在红线或蓝线两侧各 90°范围内钻直径 12mm 渗水孔，沿管长度方向孔距为 100mm，环向布置三排。

（3）管材连接。管接头用专用快干胶进行粘接。管接头内径不小于 75mm，外径不大于 100mm。

（4）管材外包 400g 无纺布，将无纺布裁成 100mm 宽长条，缠在管外壁上，每圈搭接 20mm，缠两层。无纺布固定采用 14 号线螺旋缠绕，缠绕的 14 号线间距 100mm，16 号线两端要穿过渗水孔进行固定。

7. 5. 5. 2　截排水沟

通过边坡现场调查，在采场下盘山体内发现大量裂隙水存在。根据部分钻孔资料显示，水量较大，特别是在雨季和冬春交替季节出现的融雪水，严重影响滑坡体的稳定性。如果不及时采取措施，对滑坡体内的裂隙水进行科学排泄，会使滑坡体内岩土体强度降低，加剧滑体发育速度，严重威胁露天矿安全可持续开采。

本次设计的目的是在前期边坡地质调查的基础上，参考 574m 台阶上已建截排水沟功能，对采场下盘 502m 台阶排水工程进行专项总体布局，合理地布设截水沟、排水沟、沉砂池等主要建筑物，将 502m 台阶以上地表水和地下水统一排泄到采场外部，并且和 574m 台阶排水沟形成联系，完善露天矿排水系统，避免对采场边坡稳定性产生影响，构成完整的防御体系。

A　排水管施工方案

本次设计排水沟位置为 502m 台阶，台阶扩帮预留宽度约 7m，长约 1730m，由于扩帮还未到 502m 台阶，因此无法对台阶横断面坡度起伏特征进行实地测量，但是为了便于现场排水沟施工，且减少投资，在 502m 台阶扩帮过程中要严格按照中间高、南北两侧低的地形进行控制性扩帮。

本次设计还考虑了574m台阶截排水沟和502m台阶截排水沟的“联通”问题，在未来的截排水沟设计中，必须将整个排水系统进行联合设计，确保“台阶分级截水，采场统一排水”的设计原则。本次设计利用排水管（盲管）将574m截水沟和502m截水沟连接，形成统一排水系统（彩图7-52）。

本次设计主要控制参数：

（1）排水沟长1730m；

（2）沉砂池数量：2个；

（3）沉砂池设置在南北两侧，与574m台阶排水沟连接的联通道交叉；

（4）排水管南北各两套；

（5）排水管北侧长度：200m；

（6）排水管南侧长度：300m。

B 截排水沟施工方案

排水型截水沟的排水一端应与坡面排水沟相接，并在连接处做好防冲刷措施。依据《排水沟设计规范》（GB/T 164534—1996），结合矿区边坡地形实际情况，拟对南芬露天铁矿采场下盘502m台阶采用“浆砌石排水型截水沟”进行排水设计。本设计以50年一遇频率设计洪峰流量，汇水面积取0.1km^2，暴雨指数取0.6。排水沟的粗糙率取0.025，沟道纵坡比（水力坡度）取大于2%。

南芬露天铁矿采场边坡治理工程主排水沟拟采用梯形断面（图7-53）。排水沟长度为1600m，底宽1.2m，顶宽1.8m，深0.9m；排水沟内侧坡面坡比均为1∶0.5，纵坡随沟谷地形而变化。根据区内的汇水面积，按50年一遇洪水标准进行排水沟设计验算，其过水流量满足洪水排泄要求。

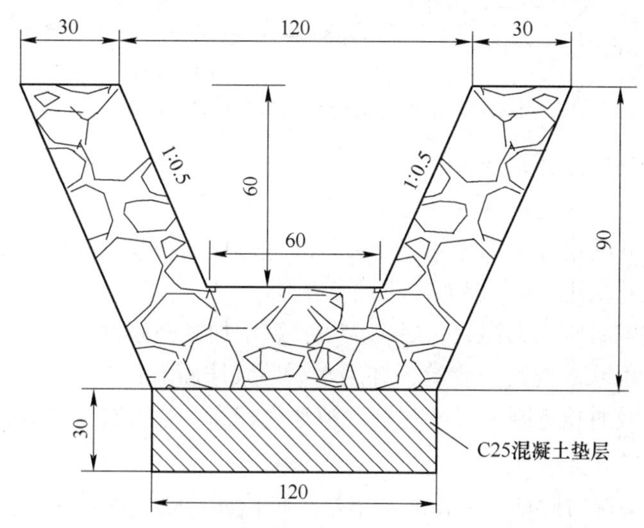

图7-53 排水型截水沟剖面图（单位：cm）

（1）施工方法

1）根据规划截水沟与排水沟的布置路线进行施工放样，定好施工线。

2）根据截水沟与排水沟的设计断面尺寸，沿施工线进行挖沟和筑埂。筑埂填方部分应将地面清理耙毛后均匀铺土，每层厚约20cm，用杵夯实后厚约15cm，沟底或沟埂薄弱环节处应加固处理。

3）在截水沟和排水沟的出口衔接处，铺草皮或作石料衬砌防冲。在每一道跌水处，应按设计要求进行专项施工。

竣工后，及时检查断面尺寸与沟底比降是否符合规划设计要求。

（2）管理方法

1）每年汛后和每次较大暴雨后，需对南芬露天铁矿边坡排工程应进行全面检查，如有冲毁或滚石冲击破坏现象，应及时进行衬修。

2）根据设计要求和坡面侵蚀量大小，每1~3年应对各类排工程进行一次清淤，遇到淤积严重的大沙年，应及时清除。

3）截水沟开裂处要及时加固处理，或者重新修筑。

C 沉砂池施工方案

沉砂池一般布设在截水沟排泄下游附近。排水沟排出的水量，先进入沉砂池，泥沙沉淀后，再将清水排入排水管中。沉砂池的具体位置根据当地地形和工程条件确定，可以位于排水沟和排水管交叉处，也可以位于排水沟上，与排水管保持一定的距离。本次设计方案拟将沉砂池设置在排水沟和排水管交叉处（图7-54）。

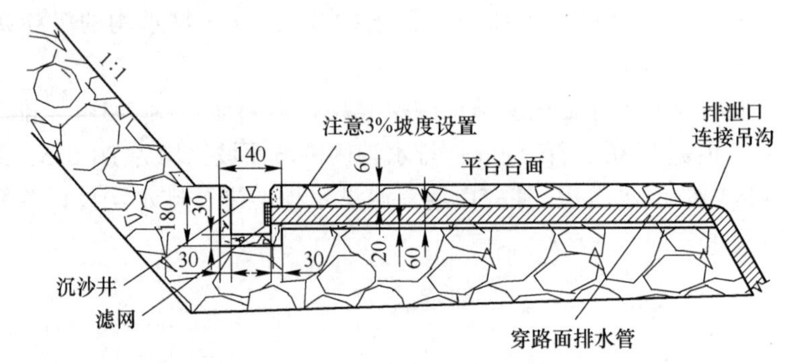

图7-54 沉砂池结构示意图（单位：cm）

沉砂池详细施工方法如下：

（1）根据规划沉沙井的控制点进行施工放样，定好施工线。

（2）根据沉沙井的设计断面尺寸，沿施工线进行挖沟和浆砌池壁。

（3）沉砂池地基采用30cm厚C25混凝土垫层。

（4）沉砂池铺砌时应先砌沟壁，后砌沟底，以增加其坚固性。

（5）沉砂池采用C25混凝土砌筑，并用水泥砂浆抹面。

（6）竣工后，及时检查断面尺寸与沉砂池池底标高，是否符合规划设计要求。

D 排水管施工方案

南芬露天铁矿采场边坡排水工程的一个最终目标就是将采场境界内的地表水和地下水统一排泄到采场外部。考虑到采场特殊的地形和岩性结构，拟选择最经济合理的排水管充当吊沟和排水沟，将排水管通过沉砂池与排水型截水沟相连接，组成完整的水防御系统。

排水管按照功能和位置可以分为两类：穿路排水管和常规排水管。本设计以50年一遇频率设计洪峰流量，两类排水管最佳经济直径约60cm。为增强其自身的抗滚石冲击能力，排水管最小壁厚为10mm。排水管经济纵坡比为3‰，为了便于控制比降，设计了专门的混凝土支墩架设排水管，混凝土支墩示意图如图 7-55 所示。

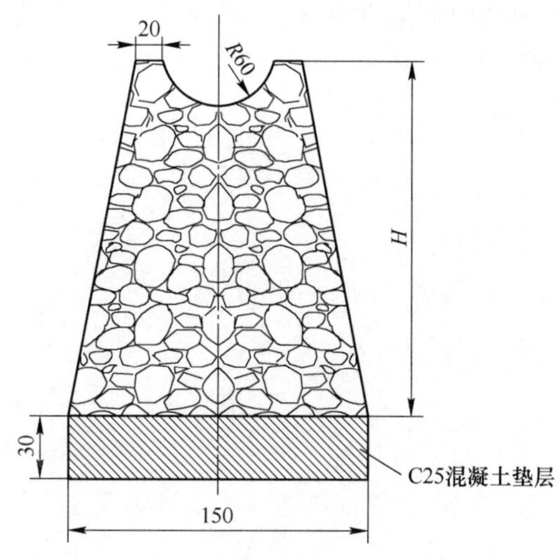

图 7-55 混凝土支墩结构示意图（单位：cm）

7.6 本章小结

（1）经过本次对南芬露天铁矿北山、下盘和上盘的系统调查，共发现显著节理 147 条、显著弱层和夹层 98 条、中等规模以上滑坡体 22 个、危岩体 56 处、斑岩脉小构造 3 条、冲沟 41 条。

（2）调查区内地震烈度Ⅵ度，边坡岩性以绿帘角闪片岩组（AmL）、二云母石英片岩组（GPL）、云母石英片岩组（TmQ）、片麻状混合花岗岩组（Mr_1^2）、石英岩组（$PtlaL_1$）、南芬页岩组（Z_2+3n）和第四系岩组（Q）为主，其中易滑岩层为绿帘角闪片岩和二云母石英片岩。

（3）采场边坡类型丰富，边坡走向与岩层走向的关系包括顺向、斜向、反向等几种类型，倾角从缓倾、中倾、陡倾变化不等。与自然边坡不同的是：缓倾-中倾顺向的边坡由于受采矿工程开挖切层影响，稳定性相对较差，需要加强监测。

（4）扩帮后形成的最终边坡局部区域出现了滑坡、崩塌、危岩、裂缝等潜在地质灾害，边坡处于相对不稳定状态。因此，必须增加滑动力监测点的布设密度和范围，采用长、中、短 CRLD 锚索相结合的设计方案，利用地表位移监测、地下水位监测、地下水压监测等辅助监测手段，保障最终边坡的安全和稳定。

（5）利用模糊数学综合评判方法和 GIS 空间矩阵差值运算法，结合南芬露天铁矿采场边坡现场调查结果，按照植被发育、边坡地形地貌、岩性特征、裂缝发育特征、边坡岩体完整性、节理频度、地质构造、矿山开采影响指数、稳定性空间差值综合系数等综合信息，评价并绘制出系统的“南芬露天矿采场边坡危险性分区图”，按照极危险、危险、次稳定和稳定级别，共划分为 4 大区，细化为 35 亚区：其中稳定区占总面积的 56.67%，次稳定区占总面积的 20.01%，危险区占总面积的 14.17%，极危险区占总面积的 9.15。

（6）基于 ArcGIS 技术和边坡危险性分区结果，将灾害单元的离散变量差值计算为连续变量，实现了南芬露天铁矿采场边坡危险性三维可视化分区图。

(7) 针对4大类、35亚类的危险性分区，分别提出了相应的灾害防治对策，并完善了详细设计方案，为露天矿未来5~10年的开采计划和防治决策制定奠定了科学基础，从而保障了露天矿的安全可持续开采。

参考文献

[1] 蔡美峰，何满潮，刘东燕．岩石力学与工程［M］．北京：科学出版社，2002.
[2] 何满潮，邹友峰，邹正盛．岩石力学研究的现状及其发展趋势［C］//地层环境力学，首届中日地层环境力学讨论会论文集，1994：55-72.
[3] 何满潮．露天矿高边坡工程［M］．北京：煤炭工业出版社，1991.
[4] 孙世国，蔡美峰，王思敬．露天转地下开采边坡岩体滑移机制的探讨［J］．岩石力学与工程学报，2000，19（1）：126-129.
[5] 祁留金．2010年以来全球重大山体滑坡及泥石流灾害［OL］．新华网，2010-12-06［2012-2-10］.
[6] 谭卫兵，赵洁民．菲律宾南部山体滑坡死亡人数上升到27人［OL］．新华网，2011-4-22［2012-2-10］.
[7] 大洋新闻．巴西暴雨及山体滑坡至少361人遇难［N/OL］．广州日报，2011-01-04［2012-2-10］.
[8] 王恭先，徐峻龄，刘光代，等．滑坡学与滑坡防治技术［M］．北京：中国铁道出版社，2007.
[9] 中华人民共和国国土资源部．中国地质环境公报（2004年度），2005.
[10] 中华人民共和国国土资源部．中国地质环境公报（2005年度），2006.
[11] 中华人民共和国国土资源部．中国地质环境公报（2006年度），2007.
[12] 中华人民共和国国土资源部．中国地质环境公报（2007年度），2008.
[13] 中国国土资源部（中国地质环境监测院编）．全国地质灾害通报，2009.
[14] 中国国土资源部（中国地质环境监测院编）．全国地质灾害通报，2010.
[15] 中国国土资源部（中国地质环境监测院编）．全国地质灾害通报，2011.
[16] 凌荣华，陈月娥．塑性应变与塑性应变率意义下的滑坡判据研究［J］．工程地质学报，1997，5（4）：346-350.
[17] 李秀珍，许强，黄润秋，等．滑坡预报判据研究［J］．中国地质灾害与防治学报，2003，14（4）：5-11.
[18] 何满潮．滑坡地质灾害远程监测预报系统及其工程应用［J］．岩石力学与工程学报，2009，28（6）.
[19] 张斌．滑坡地质灾害远程监测关键问题研究［D］．北京：中国矿业大学（北京）［博士学位论文］，2009.
[20] 陶志刚．恒阻大变形缆索力学特性的现场实验研究［D］．北京：中国矿业大学（北京）［博士学位论文］，2010.
[21] 苏永华，赵明华，邹志鹏，等．边坡稳定性分析的Sarma模式及其可靠度计算方法［J］．水利学报，2006，37（4）：457-463.
[22] 童志怡，陈从新，徐健，等．边坡稳定性分析的条块稳定系数法［J］．岩土力学，2009，30（5）：1393-1398.
[23] 张子新，徐营，黄昕．块裂层状岩质边坡稳定性极限分析上限解［J］．同济大学学报（自然科学版），2010，38（5）：656-663.
[24] 方薇，杨果林，刘晓红．非均质边坡稳定性极限分析上限法［J］．中国铁道科学，2010，31（6）：14-20.
[25] Razdolsky A G. Slope stability analysis based on the direct comparison of driving forces and resisting forces.［J］. International Journal for Numerical and Analytical Methods in Geomechanics，2007，33（8）：1123-34.
[26] Razdolsky A G. Response to the criticism of the paper "Slope stability analysis based on the direct comparison of driving forces and resisting forces"［J］. International Journal for Numerical and Analytical Methods

in Geomechanics, 2011, 35 (9): 1076-8.

[27] Baker R. Comment on the paper "Slope stability analysis based on the direct comparison of driving forces and resisting forces by Alexander G. Razdolsky, International Journal for Numerical and Analytical Methods in Geomechanics 2009; 33: 1123-1134" [J]. International Journal for Numerical and Analytical Methods in Geomechanics, 2010, 34 (8): 879-880.

[28] Razdolsky A G, Yankelevsky D Z, Karinski Y S. Analysis of slope stability based on evaluation of force balance [J]. Structural Engineering and Mechanics, 2005, 20 (3): 313-34.

[29] 郭明伟，葛修润，王水林，等．基于矢量和方法的边坡动力稳定性分析［J］．岩石力学与工程学报，2011，30（3）：572-579.

[30] 郭明伟，李春光，葛修润，等．基于矢量和分析方法的边坡滑面搜索［J］．岩土力学，2009，30（6）：1775-1781.

[31] 雷远见，王水林．基于离散元的强度折减法分析岩质边坡稳定性［J］．岩土力学，2006，27（10）：1693-1698.

[32] 徐卫亚，周家文，邓俊晔，等．基于 Dijkstra 算法的边坡极限平衡有限元分析［J］．岩土工程学报，2007，29（8）：1159-1172.

[33] 吴顺川，金爱兵，高永涛．基于广义 Hoek-Brown 准则的边坡稳定性强度折减法数值分析［J］．岩土工程学报，2006，28（11）：1975-1980.

[34] 宗全兵，徐卫亚．基于广义 Hoek-Brown 强度准则的岩质边坡开挖稳定性分析［J］．岩土力学，2008，29（11）：3071-3076.

[35] 李湛，栾茂田，刘占阁．渗流作用下边坡稳定性分析的强度折减弹塑性有限元法［J］．水利学报，2006，37（5）：554-559.

[36] 唐春安，李连崇，李常文，等．岩土工程稳定性分析 RFPA 强度折减法［J］．岩石力学与工程学报，2006，25（8）：1522-1530.

[37] 李连崇，唐春安，邢军，等．节理岩质边坡变形破坏的 R F PA 模拟分析［J］．东北大学学报（自然科学版），2006，27（5）：559-562.

[38] Cheng Y M, Lansivaara T, Wei W B. Reply to " comments on 'two-dimensional slope stability analysis by limit a equilibrium and strength reduction methods' by Y. M. Cheng, T. Lansivaara and W. B. Wei," by J. Bojorque, G. De Roeck and J. Maertens [J]. Computers and Geotechnics, 2008, 35 (2): 309-320.

[39] Bojorque J, De Roeck G, Maertens J. Comments on'Two-dimensional slope stability analysis by limit equilibrium and strength reduction methods'by Y. M. Cheng, T. Lansivaara and W. B. Wei [J]. Computers and Geotechnics, 2008, 35 (2): 305-308.

[40] 蒋青青，胡毅夫，赖伟明．层状岩质边坡遍布节理模型的三维稳定性分析［J］．岩土力学，2009，30（3）：712-716.

[41] 刘爱华，赵国彦，曾凌方，等．矿山三维模型在滑坡体稳定性分析中的应用［J］．岩石力学与工程学报，2008，27（6）：1236-1242.

[42] 王瑞红，李建林，刘杰．考虑岩体开挖卸荷动态变化水电站坝肩高边坡三维稳定性分析［J］．岩石力学与工程学报，2007，26（增1）：3515-3521.

[43] Lu Chih-Wei, Lai Shing-Cheng. Application of finite element method for safety factor analysis of slope stability [C] // 2011 International Conference on Consumer Electronics, Communications and Networks (CECNet), p 2011: 3954-7.

[44] Dacunto B, Parente F, Urciuoli G. Numerical models for 2D free boundary analysis of groundwater in slopes stabilized by drain trenches [J]. Computers & Mathematics with Applications, 2007, 53 (10): 1615-26.

[45] Li X. Finite element analysis of slope stability using a nonlinear failure criterion [J]. Computers and

Geotechnics，2007，34（3）：127-36.

[46] 陈昌富，朱剑锋．基于 Morgenstern-Price 法边坡三维稳定性分析［J］. 岩石力学与工程学报，2010，29（7）：1473-1480.

[47] 邓东平，李亮，赵炼恒．一种三维均质土坡滑动面搜索的新方法［J］. 岩石力学与工程学报，2010，29（增 2）：3719-3727.

[48] Brideau M-A，Pedrazzini A，Stead D，Froese C，Jaboyedoff M，Zeyl D. Three-dimensional slope stability analysis of South Peak，Crowsnest Pass，Alberta，Canada［J］. Landslides，2011，8（2）：139-58.

[49] Chang Muhsiung. Three-dimensional stability analysis of the Kettleman Hills landfill slope failure based on observed sliding-block mechanism［J］. Computers and Geotechnics，2005，32（8）：587-99.

[50] Griffiths D V，Marquez R M. Three-dimensional slope stability analysis by elasto-plastic finite elements［J］. Geotechnique，2007（6）：537-46.

[51] 高玮．基于蚁群聚类算法的岩石边坡稳定性分析［J］. 岩土力学，2009，30（11）：3476-3480.

[52] 徐兴华，尚岳全，王迎超．基于多重属性区间数决策模型的边坡整体稳定性分析［J］. 岩石力学与工程学报，2010，29（9）：1840-1849.

[53] 孙书伟，朱本珍，马惠民．一种基于模糊理论的区域性高边坡稳定性评价方法［J］. 铁道学报，2010，32（3）：77-83.

[54] 杨静，陈剑平，王吉亮．均匀设计与灰色理论在边坡稳定性分析中的应用［J］. 吉林大学学报（地球科学版），2008，38（4）：654-658.

[55] 刘思思，赵明华，杨明辉，等．基于自组织神经网络与遗传算法的边坡稳定性分析方法［J］. 湖南大学学报（自然科学版），2008，35（12）：7-12.

[56] 于怀昌，刘汉东，余宏明，等．基于 FCM 算法的粗糙集理论在边坡稳定性影响因素敏感性分析中的应用［J］. 岩土力学，2008，29（7）：1889-1894.

[57] 黄建文，李建林，周宜红．基于 AHP 的模糊评判法在边坡稳定性评价中的应用［J］. 岩石力学与工程学报，2007，26（增 1）：2627-2632.

[58] Xie Songhua，Rao Wenbi. Analysis of RBF Neural Network in Slope Stability Estimation［J］. Journal of Wuhan University of Technology（Information & Management Engineering），2009，3（15）：698-700，707.

[59] Sengupta A，Upadhyay A. Locating the critical failure surface in a slope stability analysis by genetic algorithm［J］. Applied Soft Computing，2009，9（1）：387-92.

[60] Zolfaghari A R，Heath A C，McCombie P F. Simple genetic algorithm search for critical non-circular failure surface in slope stability analysis［J］. Computers and Geotechnics，2005，32（3）：139-52.

[61] 刘立鹏，姚磊华，陈洁，等．基于 Hoek-Brown 准则的岩质边坡稳定性分析［J］. 岩石力学与工程学报，2010，29（增 1）：2879-2886.

[62] 邬爱清，丁秀丽，卢 波，等．DDA 方法块体稳定性验证及其在岩质边坡稳定性分析中的应用[J]. 岩石力学与工程学报，2008，27（4）：664-672.

[63] 高文学，刘宏宇，刘洪洋．爆破开挖对路堑高边坡稳定性影响分析［J］. 岩石力学与工程学报，2010，29（增 1）：2982-2987.

[64] 沈爱超，李铀．单一地层任意滑移面的最小势能边坡稳定性分析方法［J］. 岩土力学，2009，30（8）：2463-2466.

[65] 许宝田，钱七虎，阎长虹，等．多层软弱夹层边坡岩体稳定性及加固分析［J］. 岩石力学与工程学报，2009，28（增 2）：3959-3964.

[66] 黄宜胜，李建林，常晓林．基于抛物线型 D-P 准则的岩质边坡稳定性分析［J］. 岩土力学，2007，28（7）：1448-1452.

[67] 张永兴，宋西成，王桂林，等．极端冰雪条件下岩石边坡倾覆稳定性分析 [J]. 岩石力学与工程学报，2010，29（6）：1164-1171.

[68] 周德培，钟卫，杨涛．基于坡体结构的岩质边坡稳定性分析 [J]. 岩石力学与工程学报，2008，27（4）：687-695.

[69] 姜海西，沈明荣，程石，等．水下岩质边坡稳定性的模型试验研究 [J]. 岩土力学，2009，30（7）：1993-1999.

[70] 李宁，钱七虎．岩质高边坡稳定性分析与评价中的四个准则 [J]. 岩石力学与工程学报，2010，29（9）：1754-1759.

[71] Zamani M. A more general model for the analysis of the rock slope stability [J]. Sadhana，2008，33（4）：433-41.

[72] Hadjigeorgiou J，Grenon M. Rock slope stability analysis using fracture systems [J]. International Journal of Surface Mining，Reclamation and Environment，2005，19（2）：87-99.

[73] 陈昌富，秦海军．考虑强度参数时间和深度效应边坡稳定性分析 [J]. 湖南大学学报（自然科学版），2009，36（10）：1-6.

[74] Cha Kyung-Seob，Kim Tae-Hoon. Evaluation of slope stability with topography and slope stability analysis method [J]. KSCE Journal of Civil Engineering，2011，15（2）：251-6.

[75] Turer D，Turer A. A simplified approach for slope stability analysis of uncontrolled waste dumps [J]. Waste Management & Research，2011，29（2）：146-56.

[76] Legorreta-Paulin G.；Bursik M. Logisnet：a tool for multimethod，multiple soil layers slope stability analysis. Computers & Geosciences，2009，35（5）：1007-16.

[77] Conte E，Silvestri，F，Troncone A. Stability analysis of slopes in soils with strain-softening behaviour [J]. Computers and Geotechnics，2010，37（5）：710-22.

[78] Huat B B K，Ali F H，Rajoo R S K Stability analysis and stability chart for unsaturated residual soil slope [J]. American Journal of Environmental Sciences，2006，2（4）：154-9.

[79] Chen W W，Lin Jung-Tz，Lin Ji-Hao，Shen Zhe-Ping. Development of the vegetated slope stability analysis system [J]. Journal of Software Engineering Studies，2009，4（1）：16-25.

[80] Roberto M，Del Marco D，Erica B，Erica Z. Dynamic slope stability analysis of mine tailing deposits：the case of Raibl Mine [C] //AIP Conference Proceedings，2008，1020：542-9.

[81] Kalinin E V，Panas´yan L L，Timofeev E M. A New Approach to Analysis of Landslide Slope Stability [J]. Moscow University Geology Bulletin，2008，63（1）：19-27.

[82] Perrone A，Vassallo R，Lapenna V，Di Maio C. Pore water pressures and slope stability：A joint geophysical and geotechnical analysis [J]. Journal of Geophysics and Engineering，2008，5（3）：323-37.

[83] Navarro V，Yustres A，Candel M，Lo′pez J. Castillo E. Sensitivity analysis applied to slope stabilization at failure [J]. Computers and Geotechnics，2010，37（7-8）：837-45.

[84] Bui H H，Fukagawa R，Sako，K，Wells J C. Slope stability analysis and discontinuous slope failure simulation by elasto-plastic smoothed particle hydrodynamics（SPH） [J]. Geotechnique，2011，61（7）：565-74.

[85] 王栋，金霞．考虑强度各向异性的边坡稳定有限元分析 [J]. 岩土力学，2008，29（3）：667-672.

[86] 周家文，徐卫亚，邓俊晔，等．降雨入渗条件下边坡的稳定性分析 [J]. 水利学报，2008，39（9）：1066-1072.

[87] 吴长富，朱向荣，尹小涛，等．强降雨条件下土质边坡瞬态稳定性分析 [J]. 岩土力学，2008，29（2）：386-391.

[88] 廖红建，姬建，曾静．考虑饱和-非饱和渗流作用的土质边坡稳定性分析．岩土力学，2008，29

(12): 3229-3234.

[89] 刘才华，陈从新．地震作用下岩质边坡块体倾倒破坏分析［J］．岩石力学与工程学报，2010，29（增1）：3193-3198.

[90] 谭儒蛟，李明生，徐鹏逍，等．地震作用下边坡岩体动力稳定性数值模拟［J］．岩石力学与工程学报，2009，28（增2）：3986-3992.

[91] 张国栋，刘学，金星，等．基于有限单元法的岩土边坡动力稳定性分析及评价方法研究进展［J］．工程力学，2008，25（增2）：44-52.

[92] Lo Presti D，Fontana T，Marchetti D. Slope stability analysis in seismic areas of the northern apennines (Italy)［C］//AIP Conference Proceedings，2008，1020：525-34.

[93] Latha G M，Garaga A. Seismic Stability Analysis of a Himalayan Rock Slope［J］. Rock Mechanics and Rock Engineering，2010，43（6）：831-43.

[94] Chehade F H，Sadek M，Shahrour I. Non linear global dynamic analysis of reinforced slopes stability under seismic loading［C］//2009 International Conference on Advances in Computational Tools for Engineering Applications (ACTEA)，2009：46-51.

[95] Li A J，Lyamin A V，Merifield R S. Seismic rock slope stability charts based on limit analysis methods.［C］. Computers and Geotechnics，2009，36（1-2）：135-48.

[96] 高荣雄，龚文惠，王元汉，等．顺层边坡稳定性及可靠度的随机有限元分析法［J］．岩土力学，2009，30（4）：1165-1169.

[97] 谭晓慧．边坡稳定的非线性有限元可靠度分析方法研究［D］．合肥：合肥工业大学博士论文，2008.

[98] 吴振君，王水林，汤华，等．一种新的边坡稳定性因素敏感性分析方法——可靠度分析方法［J］．岩石力学与工程学报，2010，29（10）：2050-2055.

[99] Abbaszadeh M，Shahriar K，Sharifzadeh M，Heydari M. Uncertainty and Reliability Analysis Applied to Slope Stability：A Case Study From Sungun Copper Mine［J］. Geotechnical and Geological Engineering，2011，29（4）：581-96.

[100] Massih D Y A，Harb J. Application of reliability analysis on seismic slope stability［C］//2009 International Conference on Advances in Computational Tools for Engineering Applications (ACTEA)，2009：52-57.

[101] 徐卫亚，蒋中明．岩土样本力学参数的模糊统计特征研究［J］．岩土力学，2004，25（3）：342-346.

[102] 徐卫亚，蒋中明，石安池．基于模糊集理论的边坡稳定性分析［J］．岩土工程学报，2003，25（4）：409-413.

[103] 蒋中明，张新敏，徐卫亚．岩土边坡稳定性分析的模糊有限元方法研究［J］．岩土工程学报，2005，27（8）：922-927.

[104] 蒋坤，夏才初．基于不同节理模型的岩体边坡稳定性分析［J］．同济大学学报（自然科学版），2009，37（11）：1440-1445.

[105] 冯树荣，赵海斌，蒋中明．节理岩体边坡稳定性分析新方法［J］．岩土力学，2009，30（6）：1639-1642.

[106] 陈安敏，顾欣，顾雷雨，等．锚固边坡楔体稳定性地质力学模型试验研究［J］．岩石力学与工程学报，2006，25（10）：2092-2101.

[107] Yoon W S，Jeongu J，Kim J H. Kinematic analysis for sliding failure of multi-faced rock slopes［J］.Engineering Geology，2002，67（1）：51-61.

[108] 李爱兵，周先明．露天采场三维楔形滑坡体的稳定性研究［J］．岩石力学与工程学报，2002，21

(1)：52-55.

[109] 陈祖煜，汪小刚，邢义川，等．边坡稳定分析最大原理的理论分析和试验验证［J］. 岩土工程学报，2005，27（5）：495-499.

[110] Chen Z Y. A generalized solution for tetrahedral rock wedge stability analysis ［J］. International Journal of Rock Mechanics and Mining Sciences，2004，41（4）：613-628.

[111] Nouri H，Fakher A，Jones C J F P. Development of Horizontal slice Method for seismic stability analysis of reinforced slopes and walls ［J］. Geotextiles and Geomembranes，2006，24（2）：175-187.

[112] Kumsar H，Aydano，Ulusay R. Dynamic and static stability assessment of rock slope against wedge failures ［J］. Rock Mechanics and Rock Engineering，2000，33（1）：31-51.

[113] McCombie P F. Displacement based multiple wedge slope stability analysis ［J］. Computers and Geotechnics，2009，36（1-2）：332-41.

[114] 刘志平，何秀凤，何习平．基于多变量最大 Lyapunov 指数高边坡稳定分区研究［J］. 岩石力学与工程学报，2008，22（增 2）：3719-3724.

[115] 黄润秋，唐世强．某倾倒边坡开挖下的变形特征及加固措施分析［J］. 水文地质工程地质，2007（6）：49-54.

[116] 曹平，张科，汪亦显，等．复杂边坡滑动面确定的联合搜索法［J］. 辽宁工程技术大学学报，2010，29（4）：814-821.

[117] NizametdinovF. K.，UrdubayevR. A.，AnaninA. I.，OzhiginaS. B. Methodology of valuating deep open pit slopes state and zoning by stability factor ［J］. Transactions of University，Karaganda State Technical University，2010，4：44-50.

[118] 苏健．基于 ArcGIS 的温州市地质灾害危险性预警系统设计与实现［D］. 西安：长安大学，2008.

[119] Gao J. Identification of topographic settings conductive to landsliding from DEM in Nelson Country，Virginia，USA ［J］. Earth Surface Processes and land arms，1993，18：579-591.

[120] Randall W Jibson et al. A method for producing digital probabilistic seismic landslide hazard maps：An example from the Los Angelesm，1998.

[121] 张永波，纪真真．京津唐地质灾害信息管理系统（GHDBS）［J］. 中国地质灾害与预治学报，1997，8（2）：33，69.

[122] 何满潮，王旭春，崔政权，等．三峡库区边坡稳态 3s 实时工程分析系统研究［J］. 工程地质学报，1999，7（2）.

[123] 郑文棠，张勇平，李明卫，等．基于三维可视化模型的高边坡演化过程分析［J］. 河海大学学报（自然科学版），2009，37（1）：66-70.

[124] 李邵军，冯夏庭，杨成祥．基于三维地理信息的滑坡监测及变形预测智能分析［J］. 岩石力学与工程学报，2004，23（21）：3673-3678.

[125] 肖盛燮，钟佑明，郑义．三维滑坡可视化演绎系统及破坏演变规律跟踪［J］. 岩石力学与工程学报，2006，25（增 1）：2618-2628.

[126] 郭希哲，黄学斌，徐开祥．三峡工程库区崩滑地质灾害防治［M］. 北京：中国水利水电出版社，2007.

[127] 陈晓利，叶洪，程菊红．GIS 技术在区域地震滑坡危险性预测中的应用龙陵地震滑坡为例［J］. 工程地质学报，2006，14（3）：333-338.

[128] 黄润秋．20 世纪以来中国的大型滑坡及其发生机制［J］. 岩石力学与工程学报，2007（3）：433-454.

[129] 周创兵，李典庆．暴雨诱发滑坡致灾机理与减灾方法研究进展［J］. 地球科学进展，2009，24（5）：477-487.

[130] 何小林，雷鸣，何刚雁．边坡防护技术的研究现状与发展趋势［J］. 科技资讯，2012（13）：57-58.

[131] 任申，燕淘金，那光磊．边坡问题的发展现状和处理方法研究［J］. 山西建筑，2009，35（23）：120-121.

[132] 唐春安，李连崇，马天辉．基于强度折减与离心加载原理的边坡稳定性分析方法［C］//2006 年第二届全国岩土与工程学术大会论文集（下册），2006，19（1）：32-35.

[133] 唐春安，王述红，傅宇方，等．岩石破裂过程数值试验［M］. 北京：科学出版社，2003.

[134] 李连崇，唐春安，梁正召，等．RFPA 边坡稳定性分析方法及其应用［J］. 应用基础与工程科学学报，2007，15（4）：501-508.

[135] 罗敏敏，徐超，石振明．三维激光扫描技术在高陡岩质边坡地质调查中的应用［J］. 勘察科学技术，2017（2）：58-61.

[136] 李奇．利用物探调查边坡中滑坡体现状的研究［C］//2009 年国家安全地球物理专题研讨会，2013.

[137] 蔡保祥．遥感技术在山区高速公路工程地质勘测中的应用［J］. 中国科技纵横，2010（11）：19.

[138] 吴孝清，陆飞勇，杜子超．基于光纤光栅传感技术的边坡实时在线监测研究［J］. 土工基础，2015，29（2）：121-124.

[139] 程世虎，徐国权．光纤光栅传感技术在露天矿边坡监测的应用［J］. 铜业工程，2015（4）：45-48.

[140] Song Kyo-Young, Oh Hyun-Joo, Choi Jaewon. Prediction of landslides using ASTER imagery and data mining models [J]. Advances in Space Research, 2012 (49): 978-993.

[141] Hosseyni S, Bromhead E N, Majrouhi Sardroud J. Real-time landslides monitoring and warning using RFID technology for measuring ground water level [J]. WIT Transactions on the Built Environment, 2011, 119: 45-54.

[142] 丁瑜，王全才，石书云．基于深部监测的滑坡动态特征分析［J］. 工程地质学报，2011，19（2）：284-288.

[143] 王桂杰，谢谟文，柴小庆．D-InSAR 技术在库区滑坡监测上的实例分析［J］. 中国矿业，2011，20（3）：94-101.

[144] 白永健，郑万模，邓国仕．四川丹巴甲居滑坡动态变形过程三维系统监测及数值模拟分析［J］. 岩石力学与工程学报，2011，30（5）：974-981.

[145] 陈梦熊，马凤山．中国地下水资源与环境［M］. 北京：地震出版社，2002：470-476.

附　　录

附录1　测 点 坐 标

附表1-1　测点坐标统计表

测线编号：1　　　　测线走向：N→S

测点序号	测线位置		
	X	*Y*	*Z*
0	49248. 4170	51001. 1960	297. 1490
1	49240. 7150	51007. 3920	297. 1490
2	49232. 8720	51013. 5790	297. 1490
3	49225. 1370	51019. 8180	297. 1490
4	49217. 2680	51026. 0050	297. 1490
5	49209. 0990	51032. 1690	297. 1490
6	49201. 9990	51038. 8760	297. 1490
7	49193. 8280	51044. 6200	297. 1490
8	49187. 0230	51051. 9360	297. 1490
9	49179. 7250	51058. 5680	297. 1490
10	49172. 3480	51064. 5660	297. 1490
11	49164. 9080	51071. 5350	297. 1490
12	49158. 2650	51079. 1360	297. 1490
13	49150. 9090	51085. 9800	297. 1490
14	49142. 4150	51091. 4930	297. 1490
15	49136. 0130	51095. 0470	297. 1490
16	49125. 3460	51101. 6900	297. 1490
17	49117. 1070	51107. 1470	297. 1490
18	49108. 2200	51111. 5300	297. 1490
19	49099. 1230	51116. 0260	297. 1490
20	49090. 0480	51120. 7330	297. 1490
21	49080. 8640	51124. 9130	297. 1490
22	49071. 9700	51128. 3710	297. 1490
23	49061. 2660	51128. 6300	297. 1490
24	49051. 2630	51130. 7250	297. 1490

测线编号：1　　测线走向：N→S

测点序号	测线位置		
	X	Y	Z
25	49040. 8270	51133. 6410	297. 1490
26	49029. 7610	51134. 0590	297. 1490
27	49019. 9620	51134. 3920	297. 1490
28	49010. 0470	51136. 2270	297. 1490
29	48999. 9770	51140. 0850	297. 1490
30	48990. 5590	51142. 8130	297. 1490
31	48981. 1490	51145. 1340	297. 1490
32	48971. 9890	51146. 4400	297. 1490
33	48962. 2170	51147. 6100	297. 1490
34	48952. 4220	51148. 3210	297. 1490
35	48942. 8420	51149. 0260	297. 1490
36	48932. 7370	51149. 8320	297. 1490
37	48923. 1740	51150. 6670	297. 1490
38	48914. 6000	51151. 1520	297. 1490
39	48904. 9420	51152. 9200	297. 1490
40	48894. 9210	51152. 8690	297. 1490
41	48885. 0410	51153. 9630	297. 1490
42	48876. 1180	51154. 7110	297. 1490
43	48866. 3040	51154. 3310	297. 1490
44	48856. 4460	51155. 9620	297. 1490
45	48846. 4720	51156. 0260	297. 1490
46	48836. 9030	51154. 7170	297. 1490
47	48827. 9360	51150. 6540	297. 1490
48	48818. 6270	51148. 7460	297. 1490
49	48809. 3990	51146. 8620	297. 1490
50	48799. 3100	51145. 6740	297. 1490
51	48790. 1080	51143. 0590	297. 1490
52	48780. 4510	51139. 3460	0. 0000
53	48771. 9770	51135. 5140	297. 1490
54	48761. 1380	51135. 2810	297. 1490
55	48751. 0290	51134. 1770	297. 1490
56	48740. 7230	51133. 0700	297. 1490
57	48729. 5890	51132. 9330	297. 1490
58	48719. 0870	51133. 1750	297. 1490
59	48708. 1580	51132. 3910	297. 1490

测线编号：2　　　　测线走向：S→N

测点序号	测线位置		
	X	*Y*	*Z*
59	48708. 1580	51132. 3910	297. 1490
58	48719. 0870	51133. 1750	297. 1490
57	48729. 5890	51132. 9330	297. 1490
56	48740. 7230	51133. 0700	297. 1490
55	48751. 0290	51134. 1770	297. 1490
54	48761. 1380	51135. 2810	297. 1490
53	48771. 9770	51135. 5140	297. 1490
52	48780. 4510	51139. 3460	297. 1490
51	48790. 1080	51143. 0590	297. 1490
50	48799. 3100	51145. 6740	297. 1490
49	48809. 3990	51146. 8620	297. 1490
48	48818. 6270	51148. 7460	297. 1490
47	48827. 9360	51150. 6540	297. 1490
46	48836. 9030	51154. 7170	297. 1490
45	48846. 4720	51156. 0260	297. 1490
44	48856. 4460	51155. 9620	297. 1490
43	48866. 3040	51154. 3310	297. 1490
42	48876. 1180	51154. 7110	297. 1490
41	48885. 0410	51153. 9630	297. 1490
40	48894. 9210	51152. 8690	297. 1490
39	48904. 9420	51152. 9200	297. 1490
38	48914. 6000	51151. 1520	297. 1490
37	48923. 1740	51150. 6670	297. 1490
36	48932. 7370	51149. 8320	297. 1490
35	48942. 8420	51149. 0260	297. 1490
34	48952. 4220	51148. 3210	297. 1490
33	48962. 2170	51147. 6100	297. 1490
32	48971. 9890	51146. 4400	297. 1490
31	48981. 1490	51145. 1340	297. 1490

测线编号：2 测线走向：S→N

测点序号	测线位置		
	X	*Y*	*Z*
30	48990. 5590	51142. 8130	297. 1490
29	48999. 9770	51140. 0850	297. 1490
28	49010. 0470	51136. 2270	297. 1490
27	49019. 9620	51134. 3920	297. 1490
26	49029. 7610	51134. 0590	297. 1490
25	49040. 8270	51133. 6410	297. 1490
24	49051. 2630	51130. 7250	297. 1490
23	49061. 2660	51128. 6300	297. 1490
22	49071. 9700	51128. 3710	297. 1490
21	49080. 8640	51124. 9130	297. 1490
20	49090. 0480	51120. 7330	297. 1490
19	49099. 1230	51116. 0260	297. 1490
18	49108. 2200	51111. 5300	297. 1490
17	49117. 1070	51107. 1470	297. 1490
16	49125. 3460	51101. 6900	297. 1490
15	49136. 0130	51095. 0470	297. 1490
14	49142. 4150	51091. 4930	297. 1490
13	49150. 9090	51085. 9800	297. 1490
12	49158. 2650	51079. 1360	297. 1490
11	49164. 9080	51071. 5350	297. 1490
10	49172. 3480	51064. 5660	297. 1490
9	49179. 7250	51058. 5680	297. 1490
8	49187. 0230	51051. 9360	297. 1490
7	49193. 8280	51044. 6200	297. 1490
6	49201. 9990	51038. 8760	297. 1490
5	49209. 0990	51032. 1690	297. 1490
4	49217. 2680	51026. 0050	297. 1490
3	49225. 1370	51019. 8180	297. 1490
2	49232. 8720	51013. 5790	297. 1490
1	49240. 7150	51007. 3920	297. 1490
0	49248. 4170	51001. 1960	297. 1490

测线编号：3 测线走向：N→S

测点序号	测线位置		
	X	*Y*	*Z*
0	48844. 4568	51182. 9977	334. 6610
1	48834. 6427	51178. 6232	334. 6610
2	48825. 3510	51175. 7630	334. 6610
3	48816. 3630	51172. 1020	334. 6610
4	48806. 4742	51168. 9385	334. 6610
5	48796. 7170	51165. 4070	334. 6610
6	48786. 7580	51162. 8650	334. 6610
7	48776. 6380	51161. 1020	334. 6610
8	48766. 1150	51160. 1530	334. 6610
9	48756. 0750	51157. 6830	334. 6610
10	48746. 3720	51154. 6290	334. 6610
11	48735. 4090	51154. 7660	334. 6610
12	48724. 9670	51155. 5200	334. 6610
13	48715. 0650	51156. 5500	334. 6610
14	48707. 4910	51157. 9370	334. 6610

测线编号：4 测线走向：S→N

测点序号	测线位置		
	X	*Y*	*Z*
14	48707. 4910	51157. 9370	334. 6610
13	48715. 0650	51156. 5500	334. 6610
12	48724. 9670	51155. 5200	334. 6610
11	48735. 4090	51154. 7660	334. 6610
10	48746. 3720	51154. 6290	334. 6610
9	48756. 0750	51157. 6830	334. 6610
8	48766. 1150	51160. 1530	334. 6610
7	48776. 6380	51161. 1020	334. 6610
6	48786. 7580	51162. 8650	334. 6610
5	48796. 7170	51165. 4070	334. 6610
4	48806. 4742	51168. 9385	334. 6610
3	48816. 3630	51172. 1020	334. 6610
2	48825. 3510	51175. 7630	334. 6610
1	48834. 6427	51178. 6232	334. 6610
0	48844. 4568	51182. 9977	334. 6610

测线编号：5　　测线走向：N→S

测点序号	测线位置		
	X	Y	Z
0	48763. 1620	51174. 6200	347. 9680
1	48752. 3795	51174. 5365	347. 9680
2	48741. 5970	51174. 4530	347. 9680
3	48730. 6770	51173. 5770	347. 9680
4	48720. 1110	51170. 9560	347. 9680
5	48709. 2210	51170. 9620	347. 9680
6	48700. 9720	51171. 6600	347. 9680

测线编号：6　　测线走向：S→N

测点序号	测线位置		
	X	Y	Z
6	48700. 9720	51171. 6600	347. 9680
5	48709. 2210	51170. 9620	347. 9680
4	48720. 1110	51170. 9560	347. 9680
3	48730. 6770	51173. 5770	347. 9680
2	48741. 5970	51174. 4530	347. 9680
1	48752. 3795	51174. 5365	347. 9680
0	48763. 1620	51174. 6200	347. 9680

测线编号：7　　测线走向：N→S

测点序号	测线位置		
	X	Y	Z
0	48794. 3180	51229. 7500	378. 0930
1	48783. 7800	51227. 2250	378. 0930
2	48773. 2420	51224. 7000	378. 0930
3	48763. 5990	51220. 9390	378. 0930
4	48755. 4010	51220. 4300	378. 0930
5	48745. 2340	51216. 9000	378. 0930
6	48736. 4520	51214. 1360	378. 0930
7	48725. 9440	51211. 9480	378. 0930
8	48716. 1730	51211. 3310	378. 0930
9	48705. 9070	51210. 0510	378. 0930
10	48695. 7630	51209. 2880	378. 0930

测线编号：7　　　　测线走向：N→S

测点序号	测线位置		
	X	*Y*	*Z*
11	48685. 1510	51209. 4540	378. 0930
12	48675. 0940	51210. 9690	378. 0930
13	48667. 3620	51217. 4750	378. 0930
14	48658. 2950	51220. 8490	378. 0930
15	48650. 1700	51225. 7270	378. 0930
16	48640. 7730	51229. 5690	378. 0930
17	48631. 3420	51233. 9450	378. 0930

测线编号：8　　　　测线走向：S→N

测点序号	测线位置		
	X	*Y*	*Z*
17	48631. 3420	51233. 9450	378. 0930
16	48640. 7730	51229. 5690	378. 0930
15	48650. 1700	51225. 7270	378. 0930
14	48658. 2950	51220. 8490	378. 0930
13	48667. 3620	51217. 4750	378. 0930
12	48675. 0940	51210. 9690	378. 0930
11	48685. 1510	51209. 4540	378. 0930
10	48695. 7630	51209. 2880	378. 0930
9	48705. 9070	51210. 0510	378. 0930
8	48716. 1730	51211. 3310	378. 0930
7	48725. 9440	51211. 9480	378. 0930
6	48736. 4520	51214. 1360	378. 0930
5	48745. 2340	51216. 9000	378. 0930
4	48755. 4010	51220. 4300	378. 0930
3	48763. 5990	51220. 9390	378. 0930
2	48773. 2420	51224. 7000	378. 0930
1	48783. 7800	51227. 2250	378. 0930
0	48794. 3180	51229. 7500	378. 0930

测线编号：9　　　　测线走向：N→S

测点序号	测线位置		
	X	*Y*	*Z*
73	49435. 3360	51265. 4100	526. 9090
72	49428. 3600	51271. 7420	526. 9090

测线编号：9　　　　测线走向：N→S

测点序号	测线位置		
	X	Y	Z
71	49420.3660	51277.3050	526.9090
70	49411.3420	51281.4720	526.9090
69	49402.7960	51284.8040	526.9090
68	49393.7160	51286.8670	526.9090
67	49384.6500	51288.5670	526.9090
66	49375.4370	51291.8610	526.9090
65	49366.4020	51296.3550	526.9090
64	49358.1560	51301.3010	526.9090
63	49349.6590	51306.9980	526.9090
62	49341.1670	51312.0570	526.9090
61	49332.9820	51317.6430	526.9090
60	49325.2710	51323.1860	526.9090
59	49316.8170	51328.7610	526.9090
58	49308.5820	51335.0920	526.9090
57	49301.2010	51341.4500	526.9090
56	49292.5910	51347.7680	526.9090
55	49284.3720	51353.4780	526.9090
54	49275.5830	51359.6400	526.9090
53	49267.7480	51364.9580	526.9090
52	49259.0000	51370.3670	526.9090
51	49251.2260	51376.4680	526.9090
50	49243.4910	51381.6190	526.9090
49	49235.3680	51386.3720	526.9090
48	49227.2850	51392.0330	526.9090
47	49218.8240	51396.1820	526.9090
46	49209.4660	51399.8920	526.9090
45	49200.2400	51402.9690	526.9090
44	49191.4770	51407.1470	526.9090
43	49182.6225	51410.6630	526.9090
42	49173.7680	51414.1790	526.9090
41	49163.9110	51417.8110	526.9090
40	49154.7660	51420.1650	526.9090

测线编号：9　　　　测线走向：N→S

测点序号	测线位置		
	X	Y	Z
39	49145. 1870	51422. 0830	526. 9090
38	49135. 4780	51425. 1430	526. 9090
37	49125. 7180	51427. 9460	526. 9090
36	49115. 8290	51430. 8380	526. 9090
35	49105. 7540	51432. 9210	526. 9090
34	49096. 4550	51435. 4170	526. 9090
33	49087. 2530	51437. 4460	526. 9090
32	49078. 0700	51440. 0340	526. 9090
31	49068. 6570	51441. 9720	526. 9090
30	49058. 7950	51443. 1150	526. 9090
29	49047. 5340	51445. 0530	526. 9090
28	49038. 0510	51447. 1770	526. 9090
27	49027. 9880	51449. 4890	526. 9090
26	49018. 2240	51451. 9770	526. 9090
25	49008. 4510	51454. 3140	526. 9090
24	48998. 7750	51457. 1390	526. 9090
23	48989. 0200	51459. 3810	526. 9090
22	48977. 7129	51465. 8714	526. 9090
21	48969. 5080	51465. 7980	526. 9090
20	48961. 5170	51469. 7480	526. 9090
19	48943. 8540	51479. 0450	526. 9090
18	48935. 4470	51484. 9170	526. 9090
17	48926. 3440	51488. 7860	526. 9090
16	48917. 1280	51491. 4860	526. 9090
15	48907. 9970	51492. 0320	526. 9090
14	48898. 9430	51492. 1800	526. 9090
13	48887. 8420	51483. 1600	526. 9090
12	48877. 9400	51482. 4320	526. 9090
11	48868. 2980	51481. 7520	526. 9090
10	48857. 6990	51480. 4740	526. 9090
9	48848. 0300	51480. 1260	526. 9090
8	48837. 8960	51480. 5550	526. 9090

测线编号：9 测线走向：N→S

测点序号	测线位置		
	X	*Y*	*Z*
7	48827.7840	51480.4630	526.9090
6	48817.7200	51482.4360	526.9090
5	48808.4240	51486.2200	526.9090
4	48798.5790	51488.4430	526.9090
3	48788.9010	51490.1310	526.9090
2	48779.4590	51494.1780	526.9090
1	48770.0410	51496.9740	526.9090

测线编号：10 测线走向：S→N

测点序号	测线位置		
	X	*Y*	*Z*
1	48770.0410	51496.9740	526.9090
2	48779.4590	51494.1780	526.9090
3	48788.9010	51490.1310	526.9090
4	48798.5790	51488.4430	526.9090
5	48808.4240	51486.2200	526.9090
6	48817.7200	51482.4360	526.9090
7	48827.7840	51480.4630	526.9090
8	48837.8960	51480.5550	526.9090
9	48848.0300	51480.1260	526.9090
10	48857.6990	51480.4740	526.9090
11	48868.2980	51481.7520	526.9090
12	48877.9400	51482.4320	526.9090
13	48887.8420	51483.1600	526.9090
14	48898.9430	51492.1800	526.9090
15	48907.9970	51492.0320	526.9090
16	48917.1280	51491.4860	526.9090
17	48926.3440	51488.7860	526.9090
18	48935.4470	51484.9170	526.9090
19	48943.8540	51479.0450	526.9090
20	48961.5170	51469.7480	526.9090
21	48969.5080	51465.7980	526.9090
22	48977.7129	51465.8714	526.9090

测线编号：10　　测线走向：S→N

测点序号	测线位置		
	X	*Y*	*Z*
23	48989.0200	51459.3810	526.9090
24	48998.7750	51457.1390	526.9090
25	49008.4510	51454.3140	526.9090
26	49018.2240	51451.9770	526.9090
27	49027.9880	51449.4890	526.9090
28	49038.0510	51447.1770	526.9090
29	49047.5340	51445.0530	526.9090
30	49058.7950	51443.1150	526.9090
31	49068.6570	51441.9720	526.9090
32	49078.0700	51440.0340	526.9090
33	49087.2530	51437.4460	526.9090
34	49096.4550	51435.4170	526.9090
35	49105.7540	51432.9210	526.9090
36	49115.8290	51430.8380	526.9090
37	49125.7180	51427.9460	526.9090
38	49135.4780	51425.1430	526.9090
39	49145.1870	51422.0830	526.9090
40	49154.7660	51420.1650	526.9090
41	49163.9110	51417.8110	526.9090
42	49173.7680	51414.1790	526.9090
43	49182.6225	51410.6630	526.9090
44	49191.4770	51407.1470	526.9090
45	49200.2400	51402.9690	526.9090
46	49209.4660	51399.8920	526.9090
47	49218.8240	51396.1820	526.9090
48	49227.2850	51392.0330	526.9090
49	49235.3680	51386.3720	526.9090
50	49243.4910	51381.6190	526.9090
51	49251.2260	51376.4680	526.9090
52	49259.0000	51370.3670	526.9090
53	49267.7480	51364.9580	526.9090
54	49275.5830	51359.6400	526.9090

测线编号：10 测线走向：S→N

测点序号	测线位置		
	X	*Y*	*Z*
55	49284. 3720	51353. 4780	526. 9090
56	49292. 5910	51347. 7680	526. 9090
57	49301. 2010	51341. 4500	526. 9090
58	49308. 5820	51335. 0920	526. 9090
59	49316. 8170	51328. 7610	526. 9090
60	49325. 2710	51323. 1860	526. 9090
61	49332. 9820	51317. 6430	526. 9090
62	49341. 1670	51312. 0570	526. 9090
63	49349. 6590	51306. 9980	526. 9090
64	49358. 1560	51301. 3010	526. 9090
65	49366. 4020	51296. 3550	526. 9090
66	49375. 4370	51291. 8610	526. 9090
67	49384. 6500	51288. 5670	526. 9090
68	49393. 7160	51286. 8670	526. 9090
69	49402. 7960	51284. 8040	526. 9090
70	49411. 3420	51281. 4720	526. 9090
71	49420. 3660	51277. 3050	526. 9090
72	49428. 3600	51271. 7420	526. 9090
73	49435. 3360	51265. 4100	526. 9090

测线编号：11 测线走向：N→S

测点序号	测线位置		
	X	*Y*	*Z*
48	48619. 9620	51515. 4660	517. 2580
47	48611. 9550	51520. 9530	517. 2580
46	48602. 0150	51524. 7230	517. 2580
45	48592. 2770	51529. 2770	517. 2580
44	48583. 8840	51536. 0270	517. 2580
43	48574. 6720	51541. 3810	517. 2580
42	48564. 0740	51543. 2200	517. 2580
41	48553. 6570	51545. 6060	517. 2580
40	48543. 1340	51548. 5150	517. 2580
39	48532. 2500	51551. 3020	517. 2580

测线编号：11　　　　测线走向：N→S

测点序号	测线位置		
	X	*Y*	*Z*
38	48522. 4020	51555. 3230	517. 2580
37	48512. 3600	51559. 6800	517. 2580
36	48501. 6790	51563. 5250	517. 2580
35	48492. 0070	51568. 0730	517. 2580
34	48481. 5770	51570. 4660	517. 2580
33	48472. 5890	51575. 5700	517. 2580
32	48464. 0350	51582. 1800	517. 2580
31	48455. 8490	51588. 9880	517. 2580
30	48447. 5070	51595. 1340	517. 2580
29	48438. 3800	51600. 9590	517. 2580
28	48430. 5860	51607. 6460	517. 2580
27	48421. 8030	51613. 0080	517. 2580
26	48412. 8610	51619. 3410	517. 2580
25	48405. 3420	51625. 3130	517. 2580
24	48397. 3440	51632. 3060	517. 2580
23	48390. 1090	51639. 8020	517. 2580
22	48381. 7760	51647. 2520	517. 2580
21	48374. 2370	51653. 5630	517. 2580
20	48366. 3500	51661. 3130	517. 2580
19	48359. 2390	51669. 2590	517. 2580
18	48352. 3760	51677. 8910	517. 2580
17	48346. 2390	51686. 5530	517. 2580
16	48340. 6660	51695. 9510	517. 2580
15	48334. 7970	51705. 1090	517. 2580
14	48329. 5570	51715. 2090	517. 2580
13	48324. 4420	51725. 0200	517. 2580
12	48320. 4980	51734. 4190	517. 2580
11	48316. 5790	51744. 7510	517. 2580
10	48311. 6100	51755. 0560	517. 2580
9	48306. 8220	51765. 0750	517. 2580
8	48301. 7500	51774. 2620	517. 2580
7	48297. 0860	51784. 3790	517. 2580

测线编号：11 测线走向：N→S

测点序号	测线位置		
	X	*Y*	*Z*
6	48292.9830	51794.3300	517.2580
5	48289.3890	51804.4390	517.2580
4	48287.3880	51814.7730	517.2580
3	48286.1340	51825.2850	517.2580
2	48285.0800	51835.4030	517.2580
1	48284.8061	51845.2030	517.2580

测线编号：12 测线走向：S→N

测点序号	测线位置		
	X	*Y*	*Z*
1	48284.8061	51845.2030	517.2580
2	48285.0800	51835.4030	517.2580
3	48286.1340	51825.2850	517.2580
4	48287.3880	51814.7730	517.2580
5	48289.3890	51804.4390	517.2580
6	48292.9830	51794.3300	517.2580
7	48297.0860	51784.3790	517.2580
8	48301.7500	51774.2620	517.2580
9	48306.8220	51765.0750	517.2580
10	48311.6100	51755.0560	517.2580
11	48316.5790	51744.7510	517.2580
12	48320.4980	51734.4190	517.2580
13	48324.4420	51725.0200	517.2580
14	48329.5570	51715.2090	517.2580
15	48334.7970	51705.1090	517.2580
16	48340.6660	51695.9510	517.2580
17	48346.2390	51686.5530	517.2580
18	48352.3760	51677.8910	517.2580
19	48359.2390	51669.2590	517.2580
20	48366.3500	51661.3130	517.2580
21	48374.2370	51653.5630	517.2580
22	48381.7760	51647.2520	517.2580
23	48390.1090	51639.8020	517.2580

测线编号：12　　测线走向：N→S

测点序号	测线位置		
	X	*Y*	*Z*
24	48397. 3440	51632. 3060	517. 2580
25	48405. 3420	51625. 3130	517. 2580
26	48412. 8610	51619. 3410	517. 2580
27	48421. 8030	51613. 0080	517. 2580
28	48430. 5860	51607. 6460	517. 2580
29	48438. 3800	51600. 9590	517. 2580
30	48447. 5070	51595. 1340	517. 2580
31	48455. 8490	51588. 9880	517. 2580
32	48464. 0350	51582. 1800	517. 2580
33	48472. 5890	51575. 5700	517. 2580
34	48481. 5770	51570. 4660	517. 2580
35	48492. 0070	51568. 0730	517. 2580
36	48501. 6790	51563. 5250	517. 2580
37	48512. 3600	51559. 6800	517. 2580
38	48522. 4020	51555. 3230	517. 2580
39	48532. 2500	51551. 3020	517. 2580
40	48543. 1340	51548. 5150	517. 2580
41	48553. 6570	51545. 6060	517. 2580
42	48564. 0740	51543. 2200	517. 2580
43	48574. 6720	51541. 3810	517. 2580
44	48583. 8840	51536. 0270	517. 2580
45	48592. 2770	51529. 2770	517. 2580
46	48602. 0150	51524. 7230	517. 2580
47	48611. 9550	51520. 9530	517. 2580
48	48619. 9620	51515. 4660	517. 2580

测线编号：13　　测线走向：N→S

测点序号	测线位置		
	X	*Y*	*Z*
71	49342. 9520	51577. 0640	648. 8310
70	49333. 1520	51580. 1010	647. 6360
69	49323. 8050	51583. 0890	647. 7280
68	49314. 5830	51586. 3690	647. 4030

测线编号：13

测线走向：N→S

测点序号	测线位置		
	X	*Y*	*Z*
67	49305. 4370	51590. 2900	648. 8310
66	49294. 6630	51593. 1510	646. 8860
65	49285. 4040	51596. 4650	646. 5530
64	49275. 5490	51598. 9700	648. 8310
63	49265. 4480	51601. 3220	648. 8310
62	49255. 4490	51604. 3510	648. 8310
61	49245. 6960	51607. 7900	648. 8310
60	49236. 5100	51612. 1250	647. 7660
59	49226. 8670	51616. 0200	647. 7790
58	49217. 0530	51616. 6300	648. 2080
57	49206. 3450	51617. 2710	648. 2980
56	49196. 9620	51619. 7850	648. 2170
55	49185. 9530	51622. 2150	647. 6600
54	49176. 2440	51625. 0750	647. 4760
53	49165. 8300	51627. 2320	647. 2780
52	49155. 3730	51628. 9350	648. 8310
51	49145. 2320	51630. 6840	647. 3340
50	49134. 9110	51633. 1820	647. 4260
49	49125. 1390	51634. 7470	648. 8310
48	49115. 1370	51636. 3910	646. 5690
47	49104. 7800	51637. 3560	648. 8310
46	49094. 7400	51639. 1630	648. 8310
45	49084. 1950	51641. 2960	648. 8310
44	49073. 5730	51643. 0780	648. 8310
43	49063. 5460	51646. 7890	648. 8310
42	49053. 2790	51648. 4720	648. 8310
41	49042. 8970	51648. 8190	647. 1460
40	49033. 4970	51649. 5090	647. 9390
39	49023. 3370	51649. 9840	646. 8430
38	49013. 7550	51650. 9200	647. 6260
37	49003. 5110	51651. 8060	648. 8310
36	48994. 2680	51652. 4620	647. 1140
35	48984. 2660	51653. 3190	647. 2830

测线编号：13　　　　测线走向：N→S

测点序号	测线位置		
	X	*Y*	*Z*
34	48974. 4290	51653. 8090	648. 8310
33	48964. 4910	51655. 3380	648. 8310
32	48955. 0001	51655. 3380	648. 8310
31	48945. 5100	51656. 3410	648. 8310
30	48936. 3160	51657. 4660	646. 9820
29	48926. 0650	51658. 5860	647. 0850
28	48915. 7060	51659. 2700	648. 8310
27	48905. 3880	51660. 7990	648. 8310
26	48894. 9780	51659. 1510	648. 8310
25	48884. 5070	51659. 6610	648. 8310
24	48874. 4600	51661. 8420	648. 8310
23	48863. 9210	51663. 3550	648. 8310
22	48853. 6920	51666. 5050	648. 8310
21	48844. 8510	51670. 7390	648. 8310
20	48836. 0790	51671. 6530	648. 8310
19	48827. 7600	51677. 8650	648. 8310
18	48820. 9800	51681. 2150	648. 8310
17	48812. 1870	51687. 0960	648. 8310
16	48803. 4670	51693. 8320	648. 8310
15	48795. 0020	51699. 9100	648. 8310
14	48786. 0410	51706. 3400	648. 8310
13	48777. 7480	51712. 7890	648. 8310
12	48769. 5250	51719. 9450	648. 8310
11	48760. 5010	51726. 1350	648. 5140
10	48751. 4580	51733. 2820	648. 8310
9	48743. 1910	51739. 8950	648. 5010
8	48734. 7820	51746. 3610	648. 8310
7	48726. 2830	51753. 3810	648. 7870
6	48718. 2830	51759. 9040	648. 8310
5	48710. 3270	51766. 3530	648. 3350
4	48702. 6100	51773. 9990	648. 8310
3	48694. 8620	51780. 6790	648. 8310
2	48689. 5690	51789. 9900	648. 8310
1	48682. 2770	51796. 3770	648. 8310

测线编号：14　　测线走向：S→N

测点序号	测线位置		
	X	*Y*	*Z*
1	48682. 2770	51796. 3770	648. 8310
2	48689. 5690	51789. 9900	648. 8310
3	48694. 8620	51780. 6790	648. 8310
4	48702. 6100	51773. 9990	648. 8310
5	48710. 3270	51766. 3530	648. 3350
6	48718. 2830	51759. 9040	648. 8310
7	48726. 2830	51753. 3810	648. 7870
8	48734. 7820	51746. 3610	648. 8310
9	48743. 1910	51739. 8950	648. 5010
10	48751. 4580	51733. 2820	648. 8310
11	48760. 5010	51726. 1350	648. 5140
12	48769. 5250	51719. 9450	648. 8310
13	48777. 7480	51712. 7890	648. 8310
14	48786. 0410	51706. 3400	648. 8310
15	48795. 0020	51699. 9100	648. 8310
16	48803. 4670	51693. 8320	648. 8310
17	48812. 1870	51687. 0960	648. 8310
18	48820. 9800	51681. 2150	648. 8310
19	48827. 7600	51677. 8650	648. 8310
20	48836. 0790	51671. 6530	648. 8310
21	48844. 8510	51670. 7390	648. 8310
22	48853. 6920	51666. 5050	648. 8310
23	48863. 9210	51663. 3550	648. 8310
24	48874. 4600	51661. 8420	648. 8310
25	48884. 5070	51659. 6610	648. 8310
26	48894. 9780	51659. 1510	648. 8310
27	48905. 3880	51660. 7990	648. 8310
28	48915. 7060	51659. 2700	648. 8310
29	48926. 0650	51658. 5860	647. 0850
30	48936. 3160	51657. 4660	646. 9820
31	48945. 5100	51656. 3410	648. 8310
32	48955. 0001	51655. 3380	648. 8310

测线编号：14　　　　测线走向：S→N

测点序号	测线位置		
	X	*Y*	*Z*
33	48964. 4910	51655. 3380	648. 8310
34	48974. 4290	51653. 8090	648. 8310
35	48984. 2660	51653. 3190	647. 2830
36	48994. 2680	51652. 4620	647. 1140
37	49003. 5110	51651. 8060	648. 8310
38	49013. 7550	51650. 9200	647. 6260
39	49023. 3370	51649. 9840	646. 8430
40	49033. 4970	51649. 5090	647. 9390
41	49042. 8970	51648. 8190	647. 1460
42	49053. 2790	51648. 4720	648. 8310
43	49063. 5460	51646. 7890	648. 8310
44	49073. 5730	51643. 0780	648. 8310
45	49084. 1950	51641. 2960	648. 8310
46	49094. 7400	51639. 1630	648. 8310
47	49104. 7800	51637. 3560	648. 8310
48	49115. 1370	51636. 3910	646. 5690
49	49125. 1390	51634. 7470	648. 8310
50	49134. 9110	51633. 1820	647. 4260
51	49145. 2320	51630. 6840	647. 3340
52	49155. 3730	51628. 9350	648. 8310
53	49165. 8300	51627. 2320	647. 2780
54	49176. 2440	51625. 0750	647. 4760
55	49185. 9530	51622. 2150	647. 6600
56	49196. 9620	51619. 7850	648. 2170
57	49206. 3450	51617. 2710	648. 2980
58	49217. 0530	51616. 6300	648. 2080
59	49226. 8670	51616. 0200	647. 7790
60	49236. 5100	51612. 1250	647. 7660
61	49245. 6960	51607. 7900	648. 8310
62	49255. 4490	51604. 3510	648. 8310
63	49265. 4480	51601. 3220	648. 8310
64	49275. 5490	51598. 9700	648. 8310

测线编号：14　　测线走向：S→N

测点序号	测线位置		
	X	*Y*	*Z*
65	49285.4040	51596.4650	646.5530
66	49294.6630	51593.1510	646.8860
67	49305.4370	51590.2900	648.8310
68	49314.5830	51586.3690	647.4030
69	49323.8050	51583.0890	647.7280
70	49333.1520	51580.1010	647.6360
71	49342.9520	51577.0640	648.8310

附录 2 地质雷达探测过程记录表

附表 2-1 本钢南芬露天铁矿地质雷达物探现场测试记录表（回采区）

记录：李少华 审核：陶志刚 日期：2012-7-14（全天） 天气：晴朗

<table>
<tr><th>测试编号</th><th>测试方向</th><th>文件路径</th><th>监测点数</th><th>时间窗</th><th>叠加次数</th></tr>
<tr><td colspan="6">310~322 平台</td></tr>
<tr><td>一</td><td>N—S</td><td>Date-7-14-10-36-0</td><td>1024</td><td>220</td><td>2</td></tr>
<tr><td colspan="6">备注：
• 27 号到 26 号点有水洼，天线绕行，过碎石区和磁铁矿浅埋区域，可能对信号有影响；
• 34 号点开始上坡，从 310 平台向 322 平台过渡；
• 39 号点处路面上有碎石，颠簸较剧烈；
• 46 号点开始进入 322 台阶；
• 51~52 号点西侧 2m 处有水洼，水洼面积较大，且周边较湿润，可能对雷达测试信号有干扰；
• 54 号点进入爆区，59 号点测试终止，前方爆区，无法进入。</td></tr>
<tr><td>二</td><td>S—N</td><td>Date-7-14-10-36-2</td><td>1024</td><td>220</td><td>2</td></tr>
<tr><td colspan="6">备注：
• 58 号~57 号点有水泥地面；
• 从 55 号点开始天线拉出炮区；
• 51~52 号点西侧 2m 处有水洼；
• 46 号点开始出现下坡，从 322 平台向 310 平台过渡；
• 34 号点到达 310 台阶上；
• 32 号开始进入铁矿石埋藏区域，可能对测试信号有影响；
• 27 号点有水洼，绕行，绕行路段碎石堆积，且有铁矿石浅埋；
• 22~23 号点从泥上通过，处于半湿润状态，可能对测试信息有干扰；
• 13 号点开始下坡，从 310 台阶向 298 台阶过渡。</td></tr>
<tr><td colspan="6">370 平台</td></tr>
<tr><td>三</td><td>N—S</td><td>Date-7-14-10-36-6</td><td>2048</td><td>550</td><td>2</td></tr>
<tr><td colspan="6">备注：
• 2~3 号点东侧有水洼；
• 7 号点暂停，东侧有水；
• 11 号点附近有裂缝，天线从裂缝上方穿过；
• 12~13 号东侧有几条明显宽裂缝；
• 14 号点附近天线连接线被磨断，重测 14 号点；
• 16 号点东侧有明显裂缝。</td></tr>
<tr><td>四</td><td>S—N</td><td>Date-7-14-10-36-7</td><td>2048</td><td>550</td><td>2</td></tr>
<tr><td colspan="6">346 平台</td></tr>
<tr><td>五</td><td>N—S</td><td>Date-7-14-10-36-10</td><td>1024</td><td>220</td><td>2</td></tr>
<tr><td colspan="6">备注：
• 4 号点西侧有水洼。</td></tr>
<tr><td>六</td><td>S—N</td><td>Date-7-14-10-36-11</td><td>1024</td><td>220</td><td>2</td></tr>
<tr><td colspan="6">334 平台</td></tr>
<tr><td>七</td><td>N—S</td><td>Date-7-14-10-36-12</td><td>1024</td><td>220</td><td>2</td></tr>
<tr><td colspan="6">备注：
• 4 号点西侧有明显裂缝；
• 7 号点两侧有水洼；
• 10 号点附近有明显裂缝；
• 12 号、13 号、14 号点处有裂缝。</td></tr>
<tr><td>八</td><td>S—N</td><td>Date-7-14-10-36-13</td><td>1024</td><td>220</td><td>2</td></tr>
<tr><td colspan="6">备注：
• 4 号点西侧有明显裂缝；
• 7 号点两侧有水洼；
• 10 号点附近有明显裂缝；
• 12 号、13 号、14 号点处有裂缝。</td></tr>
</table>

附表 2-2　本钢南芬露天铁矿地质雷达物探现场测试记录表（扩帮区）

记录：李少华，郭彦辉　　审核：陶志刚　　日期：2012-7-16（全天）　　天气：晴朗

<table>
<tr><th>测试编号</th><th>测试方向</th><th>文件路径</th><th>监测点数</th><th>时间窗</th><th>叠加次数</th></tr>
<tr><td colspan="6">646 平台</td></tr>
<tr><td>九</td><td>S—N</td><td>Date-7-16-10-2（file 1）</td><td>1024</td><td>220</td><td>2</td></tr>
<tr><td colspan="6">备注
• 6 号、7 号点中间东侧有水洼，天线绕行；
• 14~17 号点中间东侧有水洼，天线绕行；
• 19~23 号点西侧有水洼，地质雷达图上可能少 1 个点；
• 29 号、30 号、44 号、58 号、60 号、70 号东侧有水洼，面积较大，且周边较湿润，可能对雷达测试信号有干扰。</td></tr>
<tr><td>十</td><td>N—S</td><td>Date-7-16-10-2（file 2）</td><td>1024</td><td>220</td><td>2</td></tr>
<tr><td colspan="6">备注
• 29 号、30 号、44 号、58 号、60 号、70 号东侧有水洼，面积较大，且周边较湿润，可能对雷达测试信号有干扰；
• 19~23 号点西侧有水洼，地质雷达图上可能少 1 个点；
• 14~17 号点中间东侧有水洼，天线绕行；
• 6 号、7 号点中间东侧有水洼，天线绕行。</td></tr>
<tr><td colspan="6">514 平台</td></tr>
<tr><td>十一</td><td>S—N</td><td>Date-7-16-10-2（file 3）</td><td>1024</td><td>220</td><td>2</td></tr>
<tr><td colspan="6">备注：
• 10 号处于坡顶；
• 26 号到达坡底。</td></tr>
<tr><td>十二</td><td>N—S</td><td>Date-7-16-10-2（file 4）</td><td>1024</td><td>220</td><td>2</td></tr>
<tr><td colspan="6">备注：
• 26 号到达坡底；
• 10 号处于坡顶。</td></tr>
<tr><td colspan="6">526 平台</td></tr>
<tr><td>十三</td><td>S—N</td><td>Date-7-16-10-2（file 5）</td><td>1024</td><td>220</td><td>2</td></tr>
<tr><td colspan="6">备注：
• 35 号西侧有水洼。</td></tr>
<tr><td>十四</td><td>N—S</td><td>Date-7-16-10-2（file 6，7，8）</td><td>1024</td><td>220</td><td>2</td></tr>
<tr><td colspan="6">备注：
• 32 号点处主机出现重启现象；
• File6 为地质雷达图的上半段，file8 为下半段，下半段 32 号点开始；
• 7 号点附近有碎石，天线轻微抬起，可能影响天线信号；
• 到达终点后主机多记录了 4 个点。</td></tr>
</table>

附录 3　工程地质调查分区图

工程地质调查分区图见附图 3-1。

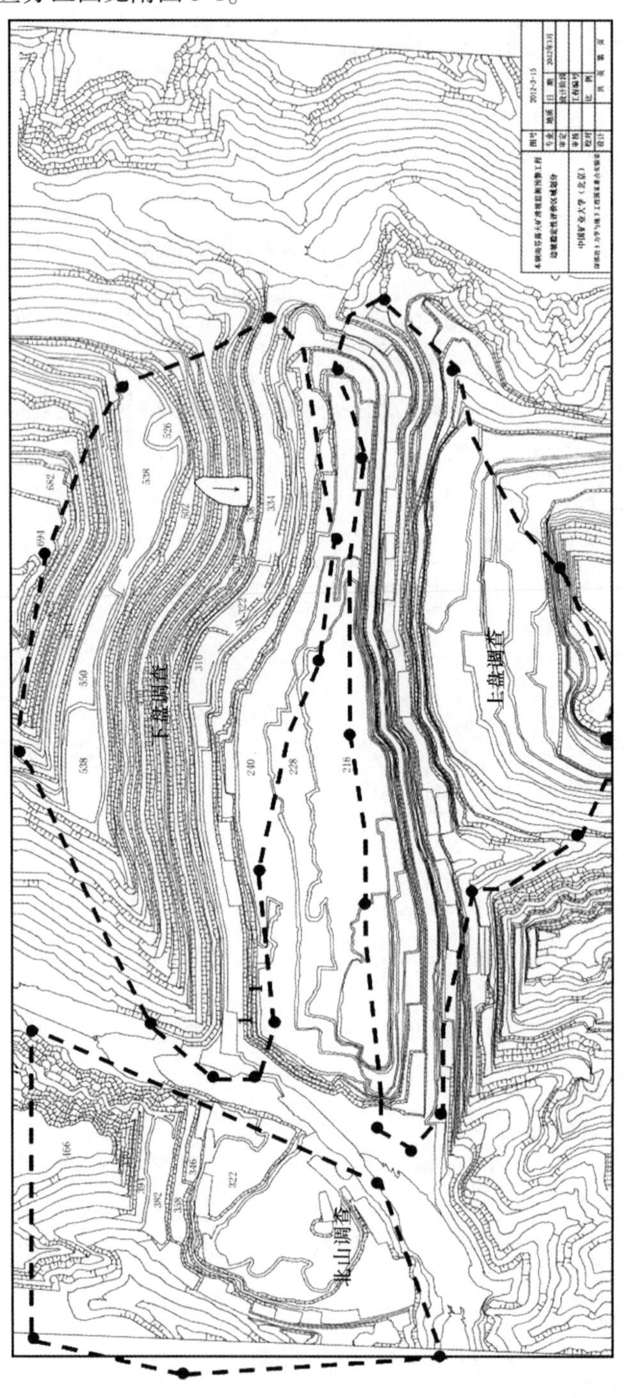

附图 3-1　南芬露天铁矿边坡稳定性调查分区图

附录4　工程地质调查编录图

工程地质调查编录图见彩图附图4-1。

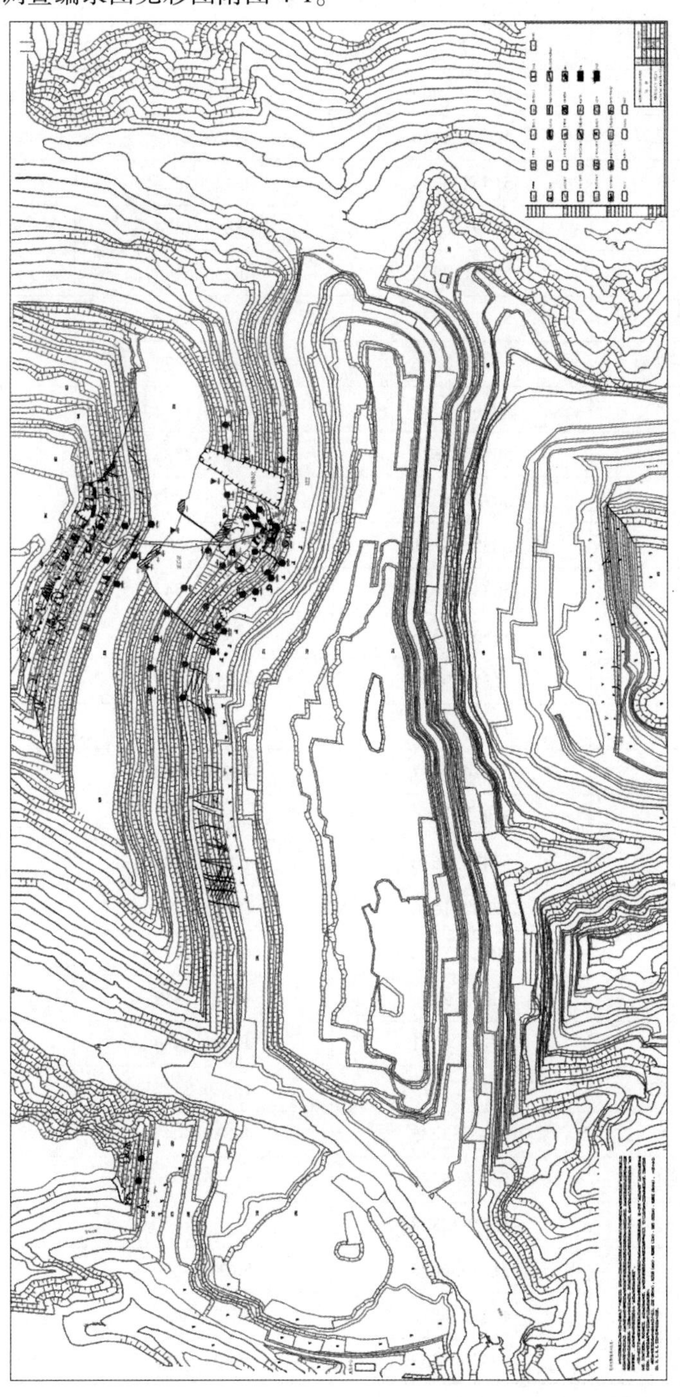

附图4-1　南芬露天铁矿边坡地质调查编录图

附录 5　工程地质调查记录表

附表 5-1　调查区拐点坐标测绘表

分区	拐点	X	Y	Z
下盘调查评价区	1	50434.5960	50065.5864	298
	2	50686.4840	49969.1679	406
	3	51568.3634	49429.5294	658
	4	51793.6483	48818.1574	694
	5	51851.7852	48315.6149	526
	6	51617.5738	47844.6343	346
	7	51025.2866	48450.0372	250
	8	50961.3366	49026.1372	238
	9	50515.7684	49712.7888	250
	10	50787.4058	49395.8297	250
	11	50358.6131	49963.9504	250
上盘调查评价区	1	50331.5133	49250.0347	226
	2	50562.3305	48951.7485	226
	3	51118.9700	48119.3519	250
	4	51329.5408	47866.1657	334
	5	51414.0887	47468.3858	334
	6	51072.3556	47706.8311	418
	7	50474.2636	48015.8881	574
	8	49983.1636	48505.6794	646
	9	49921.7312	48859.9842	466
	10	50083.2196	49127.1912	382
	11	49767.6561	49691.5433	382
	12	49794.1275	49926.8325	286
	13	50063.3233	49830.3043	214
北山调查评价区	1	50085.5828	50875.7046	334
	2	50559.5828	51053.7000	370
	3	51059.5828	50294.4696	334
	4	49879.5828	50123.8415	386
	5	49406.8352	50424.1863	286

注：表中坐标为相对坐标，实际调查时需要进行坐标转换。

附表 5-2　岩体节理现场调查统计表

节理频度：4~6 条/m

编号	坐标	地点描述	产状	宽度/mm	密度/条·m^{-1}	间距/mm	延续性/m	粗糙度	起伏度	充水状况	露头面条件/性质/坡面产状
J1	49630.007 50714.548	下盘646台阶	28\23.9	10	46	—	中等	粗糙	波浪形	干燥	风化严重
J2	49621.972 50725.369	下盘646台阶	30\19.5	9	46	—	中等	粗糙	波浪形	干燥	风化严重
J3	49617.913 50734.811	下盘646台阶	29\21	11	46	—	中等	粗糙	波浪形	干燥	风化严重
J4	49636.211 50742.689	下盘646台阶	26.9\19.8	10	46	—	低	粗糙	波浪形	干燥	风化严重
J5	49636.478 50756.052	下盘646台阶	27\22	12	46	—	中等	粗糙	波浪形	滴水	风化严重
J6	49624.203 50764.203	下盘646台阶	37\29	11	46	—	中等	粗糙	台阶形	干燥	风化严重
J7	49641.402 50771.506	下盘646台阶	38.5\29	18	46	—	中等	粗糙	台阶形	干燥	风化严重
J8	49641.802 50771.306	下盘646台阶	100\40	12	46	—	低	粗糙	台阶形	干燥	风化严重
J9	49607.820 50732.242	下盘646台阶	108\41.5	10	46	—	中等	粗糙	波浪形	干燥	风化严重

续附表 5-2

编号	坐标	地点描述	产状	宽度/mm	密度/条·m^{-1}	间距/mm	延续性/m	粗糙度	起伏度	充水状况	露头面条件/性质/坡面产状
J10	49598. 545 50740. 485	下盘 646 台阶	95∖31. 5	8	46	—	中等	粗糙	波浪形	干燥	风化严重
J11	49587. 05 50751. 361	下盘 646 台阶	93∖46. 5	11	46	—	中等	粗糙	台阶形	干燥	风化严重
J12	49571. 384 50765. 989	下盘 646 台阶	112∖44	12	46	—	低	粗糙	台阶形	干燥	风化严重
J13	49585. 032 50783. 737	下盘 646 台阶	115∖45	13	46	—	低	粗糙	波浪形	干燥	风化严重
J14	49598. 461 50785. 34	下盘 646 台阶	93∖43	10	46	—	中等	粗糙	波浪形	干燥	风化严重
J15	49579. 3453 50776. 0968	下盘 646 台阶	103∖41	15	46	—	中等	粗糙	波浪形	干燥	风化严重
J16	49568. 7574 50784. 1843	下盘 646 台阶	105∖30	16	34	—	中等	粗糙	波浪形	滴水	风化严重
J17	49559. 6052 50792. 8004	下盘 646 台阶	97∖36	15	34	—	中等	粗糙	波浪形	干燥	风化严重
J18	49535. 6930 50799. 4625	下盘 646 台阶	104∖44	12	34	—	中等	粗糙	台阶形	干燥	风化严重

续附表 5-2

编号	坐标	地点描述	产状	宽度/mm	密度/条·m^{-1}	间距/mm	延续性/m	粗糙度	起伏度	充水状况	露头面条件/性质/坡面产状
J19	49531.6512 50803.1296	下盘646台阶	107\34	15	34	—	中等	粗糙	波浪形	干燥	风化严重
J20	49521.1850 50816.1207	下盘646台阶	82\41	14	34	—	中等	粗糙	台阶形	干燥	风化严重
J21	49532.5394 50822.8147	下盘646台阶	224\1	10	30	—	低	粗糙	波浪形	干燥	风化严重
J22	49201.0508 51054.9480	下盘646台阶	222\13	8	30	—	低	粗糙	波浪形	干燥	风化严重
J23	49215.4403 51062.3840	下盘646台阶	214\20	10	30	—	中等	粗糙	波浪形	滴水	风化严重
J24	49227.9411 51062.3840	下盘646台阶	214\18.3	12	30	—	中等	粗糙	台阶形	干燥	风化严重
J25	49117.9032 51139.6772	下盘646台阶	280\30	10	30	—	低	粗糙	波浪形	干燥	风化严重
J26	49114.0389 51156.9480	下盘646台阶	280\31	9	30	—	中等	粗糙	波浪形	干燥	风化严重
J27	49109.0706 51176.2912	下盘646台阶	295\37	11	30	—	中等	粗糙	波浪形	干燥	风化严重

续附表 5-2

编号	坐 标	地点描述	产 状	宽度/mm	密度/条·m^{-1}	间距/mm	延续性/m	粗糙度	起伏度	充水状况	露头面条件/性质/坡面产状
J28	48937. 1614 51668. 2276	下盘 646 台阶	264 \ 36	10	30	—	低	粗糙	波浪形	干燥	风化严重
J29	48957. 0414 51665. 0349	下盘 646 台阶	217 \ 60	8	36	—	中等	光滑	平面形	干燥	风化严重
J30	48957. 0414 51665. 0349	下盘 646 台阶	252 \ 30	10	36	—	低	粗糙	波浪形	滴水	风化严重
J31	48957. 0414 51665. 0349	下盘 646 台阶	210 \ 4	9	36	—	中等	粗糙	波浪形	干燥	风化严重
J32	48957. 0414 51665. 0349	下盘 646 台阶	220 \ 4	11	36	—	中等	粗糙	台阶形	干燥	风化严重
J33	48957. 0414 51665. 0349	下盘 646 台阶	189 \ 0	10	36	—	低	粗糙	波浪形	干燥	风化严重
J34	48978. 7520 51666. 2320	下盘 646 台阶	180 \ 35	10	32	—	中等	粗糙	波浪形	干燥	风化严重
J35	48997. 8830 51664. 8710	下盘 646 台阶	5 \ 20	18	32	—	中等	粗糙	波浪形	干燥	风化严重
J36	49006. 4600 51663. 8340	下盘 646 台阶	150 \ 47	20	32	—	中等	粗糙	波浪形	干燥	风化严重

续附表 5-2

编号	坐标	地点描述	产状	宽度/mm	密度/条·m^{-1}	间距/mm	延续性/m	粗糙度	起伏度	充水状况	露头面条件/性质/坡面产状
J37	49012. 7420 51660. 3207	下盘 646 台阶	215 \ 8	10	24	—	低	粗糙	波浪形	干燥	风化严重
J38	49012. 3339 51663. 2551	下盘 646 台阶	225 \ 210	11	24	—	低	粗糙	波浪形	干燥	风化严重
J39	49012. 2132 51665. 0860	下盘 646 台阶	165 \ 4	8	24	—	中等	粗糙	波浪形	干燥	风化严重
J40	49011. 5668 51667. 9098	下盘 646 台阶	223 \ 41	10	24	—	中等	粗糙	波浪形	干燥	风化严重
J41	49011. 5668 51667. 9098	下盘 646 台阶	225 \ 29	15	24	—	低	粗糙	波浪形	干燥	风化严重
J42	49011. 5668 51667. 9098	下盘 646 台阶	163 \ 66	12	38	—	中等	粗糙	波浪形	干燥	风化严重
J43	49015. 6999 51665. 9776	下盘 646 台阶	167 \ 28	18	38	—	中等	粗糙	台阶形	干燥	风化严重
J44	49036. 8090 51662. 5070	下盘 646 台阶	103 \ 40	20	38	—	中等	粗糙	台阶形	干燥	风化严重
J45	49051. 3710 51660. 3160	下盘 646 台阶	144 \ 39	19	38	—	中等	粗糙	台阶形	干燥	风化严重

续附表 5-2

编号	坐 标	地点描述	产 状	宽度 /mm	密度 /条·m^{-1}	间距 /mm	延续性 /m	粗糙度	起伏度	充水状况	露头面条件/性质 /坡面产状
J46	49060. 5329 51660. 8418	下盘 646 台阶	90 \ 46	15	28	—	中等	粗糙	波浪形	滴水	风化严重
J47	49069. 6298 51657. 7742	下盘 646 台阶	175 \ 34	12	28	—	低	粗糙	台阶形	干燥	风化严重
J48	49090. 2880 51651. 2107	下盘 646 台阶	160 \ 27	11	28	—	中等	粗糙	波浪形	干燥	风化严重
J49	49110. 3451 51648. 2228	下盘 646 台阶	195 \ 49	13	28	—	低	粗糙	波浪形	干燥	风化严重
J50	49102. 0796 51650. 9387	下盘 646 台阶	214 \ 0	8	28	—	低	粗糙	波浪形	干燥	风化严重
J51	49101. 0930 51657. 7821	下盘 646 台阶	137 \ 61	12	28	—	中等	粗糙	波浪形	干燥	风化严重
J52	49125. 3354 51644. 5943	下盘 646 台阶	195 \ 35	8	28	—	中等	粗糙	台阶形	干燥	风化严重
J53	49153. 0294 51638. 5060	下盘 646 台阶	166 \ 46	20	34	—	中等	粗糙	波浪形	干燥	风化严重
J54	49146. 5980 51640. 0222	下盘 646 台阶	213 \ 40	19	32	—	中等	粗糙	台阶形	干燥	风化严重

续附表 5-2

编号	坐 标	地点描述	产 状	宽度/mm	密度/条·m^{-1}	间距/mm	延续性/m	粗糙度	起伏度	充水状况	露头面条件/性质/坡面产状
J55	48859. 2634 51635. 0178	下盘 646 台阶	130 \ 60	10	22	—	低	粗糙	台阶形	干燥	风化严重
J56	48859. 2634 51635. 0378	下盘 622 台阶	108 \ 49	12	22	—	中等	粗糙	台阶状	干燥	风化严重
J57	48859. 2634 51635. 0078	下盘 622 台阶	126/41	24	24	—	中等	粗糙	波浪形	滴水	风化严重
J58	48859. 2634 51635. 0078	下盘 622 台阶	135. 5/30	20	24	—	中等	粗糙	波浪形	干燥	风化严重
J59	48859. 2634 51635. 0078	下盘 622 台阶	114/32	22	24	—	中等	粗糙	波浪形	干燥	风化严重
J60	48859. 2634 51635. 0078	下盘 622 台阶	117/33	21	24	—	低	粗糙	波浪形	干燥	风化严重
J61	48859. 2634 51635. 0078	下盘 622 台阶	129/39	20	24	—	低	粗糙	波浪形	干燥	风化严重
J62	48913. 1530 51633. 0940	下盘 622 台阶	205/35	18	24	—	中等	粗糙	台阶形	滴水	风化严重
J63	48909. 1609 51632. 6103	下盘 622 台阶	344/41	15	24	—	中等	粗糙	波浪形	干燥	风化严重

续附表 5-2

编号	坐标	地点描述	产状	宽度/mm	密度/条·m^{-1}	间距/mm	延续性/m	粗糙度	起伏度	充水状况	露头面条件/性质/坡面产状
J64	48923. 1850 51631. 7200	下盘 622 台阶	217/0	18	24	—	低	粗糙	波浪形	干燥	风化严重
J65	48942. 1570 51627. 3434	下盘 622 台阶	104/44	17	24	—	中等	粗糙	波浪形	干燥	风化严重
J66	48942. 1570 51627. 3434	下盘 622 台阶	131/43	20	24	—	中等	粗糙	台阶形	滴水	风化严重
J67	48942. 1570 51627. 3434	下盘 622 台阶	121/41	21	30	—	中等	粗糙	波浪形	干燥	风化严重
J68	48942. 1570 51627. 3434	下盘 622 台阶	123/50	24	30	—	中等	粗糙	波浪形	干燥	风化严重
J69	48942. 1570 51627. 3434	下盘 622 台阶	128/55	21	30	—	中等	粗糙	波浪形	干燥	风化严重
J70	48946. 8604 51627. 1729	下盘 622 台阶	164/41	15	30	—	中等	粗糙	波浪形	干燥	风化严重
J71	48946. 8604 51627. 1729	下盘 622 台阶	134/29	12	30	—	中等	粗糙	波浪形	干燥	风化严重
J72	49086. 4698 51620. 1438	下盘 622 台阶	180/40	13	30	—	中等	粗糙	台阶形	干燥	风化严重

续附表 5-2

编号	坐标	地点描述	产状	宽度/mm	密度/条·m^{-1}	间距/mm	延续性/m	粗糙度	起伏度	充水状况	露头面条件/性质/坡面产状
J73	49091.0775 51618.0411	下盘622台阶	144/34	12	28	—	中等	粗糙	波浪形	干燥	风化严重
J74	49111.0396 51614.6050	下盘622台阶	218/13	8	28	—	中等	粗糙	台阶形	干燥	风化严重
J75	49159.8759 51605.2713	下盘622台阶	199/27	10	28	—	中等	粗糙	波浪形	干燥	风化严重
J76	49193.4819 51589.3836	下盘622台阶	148/44	12	12	—	低	粗糙	波浪形	干燥	风化严重
J77	49200.4187 51587.8883	下盘622台阶	135/15	13	14	—	中等	粗糙	台阶形	干燥	风化严重
J78	49208.4090 51590.1430	下盘622台阶	141/56	14	6	—	中等	粗糙	台阶形	干燥	强风化，泥质充填
J79	49375.4965 51538.5060	下盘622台阶	117/47	10	8	—	中等	光滑	平面形	干燥	强风化，泥质充填
J80	49381.9458 51533.7120	下盘622台阶	194/35	7	3	—	中等	粗糙	台阶形	干燥	强风化，泥质充填
J81	49362.2618 51546.5458	下盘622台阶	196/28	12	1	—	很低	粗糙	台阶形	干燥	强风化，泥质充填

续附表 5-2

编号	坐 标	地点描述	产 状	宽度/mm	密度/条·m^{-1}	间距/mm	延续性/m	粗糙度	起伏度	充水状况	露头面条件/性质/坡面产状
J682-1	49066.5090 51712.2081	下盘 682 台阶	200/47	8	10	—	低	平坦	平面形	干燥	风化严重
J682-2	49066.5090 51712.2081	下盘 682 台阶	235/5	14	14	—	中等	粗糙	波浪形	干燥	风化严重
J682-3	49066.5090 51712.2081	下盘 682 台阶	230/7	8	10	—	低	粗糙	波浪形	干燥	风化严重
J670-1	49270.4090 51642.4290	下盘 670 台阶	311/47	8	6	—	中等	光滑	平面形	干燥	风化严重
J670-2	49255.6460 51647.7493	下盘 670 台阶	185/12	12	14	—	中等	粗糙	波浪形	干燥	风化严重
J670-3	49270.4090 51642.4290	下盘 670 台阶	175/26	10	12	—	中等	粗糙	波浪形	干燥	风化严重
J550-1	48944.9138 51539.1086	下盘 550 台阶	113/73	12	14	—	中等	粗糙	波浪形	干燥	风化严重
J550-2	48958.5905 51535.8979	下盘 550 台阶	144/68	11	16	—	中等	粗糙	波浪形	干燥	风化严重
J550-3	48730.2810 51587.2700	下盘 550 台阶	Plunge（300/44） Dip（349/55）	8	14	—	中等	粗糙	波浪形	干燥	风化严重

续附表 5-2

编号	坐 标	地点描述	产 状	宽度/mm	密度/条·m^{-1}	间距/mm	延续性/m	粗糙度	起伏度	充水状况	露头面条件/性质/坡面产状
J550-4	48730.2810 51587.2700	下盘550 台阶	Dip（352/62）	10	14	—	中等	粗糙	波浪形	干燥	风化严重
J550-5	48730.2810 51587.2700	下盘550 台阶	Dip（350/52）	9	14	—	中等	粗糙	波浪形	干燥	风化严重
J550-6	48730.2810 51587.2700	下盘550 台阶	Dip（344/46）	8	14	—	中等	粗糙	波浪形	干燥	风化严重
J550-7	48730.2810 51587.2700	下盘550 台阶	Dip（339/57）	11	14	—	中等	粗糙	波浪形	干燥	风化严重
J550-8	48730.2810 51587.2700	下盘550 台阶	Plunge（325/34） Dip（341/50）	8	14	—	中等	粗糙	波浪形	干燥	风化严重
J550-9	48661.1167 51645.4676	下盘550 台阶	Plunge（325/34） Dip（55/81）	12	12	—	低	粗糙	台阶形	滴水	风化严重
J550-10	48661.1167 51645.4676	下盘550 台阶	Dip（52/81）	10	12	—	低	粗糙	台阶形	干燥	风化严重
J550-11	48632.3899 51670.0261	下盘550 台阶	Dip（53/80）	21	24	—	中等	粗糙	波浪形	干燥	风化严重
J550-12	48632.3899 51670.0261	下盘550 台阶	Dip（50/84）	18	24	—	中等	粗糙	波浪形	干燥	风化严重

续附表 5-2

编号	坐标	地点描述	产状	宽度/mm	密度/条·m^{-1}	间距/mm	延续性/m	粗糙度	起伏度	充水状况	露头面条件/性质/坡面产状
J286-1	49630.0070 50714.4840	下盘 286 台阶	Plunge（313/46） Dip（10/53）	10	14	—	中等	粗糙	波浪形	干燥	风化严重
J286-2	49621.9725 50725.3699	下盘 286 台阶	Plunge（246/13） Dip（155/64）	8	10	—	中等	粗糙	波浪形	干燥	风化严重
J286-3	49617.9130 50734.8110	下盘 286 台阶	Dip（148/74）	8	10	—	中等	粗糙	波浪形	干燥	风化严重
J286-4	49636.2118 50742.6891	下盘 286 台阶	Dip（144/68）	9	10	—	中等	粗糙	波浪形	干燥	风化严重
J286-5	49628.9048 50749.8793	下盘 286 台阶	Dip（157/45）	10	10	—	中等	粗糙	波浪形	干燥	风化严重
J286-6	49636.4784 50756.0521	下盘 286 台阶	Dip（168/70）	8	10	—	中等	粗糙	波浪形	干燥	风化严重
J286-7	49624.2039 50764.6760	下盘 286 台阶	Dip（156/49）	11	10	—	中等	粗糙	波浪形	干燥	风化严重
J286-8	49641.8022 50771.3064	下盘 286 台阶	Dip（152/52）	10	10	—	低	粗糙	波浪形	干燥	风化严重
J286-9	49607.8207 50732.2422	下盘 286 台阶	Dip（310/47）	14	20	—	中等	粗糙	波浪形	滴水	风化严重

续附表 5-2

编号	坐标	地点描述	产状	宽度/mm	密度/条·m^{-1}	间距/mm	延续性/m	粗糙度	起伏度	充水状况	露头面条件/性质/坡面产状
J286-10	49598.5450 50740.4857	下盘 286 台阶	Dip（311/44）	16	20	—	中等	粗糙	波浪形	滴水	风化严重
J286-11	49587.0509 50751.3619	下盘 286 台阶	Dip（160/60）	8	8	—	低	粗糙	波浪形	干燥	风化严重
J286-12	49571.3845 50765.9896	下盘 286 台阶	Dip（151/56）	10	8	—	低	粗糙	波浪形	干燥	风化严重
J286-13	49585.0322 50783.7371	下盘 286 台阶	Dip（154/49）	9	8	—	中等	粗糙	波浪形	干燥	风化严重
J286-14	49598.4610 50785.3403	下盘 286 台阶	Dip（157/59）	10	8	—	中等	粗糙	波浪形	干燥	风化严重
J286-15	49579.3453 50776.0968	下盘 286 台阶	Plunge（342/18） Dip（323/14）	10	8	—	中等	粗糙	波浪形	干燥	风化严重
J286-16	49568.7574 50784.1843	下盘 286 台阶	Dip（312/19）	9	8	—	中等	粗糙	台阶形	干燥	风化严重
J286-17	49559.6052 50792.8004	下盘 286 台阶	Dip（320/17）	12	8	—	中等	粗糙	台阶形	干燥	风化严重
J286-18	49535.6930 50799.4625	下盘 286 台阶	Dip（3/49）	8	8	—	低	粗糙	台阶形	干燥	风化严重

续附表 5-2

编号	坐 标	地点描述	产 状	宽度 /mm	密度 /条·m^{-1}	间距 /mm	延续性 /m	粗糙度	起伏度	充水状况	露头面条件/性质 /坡面产状
J286-19	49531. 6512 50803. 1296	下盘 286 台阶	Dip（7/52）	10	10	—	中等	粗糙	波浪形	干燥	风化严重
J286-20	49521. 1850 50816. 1207	下盘 286 台阶	Dip（189/41）	10	10	—	中等	粗糙	波浪形	干燥	风化严重
J286-21	49532. 5394 50822. 8147	下盘 286 台阶	Dip（191/47）	9	10	—	中等	粗糙	波浪形	干燥	风化严重
J286-22	49201. 0508 51054. 9480	下盘 286 台阶	Dip（180/3）	8	10	—	中等	粗糙	波浪形	干燥	风化严重
J286-23	49215. 4403 51062. 3840	下盘 286 台阶	Dip（177/5）	10	10	—	中等	粗糙	台阶形	干燥	风化严重
J286-24	49215. 4403 51062. 3840	下盘 286 台阶	Dip（130/35）	11	10	—	中等	粗糙	台阶形	干燥	风化严重
J286-25	49117. 9032 51139. 6772	下盘 286 台阶	Plunge（255/25） Dip（180/76）	10	10	—	中等	粗糙	波浪形	干燥	风化严重
J286-26	49114. 0389 51156. 9480	下盘 286 台阶	Dip（178/77）	9	10	—	中等	粗糙	波浪形	滴水	风化严重
J286-27	49109. 0706 51176. 2912	下盘 286 台阶	Dip（174/71）	10	10	—	中等	粗糙	波浪形	干燥	风化严重

续附表 5-2

编号	坐 标	地点描述	产 状	宽度/mm	密度/条·m^{-1}	间距/mm	延续性/m	粗糙度	起伏度	充水状况	露头面条件/性质/坡面产状
J358-370-1	48697. 516 51149. 856	下盘 358~370	Dip（0/55）	8	24	—	中等	粗糙	波浪形	滴水	风化严重
J358-370-2	48697. 516 51149. 856	下盘 358~370	Dip（2/57）	10	24	—	中等	粗糙	波浪形	干燥	风化严重
J358-370-3	48697. 516 51149. 856	下盘 358~370	Dip（7/54）	8	24	—	中等	粗糙	波浪形	干燥	风化严重
J358-370-4	48697. 516 51149. 856	下盘 358~370	Dip（0/53）	10	24	—	中等	粗糙	波浪形	干燥	风化严重
J358-370-5	48697. 516 51149. 856	下盘 358~370	Dip（1/55）	9	24	—	中等	粗糙	波浪形	干燥	风化严重
J358-370-6	48697. 516 51149. 856	下盘 358~370	Dip（0/54）	10	24	—	中等	粗糙	波浪形	干燥	风化严重
J358-370-7	48697. 516 51149. 856	下盘 358~370	Dip（0/55）	11	24	—	中等	粗糙	波浪形	干燥	风化严重
J358-370-8	48697. 516 51149. 856	下盘 358~370	Dip（2/54）	10	24	—	中等	粗糙	波浪形	干燥	风化严重
J358-370-9	48697. 516 51149. 856	下盘 358~370	Dip（1/54）	9	24	—	中等	粗糙	波浪形	干燥	风化严重

续附表 5-2

编号	坐 标	地点描述	产 状	宽度 /mm	密度 /条·m^{-1}	间距 /mm	延续性 /m	粗糙度	起伏度	充水状况	露头面条件/性质/坡面产状
J358-370-10	48697. 516 51149. 856	下盘 358~370	Dip（2/55）	11	24	—	中等	粗糙	波浪形	干燥	风化严重
J358-370-11	48616. 7243 51226. 4305	下盘 358~370	Plunge（135/47） Dip（336/48）	12	30	—	中等	粗糙	台阶形	干燥	风化严重
J358-370-12	48616. 7243 51226. 4305	下盘 358~370	Dip（330/50）	10	30	—	中等	粗糙	台阶形	干燥	风化严重
J358-370-13	48616. 7243 51226. 4305	下盘 358~370	Dip（332/49）	9	30	—	低	粗糙	波浪形	干燥	风化严重
J358-370-14	48609. 1786 51234. 6289	下盘 358~370	Plunge（205/19） Dip（136/51）	8	30	—	低	粗糙	波浪形	干燥	风化严重
J358-370-15	48606. 2311 51238. 6954	下盘 358~370	Plunge（204/22） Dip（133/49）	10	30	—	中等	粗糙	波浪形	干燥	风化严重
J358-370-16	48621. 0303 51274. 2226	下盘 358~370	Plunge（291/35） Dip（290/30）	20	16	—	中等	粗糙	台阶形	干燥	风化严重
J358-370-17	48627. 2891 51276. 8126	下盘 358~370	Plunge（295/34） Dip（133/49）	18	16	—	口等	粗糙	波浪形	干燥	风化严重
J358-370-18	48633. 6843 51258. 3071	下盘 358~370	Plunge（322/49） Dip（317/50）	10	16	—	口等	粗糙	波浪形	滴水	风化严重

续附表 5-2

编号	坐 标	地点描述	产 状	宽度/mm	密度/条·m^{-1}	间距/mm	延续性/m	粗糙度	起伏度	充水状况	露头面条件/性质/坡面产状
J358-370-19	48633. 6843 51258. 3071	下盘 358~370	Dip（300/49）	11	16	—	中等	粗糙	波浪形	干燥	风化严重
J358-370-20	48633. 6843 51258. 3071	下盘 358~370	Dip（310/49）	10	16	—	中等	粗糙	波浪形	干燥	风化严重
J358-370-21	48633. 6843 51258. 3071	下盘 358~370	Dip（311/55）	14	16	—	中等	粗糙	波浪形	干燥	风化严重

注：1. 节理宽度：宽张节理（>5mm）、张开节理（3~5mm）、微张节理（1~3mm）、密闭节理（<1mm）；
2. 节理间距：极小间距（<20mm）、最小间距（20~60mm）、小间距（60~200mm）、中等间距（200~600mm）、宽间距（600~2000mm）、很宽间距（2000~6000mm）、极宽间距（>6000mm）；
3. 延续性：很低的延续性（<2m）、低延续性（2~3m）、中等延续性（3~10m）、高延续性（10~20m）、很高的延续性（>20m）；
4. 粗糙度描述：光滑、平坦、粗糙；
5. 起伏度描述：平面形、波浪形、台阶形；
6. 充水状况：干燥、滴水、流水、饱水；
7. 露头面条件：风化、剥蚀、爆破松动、是否已经松动等。

附表 5-3 水文地质调查统计表

编号	水文单元名称	坐标 *X/Y/Z*	涌水量/$m^3 \cdot h^{-1}$	围岩特征	充水特征	地点描述
1	排水孔（1）	48761. 147 51685. 110 626. 290	无水	北部破碎 南部完整	无充水 泥质充填	下盘 622m
2	排水孔（2）	48805. 020 51651. 568 629. 761	无水	极完整	无充水 泥质充填	下盘 622m
3	排水孔（3）	48852. 032 51636. 307 626. 669	无水	较完整 节理发育	无充水 泥质充填	下盘 622m
4	排水孔（4）	48903. 164 51629. 952 627. 015	无水	较破碎 节理发育	无充水	下盘 622m
5	排水孔（5）	48952. 355 51626. 472 626. 662	无水	极完整	无充水	下盘 622m
6	排水孔（6）	48999. 892 51626. 566 626. 049	无水	北部裂隙发育 南部完整	无充水 石英夹层	下盘 622m
7	排水孔（7）	49053. 151 51617. 906 624. 264	无水	较完整	无充水	下盘 622m
8	排水孔（8）	49100. 256 51610. 090 625. 365	无水	较破碎 节理发育	无充水	下盘 622m
9	排水孔（9）	49261. 360 51571. 587 626. 018	无水	极完整	无充水	下盘 622m
10	排水孔（10）	49391. 126 51528. 185 626. 111	无水	较完整	无充水 石英夹层	下盘 622m
11	排水孔（11）	48869. 125 51534. 581 549. 812	无水	较完整	无充水	下盘 550m

注：1. 水文单元名称：人工排水孔、自然排渗点、水位监测点、降雨量监测点；
2. 围岩特征：极完整、相对完整、破碎、极破碎；
3. 充水特征：常年型充水、季节型充水、降雨型充水。

附表 5-4　地形地貌现场调查统计表

编号	特征岩性 平台位置	拐点坐标 *X/Y/Z*	治理措施	所属测站/桩号坐标	
F1	分层 台阶 646	48777.893	喷锚加固 滑动力监测 地表位移监测	测站 1	48810.166
		51723.104			51684.761
		654.373			644.353
F2	分层 台阶 646	48778.915		测站 1	48810.166
		51726.858			51684.761
		650.111			644.353
F3	分层 台阶 646	48778.052		测站 1	48810.166
		51726.032			51684.761
		658.55			644.353
F4	分层 台阶 646	48787.247		测站 1	48810.166
		51716.076			51684.761
		649.903			644.353
F5	分层 台阶 646	48787.553		测站 1	48810.166
		51719.228			51684.761
		651.784			644.353
F6	分层 台阶 646	48787.071		测站 1	48810.166
		51721.057			51684.761
		653.569			644.353
JC1	石英夹层 台阶 646	48787.058	喷锚加固	测站 1	48810.166
		51719.822			51684.761
		653.175			644.353
S1	渗水 台阶 646	48808.412	疏干孔 截排水沟	测站 1	48810.166
		51703.989			51684.761
		643.870			644.353
S2	渗水 台阶 646	48809.249		测站 1	48810.166
		51704.568			51684.761
		650.252			644.353
S3	渗水 台阶 646	48809.698		测站 1	48810.166
		51705.077			51684.761
		650.252			644.353
S4	渗水 台阶 646	48808.170		测站 1	48810.166
		51705.771			51684.761
		650.446			644.353
R1	弱层 台阶 646	48815.219	喷锚加固	测站 1	48810.166
		51698.069			51684.761
		650.593			644.353

续附表 5-4

编号	特征岩性 平台位置	拐点坐标 *X/Y/Z*	治理措施	所属测站/桩号坐标	
R2	弱层 台阶 646	48816. 129 51699. 282 650. 469	喷锚加固	测站 1	48810. 166 51684. 761 644. 353
R3	弱层 台阶 646	48822. 790 51694. 263 649. 690	喷锚加固	测站 1	48810. 166 51684. 761 644. 353
R4	弱层 台阶 646	48823. 168 51695. 946 652. 579	喷锚加固	测站 1	48810. 166 51684. 761 644. 353
JC2	绿泥夹层 台阶 646	48838. 942 51685. 292 643. 692	喷锚加固	测站 2	51661. 946 48857. 061 647. 592
JC3	绿泥夹层 台阶 646	48842. 005 51685. 568 648. 752	喷锚加固	测站 2	51661. 946 48857. 061 647. 592
JC4	斑岩脉夹层 台阶 646	48918. 541 51671. 280 649. 933	喷锚加固 滑动力监测	测站 3	48904. 136 51657. 462 647. 388
JC5	斑岩脉夹层 台阶 646	48920. 588 51670. 868 647. 820	喷锚加固 滑动力监测	测站 3	48904. 136 51657. 462 647. 388
JC6	斑岩脉夹层 台阶 646	48925. 897 51670. 865 647. 794	喷锚加固 滑动力监测	测站 3	48904. 136 51657. 462 647. 388
JC7	斑岩脉夹层 台阶 646	48924. 459 51672. 310 652. 084	喷锚加固 滑动力监测	测站 3	48904. 136 51657. 462 647. 388
PS1	破碎 台阶 646	48955. 590 51667. 914 649. 646	喷锚加固 滑动力监测	测站 3	48904. 136 51657. 462 647. 388
PS2	破碎 台阶 646	48957. 057 51666. 496 648. 022	喷锚加固 滑动力监测	测站 3	48904. 136 51657. 462 647. 388
PS3	破碎 台阶 646	48962. 505 51669. 150 649. 424	喷锚加固 滑动力监测	测站 3	48904. 136 51657. 462 647. 388

续附表 5-4

编号	特征岩性 平台位置	拐点坐标 *X*/*Y*/*Z*	治理措施	所属测站/桩号坐标	
PS4	破碎 台阶 646	48963.970 51666.182 647.318	喷锚加固 滑动力监测	测站 3	48904.136 51657.462 647.388
JC8	夹层 台阶 646	48982.781 51668.501 650.646	喷锚加固	测站 4	49008.162 51648.281 646.842
JC9	夹层 台阶 646	48983.690 51665.940 648.735	喷锚加固	测站 4	49008.162 51648.281 646.842
C10	夹层 台阶 646	48987.668 51664.320 646.600	喷锚加固	测站 4	49008.162 51648.281 646.842
JC11	夹层 台阶 646	48985.778 51666.558 648.153	喷锚加固	测站 4	49008.162 51648.281 646.842
R5	弱层 台阶 646	49019.661 51660.914 646.902	喷锚加固	测站 5	49059.766 51645.707 649.302
R6	弱层 台阶 646	49022.629 51662.498 645.337	喷锚加固	测站 5	49059.766 51645.707 649.302
R7	弱层 台阶 646	49026.218 51663.246 650.567	喷锚加固	测站 5	49059.766 51645.707 649.302
R8	弱层 台阶 646	49028.451 51660.743 646.686	喷锚加固	测站 5	49059.766 51645.707 649.302
F7	分层 台阶 646	49177.096 51636.046 615.220	喷锚加固 滑动力监测 地表位移监测	测站 7	49158.099 51625.786 648.213
F8	分层 台阶 646	49179.165 51637.445 652.249	喷锚加固 滑动力监测 地表位移监测	测站 7	49158.099 51625.786 648.213
F9	分层 台阶 646	49198.562 51629.292 651.980	喷锚加固 滑动力监测 地表位移监测	测站 7	49158.099 51625.786 648.213

续附表 5-4

编号	特征岩性 平台位置	拐点坐标 $X/Y/Z$	治理措施	所属测站/桩号坐标	
F10	分层 台阶 646	49194. 717 51633. 790 653. 908	喷锚加固 滑动力监测 地表位移监测	测站 7	49158. 099 51625. 786 648. 213
F11	分层 台阶 622	48733. 816 51708. 922 626. 803	喷锚加固 滑动力监测 地表位移监测	测站 1	48729. 728 51705. 015 624. 424
F12	分层 台阶 622	48736. 075 51708. 256 626. 337	喷锚加固 滑动力监测 地表位移监测	测站 1	48729. 728 51705. 015 624. 424
F13	分层 台阶 622	48750. 591 51695. 905 626. 140	喷锚加固 滑动力监测 地表位移监测	测站 1	48729. 728 51705. 015 624. 424
F14	分层 台阶 622	48751. 869 51697. 119 628. 087	喷锚加固 滑动力监测 地表位移监测	测站 1	48729. 728 51705. 015 624. 424
JC12	斑岩脉夹层 台阶 622	48921. 470 51628. 783 627. 404	喷锚加固 滑动力监测	测站 6	48961. 157 51620. 235 621. 914
JC13	斑岩脉夹层 台阶 622	48921. 212 51629. 712 627. 937	喷锚加固 滑动力监测	测站 6	48961. 157 51620. 235 621. 914
JC14	斑岩脉夹层 台阶 622	48923. 759 51630. 619 627. 916	喷锚加固 滑动力监测	测站 6	48961. 157 51620. 235 621. 914
JC15	斑岩脉夹层 台阶 622	48922. 668 51628. 682 623. 371	喷锚加固 滑动力监测	测站 6	48961. 157 51620. 235 621. 914
R12	弱层 台阶 622	49163. 944 51597. 453 626. 637	喷锚加固	测站 6	48961. 157 51620. 235 621. 914
F15	分层 台阶 622	49384. 948 51532. 731 626. 698	喷锚加固 滑动力监测 地表位移监测	测站 15	49402. 147 51520. 380 626. 608
F16	分层 台阶 622	49425. 349 51513. 471 621. 083	喷锚加固 滑动力监测 地表位移监测	测站 16	49425. 349 51513. 471 621. 083

续附表 5-4

编号	特征岩性 平台位置	拐点坐标 *X*/*Y*/*Z*	治理措施	所属测站/桩号坐标	
F684-1	分层 台阶 684	48965.303 51711.040 682.898	喷锚加固 滑动力监测 地表位移监测	测站 1	48962.433 51704.613 684.124
F684-2	分层 台阶 684	48961.190 51712.850 687.798	喷锚加固 滑动力监测 地表位移监测	测站 1	48962.433 51704.613 684.124
F672-1	分层 台阶 672	48926.609 51697.746 667.655	喷锚加固 滑动力监测 地表位移监测	测站 7	48969.591 51689.437 670.574
F672-2	分层 台阶 672	48924.197 51701.322 674.288	喷锚加固 滑动力监测 地表位移监测	测站 7	48969.591 51689.437 670.574
F672-3	分层 台阶 672	48917.302 51699.456 669.730	喷锚加固 滑动力监测 地表位移监测	测站 7	48969.591 51689.437 670.574
F672-4	分层 台阶 672	48918.029 51701.787 673.438	喷锚加固 滑动力监测 地表位移监测	测站 7	48969.591 51689.437 670.574
F672-5	分层 台阶 672	48816.747 51733.907 668.844	喷锚加固 滑动力监测 地表位移监测	测站 8	48921.879 51693.151 667.836
F672-6	分层 台阶 672	48813.850 51736.358 668.110	喷锚加固 滑动力监测 地表位移监测	测站 8	48921.879 51693.151 667.836
F598-1	分层 台阶 598	无法测量 （卫星信号弱）	喷锚加固 滑动力监测 地表位移监测	测站 1	无法测量 （卫星信号弱）
F598-2	分层 台阶 598	无法测量 （卫星信号弱）	喷锚加固 滑动力监测 地表位移监测	测站 1	无法测量 （卫星信号弱）
F598-3	分层 台阶 598	无法测量 （卫星信号弱）	喷锚加固 滑动力监测 地表位移监测	测站 6	48895.865 51597.946 599.458
F598-4	分层 台阶 598	48913.425 51601.061 602.176	喷锚加固 滑动力监测 地表位移监测	测站 6	48895.865 51597.946 599.458

续附表 5-4

编号	特征岩性 平台位置	拐点坐标 *X/Y/Z*	治理措施	所属测站/桩号坐标	
F598-5	分层 台阶 598	48923. 065 51603. 972 603. 886	喷锚加固 滑动力监测 地表位移监测	测站 6	48895. 865 51597. 946 599. 458
F598-6	分层 台阶 598	48924. 049 51602. 423 602. 049	喷锚加固 滑动力监测 地表位移监测	测站 6	48895. 865 51597. 946 599. 458
F598-7	分层 台阶 598	49427. 876 51483. 371 602. 131	喷锚加固 滑动力监测 地表位移监测	测站 16	49390. 489 51494. 396 599. 400
F598-8	分层 台阶 598	49431. 501 51480. 893 601. 818	喷锚加固 滑动力监测 地表位移监测	测站 16	49390. 489 51494. 396 599. 400
F598-9	分层 台阶 598	49483. 925 51453. 960 600. 288	喷锚加固 滑动力监测 地表位移监测	测站 18	49483. 252 51452. 965 598. 982
F598-10	分层 台阶 598	49423. 921 51483. 594 601. 692	喷锚加固 滑动力监测 地表位移监测	测站 15	49342. 623 51512. 431 600. 079
F598-11	分层 台阶 598	无法测量 （卫星信号弱）	喷锚加固 滑动力监测 地表位移监测	测站 1	无法测量 （卫星信号弱）
C598-1	冲沟 台阶 598	49378. 071 51496. 965 600. 320	喷锚加固 截排水沟	测站 15	49342. 623 51512. 431 600. 079
C598-2	冲沟 台阶 598	49374. 995 51498. 249 600. 187	喷锚加固 截排水沟	测站 15	49342. 623 51512. 431 600. 079
C598-3	冲沟 台阶 598	49372. 453 51499. 141 599. 964	喷锚加固 截排水沟	测站 15	49342. 623 51512. 431 600. 079
C598-4	冲沟 台阶 598	49368. 262 51501. 699 600. 271	喷锚加固 截排水沟	测站 15	49342. 623 51512. 431 600. 079
C598-5	冲沟 台阶 598	49364. 915 51501. 598 599. 871	喷锚加固 截排水沟	测站 15	49342. 623 51512. 431 600. 079

续附表 5-4

编号	特征岩性 平台位置	拐点坐标 *X/Y/Z*	治理措施	所属测站/桩号坐标	
R598-1	弱层 台阶 598	无法测量 （卫星信号弱）	喷锚加固	测站 1	无法测量 （卫星信号弱）
R598-2	弱层 台阶 598	48857. 058	喷锚加固	测站 5	48846. 768
		51600. 094			51601. 510
		599. 719			598. 301
R598-3	弱层 台阶 598	48940. 005	喷锚加固	测站 6	48895. 865
		51600. 946			51597. 946
		602. 413			599. 458
R598-4	弱层 台阶 598	48949. 384	喷锚加固	测站 7	48944. 722
		51600. 434			51596. 119
		603. 483			603. 335
R598-5	弱层 台阶 598	49027. 569	喷锚加固	测站 8	48997. 991
		51595. 412			51592. 085
		602. 869			602. 984
R598-6	弱层 台阶 598	49062. 207	喷锚加固	测站 9	49047. 246
		51589. 667			51585. 555
		603. 347			600. 922
JC598-1	夹层 台阶 598	48872. 161	喷锚加固	测站 5	48846. 768
		51604. 346			51601. 510
		599. 859			598. 301
JC598-2	夹层 台阶 598	48875. 188	喷锚加固	测站 5	48846. 768
		51600. 909			51601. 510
		599. 855			598. 301
R550-1	弱层 台阶 550	49171. 145	喷锚加固	测站 2	49168. 493
		51494. 841			51489. 741
		554. 167			550. 701
F550-1	分层 台阶 550	49167. 934	喷锚加固 滑动力监测 地表位移监测	测站 2	49168. 493
		51494. 474			51489. 741
		552. 218			550. 701
F550-2	分层 台阶 550	49163. 250	喷锚加固 滑动力监测 地表位移监测	测站 2	49168. 493
		51495. 326			51489. 741
		552. 655			550. 701
F550-3	分层 台阶 550	49159. 001	喷锚加固 滑动力监测 地表位移监测	测站 2	49168. 493
		51496. 832			51489. 741
		553. 243			550. 701
F550-4	分层 台阶 550	49152. 521	喷锚加固 滑动力监测 地表位移监测	测站 2	49168. 493
		51499. 093			51489. 741
		553. 877			550. 701

续附表 5-4

编号	特征岩性 平台位置	拐点坐标 *X/Y/Z*	治理措施	所属测站/桩号坐标	
R550-2	弱层 台阶 550	49103. 422 51509. 543 550. 671	喷锚加固	测站 3	49118. 063 51501. 054 550. 954
R550-3	弱层 台阶 550	49094. 195 51511. 885 552. 881	喷锚加固	测站 3	49118. 063 51501. 054 550. 954
R550-4	弱层 台阶 550	49092. 141 51511. 666 553. 680	喷锚加固	测站 3	49118. 063 51501. 054 550. 954
R550-5	弱层 台阶 550	49089. 406 51512. 990 553. 042	喷锚加固	测站 3	49118. 063 51501. 054 550. 954
WY550-1	危岩 台阶 550	49122. 376 51505. 296 550. 845	浮石清理 截渣平台清理	测站 2	49168. 493 51489. 741 550. 701
WY550-2	危岩 台阶 550	49054. 969 51518. 030 556. 933	（高程误差较大）	测站 4	49069. 959 51514. 520 548. 299
F550-5	分层 台阶 550	49015. 310 51528. 919 546. 386	（高程误差较大）	测站 5	49021. 967 51522. 589 543. 507
F550-6	分层 台阶 550	49012. 711 51528. 388 546. 375	（高程误差较大）	测站 5	49021. 967 51522. 589 543. 507
F550-7	分层 台阶 550	49018. 351 51526. 360 548. 922	（高程误差较大）	测站 5	49021. 967 51522. 589 543. 507
H550-1	滑坡 台阶 550	48958. 351 51523. 710 557. 457	滑动力监测 地表位移监测	测站 6	48977. 548 51522. 798 553. 754
H550-2	滑坡 台阶 550	48953. 449 51525. 926 515. 473	滑动力监测 地表位移监测	测站 6	48977. 548 51522. 798 553. 754
H550-3	滑坡 台阶 550	48945. 956 51526. 558 549. 995	滑动力监测 地表位移监测	测站 6	48977. 548 51522. 798 553. 754
H550-4	滑坡 台阶 550	48936. 832 51524. 254 553. 735	滑动力监测 地表位移监测	测站 6	48977. 548 51522. 798 553. 754
F550-8	分层 台阶 550	48865. 831 51536. 135 553. 372	喷锚加固 滑动力监测 地表位移监测	测站 8	48876. 930 51529. 438 551. 385

续附表 5-4

编号	特征岩性 平台位置	拐点坐标 $X/Y/Z$	治理措施	所属测站/桩号坐标	
F550-9	分层 台阶 550	48864. 311 51534. 789 551. 020	喷锚加固 滑动力监测 地表位移监测	测站 8	48876. 930 51529. 438 551. 385
F550-10	分层 台阶 550	48855. 200 51535. 573 547. 867	喷锚加固 滑动力监测 地表位移监测	测站 8	48876. 930 51529. 438 551. 385
F550-11	分层 台阶 550	48853. 337 51536. 123 549. 279	喷锚加固 滑动力监测 地表位移监测	测站 8	48876. 930 51529. 438 551. 385
F550-12	分层 台阶 550	48673. 761 51630. 232 551. 366	喷锚加固 滑动力监测 地表位移监测	测站 12	48692. 547 51610. 433 551. 095
F550-13	分层 台阶 550	48673. 844 51631. 425 554. 379	喷锚加固 滑动力监测 地表位移监测	测站 12	48692. 547 51610. 433 551. 095
F550-14	分层 台阶 550	48672. 443 51633. 028 553. 524	喷锚加固 滑动力监测 地表位移监测	测站 12	48692. 547 51610. 433 551. 095
F550-15	分层 台阶 550	48671. 421 51630. 721 550. 840	喷锚加固 滑动力监测 地表位移监测	测站 12	48692. 547 51610. 433 551. 095
F550-16	分层 台阶 550	48544. 218 51735. 457 549. 842	喷锚加固 滑动力监测 地表位移监测	测站 15	48574. 698 51708. 305 550. 380
F550-17	分层 台阶 550	48546. 282 51739. 199 553. 869	喷锚加固 滑动力监测 地表位移监测	测站 15	48574. 698 51708. 305 550. 380
F430-1	分层 台阶 430	50565. 243 50490. 042 432. 820	喷锚加固 滑动力监测 地表位移监测	测站 1	50599. 321 50468. 704 435. 243
F430-2	分层 台阶 430	50492. 748 50530. 350 416. 927	（高程误差较大）	测站 3	50509. 009 50511. 988 427. 329
F430-3	分层 台阶 430	50479. 880 50539. 111 398. 675	（高程误差较大）	测站 3	50509. 009 50511. 988 427. 329
D430-1	堆积物 台阶 430	50454. 465 50550. 169 420. 813	（高程误差较大）	测站 4	50463. 453 50536. 866 417. 618
D430-2	堆积物 台阶 430	50444. 783 50550. 763 417. 308	（高程误差较大）	测站 4	50463. 453 50536. 866 417. 618

续附表 5-4

编号	特征岩性 平台位置	拐点坐标 $X/Y/Z$	治理措施	所属测站/桩号坐标	
F430-4	分层 台阶 430	50462.807 50544.088 421.134	(高程误差较大)	测站 4	50463.453 50536.866 417.618
H430-1	滑坡 台阶 430	50597.030 50466.052 434.659	滑动力监测 地表位移监测	测站 1	50599.321 50468.704 435.243
H430-2	滑坡 台阶 430	50591.961 50469.211 435.416	滑动力监测 地表位移监测	测站 1	50599.321 50468.704 435.243
H430-3	滑坡 台阶 430	50586.502 50471.797 433.965	滑动力监测 地表位移监测	测站 1	50599.321 50468.704 435.243
H430-4	滑坡 台阶 430	50578.059 50472.613 433.363	滑动力监测 地表位移监测	测站 1	50599.321 50468.704 435.243
S286-1	渗水 台阶 286	49508.383 50822.766 287.228	疏干孔 截排水沟	测站 4	49522.294 50781.140 284.676
S286-2	渗水 台阶 286	49429.554 50884.462 288.040	疏干孔 截排水沟	测站 6	49447.500 50847.604 282.465
S286-3	渗水 台阶 286	49427.652 50885.441 288.283	疏干孔 截排水沟	测站 6	49447.500 50847.604 282.465
S286-4	渗水 台阶 286	49423.189 50885.482 288.452	疏干孔 截排水沟	测站 6	49447.500 50847.604 282.465
F286-1	分层 台阶 286	49430.401 50868.875 285.821	喷锚加固 滑动力监测 地表位移监测	测站 6	49447.500 50847.604 282.465
F286-2	分层 台阶 286	49434.934 50881.104 287.581	喷锚加固 滑动力监测 地表位移监测	测站 6	49447.500 50847.604 282.465
F286-3	分层 台阶 286	49392.321 50907.386 290.346	喷锚加固 滑动力监测 地表位移监测	测站 7	49408.385 50879.312 284.625
F286-4	分层 台阶 286	49383.984 50911.845 290.619	喷锚加固 滑动力监测 地表位移监测	测站 7	49408.385 50879.312 284.625
H286-1	滑坡 台阶 286	49029.382 51161.096 312.542	滑动力监测 地表位移监测	测站 16	49044.274 51128.855 312.054

续附表 5-4

编号	特征岩性 平台位置	拐点坐标 *X/Y/Z*	治理措施	所属测站/桩号坐标	
H286-2	滑坡 台阶 286	48972. 649 51164. 568 313. 964	滑动力监测 地表位移监测	测站 17	48995. 756 51132. 379 312. 293
F286-5	分层 台阶 286	48895. 340 51147. 693 321. 426	喷锚加固 滑动力监测 地表位移监测	测站 19	48895. 340 51147. 693 321. 426
S286-5	渗水 台阶 286	48621. 854 51159. 517 324. 087	疏干孔 截排水沟	测站 24	48632. 111 51126. 230 321. 315
F286-6	分层 台阶 286	48614. 189 51165. 695 316. 655	喷锚加固 滑动力监测 地表位移监测	测站 24	48632. 111 51126. 230 321. 315
F286-7	分层 台阶 286	48606. 657 51167. 611 314. 424	喷锚加固 滑动力监测 地表位移监测	测站 24	48632. 111 51126. 230 321. 315
F286-8	分层 台阶 286	48595. 888 51159. 653 320. 223	喷锚加固 滑动力监测 地表位移监测	测站 24	48632. 111 51126. 230 321. 315
F286-9	分层 台阶 286	设备没电	喷锚加固 滑动力监测 地表位移监测	测站 25	48581. 373 51149. 075 316. 823
F358- 370-1	分层 台阶 358-370	48639. 865 51217. 133 361. 248	喷锚加固 滑动力监测 地表位移监测	测站 1	48655. 967 51196. 544 359. 905
F358- 370-2	分层 台阶 358-370	48634. 977 51219. 767 361. 065	喷锚加固 滑动力监测 地表位移监测	测站 1	48655. 967 51196. 544 359. 905
F358- 370-3	分层 台阶 358-370	48651. 748 51238. 500 372. 240	喷锚加固 滑动力监测 地表位移监测	测站 2	48684. 477 51211. 366 369. 099
F358- 370-4	分层 台阶 358-370	48655. 891 51239. 167 373. 769	喷锚加固 滑动力监测 地表位移监测	测站 2	48684. 477 51211. 366 369. 099
H370-1	滑坡 台阶 358-370	48683. 870 51200. 529 370. 515	滑动力监测 地表位移监测	测站 2	48684. 477 51211. 366 369. 099
H370-2	滑坡 台阶 358-370	48674. 874 51206. 820 368. 230	滑动力监测 地表位移监测	测站 2	48684. 477 51211. 366 369. 099
H370-3	滑坡 台阶 358-370	48659. 515 51215. 632 370. 208	滑动力监测 地表位移监测	测站 2	48684. 477 51211. 366 369. 099

续附表 5-4

编号	特征岩性 平台位置	拐点坐标 *X/Y/Z*	治理措施	所属测站/桩号坐标	
F538-1	分层 台阶 538	48226. 262 50383. 871 540. 900	喷锚加固 滑动力监测 地表位移监测	测站 2	48217. 365 50419. 735 540. 833
F538-2	分层 台阶 538	48476. 799 50185. 078 548. 218	喷锚加固 滑动力监测 地表位移监测	测站 9	48496. 564 50209. 652 540. 778
F538-3	分层 台阶 538	48527. 032 50151. 868 544. 120	喷锚加固 滑动力监测 地表位移监测	测站 10	48536. 793 50182. 050 540. 338
R538-1	弱层 台阶 538	48153. 194 50438. 468 543. 275	喷锚加固	测站 1	48178. 337 50449. 047 540. 182
R538-2	弱层 台阶 538	48313. 657 50317. 705 541. 274	喷锚加固	测站 4	48296. 709 50364. 241 539. 827
S538-1	渗水 台阶 538	48461. 863 50190. 661 544. 714	疏干孔 截排水沟	测站 8	48455. 800 50238. 321 542. 047
S538-2	渗水 台阶 538	48548. 527 50138. 031 544. 547	疏干孔 截排水沟	测站 10	48536. 793 50182. 050 540. 338
S538-3	渗水 台阶 538	48608. 217 50095. 732 542. 330	疏干孔 截排水沟	测站 11	48582. 780 50151. 572 541. 327
C538-1	冲沟 台阶 538	48654. 354 50059. 912 548. 814	喷锚加固 截排水沟	测站 13	48656. 411 50084. 379 537. 026
C538-2	冲沟 台阶 538	48662. 053 50055. 983 553. 337	喷锚加固 截排水沟	测站 13	48656. 411 50084. 379 537. 026
上盘 F574-1	分层 台阶 574	48097. 309 50446. 703 581. 476	喷锚加固 滑动力监测 地表位移监测		
上盘 F574-2	分层 台阶 574	48125. 977 50424. 767 577. 770	喷锚加固 滑动力监测 地表位移监测		
上盘 F574-3	分层 台阶 574	48180. 288 50386. 684 580. 428	喷锚加固 滑动力监测 地表位移监测		
上盘 F574-4	分层 台阶 574	48184. 600 50381. 604 574. 796	喷锚加固 滑动力监测 地表位移监测		

续附表 5-4

编号	特征岩性 平台位置	拐点坐标 $X/Y/Z$	治理措施	所属测站/桩号坐标	
上盘 F574-5	分层 台阶 574	48203.164 50360.208 575.237	喷锚加固 滑动力监测 地表位移监测		

注：1. 岩性描述：小型构造、人工填土、第四系黏土夹碎石、绿泥角闪岩等；

2. F—分层，R—弱层，C—冲沟，JC—夹层，S—渗水，PS—破碎。

附表 5-5　南芬露天铁矿老滑坡区节理调查统计表

编号	倾角	倾向	编号	倾角	倾向	编号	倾角	倾向
1	48	292	30	48	302	59	48	292
2	47	292	31	38	301	60	48	112
3	46	291	32	39	308	61	46	291
4	45	295	33	38	129	62	47	291
5	48	294	34	37	294	63	49	113
6	46	293	35	35	112	64	50	268
7	40	296	36	36	293	65	51	287
8	42	112	37	35	291	66	52	292
9	46	110	38	36	287	67	53	294
10	43	289	39	34	112	68	48	293
11	48	287	40	30	292	69	47	120
12	49	296	41	34	128	70	48	129
13	48	292	42	30	307	71	49	310
14	46	287	43	34	130	72	48	308
15	45	100	44	32	90	73	47	294
16	50	270	45	31	95	74	46	292
17	51	262	46	30	312	75	46	290
18	52	262	47	38	314	76	45	291
19	54	265	48	39	133	77	44	290
20	53	267	49	40	312	78	48	289
21	50	259	50	48	114	79	13	287
22	51	258	51	45	115	80	14	112
23	52	278	52	46	114	81	16	113
24	50	280	53	48	295	82	13	100
25	54	286	54	42	294	83	12	279
26	49	289	55	48	301	84	14	291
27	48	292	56	49	113	85	18	291
28	47	112	57	47	292	86	19	291
29	48	120	58	46	292	87	17	292

续附表 5-5

编号	倾角	倾向	编号	倾角	倾向	编号	倾角	倾向
88	15	113	113	12	308	138	48	112
89	16	110	114	13	309	139	46	110
90	15	287	115	13	310	140	32	152
91	8	280	116	14	311	141	25	105
92	13	289	117	13	307	142	56	110
93	12	295	118	9	308	143	44	116
94	31	296	119	7	310	144	30	120
95	20	117	120	48	291	145	15	126
96	12	294	121	48	292	146	48	180
97	13	291	122	47	291	147	49	185
98	12	292	123	49	290	148	50	198
99	13	290	124	50	109	149	52	196
100	14	290	125	48	290	150	54	178
101	14	291	126	12	291	151	47	173
102	13	287	127	22	303	152	35	201
103	13	286	128	23	267	153	13	208
104	31	286	129	26	279	154	30	212
105	15	286	130	27	280	155	48	218
106	12	288	131	28	275	156	48	292
107	13	289	132	13	292	157	47	291
108	8	284	133	48	292	158	46	292
109	9	281	134	48	292	159	48	293
110	10	300	135	48	290	160	47	294
111	6	302	136	13	136	161	48	256
112	8	305	137	12	145	162	48	292

附表 5-6 南芬露天铁矿回采区节理调查统计表

编号	倾角	倾向	编号	倾角	倾向	编号	倾角	倾向
1	48	289	10	50	280	19	52	322
2	49	285	11	48	262	20	52	316
3	40	282	12	47	250	21	44	322
4	40	330	13	47	250	22	30	322
5	43	321	14	56	322	23	35	322
6	47	262	15	59	235	24	36	315
7	47	261	16	55	323	25	36	322
8	48	259	17	48	220	26	40	325
9	44	322	18	55	321	27	40	322

续附表 5-6

编号	倾角	倾向	编号	倾角	倾向	编号	倾角	倾向
28	56	240	65	44	322	102	57	317
29	48	235	66	48	319	103	54	316
30	52	220	67	33	318	104	51	322
31	40	322	68	40	317	105	23	320
32	45	262	69	48	320	106	40	256
33	55	250	70	35	322	107	47	258
34	48	263	71	35	323	108	47	254
35	52	322	72	36	252	109	46	257
36	50	302	73	34	260	110	42	102
37	48	261	74	34	262	111	32	292
38	46	262	75	36	252	112	41	86
39	49	262	76	35	322	113	42	76
40	48	316	77	48	264	114	43	54
41	48	260	78	40	268	115	44	54
42	66	326	79	45	252	116	42	56
43	60	250	80	44	256	117	42	38
44	48	300	81	42	260	118	40	340
45	54	332	82	47	262	119	38	98
46	50	302	83	48	253	120	39	112
47	41	321	84	47	324	121	39	123
48	42	301	85	46	252	122	56	118
49	48	302	86	47	260	123	60	68
50	41	322	87	49	270	124	63	78
51	42	318	88	44	318	125	64	82
52	43	322	89	49	252	126	64	38
53	48	332	90	43	254	127	60	25
54	39	325	91	47	252	128	64	225
55	28	322	92	44	265	129	61	230
56	40	332	93	42	266	130	59	218
57	40	322	94	43	269	131	22	345
58	58	302	95	53	315	132	59	331
59	52	316	96	54	320	133	40	322
60	53	300	97	56	322	134	38	322
61	29	323	98	60	323	135	39	321
62	28	321	99	62	318	136	40	323
63	48	322	100	64	320	137	47	262
64	18	321	101	60	325	138	48	261

续附表 5-6

编号	倾角	倾向	编号	倾角	倾向	编号	倾角	倾向
139	47	263	160	37	260	181	24	128
140	25	295	161	40	150	182	20	130
141	20	292	162	41	168	183	48	262
142	45	220	163	50	148	184	45	220
143	32	210	164	52	170	185	46	225
144	56	200	165	40	160	186	47	128
145	60	295	166	48	262	187	52	120
146	64	296	167	50	261	188	54	132
147	60	294	168	48	263	189	35	294
148	25	280	169	40	322	190	34	293
149	28	285	170	41	321	191	36	146
150	44	286	171	40	320	192	35	130
151	46	287	172	40	322	193	35	138
152	48	279	173	35	322	194	40	322
153	50	278	174	34	321	195	40	322
154	40	280	175	36	320	196	41	322
155	35	260	176	30	168	197	42	321
156	36	262	177	35	142	198	47	262
157	36	263	178	34	145	199	47	262
158	38	259	179	37	136	200	43	140
159	39	258	180	23	128			

附录6　现场岩石取样统计表

附表6-1　本钢南芬露天铁矿采场部位主要岩矿石标本采样表（第一批）

标本编号	采样地点	岩性符号	矿岩名称	备　注
1	370~358	Qp	石英斑岩脉	1~19号样为2010年7月14日在滑体部位采集的岩石标本。其中，7、8、19号样因放置时间过长而丢失。 201~222号样为2010年12月20日在矿山主采场上下盘部位各台阶采集的矿石与岩石标本。 223~226号样为下盘扩帮部位610m水平采集的岩石标本。 227~230号样为上盘扩帮部位610m和598m水平采集的岩石标本
2	370~358	Qp	石英斑岩脉	
3	370~358	Qp	石英斑岩脉	
4	370~358	Qp	石英斑岩脉	
5	370~358	Qp	石英斑岩脉	
6	370~358	Qp	石英斑岩脉	
7	370~358	Qp	石英斑岩脉	
8	370~358	Qp	石英斑岩脉	
9	358~346	AmL	绿帘角闪岩	
10	358~346	AmL	绿帘角闪岩	
11	358~346	AmL	绿帘角闪岩	
12	358~346	AmL	绿帘角闪岩	
13	358~346	AmL	绿帘角闪岩	
14	358~346	AmL	绿帘角闪岩	
15	358~346	AmL	角闪（片）岩	
16	358~346	AmL	角闪（片）岩	
17	358~346	AmL	角闪（片）岩	
18	358~346	AmL	角闪（片）岩	
19	370~358	GPel	二云母石英片岩	
201	262中北部	AmL	角闪岩	
202	262北部	$FeSiO_3$	矽酸铁	
203	346中部	Fe1	磁铁石英岩	
204	346中部	Am1	石英绿泥片岩	
205	262中部	Fe2	磁铁石英岩	
206	250北部	Am2	绿帘角闪岩	
207	238中部	Fe_3^2	磁铁石英岩	
208	262南部	Fe_3^1	透闪石磁铁石英岩	
209	286南部	Fe_2^3	赤铁石英岩	
210	262南部	Pp	极贫矿	
211	238中部	FFe	磁铁富矿	
212	250南部	TmQ	云母石英片岩	

续附表 6-1

标本编号	采样地点	岩性符号	矿岩名称	备 注
213	250 中部	Mg	混合岩	1～19 号样为 2010 年 7 月 14 日在滑体部位采集的岩石标本。其中，7、8、19 号样因放置时间过长而丢失。 201～222 号样为 2010 年 12 月 20 日在矿山主采场上下盘部位各台阶采集的矿石与岩石标本。 223～226 号样为下盘扩帮部位 610m 水平采集的岩石标本。 227～230 号样为上盘扩帮部位 610m 和 598m 水平采集的岩石标本
214	250 北部	Mg	混合岩	
215	250 中部	Ams	上盘绿帘角闪岩	
216	北山 370	Zd	石英岩	
217	226 北部	Fe_3^1	透闪石磁铁石英岩	
218	238 北部	Fe_3^2	磁铁石英岩	
219	北山 346	Fe_3^3	赤铁石英岩	
220	226 北部	TmQ	云母石英片岩	
221	250 北部	$Fe_3^{2\text{-}3}$	磁铁赤铁石英岩	
222	226 北部	Am	绿泥片岩	
223	下盘 610 中部	AmL	角闪岩	
224	下盘 610 中南部	GPel	二云母石英片岩	
225	下盘 610 南部	AmL	角闪岩	
226	下盘 610 北部	AmL	角闪岩	
227	上盘扩帮 610 水平	Mg	混合岩	
228	上盘扩帮 610 水平	Mg	混合岩	
229	上盘扩帮 598 水平	Mg	混合岩	
230	上盘扩帮 598 水平	Mg	混合岩	
合计	15 种类	5 种主要种类	共 46 块	

附表 6-2 本钢南芬露天铁矿采场部位主要岩矿石标本采样表（第二批）

取样地点：南芬露天铁矿采场下盘　　　　取样人员：王晓雷、张海鹏、张广灿、黄海桥、张鹏程

项 目 组：采样组和边坡监测组　　　　取样日期：2012. 5. 23-6. 24

岩性规格	绿帘角闪岩	角闪岩	石英
ϕ50（100mm）	68	9	1（60mm）
ϕ50（80mm）	6	4	1（50mm）
ϕ50（20mm）	8	0	1（40mm）
ϕ35（100mm）	1	0	0
ϕ35（80mm）	0	1	0

续附表 6-2

岩性规格	绿帘角闪岩	角闪岩	石英
ϕ35（20mm）	7	0	0
合计	90	14	3
备注	岩样由监测组负责蜡封、装箱、运输到实验室		
采样小组	现场负责	甲方负责人	实验室负责人
（签章）	（签章）	（签章）	（签章）

附表 6-3　本钢南芬露天铁矿样品蜡封清单

蜡封地点：南芬露天铁矿　　蜡封日期：2012. 5. 23-6. 24

项 目 组：边坡监测　　蜡封人员：张海江、侯定贵、李少华、刘得超、郭彦辉

样品编号	岩　性	取样地点	规格	备注
1	绿帘角闪岩	310 台阶	ϕ50×100	采场下盘
2	绿帘角闪岩	310 台阶	ϕ50×100	采场下盘
3	绿帘角闪岩	310 台阶	ϕ50×100	采场下盘
4	绿帘角闪岩	310 台阶	ϕ50×100	采场下盘
5	绿帘角闪岩	310 台阶	ϕ50×100	采场下盘
6	绿帘角闪岩	310 台阶	ϕ50×100	采场下盘
7	绿帘角闪岩	310 台阶	ϕ50×100	采场下盘
8	绿帘角闪岩	310 台阶	ϕ50×100	采场下盘
9	绿帘角闪岩	310 台阶	ϕ50×100	采场下盘
10	绿帘角闪岩	310 台阶	ϕ50×100	采场下盘
11	绿帘角闪岩	310 台阶	ϕ50×100	采场下盘
12	绿帘角闪岩	310 台阶	ϕ50×100	采场下盘
13	绿帘角闪岩	310 台阶	ϕ50×100	采场下盘
14	绿帘角闪岩	310 台阶	ϕ50×100	采场下盘
15	绿帘角闪岩	310 台阶	ϕ50×100	采场下盘

续附表 6-3

样品编号	岩　性	取样地点	规格	备注
16	绿帘角闪岩	310 台阶	ϕ50×100	采场下盘
17	绿帘角闪岩	310 台阶	ϕ50×100	采场下盘
18	绿帘角闪岩	310 台阶	ϕ50×100	采场下盘
19	绿帘角闪岩	310 台阶	ϕ50×100	采场下盘
20	绿帘角闪岩	310 台阶	ϕ50×100	采场下盘
21	绿帘角闪岩	322 台阶	ϕ50×100	采场下盘
22	绿帘角闪岩	322 台阶	ϕ50×100	采场下盘
23	绿帘角闪岩	322 台阶	ϕ50×100	采场下盘
24	绿帘角闪岩	322 台阶	ϕ50×100	采场下盘
25	绿帘角闪岩	322 台阶	ϕ50×100	采场下盘
26	绿帘角闪岩	322 台阶	ϕ50×100	采场下盘
27	绿帘角闪岩	322 台阶	ϕ50×100	采场下盘
28	绿帘角闪岩	322 台阶	ϕ50×100	采场下盘
29	绿帘角闪岩	322 台阶	ϕ50×100	采场下盘
30	绿帘角闪岩	322 台阶	ϕ50×100	采场下盘
31	绿帘角闪岩	322 台阶	ϕ50×100	采场下盘
32	绿帘角闪岩	322 台阶	ϕ50×100	采场下盘
33	绿帘角闪岩	322 台阶	ϕ50×100	采场下盘
34	绿帘角闪岩	322 台阶	ϕ50×100	采场下盘
35	绿帘角闪岩	322 台阶	ϕ50×100	采场下盘
36	绿帘角闪岩	322 台阶	ϕ50×100	采场下盘
37	绿帘角闪岩	322 台阶	ϕ50×100	采场下盘
38	绿帘角闪岩	322 台阶	ϕ50×100	采场下盘
39	绿帘角闪岩	322 台阶	ϕ50×100	采场下盘
40	绿帘角闪岩	322 台阶	ϕ50×100	采场下盘
41	绿帘角闪岩	370 台阶	ϕ50×100	采场下盘
42	绿帘角闪岩	370 台阶	ϕ50×100	采场下盘
43	绿帘角闪岩	370 台阶	ϕ50×100	采场下盘
44	绿帘角闪岩	370 台阶	ϕ50×100	采场下盘
45	绿帘角闪岩	370 台阶	ϕ50×100	采场下盘
46	绿帘角闪岩	370 台阶	ϕ50×100	采场下盘
47	绿帘角闪岩	370 台阶	ϕ50×100	采场下盘
48	绿帘角闪岩	370 台阶	ϕ50×100	采场下盘
49	绿帘角闪岩	370 台阶	ϕ50×100	采场下盘
50	绿帘角闪岩	370 台阶	ϕ50×100	采场下盘
51	绿帘角闪岩	370 台阶	ϕ50×100	采场下盘

续附表 6-3

样品编号	岩　性	取样地点	规格	备注
52	绿帘角闪岩	370 台阶	$\phi50\times100$	采场下盘
53	绿帘角闪岩	370 台阶	$\phi50\times100$	采场下盘
54	绿帘角闪岩	370 台阶	$\phi50\times100$	采场下盘
55	绿帘角闪岩	370 台阶	$\phi50\times100$	采场下盘
56	绿帘角闪岩	370 台阶	$\phi50\times100$	采场下盘
57	绿帘角闪岩	370 台阶	$\phi50\times100$	采场下盘
58	绿帘角闪岩	370 台阶	$\phi50\times100$	采场下盘
59	绿帘角闪岩	370 台阶	$\phi50\times100$	采场下盘
60	绿帘角闪岩	370 台阶	$\phi50\times100$	采场下盘
61	绿帘角闪岩	526 台阶	$\phi50\times100$	采场下盘
62	绿帘角闪岩	526 台阶	$\phi50\times100$	采场下盘
63	绿帘角闪岩	526 台阶	$\phi50\times100$	采场下盘
64	绿帘角闪岩	526 台阶	$\phi50\times100$	采场下盘
65	绿帘角闪岩	526 台阶	$\phi50\times100$	采场下盘
66	绿帘角闪岩	526 台阶	$\phi50\times100$	采场下盘
67	绿帘角闪岩	526 台阶	$\phi50\times100$	采场下盘
68	绿帘角闪岩	526 台阶	$\phi50\times100$	采场下盘
69	绿帘角闪岩	526 台阶	$\phi50\times100$	采场下盘
70	绿帘角闪岩	526 台阶	$\phi50\times100$	采场下盘
71	角闪岩	646 台阶	$\phi50\times100$	采场下盘
72	角闪岩	646 台阶	$\phi50\times100$	采场下盘
73	角闪岩	646 台阶	$\phi50\times100$	采场下盘
74	角闪岩	646 台阶	$\phi50\times100$	采场下盘
75	角闪岩	646 台阶	$\phi50\times100$	采场下盘
76	角闪岩	646 台阶	$\phi50\times100$	采场下盘
77	角闪岩	646 台阶	$\phi50\times100$	采场下盘
78	角闪岩	646 台阶	$\phi50\times100$	采场下盘
79	角闪岩	646 台阶	$\phi50\times100$	采场下盘
80	角闪岩	646 台阶	$\phi50\times100$	采场下盘
81	角闪岩	646 台阶	$\phi50\times100$	采场下盘
82	角闪岩	646 台阶	$\phi50\times100$	采场下盘
83	角闪岩	646 台阶	$\phi50\times100$	采场下盘
84	角闪岩	646 台阶	$\phi35\times70$	采场下盘
状态说明	1. 石英岩已经取样，并运回实验室 2. 石英斑岩已经取样，并运回实验室			

封样小组负责	现场负责	甲方负责人	实验室负责人
（签章）	（签章）	（签章）	（签章）

彩 图

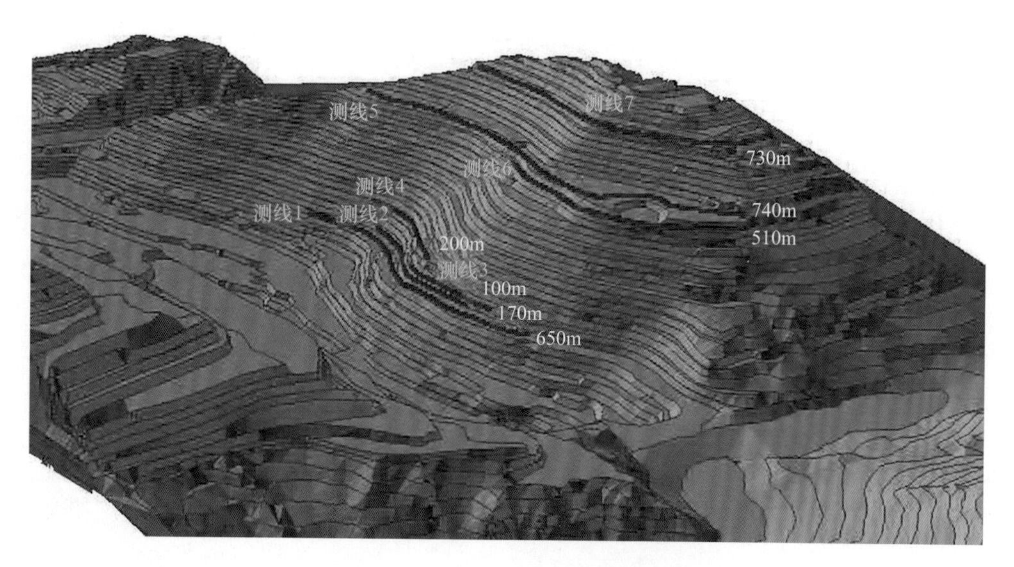

图 3-7　测线布置 3D 效果图

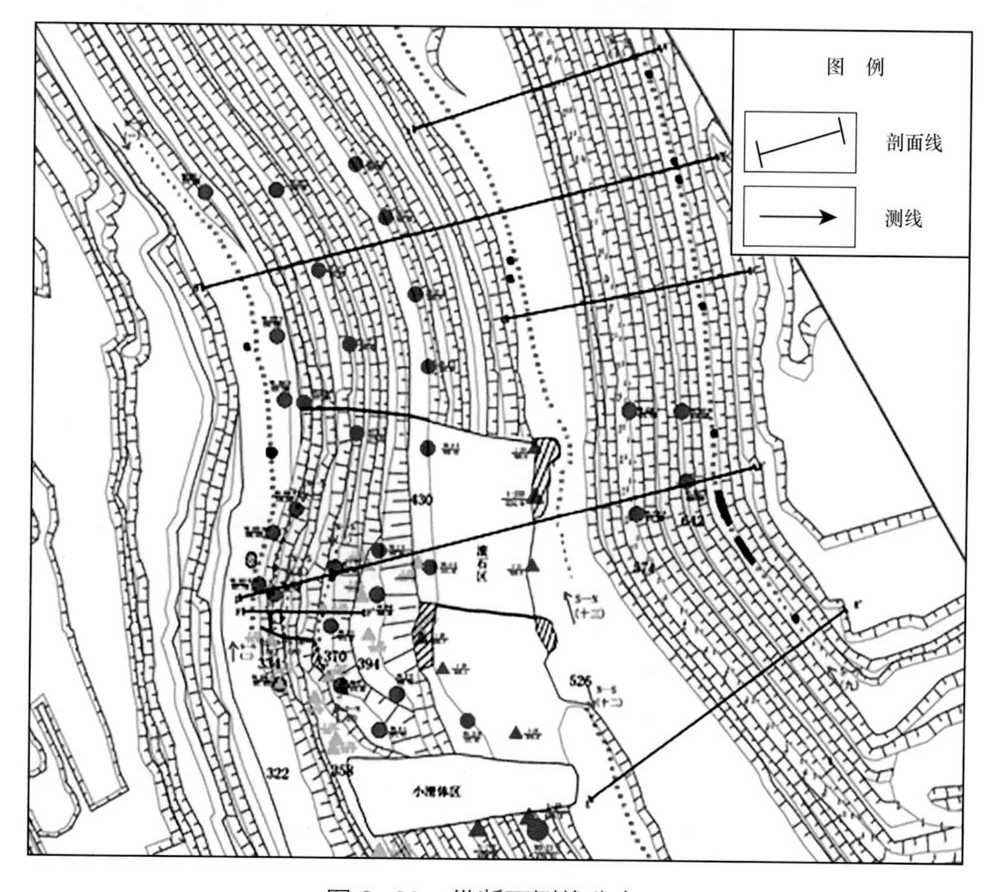

图 3-29　纵断面测线分布图

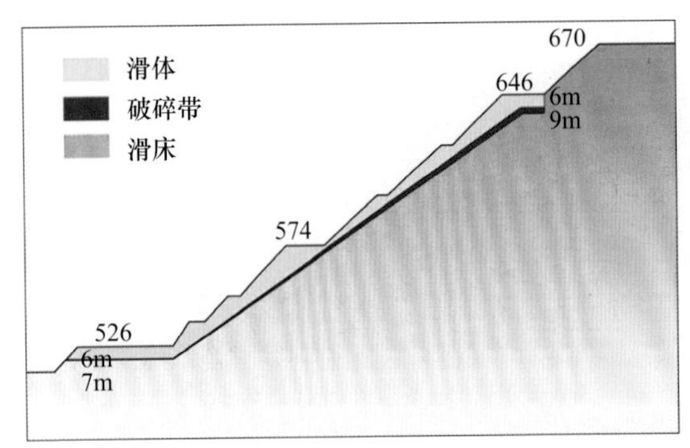

（a）*A–A′* 断面破碎带推测图

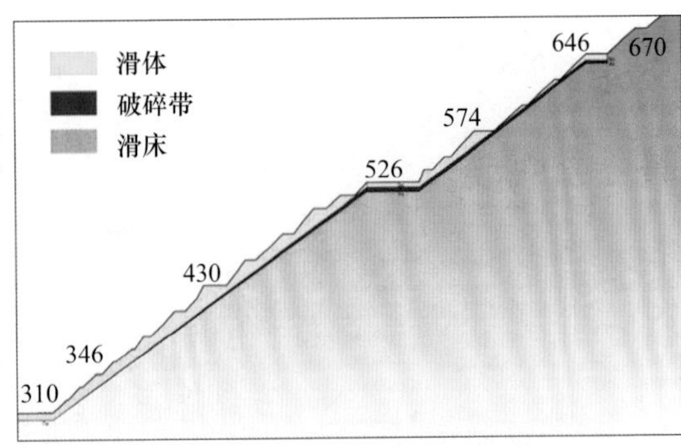

（b）*B–B′* 断面破碎带推测图

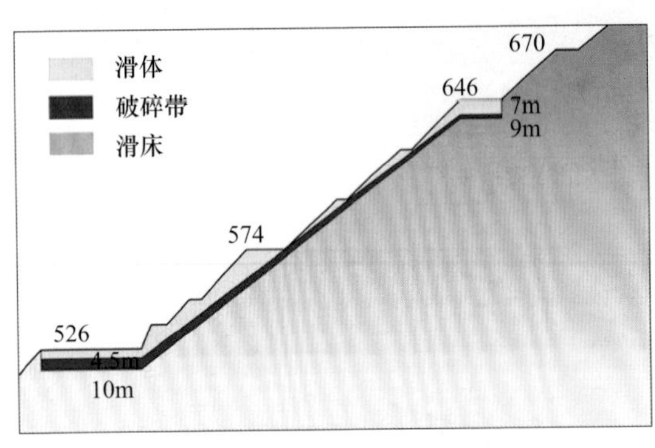

（c）*C–C′* 断面破碎带推测图

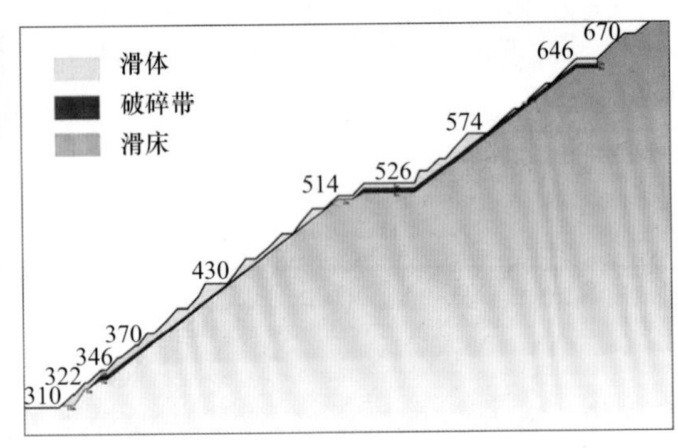

（d）*D–D′* 断面破碎带推测图

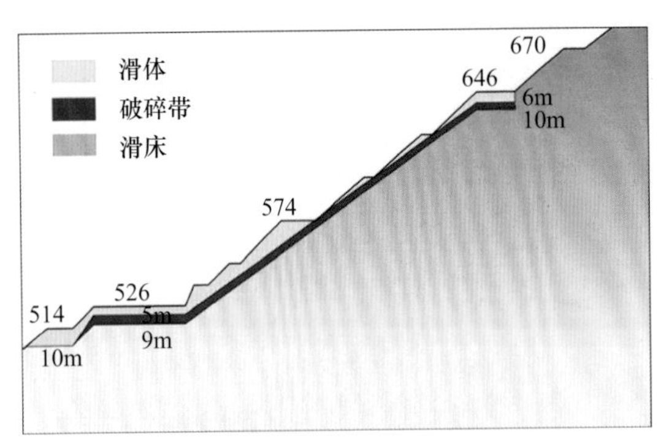

（e）*E–E′* 断面破碎带推测图

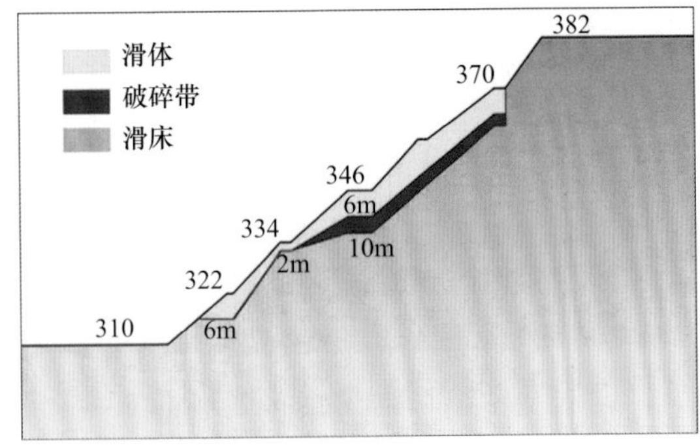

（f）*F–F′* 断面破碎带推测图

图 3–30　采场下盘破碎带推测图

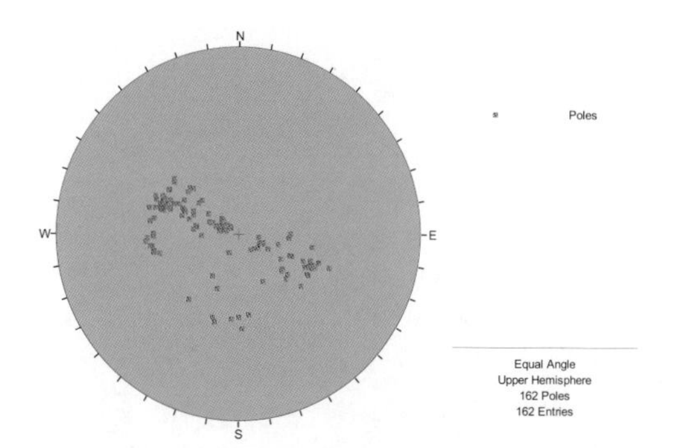

图 4-83　赤平极射投影极点分布图

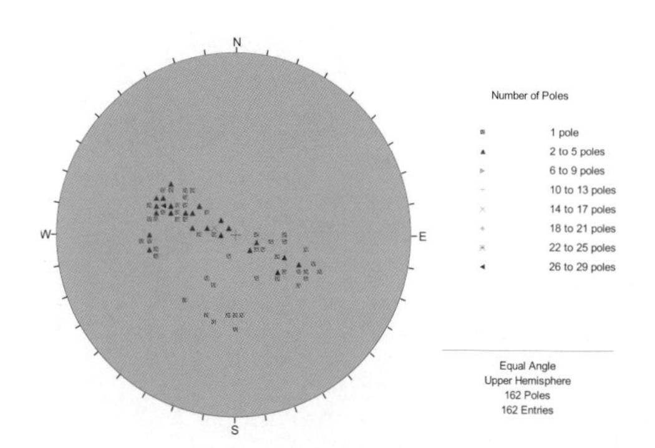

图 4-84　赤平极射投影散点分布图

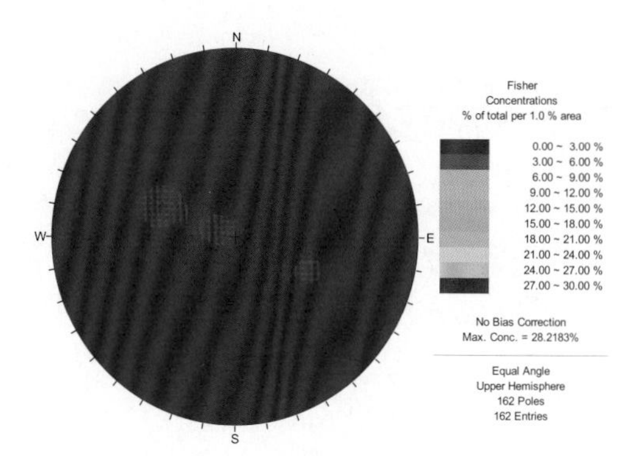

图 4-85　赤平极射投影极点等密度图

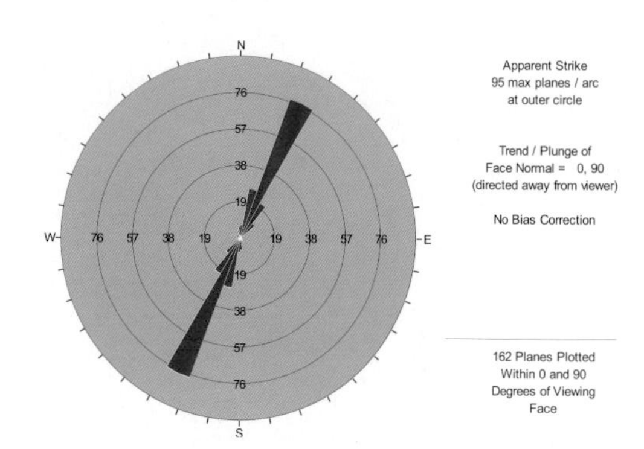

图 4-86　走向玫瑰花图

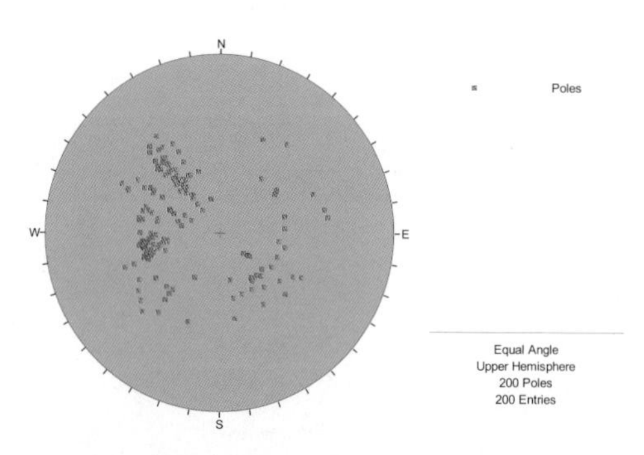

图 4-89　赤平极射投影极点分布图

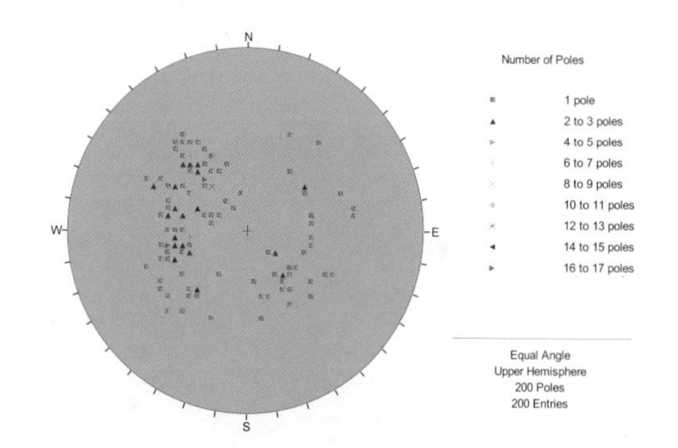

图 4-90　赤平极射投影散点分布图

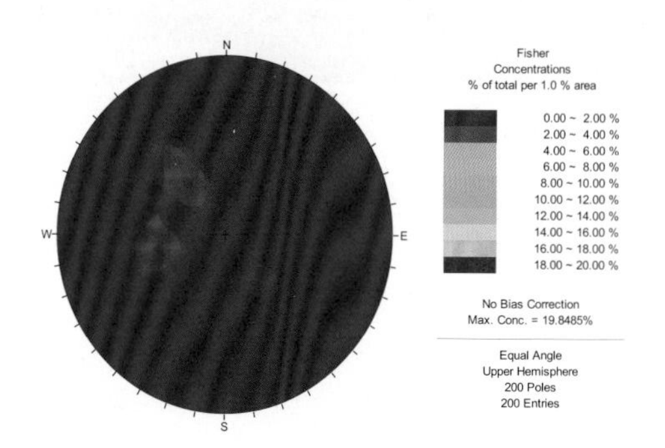

图 4-91　赤平极射投影极点等密度图

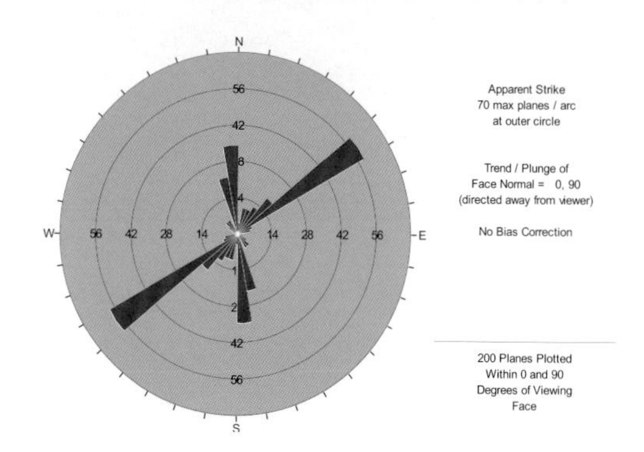

图 4-92　节理走向玫瑰花图

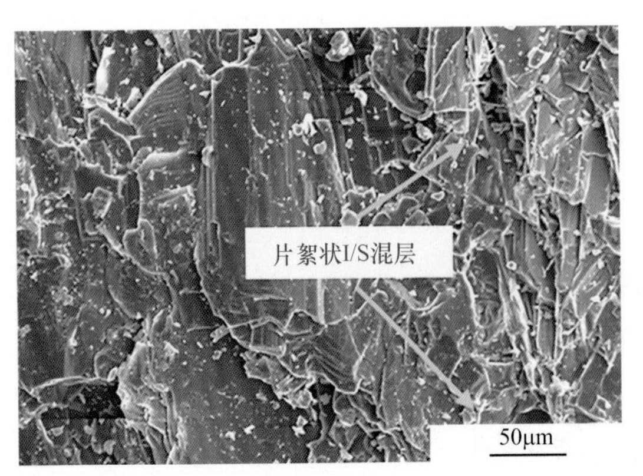

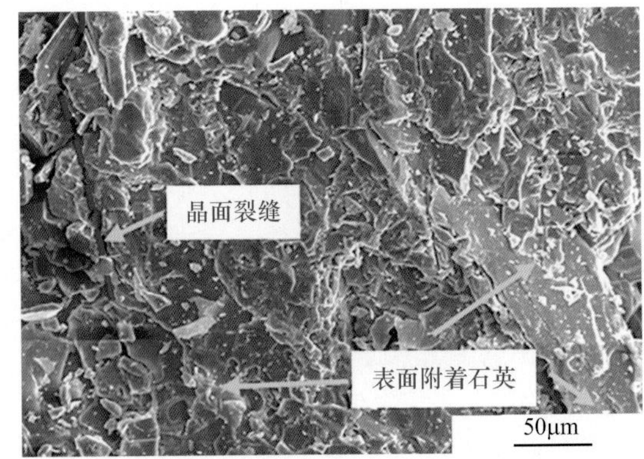

（a）采场下盘绿帘角闪岩 50μm 微观结构

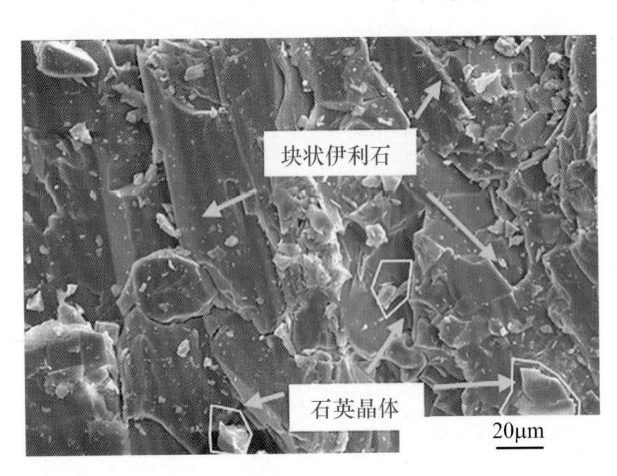

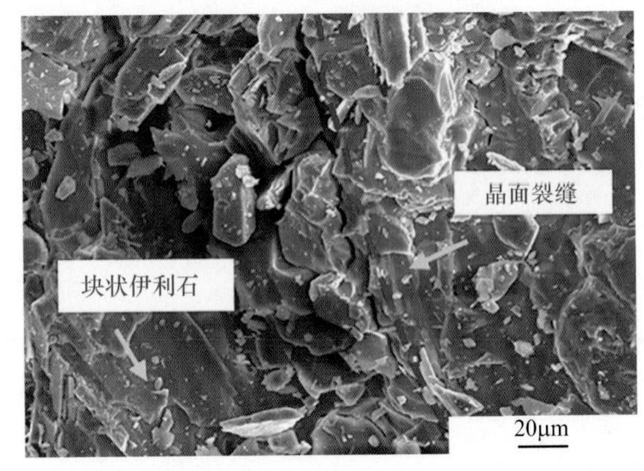

（b）采场下盘绿帘角闪岩 20μm 微观结构

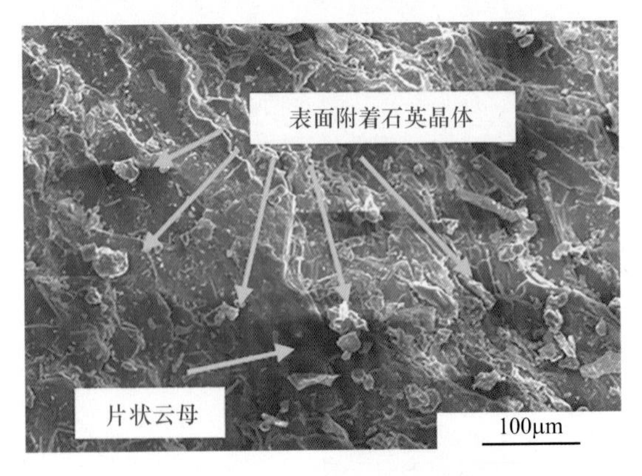

（c）采场下盘绿帘角闪岩 100μm 微观结构

图 5-55　采场下盘绿帘角闪岩样品电子显微镜微观结构分析（实验前）

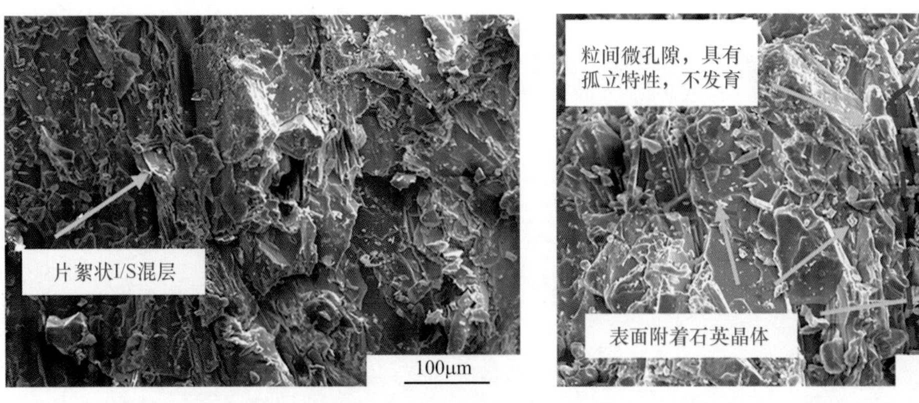

（a）采场下盘绿帘角闪岩 100μm 微观结构

（b）采场下盘绿帘角闪岩 50μm 微观结构

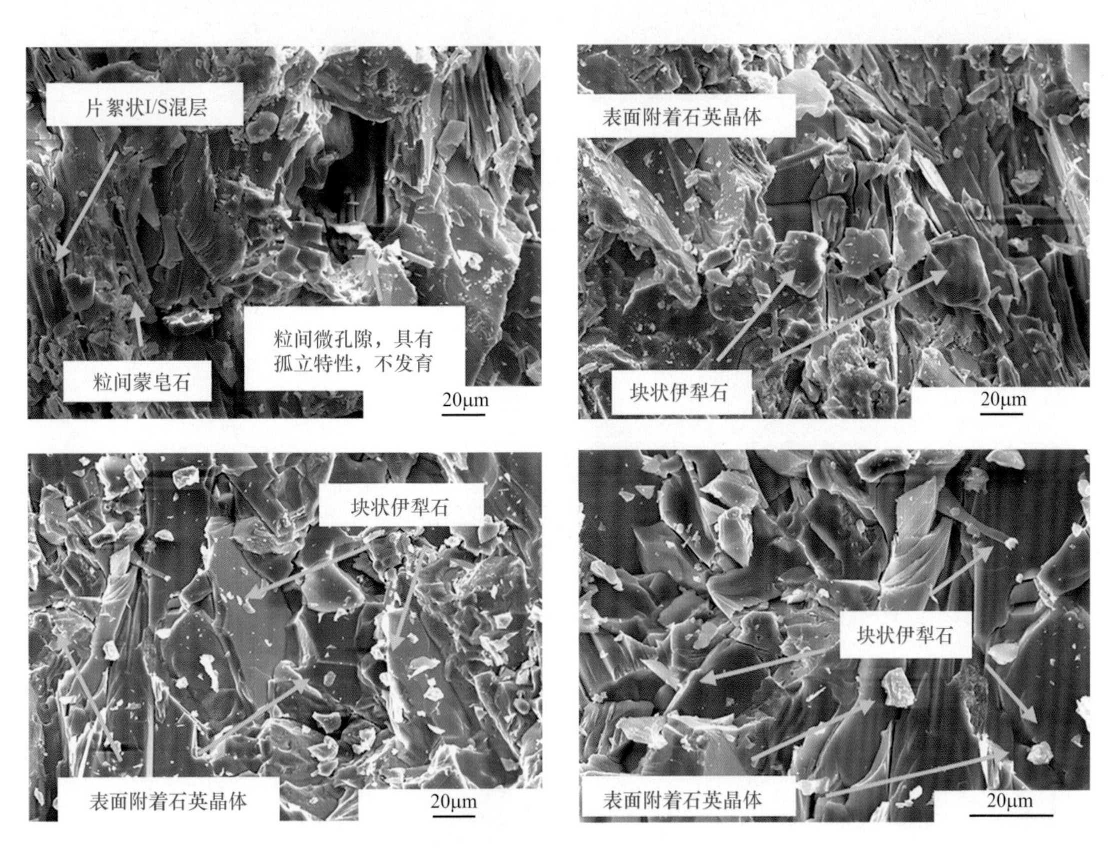

（c）采场下盘绿帘角闪岩 20μm 微观结构

图 5-56　采场下盘绿帘角闪岩样品电子显微镜微观结构分析（实验后）

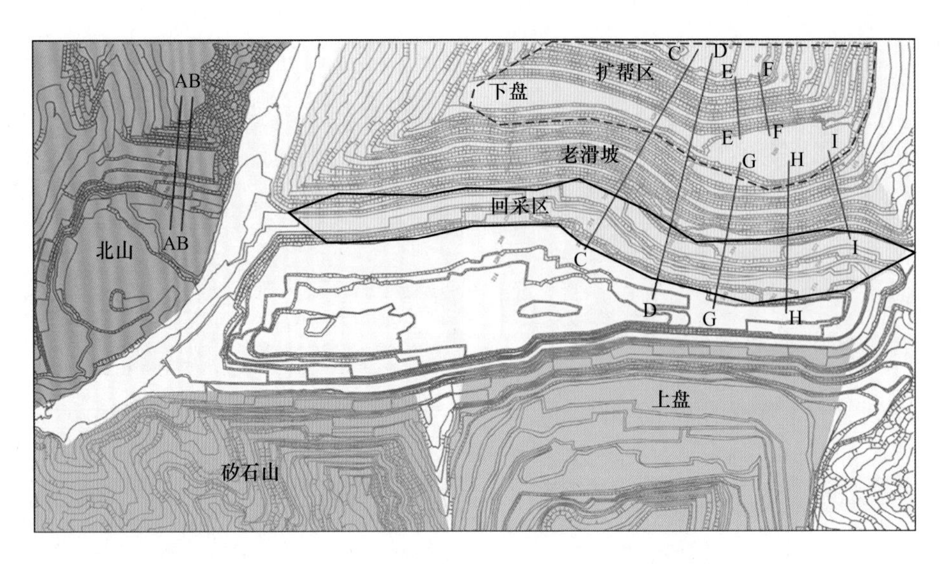

图 6-1　南芬露天铁矿设计分区示意图

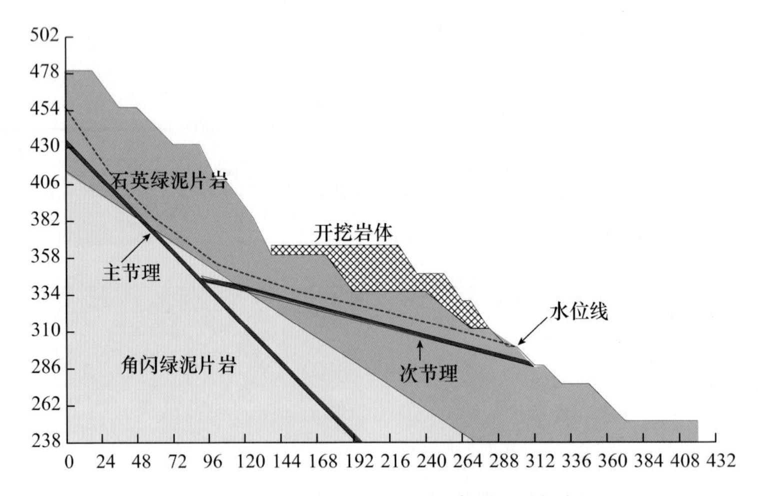

图 6-25　下盘回采区边坡模型轮廓图

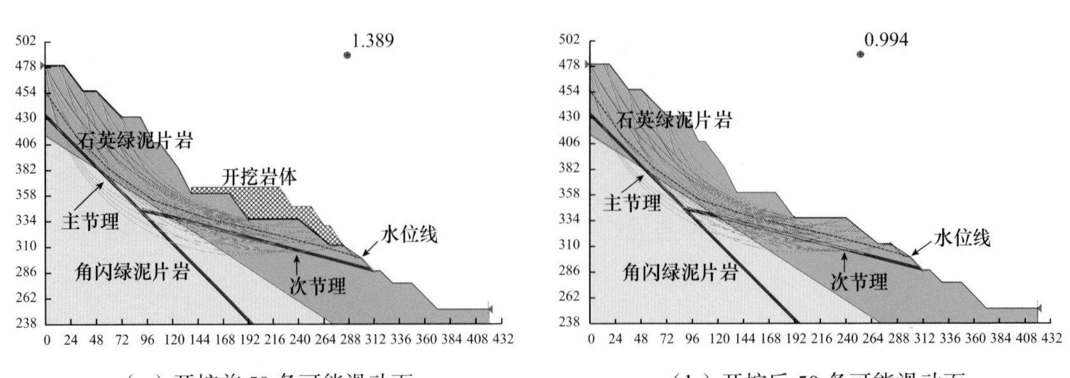

（a）开挖前 50 条可能滑动面　　（b）开挖后 50 条可能滑动面

图 6-26　回采区开挖前后滑动面

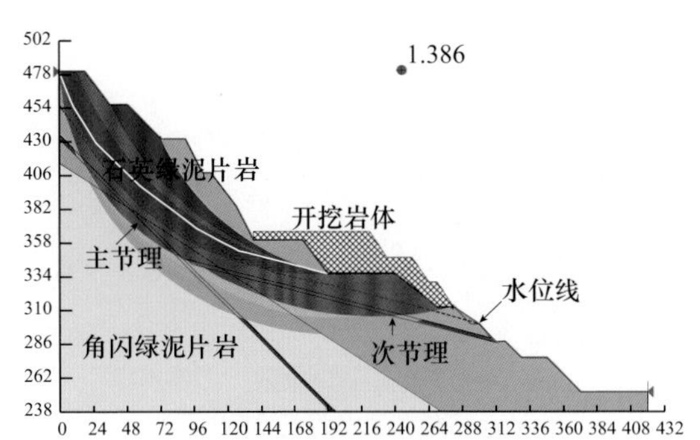

（a）瑞典条分法计算所得危险滑动面

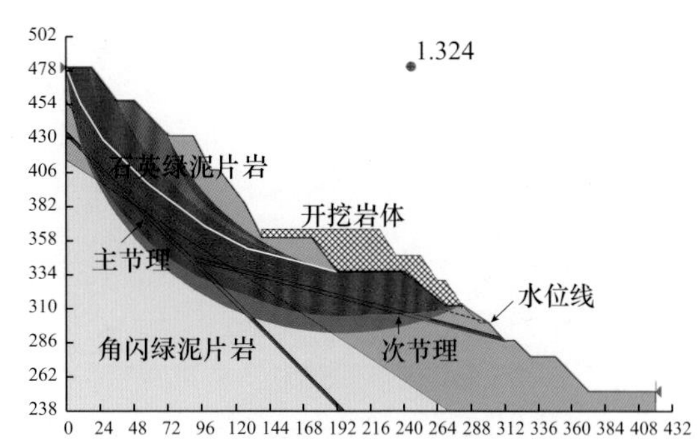

（b）Bishop 法计算所得危险滑动面

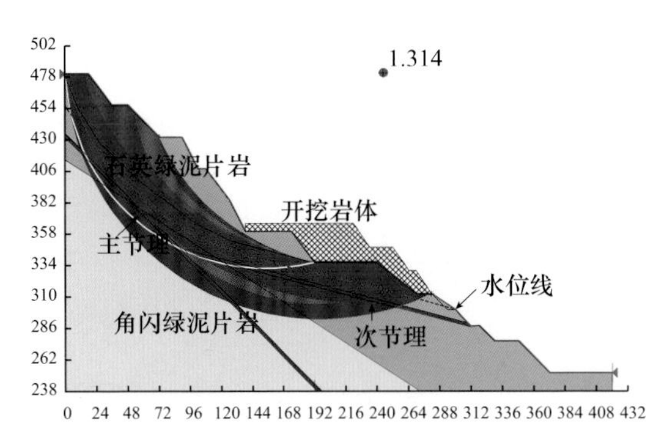

（c）Janbu 法计算所得危险滑动面

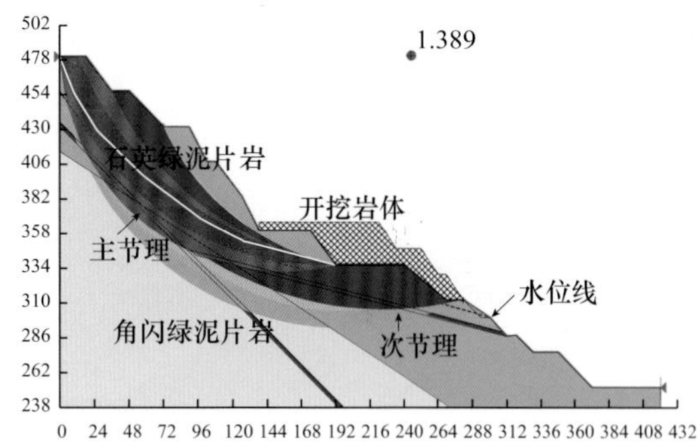

（d）Morgenstern-Price 法计算所得危险滑动面

图 6-27　四种极限平衡方法计算所得最危险滑动面

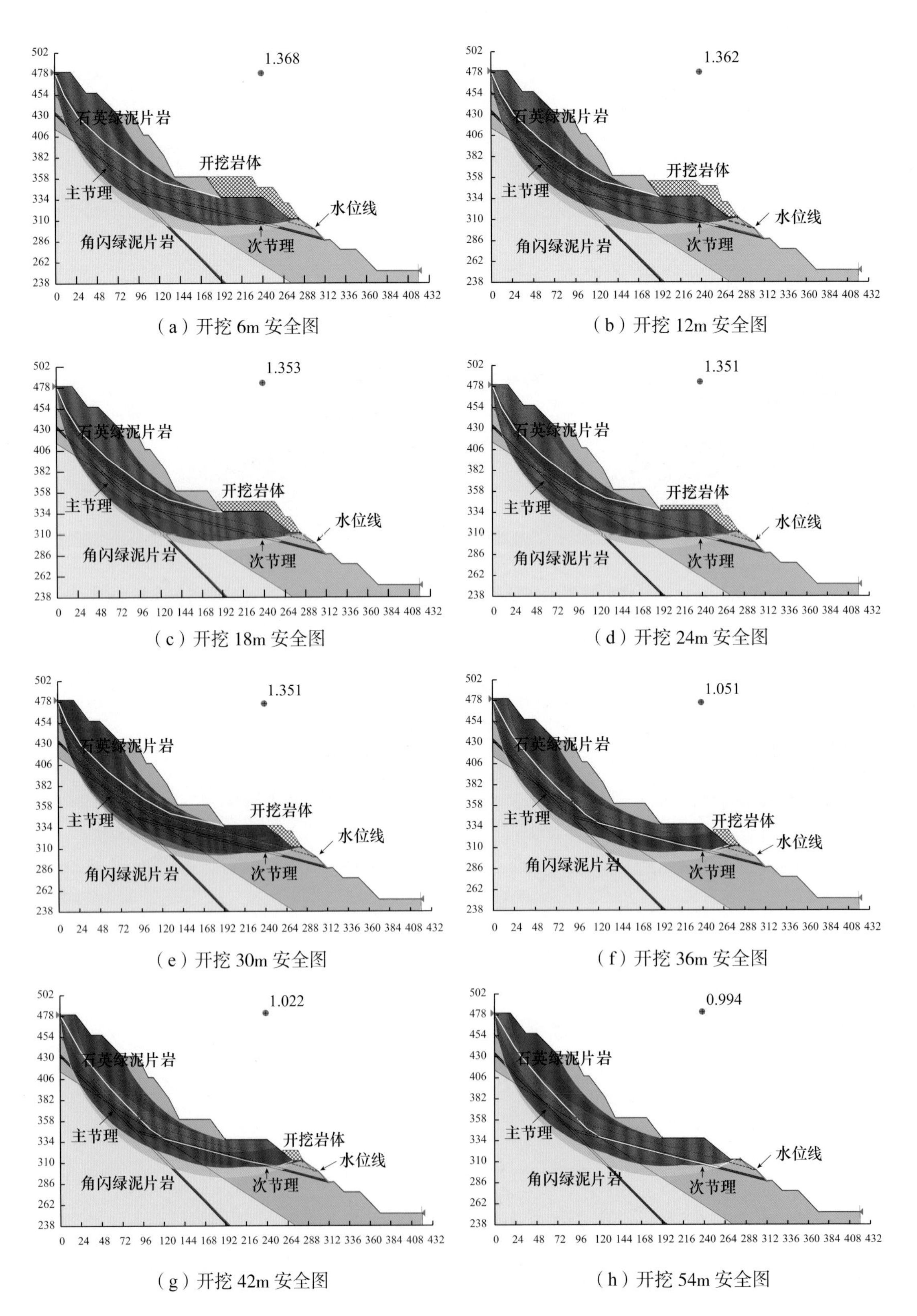

（a）开挖 6m 安全图

（b）开挖 12m 安全图

（c）开挖 18m 安全图

（d）开挖 24m 安全图

（e）开挖 30m 安全图

（f）开挖 36m 安全图

（g）开挖 42m 安全图

（h）开挖 54m 安全图

图 6-29　边坡开挖过程中的安全图

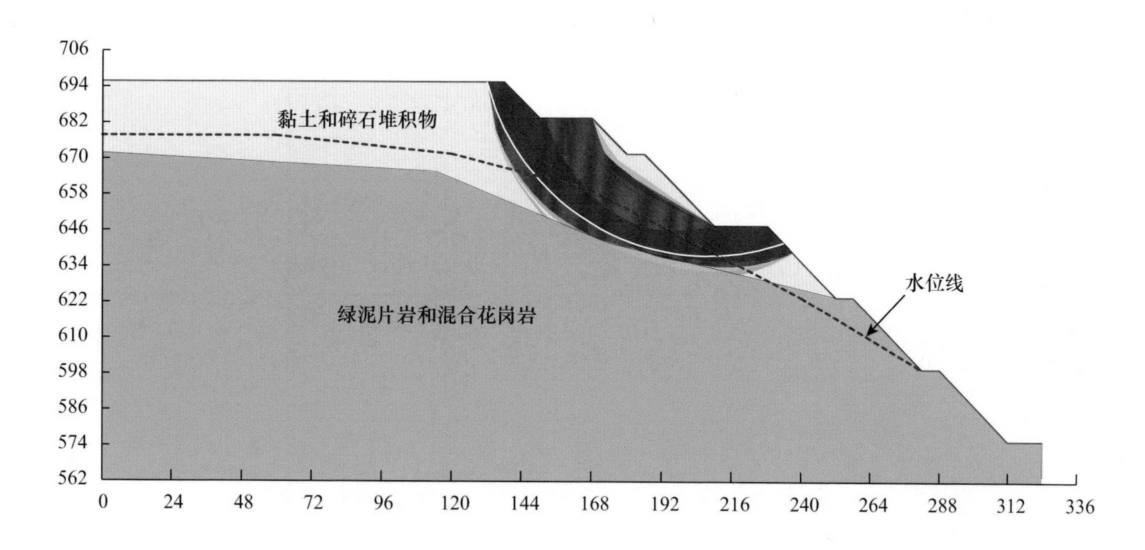

图 6-31　下盘扩帮区边坡破坏安全图

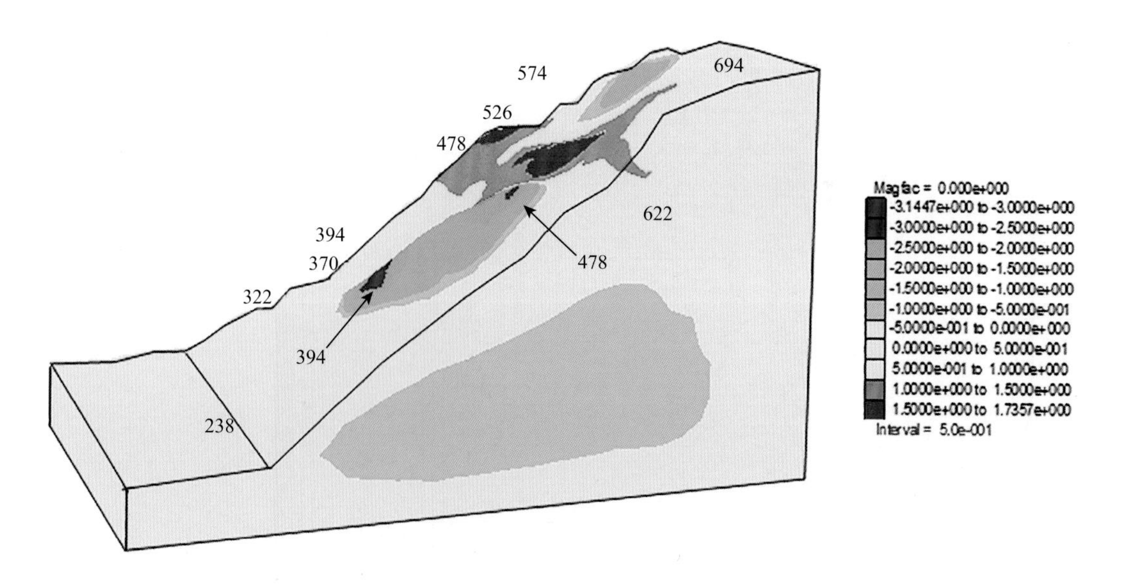

图 6-41　回采区边坡破坏塑性分布图

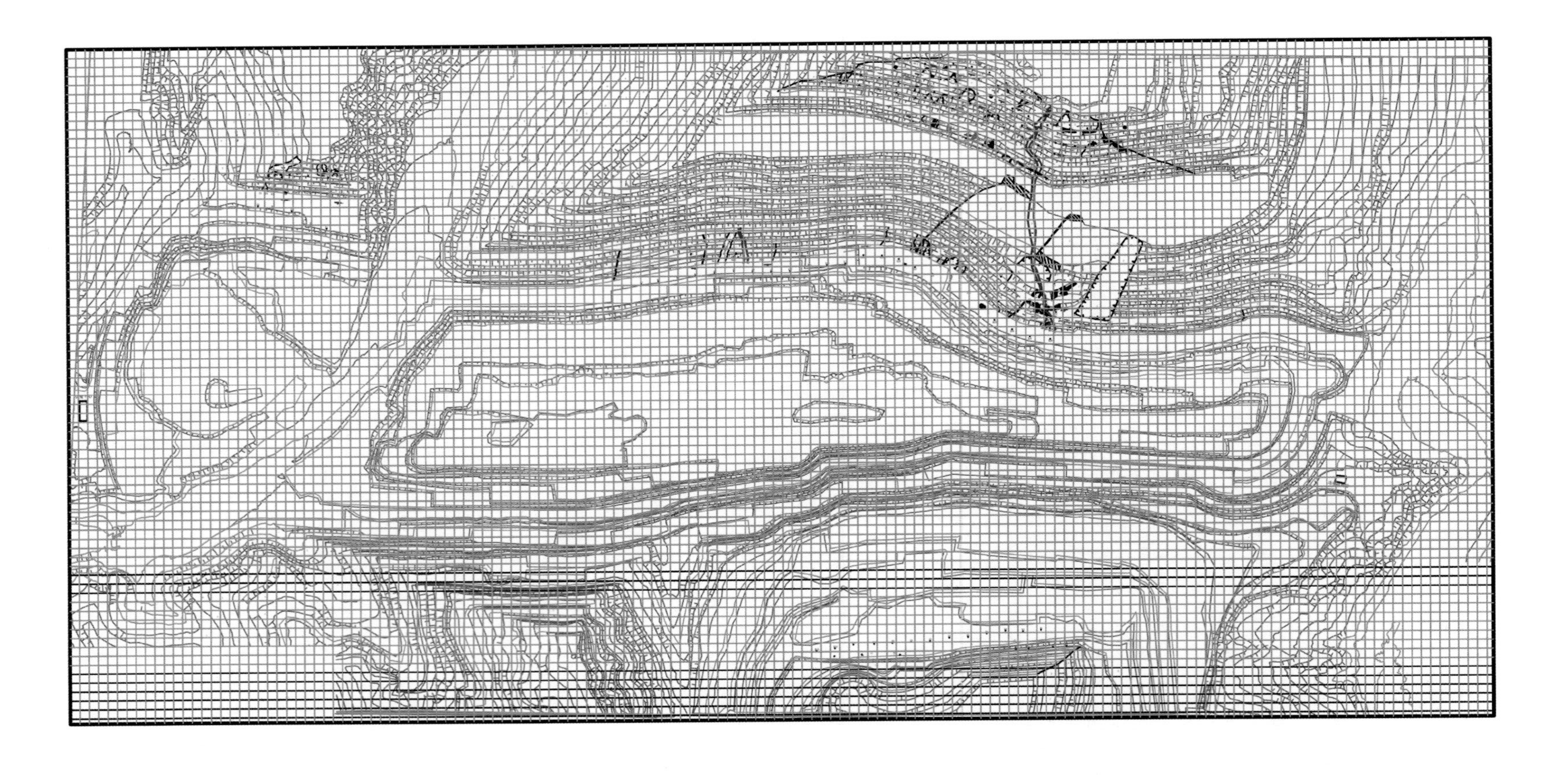

图 7-2　南芬露天铁矿采场边坡危险性模糊综合评价单元划分图

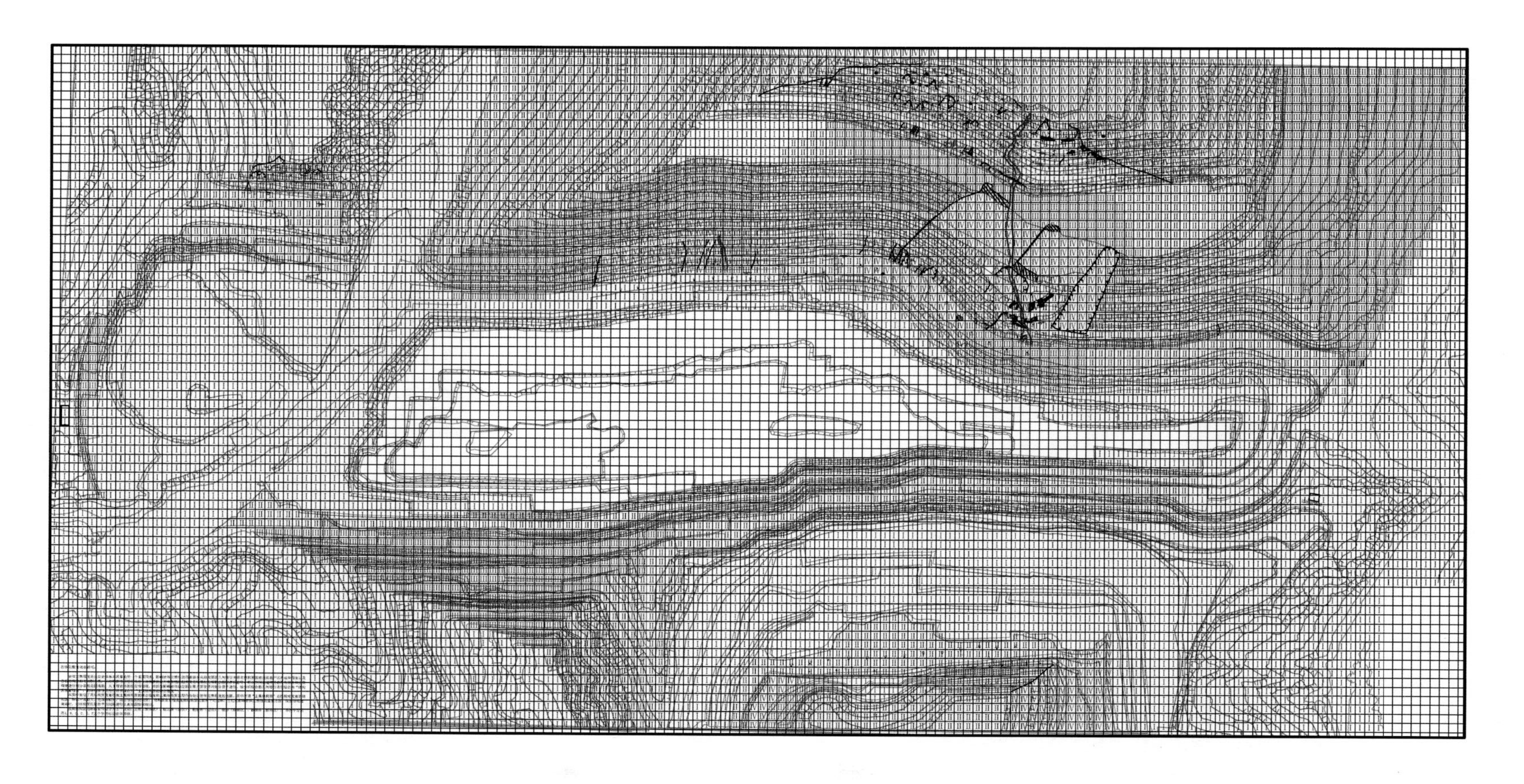

图 7-12　南芬露天铁矿采场边坡危险性模糊综合评价结果图

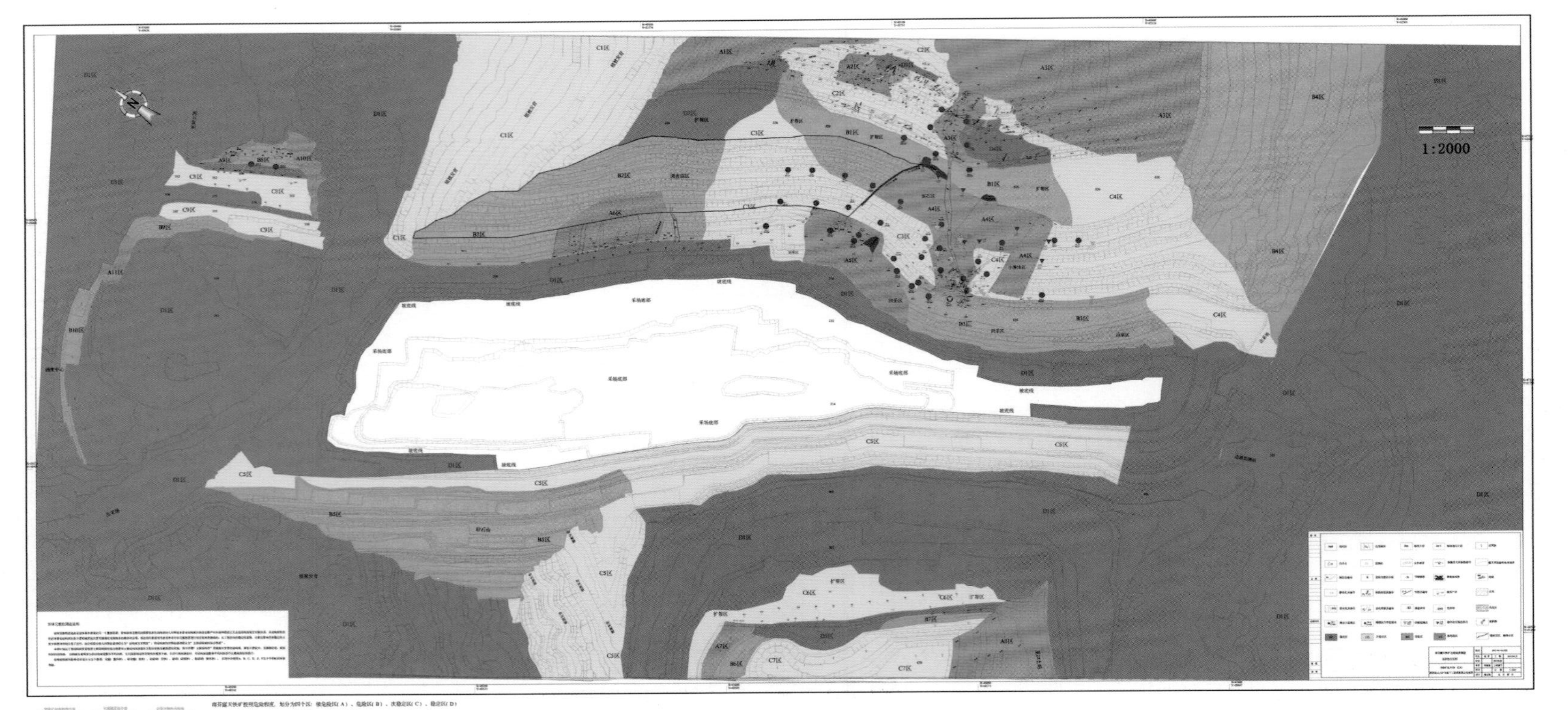

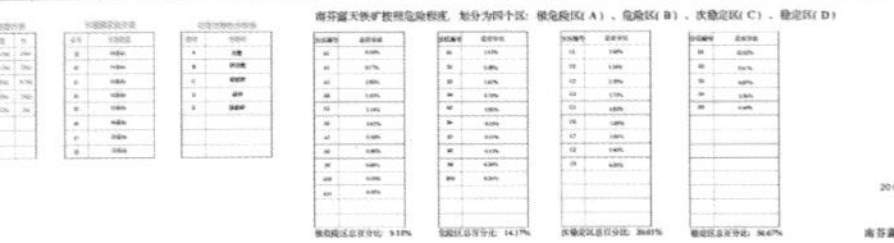

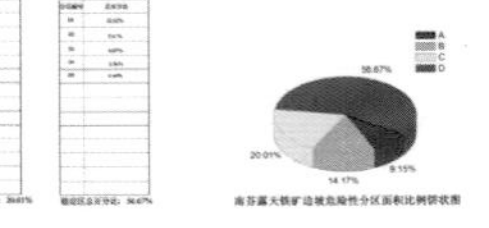

图 7-14　南芬露天铁矿采场边坡危险性分区效果图

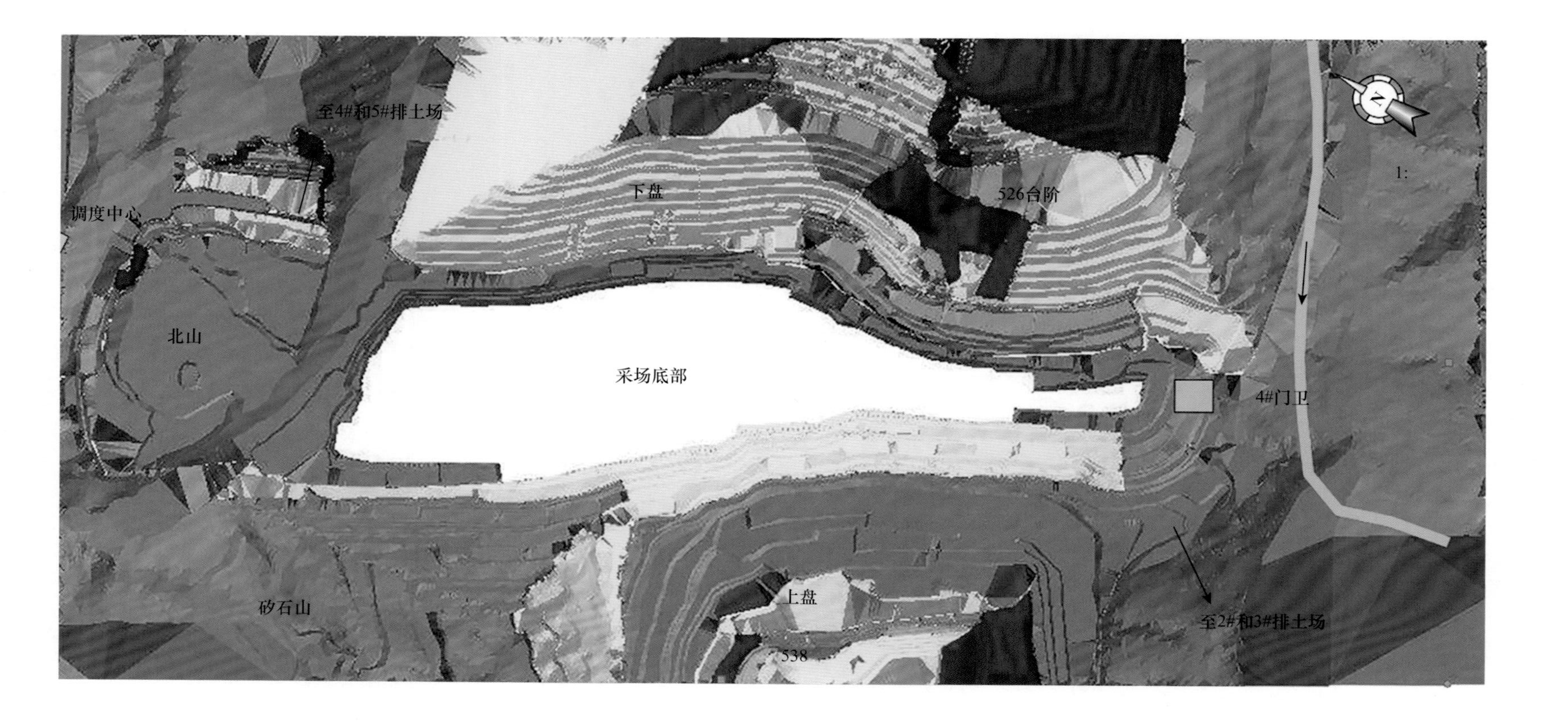

图 7-31　南芬露天铁矿采场边坡最终三维可视化危险性分区图

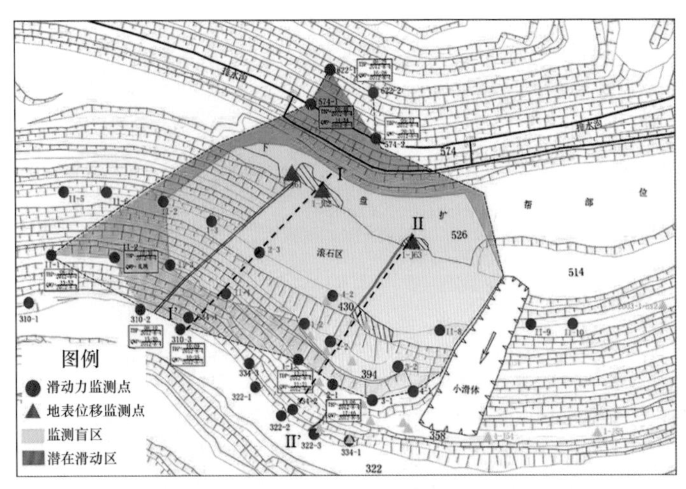

图 7-37　危险区预测范围

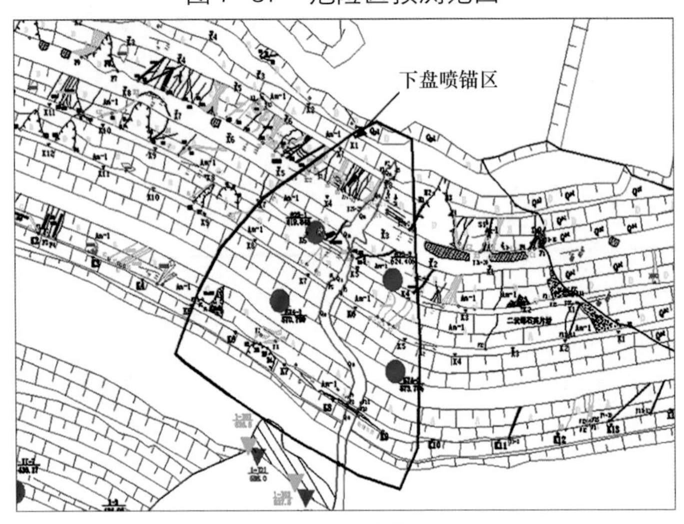

（a）下盘喷锚区

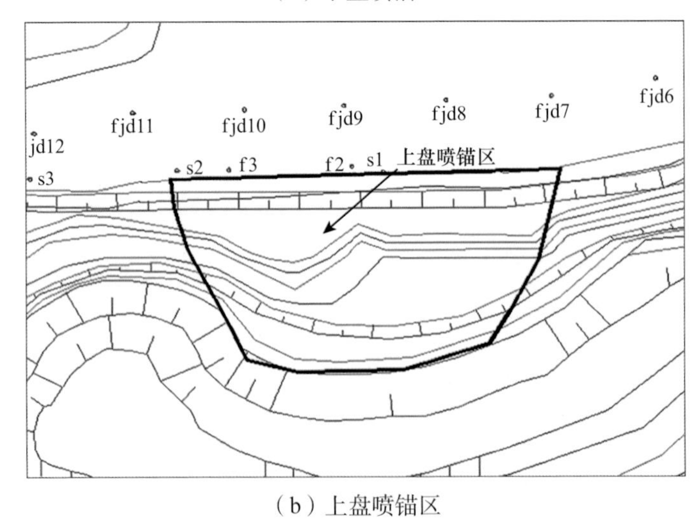

（b）上盘喷锚区

图 7-49　采场喷锚网加固区划图

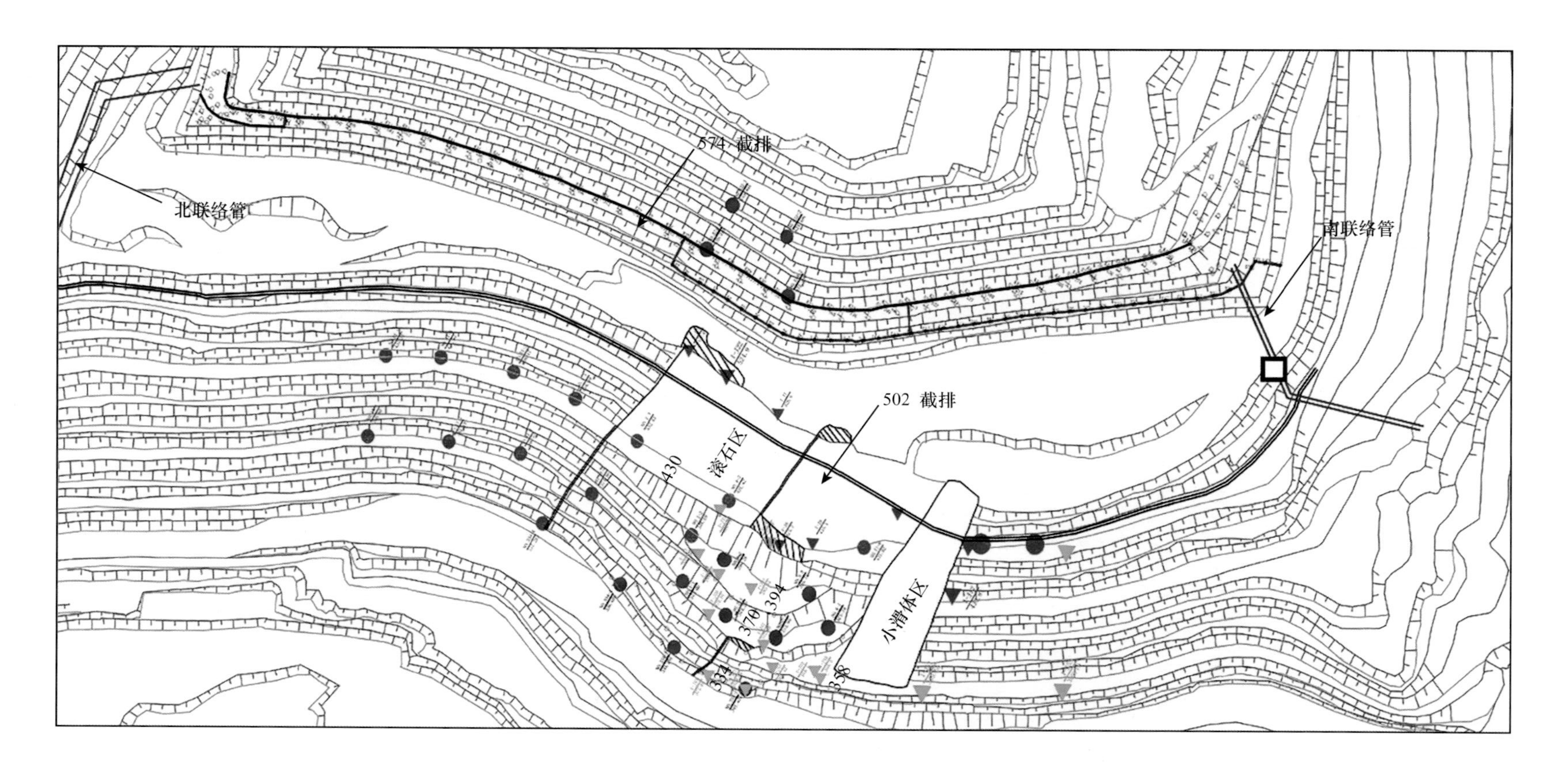

图 7-52　截排水沟设计平面图（单位：cm）

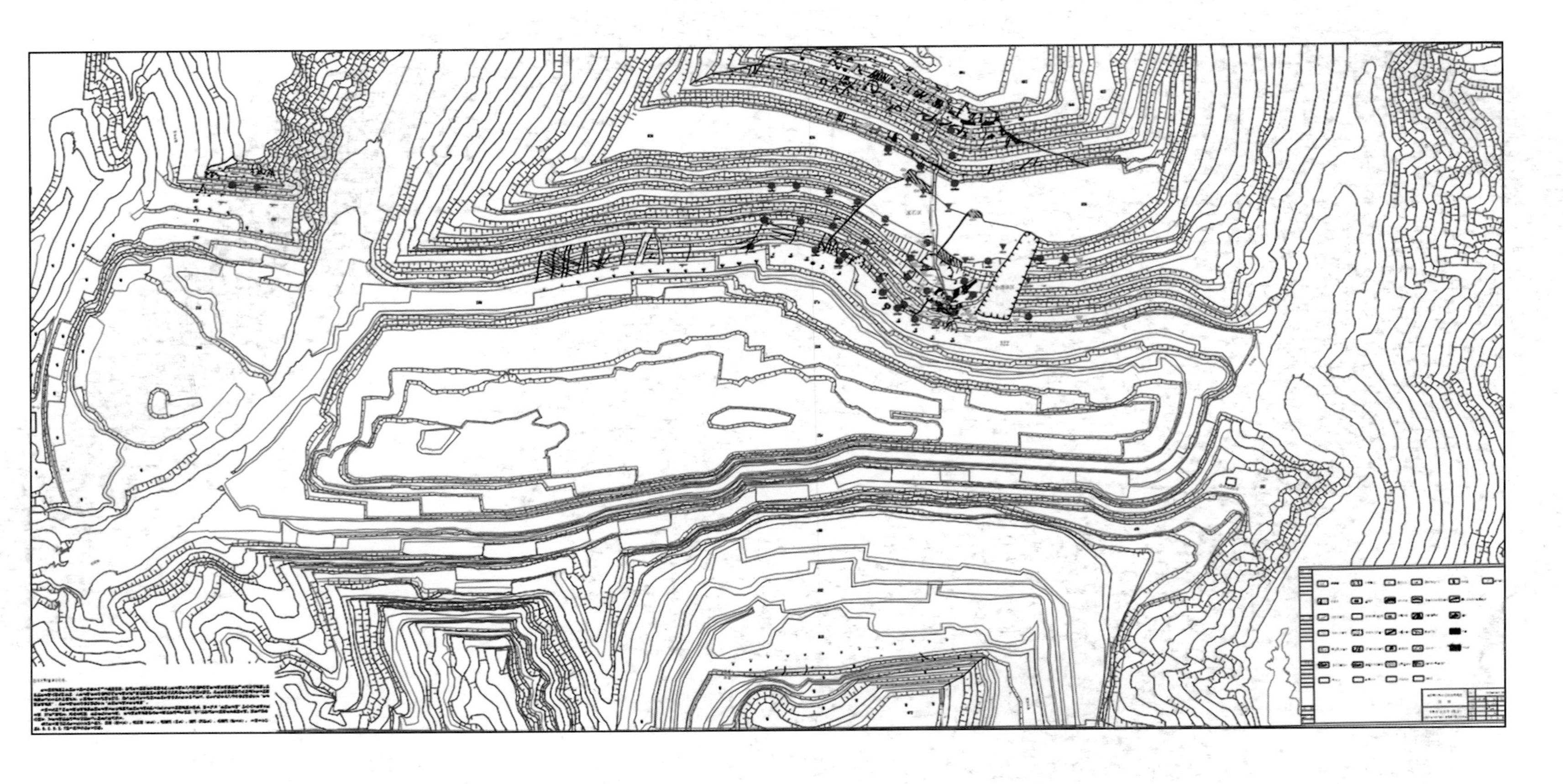

附图 4-1　南芬露天铁矿边坡地质调查编录图